"十三五"江苏省高等学校重点教材

机电设备维护与管理

第2版

黄　伟　杨真理　杨朝辉　编著

机械工业出版社

本书是“十三五”江苏省高等学校重点教材，在保持上一版特点与结构的基础上，进行了修订。全书分上、下篇，上篇为机电设备维护维修，下篇为机电设备现场管理。上篇包括设备维修管理基础知识、设备的故障诊断技术及预防维修、设备维修的拆卸与装配、典型的修复技术、电气设备的维修、常用高低压成套电气设备的维护、起重设备的维护；下篇包括机电设备管理要求、内容及基础工作，设备的资产及价值管理、设备的现场管理与检修、设备点检及TPM管理、动力设备及起重设备的管理。本书紧密结合设备管理实际，与社会发展同步，内容实用，与岗位精准对接。

本书可作为高等职业院校电气类专业、机电类专业及其他相近专业的教材，也可作为应用型本科院校和职业本科院校相应专业的教材，并可供从事企业设备维护与管理的工程技术人员参考。

本书配有电子课件、习题答案、阅读资料，需要的老师可登录机械工业出版社教育服务网（www.cmpedu.com），注册后免费下载，或联系编辑索取（微信：13261377872，电话：010-88379739）。

图书在版编目（CIP）数据

机电设备维护与管理/黄伟，杨真理，杨朝辉编著. —2版. —北京：机械工业出版社，2024.6（2026.1重印）
“十三五”江苏省高等学校重点教材
ISBN 978-7-111-75620-0

Ⅰ.①机… Ⅱ.①黄…②杨…③杨… Ⅲ.①机电设备-维修-高等学校-教材②机电设备-设备管理-高等学校-教材 Ⅳ.①TM

中国国家版本馆CIP数据核字（2024）第076069号

机械工业出版社（北京市百万庄大街22号 邮政编码100037）
策划编辑：曹帅鹏 责任编辑：曹帅鹏 赵小花
责任校对：郑 婕 张 薇
责任印制：张 博
北京机工印刷厂有限公司印刷
2026年1月第2版第5次印刷
184mm×260mm · 20.25印张 · 501千字
标准书号：ISBN 978-7-111-75620-0
定价：69.00元

电话服务	网络服务
客服电话：010-88361066	机 工 官 网：www.cmpbook.com
010-88379833	机 工 官 博：weibo.com/cmp1952
010-68326294	金 书 网：www.golden-book.com
封底无防伪标均为盗版	机工教育服务网：www.cmpedu.com

前言

本教材出版以来，受到广大读者欢迎，被多所院校选用，也有从事企业设备管理工作的工程技术人员参阅。根据新时代职业教育的要求，体现专业技术的内容及能力，紧密结合设备维护与管理的实际，与设备管理的社会发展保持同步状态，在保留上一版特点与结构的基础上，进行此次修订。

此次修订精简了一些内容，增加了设备管理等新内容。综合了生产设备的机、电、液内容，包括通用类设备、起重设备的维护及管理，以及典型设备的维护，比较完整。结合实际，根据设备管理的发展，按照产品作业线设备及关键部位的概念提法，对设备分类，以区别于传统的分类方式，有针对性地介绍设备点检及 TPM 管理的内容。维护技术与设备管理紧密结合，现场技术与管理内容有机有效融合。具体修订如下：

第 1 章，删除不适当的内容，概述设备维护管理的特点，涉及产品作业线设备及关键部位的提法，为下篇的设备现场管理章节打下基础。

第 2 章，在设备的典型故障曲线基础上，补充了设备故障的全部 6 种曲线类型及特点，增加设备的故障特点、故障原因分析等内容。

第 3 章、第 4 章及第 6 章，有少量文字修改。

第 5 章，增加电气设备故障诊断的信息处理技术、某设备的 350kW 电动机故障诊断案例，并将设备维护要求的“整齐、清洁、润滑、安全”内容调整到第 10 章。

第 7 章，删除特种设备的基本知识、特种设备的维修等内容，调整修改起重设备的基本知识、故障及检修内容。

第 8 章，从本章开始的下篇改为机电设备现场管理，强调设备管理的前期规划，提出设备管理的四个“零”追求。

第 9 章，改为“设备的资产及价值管理”，对内容进行适当调整。

第 10 章，改为“设备的现场管理与检修”，保留少量的上一版内容。增加维修管理新发展内容，介绍设备管家体系、设备精益维修及设备预测维修等。

第 11 章，单独增写“设备点检及 TPM 管理”，使本章及第 10 章的内容与社会发展同步。

第 12 章，保留上一版第 11 章的相关内容，改为“动力设备及起重设备的管理”，删除特种设备、调整整理动力设备及起重设备管理的内容。

为加强教材的专业内容，在适当的章节中增加阅读材料，提供 70 多个微课视频。

本次修订，体现“产业对接、校企融合、工学结合、理实一体、凸显新发展”，将设备点检、TPM 管理与质量管理体系贯穿于设备维护与管理的全过程，形成 PDCA 循环。增加典型案例、维修实例，强化了故障分析过程与思路。在每个章节中，灵活布置课堂练习，巩固学习效果。

本教材由黄伟、杨真理和杨朝辉编著，镇江高等专科学校杨真理编写第 1 章、第 2 章、第 5 章和第 9 章，北京中科智谷机电技术研究院杨朝辉编写第 3 章、第 10 章，其余由镇江高等专科学校黄伟编写。镇江市宝华半挂车配件有限公司总工程师王新成提供了设备管理及技术资料，江苏磁谷科技股份有限公司漆复兴高级工程师提供了典型设备的技术资料。黄伟对全书修订总体策划、统稿与整理，并对全书校对；江苏磁谷科技股份有限公司总经理徐俊峰（正高级工程师）认真审阅了全部书稿，并提出了许多修改建议与意见；王瑞云教授对本书的结构及内容也提出了有益的建议及意见。

本教材编写过程中，参阅并应用了相关文献及资料，参考了企业的产品样本，摘录了部分图样，在此对相关作者表示感谢!

由于时间仓促、水平有限，书中难免存在不妥之处，恳请读者批评指正，具体建议与意见，请发到 zjzhjhr@ sina. com。

编　者

目录

上篇

机电设备维护维修

第1章
设备维修管理基础知识

1.1 设备及设备管理

1.1.1 设备及特点

设备指可供企业在生产中长期使用、具备一定的功能、单位价值在规定限额以上，并在反复使用中基本保持原有实物形态和功能的物质资料，为生产经营服务的机器、动力装置、仪器仪表等的总称，包括生产设备、动力设备、辅助设备、运输设备等。设备是现代企业进行生产活动的物质技术基础，是企业生产力发展水平与企业现代化程度的主要标志，是企业固定资产的主体。设备涉及企业生产经营活动的全局。提高设备的技术水平是企业技术进步的主要内容。

由于社会生产过程包含了许多领域、行业和专业，除了通用设备外，各种产品生产过程离不开专门的生产设备，如冶炼设备、化工设备、造船设备、煤矿设备、发电设备等，因此，设备种类繁多。随着科学技术的发展，新技术新成果不断应用于设备，设备的现代化水平迅速提高，正在朝大型化、高速化、精密化、电子电气化、自动化等方向发展。

1. 大型化

大型化指设备的容量、规模和综合能力越来越大。如我国石油化工工业中合成氨生产装置的规模，20 世纪 50 年代年产只有 6 万吨，现在建成的大型装置年产可达 60 万吨。乙烯装置在 20 世纪 50 年代年产只有 10 万吨，2005 年投产的中海壳牌乙烯项目年产达到 80 万吨，实际产能达到 100 万吨。

冶金工业中，我国沙钢集团的高炉容积为 5860m^3，德国蒂森钢厂的最大转炉容量为 400m^3；国内的发电设备已能设计制造 30 万 kW 的水电成套设备和 100 万 kW 的火电成套设备，三峡电站的装备为 70 万 kW 的机组。

在造船、机械制造等其他领域，设备的大型化也十分明显。设备大型化带来了明显的经济效益。

2. 高速化

高速化指设备的运转速度、运行效率、控制数字系统的运算速度加快，也包括化学反应速度的加快。如纺织工业中，国产气流纺纱机的转速 60000r/min，国外先进的可以达到 100000r/min 以上。钢厂轧钢工序的轧机速度、高层建筑的电梯运行速度等，都在迅速提高。

3. 精密化

设备的精密化决定了零件加工精度和表面质量。如机械制造工业的金属切削加工设备，

20世纪50年代精密加工精度为1mm，80年代提高到0.05mm。21世纪初，加工精度又比20世纪80年代提高了4~5倍。现在，主轴回转精度达到0.02~0.05mm、加工零件圆度误差$\leqslant 0.1$mm、表面粗糙度$Ra \leqslant 0.003$mm的精密机床已经在使用。

4. 电子电气化

微电子科学与技术、自动控制技术、计算机技术、电气技术、电器元件的快速发展，使新技术在机器设备中集中使用，引起了设备装备的巨大变革。新一代设备如数控机床、加工中心、机器人、柔性制造系统等，广泛应用于生产过程中。机加工生产中可以将车、铣、钻、镗、铰等许多工序工艺集中在一台机床上自动顺序完成，易于快速调整，适用于多品种、小批量的市场需求，可以不需要人的直接参与，能够在高压、高温、高真空等环境中，准确完成规定的加工过程，满足工艺要求。

5. 自动化

自动化不仅可以自动实现各种生产工序与生产工艺，还能实现对产品的自动控制、整理、包装，设备工作实时状态的检测、监测、报警等处理。如汽车制造厂的锻件、铸件生产自动线，发动机有关零件的加工生产线，家用电器的电路板安装生产线，冶金工业中的连铸、连轧、型材生产线等。

本书以通用的生产设备为主要内容，结合设备管理的发展状态，介绍设备的维护及管理知识。

1.1.2　设备管理特点及内容

1-1　大流量液压单元现场　　视频1-2　设备安装布置现场　　视频1-3　小型数控加工中心

1. 设备管理的总要求

设备管理是围绕设备开展的一系列工作的总称。它以设备为研究对象，追求设备综合效率与寿命周期费用的经济性，应用相应的理论、方法，通过技术、经济、组织措施，对设备的物质运动和价值运动进行全过程的科学管理。

设备管理要以提高经济效益中心，以获取良好的设备投资效益为目的，对生产设备进行全过程管理。依靠技术进步、保证设备正常安全运行，坚持预防为主的管理思路，坚持维护保养与计划检修相结合、修理制造与更新改造相结合、专业人员管理与全员管理相结合、技术管理与经济管理相结合的原则，实现设备的全过程综合管理。

设备有实物形态和价值形态，设备管理包括实物形态管理和价值形态管理。前者是从规划添置直至报废的全过程即为设备实物形态运动过程；后者是在整个设备寿命周期内包含的最初投资、使用费用、维修费用的支出，折旧、技术改造、更新资金的筹措与支出等，构成了设备价值形态运动过程。

2. 设备管理的特点

（1）系统理论的应用

设备管理因素多，涉及面广，是一项系统工程。现代设备管理是多学科交叉的过程，包括运筹学、系统科学、可靠性工程、管理科学、工程经济学、机械电子电气液压仪表等工程技术、人机工程学等。设备管理的系统化要求企业内部许多部门的配合及企业之间、行业之间的密切合作。

（2）维修专业化与协作化

设备维修是设备管理的一个部分。社会发展使专业化分工更细，协作需求更明显。组织专业化设备修理是现代管理的发展趋势。设备维修专业化具有维修效率高、修理质量好、成本低、周期短的特点，实行维修专业化，可以减少许多重复的工序或者车间维修、工厂修理，节省大量的设备，提高设备的利用率，减少固定资产的占用额，合理分配人力资源。

（3）设备管理的信息化

信息管理发展迅速，提高了企业管理的水平与效率，设备管理是企业管理的重要部分。信息系统与管理可以对设备的运行状态、设备故障及特点、停机工时、修理时间与费用、备件库存，以及设备改造与折旧、报废，与企业的技术、工艺、生产、质量等实施综合管理。

（4）设备的可靠性、维修性管理

设备可靠性、维修性指标是设备管理的重要内容。设备在使用过程中，不能频繁出现故障，在满足工艺要求、符合产品质量的前提下，要追求高效率、高效益。

（5）加快设备更新改造

设备管理为生产经营服务，其中的一个重要内容就是合理的设备配置、合理的设备选购或自制、合理的折旧、技术改造与更新改造等。

（6）注重节能、环保、职业安全卫生

设备投入不再是简单的购买设备，使用过程涉及的因素很多，必须综合考虑。如首先要考虑环境保护问题，降低废物排放；节能节约是设备使用的重要技术指标；设备使用中的职业安全卫生也要考虑等。

（7）设备管理进入“三全”阶段

传统的设备管理，是企业设备部门的维护维修，现代设备管理已经发展到全效率、全员及全系统维修阶段，即 TPM 管理。

（8）设备管理的具体性

① 技术性。设备是企业的生产手段，是物化的科学技术，是现代科技的物质载体。

② 综合性。现代设备是多门科学技术的综合应用，设备管理是工程技术、经济财务、组织管理的综合；为获得设备的最佳经济效益，必须实行全过程管理，是对设备生命周期各阶段管理的综合；设备管理涉及物资准备、设计制造、计划调度、劳动组织、质量控制、经济核算等许多方面的业务，汇集了企业多项专业管理的内容。

③ 随机性。许多设备故障具有随机性，使得设备维修及其管理也带有随机性质。

④ 全员性。现代企业管理强调科学调动全体员工参与管理的积极性，实行以人为中心的管理。

3. 设备管理的内容

设备管理包括从设备规划调研、可行性研究决策、设计制造或选型采购、安装调试、试运行、使用中维护维修、更新改造到报废的全过程，是整个生命周期的管理，因此，广义的设备管理包含设备维修与狭义的设备管理。

① 设备的添置调研。调研生产过程与设备之间的关系、设备与技术之间的关系、设备与工艺之间的关系、设备投资与经济能力及经济效益之间的关系，还有设备与使用维护维修、设备使用与职业安全卫生及环境保护等关系。

② 设备选择和评价。依据技术上先进、经济上合理、生产及工艺上可行、节能环保的原则，综合进行技术、经济论证，正确合理选择设备。

③ 设备的使用。针对设备特点，合理协调安排生产任务，产品生产必须符合设备的性能要求，应制定企业设备管理制度，正确使用设备。设备安全是设备使用中的重要内容。

④ 设备保养与维修。此过程在企业设备管理中内容多、任务重，具体有设备的定期检查、维护保养、设备点检、修理计划制定；组织或指导日常维护维修，设备使用备件备品库存及供应商的管理。

1.1.3　设备管理的意义

1. 实现有序生产

设备在工业企业资产中总值超过60%。企业经济效益、劳动生产率取决于人员的技术水平与管理水平，取决于设备的技术状态及设备管理制度。设备维护与管理贯穿于企业管理的全过程，如不重视设备维护与设备管理，短期可能使设备的效率降低、故障增加，长期失修可能造成设备事故、设备提前报废，生产失去连续性、均衡性。特别是现代企业，生产的连续性、自动化程度高，一台设备或一条生产线因故停产，可能给企业的生产造成重大影响，必须重视设备维护与管理。

2. 提高经济效益

生产现代化，要求企业设备投入加大，如购置费、维修维护保养费、保险费、能源消耗等，费用越来越大。提高设备管理水平，就是要提高设备技术水平和利用率，减少故障，降低使用成本，提高经济效益。

3. 保证产品质量

企业完善产品的质量管理体系，离不开生产设备。产品质量与设备精度、性能、可靠性有直接关系，高质量的产品必须有高性能高质量的设备做保证。在某些情况下，高水平操作者可以在一般设备上生产出符合质量要求的产品，但不能保证质量稳定。良好设备管理才能保证设备稳定，生产出质量好的产品。随着对设备技术改造的重视、技术的发展、设备性能的提高，直接参与设备操作的人员在减少，产品质量有了保证，而从事设备维护维修的人员在增加。

4. 促进技术进步

科学技术的新成果和各种新的零件、部件、器件迅速运用在设备上，从某种程度上讲，设备是科学技术发展的结晶。另外，设备性能的提高也促进技术的发展，新工艺、新材料的应用，新产品的实现全部靠设备来保证。可见，应提高设备管理的科学性，加强对现有设备技术的改造与更新，在每次修理中都有不同程度的技术改进，促进技术进步。

1.1.4　设备管理的涉及面、职责

1. 涉及面

1）技术方面。设备是由机、电、液、仪表、传感、控制及信息等构成的满足一定功能的整体，设备管理必然涉及技术方面，包括设计与制造技术，设备故障诊断技术与状态检测维修技术，设备的维护保养、中修、大修、改造技术。技术方面应围绕提高设备运行的可靠性，如采用维修性设计、改善性维修，达到无维修设计的境界。

2）经济方面。对设备运行价值的量化考核，是设备使用成本与效益的控制，主要涉及设备规划、调研、决策、购置等。设备使用成本包括能源消耗、人工劳动成本、日常维护保养成本等评价，设备中修、大修、改造、更新的经济性评价，设备折旧率的合理确定。经济

方面的要点是建立设备周期寿命的经济费用成本评价。

3）管理方面。采取有效的管理措施，制定管理制度，主要包括设备运行过程各种状态的信息管理系统，设备日常维护维修保养管理系统，设备模具夹具等易损件及备件消耗管理系统，设备报废、规划投资与采购管理系统。管理方面的要点就是建立设备一生的信息管理系统，为企业管理服务。

2. 设备管理的职责

1）负责设备资产管理，保持设备安全、稳定、正常、高效运转，以保证生产的需要；负责动力等公用系统的运转，保证生产的电力供应、循环用水、压缩空气等能源需要。

2）制定正确使用设备、安全使用设备的基本管理制度。

3）制定设备维修和技术改造更新计划，确定设备资产的管理制度。

4）负责企业生产设备的维护、检查、监测、分析、维修工作，合理控制维修费用，保持设备的可靠性，充分发挥其技术效能，产生经济效益。

1.1.5 设备维修

设备维修是设备管理中的一个部分，传统狭义的设备管理是指设备维修，尽管目前设备管理的含义在进步，但设备维修在设备管理中的重要程度依旧。加强设备维修工作，设备才能得到合理的使用，正确而适时的维护与保养，有计划的修理、更新、改造，帮助企业提高效益。

改善设备性能，提高设备的综合效率，保持并恢复设备精度，延长设备的使用寿命；降低设备的故障率，提高设备利用率，充分发挥设备的有效能力；降低维修成本，减少停工损失和维修费用；降低能源消耗，提高劳动生产率；提高产品加工的质量，减少废品损失；符合环境保护和职业安全卫生的要求。本书下节介绍设备维修的最新发展。

1.2 设备管理发展历史及国外典型维修管理方式

1-4 连续生产过程现场

1.2.1 设备维修管理发展过程

1. 事后维修阶段

1-5 加工中心外部

19世纪初，工业生产应用了许多机器设备，如蒸汽机、皮带车床等，开始面临设备维修问题。初始阶段，设备维修由操作人员兼任维修人员，修理成本低。随着工业生产的发展，设备维修逐步专业化，维修人员与生产人员分开，形成了专业独立的维修团队。这个过程的形成比较长，一直到20世纪初，设备维修技术才作为专业技术。

由于是简单、独立的单台设备，没有复杂的生产线，设备维修基本是事后维修，也就是不坏不修、坏了再修，停机时间长，干扰了生产的计划性。

2. 预防维修和计划维修阶段

随着工业生产技术的发展，出现了生产线，为保证生产的连续，提出了以预防为主的维修方针，也就是预防维修。20世纪40年代，美国研究人员发现预防维修成本低，可以节约费用和时间，并能够保证合理安排连续生产，因此得到重视。1961年，瑞典建立了完整的预防维修管理系统，包括以检查、计划修理、验收、成本核算为主的整套工作制度和方法。

1923 年，苏联改变了事后维修制度，提出设备定期修理办法，建立了一套计划预修的理论与制度，开始逐步在机械工业和化学工业企业推行。1967 年，苏联在全国形成了统一的计划预修制度。计划维修制度可能造成欠维修或过维修。

3. 设备综合管理阶段

20 世纪 60 年代后期，有些国家提出了对设备一生的综合管理概念，设备管理进入了新阶段。在使用过程中，设备的大型化、智能化，产生了高效益、高效率，但也产生了严重后果，如设备故障损失巨大，环境保护、职业安全卫生问题复杂，设备磨损加快，资金消耗大；设备技术密集，技术更新换代迅速，企业投入大，设备使用中停机时间减少，能够计划连续生产，尽快产生效益；现代化设备的社会化程度高，从调研论证、设计、制造、安装、调试、使用、维护维修直至报废，涉及的环节、专业很多，要求设备综合管理。

设备预防维修已发展为状态维修、可靠性维修、精益维修及预测性维修等。随着技术发展，设备部件单元标准化，又开始了事后维修，即设备故障后更换标准化部件。

1.2.2 国内发展过程

1. 初级阶段（1949~1958 年）

新中国成立后，执行“一五”计划期间，在苏联援建下，重点工程相继建设，设备管理水平得到提高。1956 年，设备管理引进了苏联的计划预修制度，适应当时我国的基本状况。经过实践运用，培养出大量的设备管理工程师和维修技术工人，建立健全了设备管理组织，为我国设备管理工作建立了基础。

2. 曲折阶段（1958~1976 年）

随着国民经济逐步提高，企业的设备管理工作在原基础上有所创新。

主要创新有：设备管理的方针和原则是“以预防为主，防护与计划检修并重”“专业维修与群众管理结合”等，实际是 TPM 的基础；创立了“三级保养大修制”“三好四会”“润滑五定”“对事故三不放过”等制度；建立了专业维修工厂；开展行业专业性、地区性的设备管理活动，经常性举行设备管理研讨与交流，提高了设备管理水平。1963 年，制定了实用性很强的《机修手册》。

3. 振兴阶段

改革开放以后，设备管理工作发展迅速，开始学习国外先进的设备管理理论与方法，陆续引进了“设备综合工程学”“全员生产维修”“后勤学”等设备管理科学。1987 年 7 月国务院发布了《设备管理条例》，明确规定设备管理的基本方针、政策、主要任务和要求。《设备管理条例》适应我国企业管理现代化的要求，将现代设备管理的理论和方法与我国具体实践相结合；针对我国设备管理的共性问题，做了原则性规定，具体管理办法则由行业、企业自行决定；改变了过去以修理为主的模式，确定了修理与改造、更新相结合的做法；企业开始重视设备的更新改造投入；初步建立了设备预防维修制度；设备管理要坚持“依靠技术进步”，贯彻“促进生产发展”的方针；确立了设计、制造与使用相结合的原则，维护与计划检修相结合的原则，修理、改造与更新相结合的原则，专业管理与群众管理相结合的原则，技术管理与经济管理相结合的原则，实际即为 TPM 管理的内涵。

1.2.3 传统设备管理的局限性

1. 局限于设备维修阶段

设备维修固然重要，但维修的本质是事后的救护，设计制造过程中的问题，维修中无法解决。具体的维修过程还会产生过剩维修或维修不足问题。设备管理是设备的一生管理，而维修仅仅是上述过程的一个部分。

2. 设备管理信息交流不够

传统的设备管理中的设计制造和维修管理互相独立，信息交流少。设备在使用过程中出现的问题不能及时反馈给设计环节，在以后设备改进设计中得到改善。技术、质量、能耗、环保、职业安全卫生、成本等，也是设备管理因素。现在更加强调循环经济。

3. 设备管理与经济管理分离

传统的设备管理将设备的技术管理与经济管理分割开，偏重设备的技术管理，忽视设备运行中的经济管理。设备管理是企业管理的部分，设备管理不仅仅是为生产服务，还为生产经营服务。

4. 没有体现设备一生管理

传统的设备管理偏重技术管理，忽视经济管理。传统的设备管理仅仅是围绕具体的设备运行开展活动，现代的设备管理不仅管理设备的一生，还会涉及技术、安全、职业安全卫生、节约节能和节约资源等范畴。因此，设备管理的要求将越来越高。

传统的设备管理局限于维修部门，工作专业。现代的设备管理正在体现“全员性”，与设备相关的员工，均要参与企业的设备管理。

1.2.4 国外典型维修管理方式

1. 英国设备综合工程学

设备综合工程学是新兴的设备管理学科。1971 年由英国设备综合工程中心 Dennis Parkes 提出。1974 年，英国工商部定义，它是为追求经济的寿命周期费用，对有形资产的有关工程技术、管理、财务及业务工作进行综合研究的学科。具体讲，就是关于设备、机器、装备、建筑物、构筑物的规划和设计可靠性和维修性。该定义包含了 5 个特点。

（1）以寿命周期费用量化评价设备管理

以寿命周期费用作为评价设备管理的重要经济指标，并追求寿命周期费用最经济。寿命周期费用是从调研、设计、制造、安装调试、使用、保养、维修、更新改造整个过程的全部费用，达到最经济。

（2）针对工程与管理的研究

综合工程学是对工程技术、工程经济学、工程管理的综合管理和研究。现代设备是机械、控制、液压等系统的高度集中，高精度、高效率，综合了多专业技术的成果。要管好、用好、修好这类设备，必须涉及工程技术的许多专业。

其次，设备管理还涉及工程经济学，符合经济规律，降低成本，提高经济效益。设备添置时进行技术经济分析、正确决策，设备使用时合理地使用维护，设备更新改造时，进行正确的技术方案与经济可行性分析等。

（3）对设备可靠性和维修性设计的研究

在设备工程中，可靠性是指“无故障”，即设备在使用时无故障地执行规定的性能；维修性指“易修性”，即设备维修难易程度的特性。可靠性和维修性影响设备的利用率和维修费用。可靠性和维修性的极限是“无维修设计”，是综合工程学追求的理想目标。

（4）将设备管理扩展到设备一生

即对设备进行全过程管理，并系统改善每一个环节的机能。从设备的研究、设计、制造、安装，一直到运行维修的全过程。综合工程学运用系统工程的观点和方法进行研究与管理，将设备的整个寿命周期作为研究与管理对象，系统地改善各个环节的机能。

（5）注重信息沟通

综合工程学包含了设备工作循环的反馈管理，从设计、使用到成本信息反馈的管理。设备的添置包括自行设计制造与采购，企业设备的添置一般从专业厂家采购，使用企业应当与设备制造单位就设备的使用、性能、维护维修性等进行信息的沟通与反馈。无论哪种添置设备，综合工程学都强调了信息反馈管理。

在英国，设备综合工程学的推广，带来了经济效益，设备维修成本下降了50%。目前，设备综合工程学在欧洲、南亚等国家普及。

2. 美国的后勤学

（1）后勤学概述

20世纪50年代，美国进入发展阶段，企业生产任务繁重，设备负荷大大增加，设备故障上升1/3。为保证高的生产效率，在生产线关键工段配备了相应的熟练维修技术工人。随着技术发展，生产线机械化、自动化水平不断提高，设备更加复杂，维修专业性要求逐步提高，维修成本及人员成本在不断提高。

设备故障造成停机损失、生产设备废品率上升，因此，在某些汽车厂的装配线，同时配两个维修队，实施设备抢修，以便迅速排除故障。这促使美国企业必须考虑如何完善设备维修维护的有效组织，促使美国提出设备预防维修。之后，美国还对设备预防维修存在的过剩维修和维修不足等问题进行了改革，发展成为生产维修。

生产维修除了日常保养外，还有事后维修、预防维修、改善维修和维修预防。针对不同设备，采取相应的维修方式，如对重点设备，实行预防维修，一般设备实行事后维修。

20世纪60年代，美国航天工业和军事的庞大开支，促使进行设备寿命周期研究，1966年7月后勤学学会成立。后勤学确定了维修原则和维修方法。后勤学认为，一个系统应包括基本设备和相应的后勤支援，后勤支援主要有测试、辅助设备、备件、人员培训、器材储备运输、技术资料等，基本设备和后勤支援综合有效配合，建立优化平衡，才能生产出经济效果好的产品。

（2）后勤学的基本内容

后勤学是系统或设备的规划、设计、试验和评价、制造和评价、用户使用和评价、退役更新等各个阶段加以研究和实施的后勤保障。各个阶段基本内容见表1-1。

表1-1 后勤学的基本内容

阶　段	主 要 内 容
概念设计	①确定需要和可行性分析，提出装备的特定任务，市场分析，可行性研究。 ②确定装备的功能要求、主要参数、有效度和设备寿命周期费用。 ③维修原则、可靠性、维修性、维修设施、人员配备、零件供应

（续）

阶　段	主　要　内　容
初步设计	①完成各种功能要求的分析,多方案的最佳选择。 ②完成可靠性、维修性分析,设计各个主要组成部件。 ③后勤保障方案的选定
技术设计	①完成装备的详细设计。 ②后勤保障分析,研究维修用设备、备件供应、人员培训、技术资料。 ③通过对装备设计方案的全面评价和审定,进行技术设计
制造或构筑	①制造、安装、调试、验收基本设备和辅助设施。 ②做好运行人员的培训,维修技术、零件备件、材料准备。 ③做好厂房、电、水、气等配套工程
运行使用	①正确运行各个装备,获得原定的能力指标。 ②正确及时完成装备的维修工作,使其发挥应有的有效利用率。 ③建立并收集使用阶段的各项指标资料,并反馈、改进设计方案
退役更新	①分析装备的继续使用、大修、报废更新以及比较改造方案,并决策。 ②处理报废装备,订购更新装备

（3）后勤保障管理

后勤保障管理涉及设备所有功能和活动计划、组织、管理、协调及控制。主要包括后勤计划、后勤保障组织、后勤保障控制等，为使设备或系统达到任务目标，各阶段内部应有正确合理的后勤保障计划；设备设计制造中，各项后勤保障能力有机结合；保证主要设备运行和维修中，及时得到有效的后勤保障；不断评价设备全寿命周期总效果，并提出修改方案，即后勤保障分析。

3. 日本的全员生产维修

（1）全员生产维修概述

全员生产维修简称TPM，日本工业迅速发展时期，参照我国“鞍钢宪法”的基础做法，在引进美国的预防维修和生产维修的基础上，吸取了英国设备综合工程学的原理，结合日本实际，发展成为全员生产维修体制，取得了很好的效果。

20世纪50年代，日本以预防为中心的维修保养职能确立，主要的管理技术有预防维修、生产维修和改善维修。20世纪60年代，确立了设备设计中可靠性、维修性和经济性的重要性，主要管理技术有维修预防、可靠性工程、维修性工程和工程经济。20世纪70年代，全员全系统生产维修综合效率时代，主要的管理技术有行为科学、系统工程、生态学和设备综合工程学。20世纪80年代以后，以状态为基础的全员生产维修时代，主要的管理技术有设备诊断专家系统、质量维修、FA时代的自主维修、提高设备综合效率。

（2）全员生产维修的要点

全员生产维修追求的目标是设备的“全”效率化 、建立设备一生“全”系统、从管理人员到一线工人的“全”体人员参加，称“三全”。全效率是将设备综合维修效率提高到最高；全系统是建立起从设备调研、规划、设计制造或采购、安装调试、使用维护、维修与改造、技术更新直至报废的设备一生全过程的预防维修管理系统；全员指涉及设备一生全过程的相关部门及人员，都要参加到全员生产维修的管理系统。即以提高设备的综合效率（OEE）为目标；建立以设备一生为对象的生产维修系统，确保寿命周期内无公害、无污染、安全生产；涉及设备的规则、生产经营使用和维修等所有部门；从企业管理人员到第一线操作成员参加；加强生产维修的全程培训。

全员生产维修效果显著，据文献介绍，自全员生产维修推广以来，发展迅速，取得了明显经济效果。在日本，全员生产维修普及率大致达到65%，很多企业的设备维修费用降低约50%，设备开工率提高约50%，许多国家研究TPM管理制度，进行应用推广。

目前，TPM管理追求"四个零"，即零故障、零伤害、零不良、零浪费。

（3）全员生产维修发展现状

1）更加重视操作人员的自主维修。全员生产维修的目标是通过"改善人和设备的素质改善企业素质"来实现。工厂自动化主要体现在设备的自动化、柔性化等，必须培训适应工厂自动化时代要求的关键人员。

全员生产维修应当做到以下几个方面：操作人员要掌握自主维修的本领；维修人员应当提高维修机械、电子电气、液压传动、控制等设备的本领，掌握专业维修理论及技术；设计、制造人员应使自动化设备不断接近"无维修设计"，提高设备的可靠性。

2）提高OEE。日本就设备现场管理提出了提高设备综合利用率的概念，即如何从时间和质量方面掌握设备的工作状态，增加创造价值的时间和提高产品的产量。主要手段有：从时间上增加设备的运行时间；从质量上增加单位时间内的产量，减少废品次品、增加合格产品的数量。

高设备综合利用率的理想目标是追求"四个零"。影响设备综合效率提高的6个因素见表1-2。

表1-2 影响设备综合效率提高的因素

序号	损失类型	目标	说 明
1	故障损失	0	所有设备的故障损失必须为0
2	工装模具调整的损失	时间极少	尽量短时间完成
3	速度损失	0	要使加工速度与设计速度之差为0，而且通过改进，实际超过设计工作速度
4	小故障停机损失	0	有程度的差别，但要控制在很小范围内
5	废品次品损失	0	废品次品减少到0
6	调试生产的损失	时间极少	尽量短时间完成

课堂练习

（1）请叙述我国设备管理发展的几个阶段及特点。

（2）请叙述国外典型的设备管理方式及特点。

（3）请叙述日本设备管理的特点，结合我国的实际，查阅资料或到企业调研，谈谈企业中设备管理的具体方式。

（4）请简述设备TPM管理的要素。

1.3 设备维修管理的发展状况及基本内容

1.3.1 全员生产维修的发展

TPM 已经在全世界范围内产生了较大影响，已经形成了体系特色，并融入了企业文化。

① 建立赢利的企业文化。推行 TPM 的企业应通过减少 6 项损失，优化质量、成本和交货期，满足客户要求。

② 推进预防哲学。从预防维修到改进维修，按照“现场—现物—现实”的原则防止损失。

③ 全员参与。各级员工成立小组，参与设备维修与管理，注重员工价值，体现岗位意识。

④ 现场与实物。落实个人的检查方式，创造良好的工作环境。

⑤ 实现 4S 管理。GS—原来的 5S 内容，CS—客户满意，ES—雇员满意，SS—社会满意。

1.3.2 设备维修管理的基本内容

设备维修管理，是围绕设备开展一系列组织工作的总和，以提高经济效益为中心，以争取良好的设备投资与设备运行使用为目的，依靠技术进步、先进的管理方法，促进生产经营发展。

设备一生的全过程管理，就是运用现代科学技术、管理理论和方法，对设备的全过程在技术、经济、经营管理等方面进行综合研究和管理，以提高设备综合效率和追求寿命周期费用的经济性为目标，是对传统设备管理的挑战，突出质量、可靠性、经济性、环保性和职业安全卫生等，因此，也称为设备的综合管理。可以表述为一生管理、两个目标和五个结合。

1. 一生管理

设备规划、设计、制造、安装，称为设备管理的前半生；使用、修理、改造、更新、报废，称为设备管理的后半生。全过程的寿命周期管理是区别于传统设备管理的重要标志，传统设备管理只管理维修一段。

2. 两个目标

两个目标包括提高设备综合效率和追求寿命周期费用的经济性。

3. 五个结合

五个结合包括设计、制造与使用相结合；维护与检修相结合；修理、改造与更新相结合；专业管理与全员参加相结合；技术管理与经济管理相结合。具体内容见设备管理部分。

课堂练习

（1）叙述维修管理的发展状况。

（2）查阅资料或组织参观调研企业，了解设备管理的五个基本内容。

第2章 设备的故障诊断技术及预防维修

2.1 设备的可靠性及维修性

2.1.1 可靠性及特征量

1. 可靠性

所谓可靠性，是系统、设备或零部件在规定条件下和规定时间内完成规定功能的能力。规定条件指设备所处的环境条件、使用条件和维护条件等，规定功能指该设备或系统不可超越此规定的功能。

一般讲，设备技术性能指标通过各种检测手段检测，状态性能、参数信息直观，但可靠性指标不能采用仪表直接测量，必须通过可靠性研究、试验和分析，才能做出正确估计和评定。可靠性指标与规定条件、规定时间及规定功能有关。

（1）规定条件

规定条件指系统、设备或零部件所处的环境条件、使用条件和维护条件等。同样的设备在实验室或生产车间环境中使用，可靠性不相同；即使同在生产车间使用，车间环境是否有冲击振动、电磁辐射等，可靠性也不相同。条件恶劣，可靠性下降。还要考虑设备的维护条件，维护条件好，可靠性高。设备的使用必须要符合规定条件。

（2）规定时间

规定时间是根据实际工况使用的时间，设备工作时间越长，可靠性越差。设备可靠性强调了时间因素，在规定时间对设备评价，是与设备的其他技术性能指标的根本区别。

（3）规定功能

规定功能即设备具备的主要性能指标。每种规格的设备规定了具体的性能指标，不能超越技术指标使用设备。规定功能是设备的预期功能。

2. 可靠性的特征量

可靠性定义抽象，是一种定性概念，没有量化。能够对设备可靠性的相应能力作数量表示的量，称为可靠性特征量，主要有可靠度、失效率、故障率、平均无故障时间和失效前平均时间等。

（1）可靠度与不可靠度

可靠度用 $R(t)$ 表示，是时间的函数，是系统设备或零件在规定条件下和规定时间 t 内完成规定功能的概率。与此相反，系统设备或零件在规定条件下和规定时间 t 内发生故障的概率是不可靠度。用 $F(t)$ 表示。因此，函数 $R(t)$ 与函数 $F(t)$ 的和等于1。

可见可靠度的取值范围为：$0 \leqslant R(t) \leqslant 1$。故 $R(t=0)=1$，$R(t\to\infty)=0$。

对生产设备而言，不可能具体量化可靠性指标。但提升设备的固有可靠度、制造可靠度、安装可靠度、使用可靠度和维修可靠度等，可以实际提升设备的可靠性。

固有可靠度，也称设计可靠度，取决于设计方面的可靠度，通常称狭义可靠度。设备是按一定技术标准、规范及要求设计，达到相应功能，设计制造完成后，可靠度成为设备的固有可靠度。故障的发生表示设计本身有问题，如夹具与零件的形状不匹配、结构本身存在问题、零件选择存在问题、电器元件参数设计不符合要求、寿命短等。

制造可靠度，由零件加工和装配方面决定，如零件尺寸精度存在问题，零件形状、装配没有符合工艺要求等。

安装可靠度，取决于设备安装过程，包括安装不良造成振动，水平度不符合要求，安装过程中的管路、电器配线不规范等。

使用可靠度，取决于操作方面，故障发生因操作造成，如操作失误、工装模具更换调整失误、使用条件不符合要求、没有按规程操作、违章操作等。

维修可靠度，取决于设备维修质量方面，如零件更换不当、维修后精度不符合要求、电器系统维修不恰当等。

设备固有可靠度最基本、最重要，对其他可靠度均有影响，设计过程中应当研究“可靠性设计”，再考虑制造、安装、使用操作、维修等整个周期的“可靠性管理”。各环节可靠度的乘积，就是设备或系统的可靠度。因此，发生故障时或在出现产品废品时，应当研究分析是何种原因，属于何种可靠度的问题。

（2）平均寿命

对可修复的系统、设备，平均无故障时间是设备的平均寿命；对不可修复系统、设备，失效前平均时间是平均寿命。

平均无故障时间，用 MTBF 表示，又称平均故障间隔期，指相邻两故障间正常工作的平均值。平均故障间隔期长，设备可靠性高。MTBF 是直接利用时间表示可靠性的特征量，在可修复系统中被广泛作为可靠性的量化指标。

对不可修复系统、设备，可用失效前平均时间（MTTF）作为可靠性的量化指标。一般情况下，系统的 MTTF 通过试验得到。特殊情况下，如不可修复系统、设备的可靠度函数为指数分布时，系统的 MTTF 可用积分计算得到。

（3）失效率

失效率用 $\lambda(t)$ 表示，是时间的函数，指工作到某时刻尚未失效的系统在该时刻以后时间内发生失效的概率。失效率描述了系统在某时刻发生失效（故障）的可能性大小，是设备工程的重要指标，对可修复系统通常把失效率称为故障率。各种可靠性特征量示例见表 2-1。

表 2-1 各种可靠性特征量示例

修复可能性	维修种类	设备举例	可靠性特征量
可修复	预防维修	在线计算机、飞机、汽车、生产设备、机床等	平均无故障时间、可靠度
	事后维修	家用电器、机械装置等	平均无故障时间
不可修复	使用到耗损期为止	电子元件、机器零件、一般消费品	失效率、失效前平均时间
	使用到一定时间报废	实行预防维修的元器件等	失效率、更换时间

（4）可靠性模型

当设备与系统由多个子零件或子系统构成时，根据零部件的连接方式，设备或系统的可靠性模型常用的有串联模型、并联模型、串并联模型和备用模型。

3. 故障分布函数

设备可靠性各种特征量与该设备的故障分布有关，如已知设备的故障分布函数，可通过数学方法求出设备可靠度、故障率等，即使不知道故障分布函数，也可通过分布估算得到可靠度估计值。可靠度是设备使用到某个时间无故障的概率，可用以时间 t 为变量的分布函数 $R(t)$ 表示，即

$$R(t)=1-F(t)=\int_t^{\infty} f(t)\,\mathrm{d}t$$

式中，$F(t)$为不可靠度函数或故障分布函数；$f(t)$为故障密度函数；$R(t)$为可靠度函数。

可知，$F(t)$ 与 $R(t)$ 之间的关系是对立的。$F(t)$、$R(t)$ 与 $f(t)$ 的相互关系如图 2-1 所示。典型故障分布函数有指数分布、正态分布和威布尔分布等。

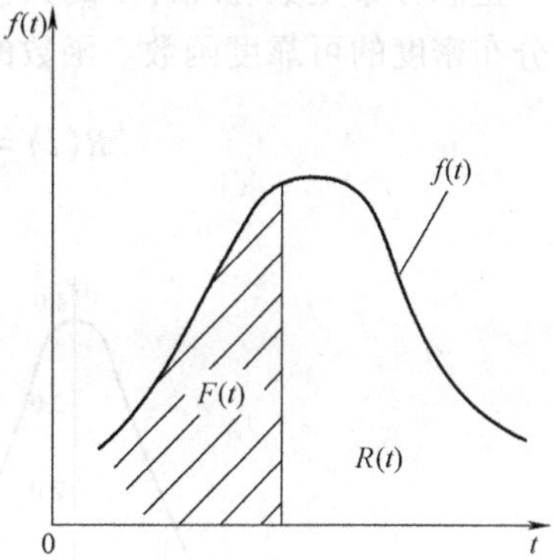

图 2-1　$F(t)$、$R(t)$与$f(t)$的相互关系图

故障函数 $Z(t)$ 就是正常运行的设备在 t 时间尚未发生故障，而在随后的 dt 时间内可能发生故障的条件概率函数。故障函数 $Z(t)$ 和设备平均寿命 θ 服从下列公式

$$Z(t)=\frac{F(t)}{R(t)}=\frac{-1}{R(t)}\cdot\frac{\mathrm{d}R(t)}{\mathrm{d}t}$$

$$\theta=\int_0^{\infty} R(t)\,\mathrm{d}t=\int_0^{\infty} tf(t)\,\mathrm{d}t$$

（1）指数分布

指数分布是设备可靠性中最广泛的分布，是连续分布函数，可靠度函数为

$$R(t)=\mathrm{e}^{-\lambda t}$$

式中，λ 为失效率，是指数分布的分布参数。

指数分布故障分布函数 $F(t)$、失效率函数 $\lambda(t)$ 和平均无故障时间（MTBF）服从下列各公式

$$F(t)=\lambda\mathrm{e}^{-\lambda t}$$

$$\lambda(t)=\lambda(\text{常数})$$

$$\mathrm{MTBF}=\frac{1}{\lambda}$$

注意，当故障发生遵从指数分布时，失效率 $\lambda(t)$ 对时间是一个常数。此时的平均寿命就是其分布函数的倒数，且与平均无故障时间（MTBF）相等。如图 2-2 所示是指数函数分布图形，当时间 t=平均寿命 θ 时，可靠度为

$$R(\theta)=R(t)=1/\mathrm{e}=0.368$$

编制预防维修计划时，可参考在可靠度下降0.368之前修理，将平均寿命定为修理周期，则大约还有63%的设备在达到修理周期之前可能发生故障。

指数函数分布中，如果设$t=\theta/2$，则$R(\theta/2)=0.606$，可见，将修理周期规定为$\theta/2$，则可靠度大大提高，但因为修理周期太短，修理成本会增加，因此，必须进行可靠性费用分析，再实施具体的设备维修综合评定。

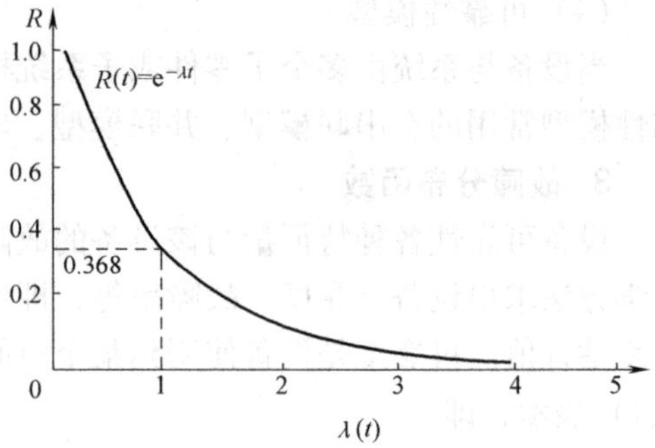

图 2-2 指数函数

（2）正态分布函数

正态分布是数理统计中的典型分布，是双参数连续分布。以下是正态分布函数表示的故障分布密度的可靠度函数。函数的曲线如图2-3所示。

$$R(t)=1-\Phi(u)=1-\int_{-\infty}^{0}\frac{1}{\sqrt{2\pi}}e^{-\frac{t^2}{2}}dt$$

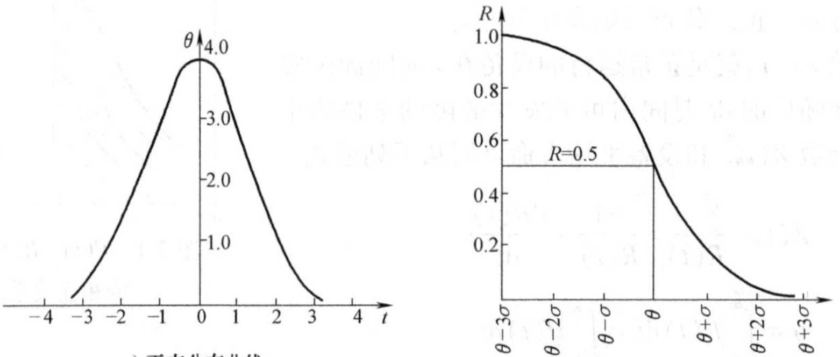

a) 正态分布曲线 b) 正态分布型可靠度函数

图 2-3 正态分布曲线和正态分布型可靠度函数

显然，如某批设备故障发生服从正态分布函数，当时间$t=(t_1+t_2+t_3+\cdots+t_n)/n$时，相应可靠度为50%，如将此时设为设备的修理周期，大约还有50%的设备在达到修理周期之前可能发生故障。

4. 设备的典型故障曲线

任何一台设备磨损失效随使用时间而变化，设备的典型故障曲线如图2-4所示，定性地表示出设备故障率与时间对应的关系，也称为“浴盆曲线”。研究设备典型故障曲线，可将设备故障发生形态大致分为三个阶段。

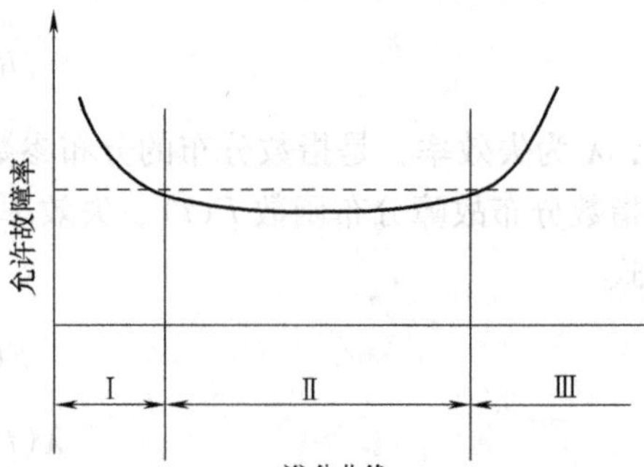

浴盆曲线

图 2-4 设备的典型故障曲线

（1）早期故障期

早期故障期属试运行期或使用初期，故障较多，相当于常说的跑合阶段。通过跑合阶段运行并不断排除故障，故障率将不断下降，并趋向稳定。此阶段故障易查找，造成故障的原因基本上是元器件未经筛选、制造工艺或包装运输损伤、误操作，设计质量有问题等。此阶段的时间长短与产品、系统的设计制造质量密切相关。

早期故障是影响设备可靠性的重要因素，使设备平均无故障时间减少，从设备使用总龄看，此阶段时间不长，但必须认真对待。对定型产品、批量产品，早期故障时间较短。对新设备，此阶段故障形态主要由初期故障率、持续时间和末期故障率决定。此阶段可靠度的分布密度函数，基本服从指数分布。

（2）偶发故障期

偶发故障期也称稳定阶段。此阶段是设备正常运行工作期，故障率较低，大致处于一个定值。此时间内，故障发生与时间无关，随机突发，如机械零件、电子电器元件的损坏等。设备故障是偶然因素造成，故障发生随机，与设计、制造质量等因素有关，但与操作、保养有更直接的关系。如笔者曾经的工作对象1000kVA大功率闪光焊机，某次发生故障后，采取各种手段及机械、控制、液压等系统全部更换新备用系统后，故障无法消除。当设备断电后，无意识再次启动，设备竟然正常工作，且长期没有发生故障，此为偶发故障期的现象。

此阶段即为设备的有效寿命，一般持续相当长的时间，可能占设备使用期的一半以上。如持续时间达不到要求，表示设备将不能达到预期经济效果。

对偶发故障的故障特点、类型统计分析，可基本掌握故障特点与位置。应健全设备运行、故障状态统计和维修保养记录，连续运行的设备，做好交接班状态台账，精度检查记录，对于产品作业线的关键设备或关键部位，建立“三位一体”的点检制度。此阶段故障少，但诊断困难。为提高设备运行效率，减少停机率，应建立完善有效的设备管理制度。

（3）损耗故障期

损耗故障期也称磨损阶段。经过相当长的偶发故障期后，设备元件老化、部件磨损、结构强度疲劳等，故障率迅速上升，设备进入损耗故障期。对定期报废的设备或机构，此时故障率上升很快，设备使用率迅速下降，影响企业效益。

设备有形磨损和无形磨损是自然规律，要延长设备的寿命，阻止故障率上升，必须通过改善性维修、大修、改造或更换，才能降低故障率。

此阶段故障形态的主要参数为故障上升速度，属故障率上升型。实际上，设备使用周期中包含多个盆浴曲线，多个盆浴曲线就是多个大修理周期，直到设备寿命结束。

设备、系统故障率曲线的变化，就像人的生命过程。历次大修理后设备的质量和可靠性，难以恢复到新设备出厂水平，主要是大修没有改变设备的原有设计结构，设备固有可靠度没有提高；大修只是将磨损精度下降的部分更新，没有将磨损零件全部更新；某些设备，使用单位大修技术远不如制造厂的水平，还可能缺少专业或专用装备，因此大修后可靠度有所下降。

5. 设备故障全部曲线类型

科学技术快速发展，新材料、新技术在设备中得到广泛使用，设备构成不再完全是机电技术，设备的故障不再仅仅因为磨损失效机理而产生，如图2-5所示是目前广泛认可的6种设备故障类型，服从盆浴曲线的故障形式只占4%，此类设备很少，例如手机是复杂系统的设备，如果初期故障很高，将无法投入市场。

如图2-5所示的6种设备故障类型中，4%、2%、5%三类曲线组成的11%故障曲线，存在有限使用寿命，符合摩擦磨损机理，采用预防性维修办法；由4%、68%曲线组成的72%

故障曲线，经历了初期故障，可采用“倾向管理”，尽量采取“预制状态、超前管理”；由68%、7%、14%组成的89%故障曲线，没有明显的使用寿命，故障及隐患没有规律，是特发性的损坏，如采用点检管理不能起到预期效果，一般采取以可靠性为中心的“预测性维修”方法解决，效果比较好。如某大吨位拉力测试设备的 ϕ500mm 液压缸，连续使用42年没有发生故障，不需要大修，故障规律服从14%的故障曲线。

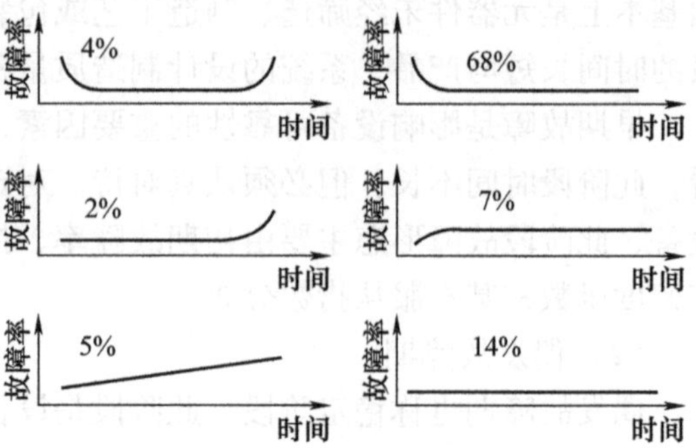

图 2-5　设备故障全部曲线类型图

2-1　大吨位拉力测试设备的油缸状态

2-2　大流量液压阀元件

2-3　机电液压控制组成

2.1.2　维修性及特征量

1. 维修性

所谓维修性，是在规定条件下使用的设备，在规定时间内，按规定程序和方法维修时，保持或恢复到能完成规定功能的能力。

维修性是设备设计与装配的特性。此特性使设备进行计划维修或事后维修，以最少的人力、技术、测试装置、工具、备件和材料等消耗，在最短时间内完成维修任务。因此，维修性与设计、装配密切有关，还与时间、成本、维修方式、操作技术、维修手段及环境等有关。

从维修性含义中可看出可靠性与维修性的关系，可靠性与系统的维修效果有关。从系统效能出发，可靠性与维修性结合，能保证系统的有效度，提高可靠性，直接有助于延长系统的使用时间，提高维修性，有助于减少停机时间；从经济性出发，采用有效的设计方法，保证可靠性与维修性，能减少维修费用。在规定条件下，设备的可靠性与维修性都应相当稳定。

维修性与设备状态的数据、信息紧密相关，点检是得到设备状态的基本方法。

2. 维修性的特征量

（1）维修度

维修度用 $M(t)$ 表示，使用的设备在规定条件、规定时间内按规定程序和方法维修时，保持和恢复到能完成规定功能状态的概率。

2-4　连续运行46年未拆卸大修的油缸

2-5　大流量液压集成块

2-6　大吨位测力油缸外貌

规定程序和方法包括：根据设备在单位的重要性，确定采用设备预防维修还是事后维修方式；故障检测方式及装置的选定；维修方案、标准的确定及技术资料的准备；维修零部件、工具、材料的准备；维修环境准备，包括场所、起重转运设备、维修用场所的电源、工作安全及措施等；维修操作规则的规定；维修工艺的制定；维修人员技术等级要求及配置、部门配合协调；维修资金落实与维修资金计划；外协外购件的订货与验收标准，维修结束的验收大纲；维修资料整理及归档；维修效果的评价。

（2）修复率

修复率用 $\mu(t)$ 表示，修理时间已达到某个时刻但尚未修复设备，在该时刻后的单位时间内完成修理的概率，即发生故障后修复的概率。

（3）平均修复时间

平均修复时间（MTTR）包括故障诊断时间、修理准备时间和修理实施时间。故障诊断时间包括查阅点检资料、交接班记录、故障统计分析的准备时间，发现故障的系统、部位，诊断、查找、拆卸、清洗等，确定故障发生原因所需的时间；修理准备时间包括备件、材料准备、场所准备、工具和实验装置准备、技术资料准备，修理人员的配备、协作部门协调等需要的时间；修理实施时间包括解体、修理、拆卸、更换零件、换油、清洗、调整、校正、验收和清理需要的时间。

2-7　液压油的过滤

实际维修中，为减少总修理时间，故障诊断时间和修理准备时间根据具体情况交叉进行。

2-8　大流量液压单元组成

2-9　高压力大流量液压单元

课堂练习

（1）可靠性的概念是什么？可靠性与哪些因素有关？

（2）“盆浴曲线”能够反映设备一生的故障特点，其中三个阶段的特点是什么？在设备管理中，三个阶段应当采取哪些相应的措施？

（3）设备故障曲线除“盆浴曲线”外还有几种？有何特征？

（4）设备的维修度是什么？结合设备维修过程，规定程序和方法包括哪些内容？

2.2　设备的故障分类及特点

2.2.1　故障及分类

1. 故障

设备失去正常工作能力，即丧失规定的机能或降低效率的现象称为故障。发生故障后，经济技术指标部分或全部下降，如功率下降、功耗上升、效率降低、精度下降、加工表面粗糙度达不到要求，最严重的是设备不能运行。

故障发生前的征兆，称为异常。监视异常的征兆状态可以收集到征兆数据，利用征兆数据，可以诊断、预测故障。设备故障分自然故障、人为故障或事故性故障；自然故障包括磨损、变形、老化；人为故障包括使用不当、维修不当和违反操作规程等。

设备故障从外部现象看有突发性故障和偶发故障，突发性故障无明显先兆，偶发故障有明显先兆。突发性故障发生后，故障一般容易排除，偶发故障尽管有明显先兆，但故障难排除。因此，诊断设备故障很重要。

故障理论作为新兴学科，包括故障统计分析和故障物理分析。故障、异常、缺陷等反映设备运行状态，有些只有在设备运行时才显现出来，如设备一直没有运行，则无法发现。如一台电力设备的接地保护装置已经损坏，但并没有影响供电，只有当设备的绝缘被破坏时，才能暴露接地装置已经失效。可见，这不仅是设备状态问题，而且对设备故障的认识程度有关。判断设备是否处于故障状态，必须有具体的判断标准，明确设备应保持规定性能的具体内容，或者是设备性能丧失到何种程度、具体技术指标才认定为故障，设备的故障、异常、缺陷比较容易识别。一般讲，异常、缺陷是设备隐患，尚未发生故障，可能发展为故障。

设备故障一般包含两层含义，一是机电系统偏离了正常功能，机电设备的工作条件不正常，可通过参数调节或零件修复消除，设备就恢复正常功能；二是功能失效，设备连续偏离正常功能，并且偏离程度不断增加，使机电设备基本功能不能保证，称为失效。一般零件失效可以更换，但关键零件失效，可能造成整机功能丧失。

设备维护与管理中，设备故障常用的术语有停机故障、设备事故、异常和劣化。

① 停机故障，设备性能降低到不能满足生产要求造成强迫停机，包括事故停机。

② 设备事故，意外原因引起设备损坏，包括精度、性能、功率下降或停产、主要结构件的永久缺陷或内部损伤；意外原因包括设备设计、制造、运输、安装、操作、检修、安全管理等人为因素；还有可能是风、水、电、雷、雪等自然因素，是特殊性质的故障。

③ 异常，设备在使用中各种信息参数如温度、振动、噪声、压力等，或特征值相对于标准值状态的变化，这种异常可能影响设备的功能，多数情况下，异常是故障的先兆，应及时发现异常，采取措施，排除可能的故障。

④ 劣化，设备使用中，零件磨损、疲劳或环境造成变形、腐蚀、老化等使性能下降，劣化是反映正常磨损到急剧磨损的临界过程，是设备管理中严格控制的现象。

2. 设备故障分类

(1) 工程复杂性分类

间歇性故障。设备在很短时间内发生故障，设备局部丧失某些功能，发生后又恢复到正常状态。多半由机电设备外部原因（如人工误操作、环境设施等因素）引起，外部干扰消失后，没有造成致命损伤，功能可恢复正常。

永久性故障。设备丧失某些功能，直到故障或系统（如液压、控制等）更换或修复，功能才恢复。永久性故障可分完全性故障、部分性故障，一般由于某些零部件损坏造成。

(2) 突发性分类

突发性故障。不能预测的故障，是各种不利因素与偶然的外界影响共同作用的结果，这种作用已超过设备性能限度，具有偶然性与突发性，一般与使用时间无关，故障发生前没有明显前兆，早期试验或测试很难预测，一般是工艺系统本身不利因素或偶然的外界因素造成。

渐发性故障。机电设备有效寿命的后期渐发出现，发生概率与使用时间无关，可通过测试早期预测的故障，设备零部件的腐蚀、磨损、疲劳及初始参数劣化的老化过程而发现。

功能故障与参数故障。前者是设备使用中丧失某些功能，不影响整体使用效果，设备可继续使用；后者分为设备技术参数设计暴露的故障及操作过程中的参数调整错误故障。

允许故障与不允许故障。如出现故障，并没有造成设备性能实质性下降，或不影响设备使用功能、继续满足产品工艺条件的故障，称允许故障，设备能继续运行，属带病工作。故障超过一定限度，设备功能下降、效率降低、不能继续满足产品工艺条件的故障，称不允许故障，必须要进行维修。

另外，设备故障还有实际故障与潜在故障等。

(3) 功能丧失程度分类

致命故障。也称完全性故障，危及或导致人身伤亡、引起设备报废或造成重大经济损失的故障，如机身断离、车轮脱落、发动机总成报废、控制系统无法工作、供电电源爆炸等。

严重故障。也称部分性故障，严重影响机电设备正常使用，在较短时间内无法排除的故障，如箱体裂纹、齿轮损坏、复杂的控制系统、液压系统故障等。

一般故障。即影响设备的正常使用，但能在短时间内排除的故障，如传动带断裂、操纵手柄损坏、电气开关损坏、控制元件失去功能等。

（4）故障原因分类

磨损性故障。因设计时已经预料到的正常磨损造成。

错用性故障。未按照规范使用设备或超过额定范围造成，或设备部分改造后，操作者不习惯，造成误操作或错用，导致发生故障。

固有的薄弱性故障。使用时参数值尽管没有超过额定值，但已不能适应而导致发生故障。

自然故障。设备在使用区内因外部原因或设备内部多种自然因素而引起的故障，如磨损、断裂、变形、元部件老化等。

（5）安全性分类

危险性故障。保护系统需要动作时发生故障，丧失保护功能，如设备过载保护装置损坏引起的故障。

安全性故障。不需要保护系统动作时，保护系统发生动作造成的故障，即保护系统或环节动作，使能够正常工作的设备发生故障。

2-10 大直径油缸的维护

2-11 数控车的结构观察

2.2.2 设备故障的特点

1. 多样性

各个行业、单位产品多样，产品标准具体，产品实现的过程主要依靠设备。因此，不同行业的设备也是多样的，结构不同，工艺参数各异，制造、安装过程各有特点，使用环境复杂，设备运行期间可能出现的故障多种多样。

2. 层次性

设备一旦出现某种或某些故障现象，需分析故障原因。设备是多种专业技术的综合体，可能由多个原因引起某种故障现象，也可能一个原因引起多个故障现象。设备一般包括机械、液压、电气及控制等部分，故障现象一般表现在机械机构上，源头可能是电气、控制系统或传感信号部分，也可能是液压系统部分，故障原因不能简单凭现象判断，某一层次的故障可能源于下一层次的故障，表现出层次性。

3. 关联性

设备各个元件之间，设备与设备之间通过机械结构或物料传递相互联系，一个元件或一台设备发生故障，可能使其他部件、元件或设备发生故障，表现出故障的关联性。分析或诊断故障原因时，需结合现场、经验，全面考虑相关因素。

某种故障现象可能由多种原因引起，反之，一种故障原因也会表现出多种故障现象。因此，故障的关联性造成故障发生、现象等都具有不确定性，增加了故障诊断和维修难度。

4. 滞后性

设备运行过程中，零部件不断受到负荷及机构冲击、摩擦、磨损和腐蚀等因素的作用，发生振动、偏移、变形和断裂等，设备性能不断劣化，到一定程度就表现出机械功能失常、效率下降或功能完全丧失，故障发生，设备停机。故障的发生是由许多缺陷持续积累、状态劣化逐步发展为质变的过程。故障形成的滞后特性，需要设备管理专业人员尽早发现隐患，分析点检资料，预估故障趋势，采取相应的预防措施，减少故障及损失。

5. 修复性

大多数故障都可修复，如性能下降，一般采取大修，恢复设备的总体性能；如设备的某些部位或系统重复发生故障，一般采取改善性维修，改善性维修是具体针对性维修，需要考虑局部改善与设备整体的关系。

2.3 故障原因及大修过程

2.3.1 故障原因及状态检测

1. 故障原因概述

无论何种设备或零件，分析故障原因时，都要根据具体情况划分单元与系统，各专业相互协作配合，并结合本单位特点、技术人员的能力等。表 2-2 是某厂对设备的故障原因分析。

表 2-2 某厂对设备的故障原因分析

序号	原因分析	主要内容
1	设计问题	设计结构、尺寸、配合、材料、功率、精度、控制等不合理
2	制造问题	制造过程中机加工、铸造、热处理、装配、元器件存在问题
3	安装问题	基础、安装工艺、水平度等
4	操作保养不良	不清洁、调整不当、参数设置错误、未及时清洗换油、操作不当等
5	超负荷、使用不合理	加工件超规格，加工件不符合要求，超负荷运转
6	润滑不良	不及时润滑、油质不合格、油量不足或超量、牌号错误、自动润滑系统不正常、加油点堵塞
7	修理质量问题	修理、调整、装配及备件、配件不合格，局部改进不合理
8	自然灾害	暴雨、雷电、浓雾等
9	自然磨损劣化	正常磨损、老化等
10	违规操作	对新设备不熟悉、没有制定操作规程、故意违反规定操作、操作人员不专心
11	原因不明	以当前的技术水平不能解释的故障原因

故障原因分析方法很多，如根据故障现象、故障模式等，将故障现象列表呈现，发现故障规律，确定故障；采用 MTBF 方法分析。MTBF 是设备使用中比较容易测定的参数，已经广泛用于评定设备使用的可靠性，可以用 MTBF 数据分析设备的故障原因。

2. 设备状态监测

(1) 设备状态监测概述

对正常运转中的设备或其零部件状态检查监测，根据监测的状态数据分析、判断，确认设备运行是否正常，有无异常与劣化征兆，或对异常进行追踪，预测劣化趋势，确定劣化及磨损程度，此活动称状态监测。定量监测设备的状态，预测设备未来趋势。

设备状态监测是通过经验或专用仪器、工具，按规定监测点进行简短或连续检测，掌握设备发生故障前的异常征兆与劣化信息，事前采取针对性措施控制和防止故障的发生，减少故障停机时间，减少停机损失、降低维修成本，提高设备利用率。对运行状态下不停机或在线监测，掌握设备的实际特性，有助于判定需修复或更换的零部件和元器件，充分利用设备和零件的潜力，避免过剩维修，节约维修费，减少停机损失。对自动生产过程或复杂的关键设备，意义更突出。

利用检测技术对设备状态或性能监测，当设备性能参数已发生明显变化，就应采取相应维修措施。状态监测维修可以在几方面推行：发生故障对整个系统影响大的生产线、装配线、连续流程设备；必须确保安全的供电系统大中型设备、特种设备等；成本高、精度高、自动化性能高的单台设备；故障停机维修费用高、停机损失大的关键设备等，可实施状态监测维修。

（2）状态监测与定期检查

设备定期检查是针对预防维修的设备在一定时期内做全面一般性检查，间隔时间较长，检查方法是主观感觉与经验，保持设备的规定性能和正常运转，而状态监测是以关键的重要的设备为主，如生产线、精密、大型、稀有设备，动力设备等，监测范围比定期检查小，使用专门的监测仪器对事先确定的监测点进行间断或连续监测，定量地掌握设备的异常征兆和劣化的动态参数，判断设备的技术状态及损伤部位和原因，决定相应的维修措施。

设备状态监测是设备诊断技术的具体方法，是掌握设备动态特性的检查技术，包括各种非破坏性检查技术。设备状态监测是实施设备状态维修的基础，根据设备检查与状态监测结果确定设备的维修方式。

设备状态是否正常，有无异常征兆或故障出现，可根据监测取得的温度、振动、应力等动态参数及缺陷状况，与标准状态对照加以鉴别。

设备的状态监测正发展为设备的点检管理。

设备定期检查与状态监测是设备运行中监测的方法，定期检查的现象与状态可与状态监测相互结合。定期检查时，经验丰富的设备人员可发现设备故障，再结合状态监测进一步判定、确认故障的位置、系统、复杂程度等。

（3）设备状态监测过程

设备状态的参数信息采取点检方式获得，包括设备运行状态监测及生产过程监测。前者监测设备的振动、温度、油压、油质劣化和泄漏；加工精度；控制系统的稳定性、误差、精度与干扰；液压系统的稳定性、液压元件的动作灵活性；供电质量的状况等。后者监测生产过程中的产品工艺、产品状态，如监测产品质量、流量、成分、温度或工艺参数量，生产效率与设备状态间的关系等。GB/T 19001 中认为，设备是保证产品质量的重要因素，通过监测生产过程，可掌握设备的性能状态。设备故障诊断技术及手段，参考阅读资料 2-1。

2.3.2 故障分析及诊断过程

1. 故障分析

（1）制造和维修因素

设备故障现象发生于设备运行过程中，故障分析应全面考虑设备的方案及设计，设备材料，设备加工及工艺，控制系统元件、性能及参数选择，设备装配及安装调试、使用、维护、改善等所有环节。

方案及设计阶段，对设备的工作条件应有准确的估计，应充分考虑可能出现的设备技术条件及状态的变异。因此，如外购设备，应充分调研供方的设计方案、标准及相应的图纸资料；如自制设备，应按标准严格审查技术文件。

与材料的选择有关。设备设计、制造、装配和维修中，需按材料及零件的性质和特点，合理选择材料，应符合相应标准，防止出现设备机构的磨损、腐蚀、过度变形、疲劳、破裂等现象。

保证加工及工艺质量。质量管理体系认为，质量是生产出来的，严格来讲，质量是设计出来的，确保方案及设计质量，设备制造过程必须保证质量，制造工艺的每道工序严格执行技术及工艺标准。工艺条件和材质的离散性必然使零件在铸、锻、焊、热处理和切削过程中造成应力集中、局部或微观的金相组织缺陷、微观裂纹等，这些缺陷在工序检验时不能疏忽。零件制造质量是机电设备寿命满足要求的重要原因与基本因素。

控制系统的元件、性能及参数，是保证设备运行的关键。

装配质量是设备良好性能的关键。机电设备安装必须执行结构的配合要求，保证经过磨合后的初始间隙与尺寸误差，提高设备的有效寿命。各零部件之间的相互位置精度，必须达到要求，防止引起附加应力、偏磨等，加速失效。

设备进入调试前的安装，应严格执行设备说明书的各种规范，基础水平是保证设备工作台水平的前提，防止产品产生加工误差。

（2）使用因素

1）工作负荷。机电设备发生耗损故障的主要原因是零件磨损和疲劳损坏，根据故障统计及分析，在规定使用条件下，零件磨损在单位时间内与载荷成正比，零件疲劳损坏只在一定的交变载荷下发生，并随其增大而加剧，即磨损和疲劳是载荷的函数。

2）使用环境。设备的使用环境包括温度、湿度、腐蚀有害介质的影响，还有工作对象的状况等。湿度大、温度超规定的适用范围及使用环境存在腐蚀介质等，将造成设备腐蚀和磨损；当环境温度及设备温度升高时，将造成腐蚀和磨损加剧；灰尘过多，将导致故障的产生。

3）设备保养和操作技术。根据设备故障特性曲线，针对性建立健全合理的设备维护保养制度，严格执行技术保养和使用操作规程，加强点检，掌握设备状态，是保证机电设备可靠工作和提高其使用寿命的重要条件。应重视对操作人员的培训，提高人员素质和操作水平。

2. 故障诊断

机电设备发生故障后，应立即停机抢修，或是维持运行、加强维护、等待修理，或采取措施消除或减轻故障。必须正确诊断及处理，防止故障损失扩大。在获取与故障有关信息的基础上，依据设备工作原理、结构、性能及参数等，运用基本原理分析，查找故障原因，提高故障诊断的准确性。

（1）辨别故障的真伪

首先，查询故障发生时生产工艺系统是否存在较大的波动或调整，如超越设备说明书规定的性能范围。系统异常变化将造成机构组成、流量、压力、温度等异常，引起设备振动、轴位移、温度异常、参数振荡、精度误差等，如此时设备未必发生机械故障，而可能是隐患，应采取隐患管理。

其次，细查传感器的采样数据是否客观。因测试及显示仪表可能的故障，给出的参数会出现错误，应判断是仪表本身的故障还是设备状态出现问题。

再次，检查设备系统的运行参数变化是否正确、符合基本原理。运行参数直接反映设备的运行状况，通过参数变化能辨识设备故障的真伪、分析诊断设备故障。

最后，检查设备现场直接感受到的异常现象。因工艺系统和运行参数复杂，有时不能凭某一个参数或少数参数就能准确判断或诊断异常。控制系统及仪表专业性强、系统复杂，应综合设备工艺系统、运行参数及设备现场，根据点检资料，结合经验，可根据对设备整体状况的了解，提高故障辨别及诊断正确性。

(2) 确认故障类型及程度

找到故障类型，发现故障原因，是设备故障诊断的核心。开始查找故障类型时范围比较大或无范围限制，尽可能多地收集引起故障的设备状态、参数及信息，并从这些信息中筛除本身正确、正常、无异常的信息，再对疑点信息逐一排除，逐步缩小信息范围。特别注意排除与发生故障有关联的异常现象，找出导致故障发生的真正原因，缩小故障范围，最后可确定到某机构、元件或连接装置等，或能够准确找到异常的性能参数。

判断故障造成的危害，确定是否需要立即停机、能否维持运行、是否需减少负荷运行等。

(3) 判断故障发展的趋势

判断故障发展趋势，对是否停车进行决策，对设备故障隐患的发展趋势做出分析判断。目前，产品作业线的设备基本是预防维修，状态维修是设备预防维修的改进措施，设备状态信息的获取，建立设备管家体系实现的设备点检，是判断故障发展趋势的基础。

3. 磨损规律与故障

摩擦与磨损是自然界的普遍现象，以摩擦副为主的机械设备正常运转时，机械零件的磨损一般分为磨合阶段、稳定磨损阶段和剧烈磨损阶段，如图 2-6 所示。*AB* 区间为磨合期，是设备使用初期，磨损较快。表面粗糙、润滑不良或载荷较大，将加速磨损。此阶段结束后，清除设备摩擦副中的磨屑，更换润滑脂，满负荷工作。*BC* 段区间为稳定磨损阶段，摩擦副表面硬化，磨损均匀、缓慢，为磨损寿命，与摩擦表面工作条件、维护有关，设备保养能延长磨损寿命。*C* 点后剧烈磨损为事故磨损阶段。当表面磨损量超极限后继续摩擦，磨损急剧增加，零件表层破坏，配合间隙增大产生冲击载荷；摩擦力与摩擦功耗增大，温度升高、润滑状态恶化、材料腐蚀与性能劣化等。应采取调整、维修或更换零件等措施，防止设备故障与事故的发生。

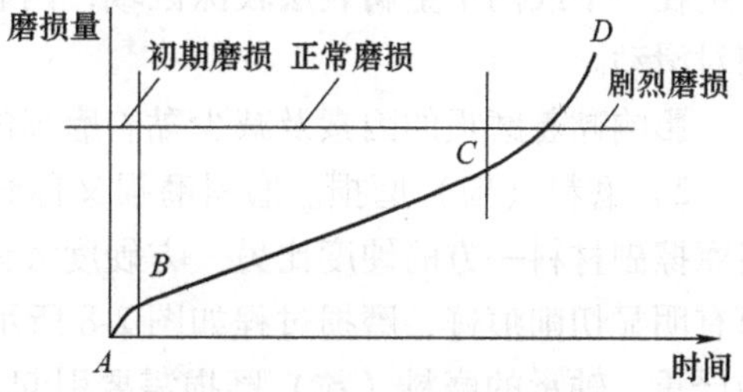

图 2-6　机械的磨损过程

(1) 磨损类型及磨损机理

按摩擦表面破坏的机理和特征，磨损可分黏着磨损、料磨损、疲劳磨损、腐蚀磨损和微动磨损。

1）黏着磨损。黏着磨损又称黏附磨损，是当构成摩擦副的两个摩擦表面相互接触并发生相对运动时，因黏着作用接触表面的材料从一个表面转移到另一个表面所引起的磨损，如图 2-7 所示。

黏着磨损的机理。当两个金属零件表面接触，实际是微凸体的接触。在法向载荷作用下，接触点压力很大，金属表面膜破裂，两表面裸露的金属面直接接触，接触点发生焊合即

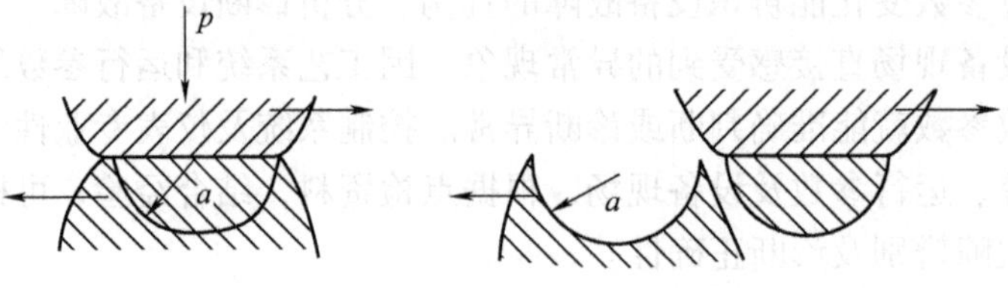

图 2-7 黏着磨损

黏着。当两表面进一步相对滑动时，黏着点发生剪切及材料转移。在载荷相对运动作用下，两接触表面重复产生“黏着—剪断—再黏着”，最后造成表面脱落，形成磨屑。

轻微黏着磨损。当黏结点强度低于摩擦副两金属的强度时，剪切发生于结合面，此时虽摩擦系数增大，但磨损很小，材料迁移不明显。

涂抹磨损。当黏结点强度高于摩擦副之间较软金属的强度时，破坏将发生于离结合面不远的软金属表层内，软金属黏附在硬金属表面，摩擦系数与轻微磨损差不多，但磨损程度加剧。

擦伤磨损。当黏结点的强度高于两金属材料强度时，剪切破坏主要发生在软金属表层内，有时也发生在硬金属表层内。迁移到硬金属表面的黏着物又会使软金属表面被划伤，擦伤主要发生在软金属表面。

胶合磨损。当黏结点的强度比两金属的剪切强度高许多，且黏结面积较大时，剪切破坏发生在一个或两个金属表层较深区域，两表面都出现严重磨损，甚至使摩擦副之间咬死不能相对滑动。

影响黏着磨损的因素及减少黏着磨损的措施请参考阅读资料 2-2、2-3。

2）磨料（粒）磨损。磨料磨损又称磨粒磨损，当摩擦副接触表面间存在硬质颗粒，或当摩擦副材料一方的硬度比另一方硬度大许多时，产生类似金属切削过程的磨损，在接触表面有明显切削痕迹，磨损过程如图 2-8 所示。在磨损失效中，磨料磨损失效最常见、危害最为严重。轴承的磨料（粒）磨损需要引起足够重视，并采取有效措施。

磨料磨损分 3 种，第一种是两体磨损，直接与磨料接触机件的磨损；第二种是三体磨损，硬颗粒进入摩擦副表面间的磨损；第三种是微凸体磨损，坚硬粗糙表面微凸体在较软零件表面滑动的磨损。

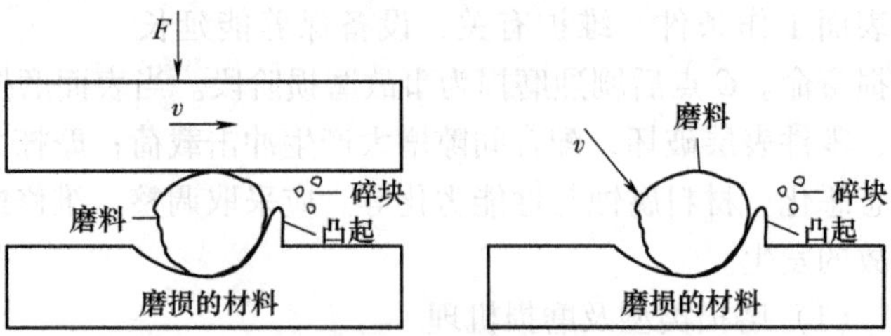

图 2-8 磨损过程示意图

磨料磨损的过程是零件表面在磨料作用下发生塑性变形、切削与断裂的过程。磨料对零件表面的力，分别作用于表面的轴向和径向，垂直分力使磨料压入材料表面，平行分力使磨料向前滑动，对表面产生微搓与微切作用，微搓作用使材料向磨料两侧挤压变形，使微搓两侧材料隆起，微切作用则产生微切屑。随零件表层材料的脱离与表面性能劣化，逐步导致表面破坏和零件失效磨料磨损，磨损表面有与相对运动方向平行的细小沟槽，磨损产物中有螺旋状、环状或弯曲状细小切屑及部分粉末。

影响磨料磨损的因素及减少磨料磨损的措施见阅读资料 2-4、2-5。

3）疲劳磨损。疲劳磨损是摩擦表面材料微观体积受循环接触应力作用产生重复变形，导致产生裂纹和分离出微片或颗粒。

疲劳磨损过程是裂纹产生和扩展的破坏过程。根据裂纹产生的位置，疲劳磨损的机理有滚动接触疲劳磨损和滚滑接触疲劳磨损。

滚动接触疲劳磨损。在滚动接触中，材料表层因周期性载荷作用，引起塑性变形和表面硬化，表面出现初始裂纹，并沿与滚动方向呈小于45°的倾角方向由表向里扩展。表面润滑油脂因毛细管吸附，进入裂纹内表面，当滚动体接触到裂口处时将裂口封住，裂纹两侧内壁承受很大的挤压作用，裂纹向内加快扩展。如继续载荷的作用，将出现点状剥落，表面产生深度小于0.2μm的斑状凹坑。

滚滑接触疲劳磨损。弹性力学原理表明，两滚动接触体在接触表面下某位置切应力最大，此处塑性变形最剧烈，在周期性载荷下反复变形，材料局部弱化，该处先出现裂纹，在滑动摩擦力引起的切应力和法向载荷引起的切应力叠加作用下，切应力最大处向表面移动，形成滚滑疲劳磨损，剥落层深度一般为0.2~0.4mm。

疲劳磨损的分类及减少疲劳磨损的措施请参考阅读资料 2-6、2-7。

4）腐蚀磨损。机构摩擦过程中，金属同时与周围介质发生化学或电化学反应，引起金属表面腐蚀物剥落，此为腐蚀磨损，兼有腐蚀和磨损，以腐蚀为主导。

除金、铂外，大多金属表面被氧化膜覆盖，如摩擦过程中氧化膜被磨掉，摩擦面与氧化介质反应速度较快，形成新的氧化膜又被磨掉，此氧化膜反复磨掉又反复形成，即氧化磨损。

产生氧化磨损须同时具备三个条件：摩擦表面能够发生氧化，且氧化膜生成速度大于磨损破坏速度；氧化膜与摩擦表面的结合强度大于摩擦表面承受的切应力；氧化膜厚度大于摩擦表面破坏的深度。氧化磨损比其他磨损轻微，采取措施可减少或消除氧化磨损。控制氧化磨损的措施请参考阅读资料 2-8。

特殊介质下的腐蚀磨损，指摩擦副金属材料与酸、碱、盐等介质生成的化合物在机构摩擦中不断被除去的磨损，机理与氧化磨损相似，但磨损速度较快。

此腐蚀可能是化学或电化学性质，腐蚀磨损速度与介质腐蚀性质和作用温度有关，也与相互摩擦的两个金属形成电化学腐蚀的电位差有关。介质腐蚀性越强，温度越高，腐蚀磨损速度越快。

5）微动磨损。微动磨损是两固定接触面出现相对小幅振动造成的表面损伤，主要发生在宏观相对静止的零件结合面，造成结构配合精度下降，紧配合机体变松，引起应力集中，导致零件疲劳断裂。

微动磨损的机理：当两接触面具有一定压力并产生小幅振动时，接触面微凸体在振动冲击力作用下，产生塑性变形和高温，相互黏着。后续振动中，黏着点被剪断，黏着物在冲击力作用下脱落，脱落的黏着物与被剪断的露出新面迅速氧化。

两接触表面之间相对运动较小，配合紧密，磨屑难排出，留在接合面，又起到磨料的作用，磨料磨损取代了黏着磨损。随表面继续磨损和磨料氧化，磨屑体积膨胀，磨损区间扩大，磨屑向微凸体四周溢出。至最后，原微凸体转化为点蚀坑，随继续振动过程，邻近区域发生类似过程，点蚀坑连成一片，形成较大较深的腐蚀坑。因此，微动磨损是黏着磨损、磨料磨损和氧化磨损的复合形式。影响微动磨损的因素请参考阅读资料 2-9。

4. 金属零件的腐蚀

(1) 金属零件的化学腐蚀

化学腐蚀单纯由化学作用引起，腐蚀中不产生电流，是非导电介质，如干燥空气、高温气体、有机液体、汽油、润滑油等，前两类介质的腐蚀为气体腐蚀，其余为非电解质溶液中的腐蚀，它们与金属接触时发生化学反应形成氧化膜，氧化膜连续脱落又重复生成，机构零件腐蚀。

多数金属在室温下可发生氧化，表面形成氧化层后，形成保护膜能隔离金属与介质间的物质传递。如氧化层不能阻止氧化反应，金属继续氧化。金属氧化膜在含氧环境中起保护膜作用，应具备相应条件，如膜紧密则能完整地将金属表面完全覆盖；膜在气体介质中性能稳定；膜与金属基体结合力强，具有一定强度和塑性；膜具有与基体金属相当的膨胀系数。如此，金属表面“钝化”，化学反应逐渐减弱终止。高温空气中，铁和铝可生成氧化膜，铝氧化膜同时具备上述条件，保护性能良好，铁氧化膜与铁基体结合不良，无保护作用。

(2) 金属零件的电化学腐蚀

电化学腐蚀是金属与电解质物质接触时产生的腐蚀，腐蚀中产生电流。电化学腐蚀有大气腐蚀、土壤腐蚀、电解质溶液腐蚀、熔融盐中腐蚀等。大多数金属腐蚀属电化学腐蚀，腐蚀过程形成原电池，比化学腐蚀明显强烈，其有两个或以上不同电极电位金属，或在同一金属具有不同电极电位的区域，形成正、负极；电极之间有导体相连接或电极直接接触，存在电解液。

(3) 气蚀

当零件与液体接触并产生相对运动，接触处局部压力低于液体蒸发压力时，形成气泡，当气泡运动到高压区时，外部较大压力使其压缩变形，直至压溃破裂。

气泡在被压溃破裂时，破裂速度高达 250m/s，瞬间产生很大的冲击力和高温，在冲击力和高温作用下，局部液体产生微射流，此称水击现象。若气泡紧靠在零件表面破裂，该表面将受到微射流的冲击，气泡反复形成与破裂，零件表面材料不断受到微射流的冲击，产生疲劳逐渐脱落，初时呈点蚀状，随时间变化，逐渐扩展成泡沫海绵状，此称气蚀。当气蚀严重时，可扩展为很深的孔穴，直到设备结构材料穿透或开裂破坏，因此，气蚀也称穴蚀。

气蚀复杂，存在机械、化学及电化学作用，当液体含杂质或磨粒时，将加剧破坏过程。气蚀常发生于柴油机缸套外壁、水泵零件、水轮机叶片和液压泵等处。

减轻气蚀，需减小与液体接触面的振动，减少水击现象，如增加刚性、改善支撑、采取吸振等；选耐气蚀材料，如含球状或团状石墨的铸铁、不锈钢、尼龙等；零件表面涂塑料、陶瓷或表面镀铬等；改进零件结构，减小表面粗糙度值，减少液体流动时产生的涡流；水中添加乳化油，减小气泡破裂时的冲击力。

减轻腐蚀危害的措施请参考阅读资料 2-10。

5. 零件变形

(1) 弹性变形

弹性变形是设备结构的金属零件在作用应力小于材料屈服强度时产生的变形，当外力消除时，变形完全恢复。

根据弹性变形的原理，正常时，材料晶体内部原子所处位置保持原子间引力和斥力处于平衡，此时原子间距离 $r=r_0$。当有外力时，原子偏离原平衡位置，产生与外力方向相反的力，建立新平衡，原子间距发生相应变化，$r\neq r_0$；外力消除后出现新的不平衡，原子又恢复到原稳定位置，即 $r=r_0$。

材料弹性变形后会产生弹性后效，即当外力突然消除，应变不立即全部消失，剩余部分在一段时间逐步消失，此应变落后于应力的现象称弹性后效。弹性后效发生程度与金属材料的性质、应力、状态及温度等有关，金属组织结构越不均匀，作用应力越大，温度越高，弹性后效越大。设备中经校直的轴类零件经一段时间又发生弯曲，即为弹性后效表现。采取回火能消除弹性后效现象，短时间内完全消除应力。

（2）塑性变形

塑性变形是指设备的机械零件在外载荷消除后继续保留一部分不可恢复的变形，可导致设备机械零件尺寸和外形发生变化，引起不良后果，如内燃机气缸是较复杂的箱体零件，因永久变形，致使箱体各配合孔轴线位置发生变化，不能保证安装的各零部件的装配精度，或不能装配。再如机床主轴因塑性变形发生弯曲，就不能保证加工精度，加工的产品废品率增大，甚至主轴不能工作。如较长尺寸的轴，不可水平放置于地面，应悬挂才能保证不发生塑性变形。

1）翘曲变形。当设备机构的金属零件受某种应力作用，实际应力值超过金属在该状态下的拉伸屈服强度或压缩屈服强度时，产生呈翘曲、椭圆或歪扭的塑性变形。设备机构的金属零件产生翘曲变形是受复杂应力综合作用的结果，常见于细长轴类、薄板状零件及薄壁的环形或套类零件。

2）体积变形。设备机构的金属零件受热或冷却中，因金相组织转变引起质量体积变化，导致金属零件体积胀缩的现象称体积变形。如钢件淬火相变时，奥氏体转变为马氏体或下贝氏体时质量体积增大；淬火相变后残留奥氏体的质量体积减小。马氏体形成时体积变化程度与淬火相变时马氏体中含碳量有关：钢件中含碳量越多，形成马氏体时的质量体积变化越大，膨胀量也越大；钢中碳化物的不均匀分布，将增大变形程度。

3）时效变形。设备机构的钢件热处理后产生不稳定组织，由此引起内应力的状态不稳定，铸件在铸造过程中形成的铸造内应力状态也不稳定。在常温或零度以下较长时间后，不稳定状态的应力逐渐发生转变并趋于稳定，伴随产生的变形称时效变形。

6. 设备零件的断裂

断裂分类方式很多，按零件断裂后的自然表面，分为延时断裂和脆性断裂；按断口的微观特性，分为穿晶断裂和晶断裂；按载荷性质，分为一次加载断裂和疲劳断裂。

（1）延性断裂

延性断裂是设备机构的金属材料断裂前产生明显塑性变形，且经常有颈缩现象，如图 2-9所示。断裂前有明显的塑性变形，常出现颈缩现象，断口形貌微观特征上，断面覆盖许多微坑，如图 2-10 所示。延性断裂实际是显微空洞形成、长大、连接，最终断裂。

（2）脆性断裂

脆性断裂是设备结构的金属零件或构件在断裂前无明显塑性变形，且发展速度快的断裂。通常会无预示状态突然发生，是设备结构危害性很大的金属件断裂失效形式。金属零件因制造工艺不合理、使用中受有害介质侵蚀、环境不适，可能形成材料变脆，发生突然断裂。

图 2-9 延性断裂

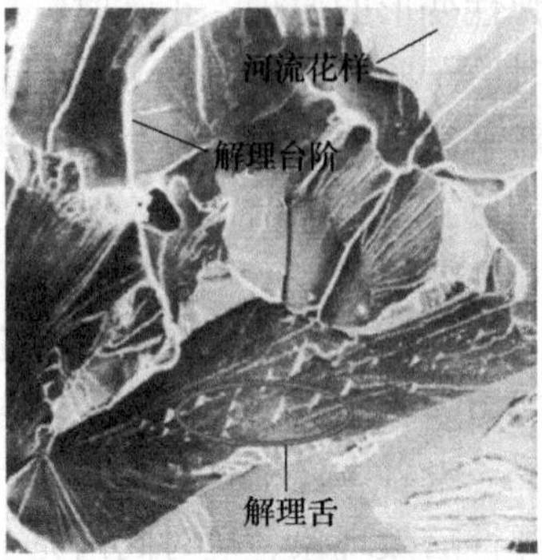

图 2-10 延性断裂断口

金属材料发生脆性断裂时，一般工作应力不高，通常不超过材料的屈服强度，或不超过许用屈服应力，故脆性断裂又称低应力脆断。

脆性断裂的断口平整光亮，断口断面基本垂直于主应力方向，没有或只有微小的屈服及减薄（颈缩）现象，表现为冰糖状结晶颗粒。脆性断裂前无征兆，瞬间发生。

（3）疲劳断裂

疲劳断裂是设备结构的金属零件或构件在交变载荷下发生断裂破坏而失效，也称机械疲劳。其中，交变载荷指载荷量和方向随时间发生周期性变化。疲劳断裂是工程结构和机械零件经常存在且严重的失效形式，实际失效中，疲劳断裂占较大比重。

1）疲劳断裂的机理。一般疲劳断裂过程经历疲劳裂纹的萌生阶段、疲劳裂纹的扩展阶段和最终瞬断等过程。

疲劳裂纹初期，设备结构的金属零件在交变载荷下，表层材料局部发生微观滑移，此滑移积累，在表面形成微观挤入槽与挤出峰，如图 2-11 所示。在峰底处应力高度集中，极易形成微裂纹（疲劳断裂源）。最初滑移由最大剪应力引起，挤入槽与挤出峰及原始裂纹源均与拉伸应力成 45°角。

无应力集中时，疲劳裂纹扩展一般有两个阶段，如图 2-12 所示。疲劳裂纹扩展的第一阶段称切向扩展阶段，从设备结构金属表面的驻留滑移带、挤入槽或非金属夹杂物等处开始，沿最大切应力的晶面向内扩展，因各晶粒的位向不同及晶界的阻碍作用，随裂纹向内扩展，裂纹方向逐渐转向和主应力垂直的方向。在有应力集中时，不出现疲劳裂纹扩展的第一阶段，直接进入第二阶段，第二阶段也称正向扩展阶段，此阶段裂纹的扩展方向改变为与主应力垂直的方向，称为疲劳裂纹的亚临界扩展。

当裂纹在零件断面扩展到一定值即临界尺寸时，零件残余断面不能承受其载荷，即断面应力大于或等于断面的临界应力。此时，裂纹由稳态扩展转为失稳态扩展，整个断面残余面积瞬间断裂，此阶段为疲劳裂纹的临界扩展。

根据断裂前应力循环的次数，疲劳断裂分为高周疲劳和低周疲劳，前者指断裂前经历的应力循环超 10 万次，承受的应力低于材料的屈服强度，或低于弹性极限状态下的疲劳。此为常见的疲劳破坏，如轴、弹簧失效等。后者指零部件断裂前经历的循环次数为 100～100000，零部件承受的循环应力较高，接近或超过材料的屈服强度，每一次应力循环都有少量的塑性变形，缩短零部件的使用寿命。

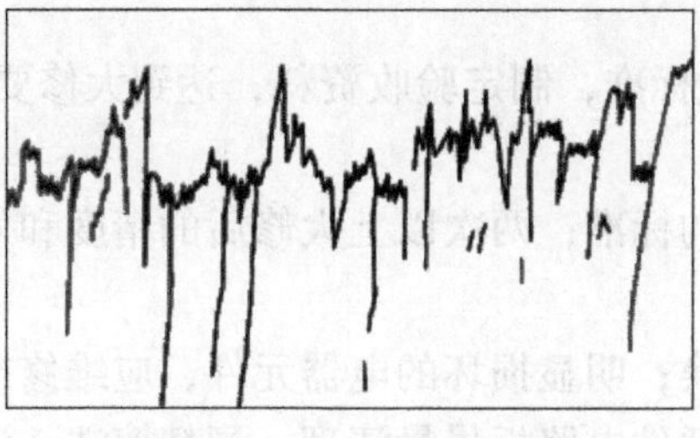

图 2-11 产生滑移的微观缺口

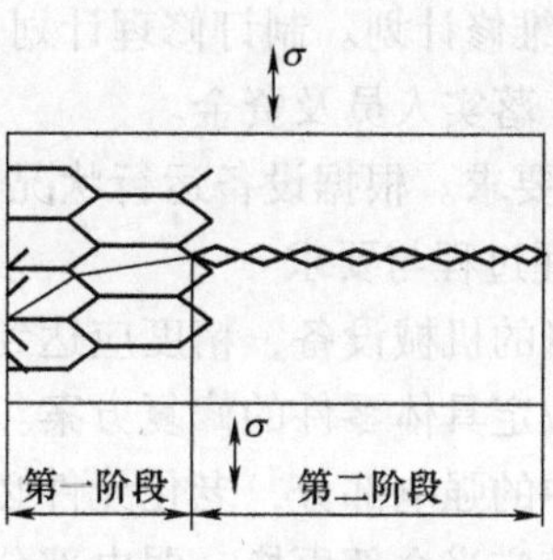

图 2-12 疲劳裂纹扩展阶段

2）疲劳断裂的断口分析。疲劳源，也称疲劳核心区，人眼或低倍放大镜能观察到，一般出现在强度最低、应力最高、最靠近面的部位。如材料内部存在缺陷，疲劳核心也可能在缺陷疲劳裂纹扩展区产生。零件加工、贮运、装配中产生的伤痕，可能成为疲劳核心，此类伤痕存在应力集中，容易被空气及其他介质腐蚀损伤。

疲劳裂纹扩展区是断口最重要的特征区，一般呈贝纹状或海滩波纹状，每条纹线表示载荷变化，如设备起动或停止时裂纹扩展一次留下的痕迹。纹线以疲劳核心向四周推进，与裂纹扩展方向垂直。疲劳裂纹扩展区光滑，则表示零件断裂前，载荷循环次数多，接近瞬断区的贝纹线密，则载荷值小。若此区域比较粗糙，表面裂纹扩展速度快，则载荷较大。

瞬时断裂区，简称静断口或最终破断区、过载破断区，是当疲劳裂纹扩展到临界尺寸时，发生快速断裂形成的破断区域。其宏观特征与静载拉伸断口中快速破断的放射区及剪切唇相同。如瞬断区面积很小，则零件承受载荷很小。瞬断区周边如存在毛刺，表示有塑性变形，材料韧性较好；瞬断区如呈结晶状，并有碎裂，表示材料极脆。

减少断裂失效的措施请参考阅读资料 2-11。

2.3.3 设备大修理过程及方案确定

1. 设备大修理过程

设备大修理是将设备全部或大部分解体、更换机构及电器元件、调整控制系统、整机装配和调试、恢复精度达到出厂要求，工作量大，修理时间长。

（1）修理前的准备

1）了解设备的主要缺陷。根据设备点检资料、交接班记录及故障统计资料，全面了解设备运行状态及缺陷，如精度、磨损程度、传动机构、控制系统、显示单元、液压系统等是否符合要求、外观有无缺陷等。

2）准备资料。为满足工艺要求，决定哪些要改进、改装、改造或全部更新；查阅技术资料、设备说明书、历次修理改动记录和关键图纸；有些设备要对使用记录进行分析，找出故障特点；对资料整理归类，筛选出本次大修有用的资料。

3）维修单元分类。设备是多种功能综合体，维修时必须专业分工，分机械机构、液压传动和电气电控等部分，根据管理需要，还可再按照功能进一步划分单元。

4）定购或定制备件。调查了解并确定企业内库存备品备件是否满足，如没有，需提前订货或制订加工计划；特殊要求的单元要先期与委外单位签订供应合同。

5）确定维修计划。制订修理计划，协调技术、产品工艺、生产、供应、市场、质量等部门的配合，落实人员及资金。

6）验收要求。根据设备运行状况与修理标准，制定验收资料，达到大修要求。

（2）修理过程与要求

初次大修的机械设备，精度应达到出厂的标准；两次以上大修后的精度和效能可比新设备低一些，拟定具体零件的修复方案。

对设备中的强电部分，老化元件必须更换；明显损坏的电器元件，应维修或更换；设备中的电线电缆应当全部更换。弱电部分，接插件电路板尽量清理，酒精擦洗，清除积垢；对传感器及检测元件，应进行数据校验；对设备供电部分，应满足动力设备维修标准。

对修理中能恢复原有精度标准的设备，应设法保证达到精度；修理的总体要求以验收标准为依据。

（3）修理后的验收

凡经过修理后装配的设备，都应按照有关规定标准项目或修理前确定的精度项目要求，进行试验，如几何精度检验、空运行试验、载荷试验和工作精度试验等，最后生产试运行，全面检查检测修理后设备的状态与质量、精度、工作性能、效率等。达到要求后，对设备外观进行相适应的整理，达到新设备出厂要求。

性能验收后，应当对技术资料进行全面的核对整理，如修改、更新机构的资料等，与原始资料一并归档，作为设备运行维护的参考，也为下次大修理提供方便。

验收后，建议进行成本测算。

2. 修理方案的确定

预防维修中，根据设备修理内容、要求及工作量，将设备修理分小修、项修和大修。

小修是工作量最小的计划维修。项修也称设备项修，是根据设备实际技术状态，对劣化已难以满足生产工艺要求的零部件，按实际需要进行针对性修理。大修是工作量最大的计划维修。

修理方案应考虑以下因素。

（1）修理工艺要求

按产品工艺要求，设备精度是否满足产品加工性能及生产要求，如关键项目精度标准不能满足生产需要，应考虑能否采取措施提高精度；对多次重发故障的部位，必须分析改进设计与安装的可能性与可行性。

（2）设备状况及相互协调

全面了解设备状态，根据掌握的缺陷，对各个环节、系统、精度、操作、安全、环保等方面制定修理方案。设备维修非常重要的方面，是做好技术和生产准备，尤其要协调好维修与生产间的关系，生产与市场的联系。

（3）经济性与质量管理

为减少维修时间，应分析哪些部件或机构更换比修复更经济。合理、科学编制修理计划，科学调度安排维修资源，缩短维修工期，降低维修成本。制定维修大纲、验收大纲，满足现代化的设备管理，按 GB/T 19001 标准管理，提高设备修理管理水平。

（4）维修安排的合理性

自身维修与委外维修合理安排，如电镀等可自身维修，整机维修可委托专业维修公司或设备制造单位。对能够确定的外购件，必须提早制定外购计划，特殊的外购件应专门提出技术要求，签订合同。

3. 维修满足的原则

1）可靠性。修复后的零件应能维持一个修理周期，小修范围的零件能维持一个小修理周期，大修或项修修复后，能维持一个相应的周期。

2）准确性。修复后的零件要全面恢复应有的性能，达到修理文件规定的技术条件，如尺寸、公差、表面粗糙度、电气与控制系统的性能等。

3）经济性。在恢复修理精度、性能的前提下，降低修理成本，但修理质量与降低修理费用是矛盾的，各种修理方法费用不相同，因此，修复中不能只考虑成本，而应在能达到维修质量的情况下，尽可能降低成本，不断改进维修工艺，提高维修手段，并考虑维修还是更换新件。

4）可能性。修理工艺方法确定与现有技术水平影响到修复还是更换的选择，主要考虑本单位能否采用修复工艺手段，满足修理要求，结合生产、设备、技术力量等，考虑先进的工艺；如本单位不能满足要求，是否有具备相应修复工艺的单位能修复零件；根据综合因素考虑，如修复批量大、修复频繁等，本单位需加强工艺手段、采用更先进的修理工艺。

5）可行性。设备维修涉及因素多，应符合技术先进、经济合理、生产与工艺可行的要求。

6）安全性。修复的零件必须达到或恢复到足够的强度与刚度，对关键部位与机构，修复后进行相应的检验或试验，如轴在修复后，直径减小，轴套修复加工后，孔径增加，就会影响相互的配合，影响强度；电气系统维修后要检查绝缘是否符合安全规范等。

7）操作习惯与方便性。设备维修后，由于某些部件或结构改进，或控制方式采用了更先进的装置，可能要改变操作方式，操作者需要适应；要考虑不改变或尽量少改变操作习惯，给操作者更多的方便性。

8）时间性。失效零件采用修复措施，周期应比重新制造周期短，否则应考虑更换新零件；对大型、精密的重要部件，在大修实施前，应当有计划地进行更换或先期加工。

机电设备零件失效后，在保证设备精度的前提下，应尽力修复。当然，更换新件还是修复再利用，应综合分析。

4. 维修的技术准备

机电设备维修涉及面广，修理前必须准备充分，修理前的准备直接影响修理进度、修理质量与修理成本。准备工作如图 2-13 所示。

（1）预检

大修前安排停机检查。由主修工程师负责，专业工程师、技术工人和维修人员参加，全面了解设备运行状态及性能，确定修理内容。预检工作量由设备的复杂程度、劣化程度及对设备了解的程度决定，预检时间可长可短，只要充分即可。预检很重要，可预先检测设备的劣化部位与程度，发现事先未检测到的问题，掌握设备实际运行状况，发现规律，制定确实可行的修理方案。

1）查阅说明书及维修档案图纸。阅读设备说明书、出厂检验记录、总体结构框图，熟悉机构、精度、控制系统、液压系统等环节；查阅历次大、中、小修记录，查档案资料；查阅设备图册，对一些重新加工更换的部件，进行测绘后设计绘制图样。

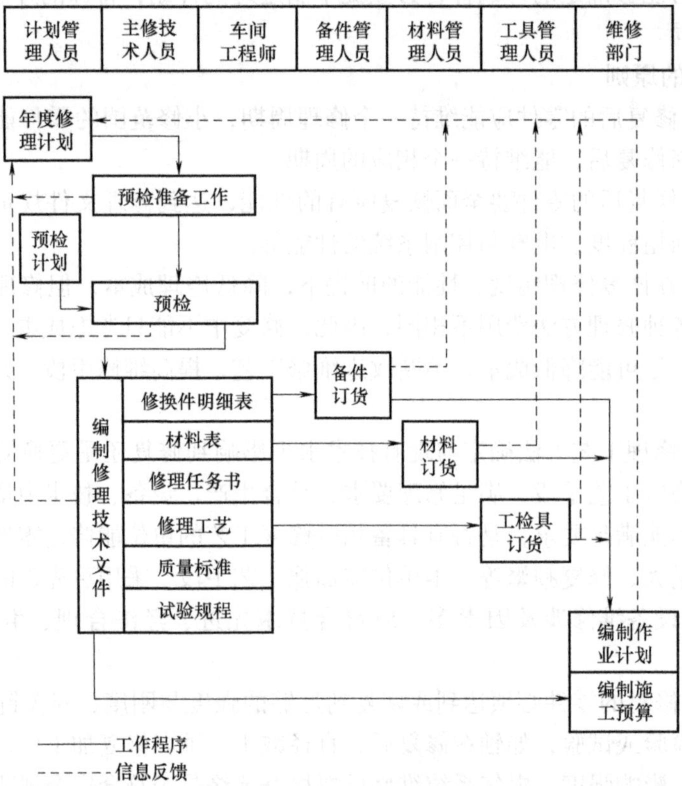

图 2-13 设备大修的准备工作

2）与相关部门交流。向技术、质量、设备、生产、环境保护、生产安全等部门，了解设备运行情况，与操作人员交流设备运行中与设备历次大修是否存在缺陷、需改进的地方。

3）向现场人员了解状况。向操作人员及维护人员具体了解设备精度、工艺过程、性能要求，如液压系统、润滑系统、气动系统等，尤其液压系统泄漏问题；控制系统、信号检测元件是否正常、可靠，控制精度是否满足；安全防护装置是否齐全、可靠；设备运行经常发生故障的类型、部位、可能的原因。

（2）预检内容

预检是尽量不拆卸零件，借助仪器或经验，先期判断设备的磨损、故障。对难以判断的磨损程度，必须按图纸测绘、校对后才能对设备进行拆卸检查。对专用设备、特种设备，预检还应符合具体规范。

预检内容包括：检查设备结构、精度、外观、指示标牌、操纵手柄等是否损坏；检查影响设备精度的导轨、丝杠、齿条等是否磨损；检查设备运行状态是否平稳、有无异常振动与噪声，各个动作是否灵敏可靠；检查控制与电气系统是可靠，各个仪表、传感精度是否符合要求；检查气动、液压和润滑系统，压力是否正常，有无泄漏；检查指示仪表、安全联锁装置、位置限制等安全防护装置是否灵敏可靠；检查工装、夹具和设备附件是否完整并符合工艺要求。

（3）预检后的要求

基本明确产品生产工艺对设备精度、性能、效率和可靠性的要求，深入掌握设备技术状态劣化的具体情况；判断、明确大修范围、精度，有些部分不需要大修就能保证精度，或无法大修，如大直径液压缸、复杂的铸造件、焊接件等，应具体确定；电气控制部分必须根据损坏程度，判断更换零件还是委托专业单位重新设计制造；确定更换、修理的内容，根据测绘图样及具体技术结构、性能，设计出图，为零件加工做准备。

（4）编制修理文件

由主管技术人员负责，文件是修理过程的技术要求及修理后的验收依据，包括修理任务书；更换件明细表；采购材料明细表；修理工艺和质量要求等；相关设计图纸；人员分配；修理中的环保与职业安全技术措施；进度与工期；修理资料整理与归档。

其中，技术任务书包括以下几个方面。

1）修理前的技术状况。修理前工作精度下降情况；影响精度的具体测量值与要求；设备主要输出参数变化；主要零部件的磨损和损坏；液压气动和润滑系统缺损；电气控制系统与仪表的损坏与缺陷；安全防护装置的缺损、泄漏污染；工装夹具的精度磨损；设备附件与外观损坏等。

2）主要修理内容。维修达到的目的与要求、验收标准，如精度、缺陷、机械、电气、液压、仪表等；具体说明设备全部解体或根据设备使用情况允许不解体的部分；清洗和检查零件的磨损；确定需更换与调整的机构、修复零件；结合修理需要进行改善维修的内容与要求；典型维修工艺；采用新的维修工艺必须详细说明。

3）修理质量。针对设备拆卸、装配质量、外观质量、调试要求等，按规范进行载荷运行、生产试运行验收，依据设备标准、产品标准验收。

4）典型工艺和专项工艺。典型工艺，是对同一类型或者结构形式基本相同的设备和部件，编制成统一的工艺，可重复使用。专项工艺，是对具体某一型号的设备制定某次或某项修理的工艺，具有针对性。

需注意，大修质量标准通常以出厂新设备为基准，实际修理中应考虑许多具体因素，如产品质量和加工工艺能满足，可以对有些性能与精度做适当调整；客观情况下，如设备使用时间较长、整机磨损严重，并且已难以修复达到出厂性能，综合分析设备运行、加工工艺、产品质量、安全防护、环保等因素，可适当降低大修质量标准。

5. 修理前的物资准备

这是修理工作的重要环节与基础，直接影响设备修理的正常开展。设备管理中，经常出现因维修备品备件或重要加工件没有及时协调完成，产生维修“窝工”，延长修理停机时间，影响修理计划的总体进度，影响生产。因此，主修技术人员编制好材料明细表及更换明细表后，及时将材料表提供给采购部门，及时订购，重要的结构加工件、需外协的加工件，如大型铸造件、焊接件、电镀件等，要提前签订外协合同；难以采购的电器元件、仪表要提前下达采购计划；成套电气设备要事先在专业厂家制造。

主修技术人员编制计划时，要统筹计划，合理安排，考虑维修工具、起吊运输设备、专用工具检具等，有些计量仪表器具，要考虑在修理过程中，送有资质部门检测、鉴定。

2.3.4 设备维修方法与内容

1. 设备维修方法

(1) 事后维修

事后维修指设备发生故障后进行的维修，不坏不修，坏了再修。适用于影响生产较小的设备、有备用的或小规模公司，小型设备或单台设备事后维修比较合理、成本低，但会造成生产不连续。

(2) 预防维修

预防维修指设备发生故障前进行的修理。优点是减少设备意外事故，使设备维护和修理纳入计划，确保生产组织的计划性，提高设备利用率，降低修理成本，可延长设备的自然寿命。

目前国内外实际采用"计划预修制"和"预防维修"两种计划预防维修体系，在"预防维修"基础上，发展成为许多国家都运用的"全员生产维修"。

"计划预修制"是以修理周期结构为核心的修理体系，在1个修理周期内，大修、项修、小修和定期检查的次数与排列顺序，以设备修理周期结构编制设备预修计划。"预防维修"以设备日常点检和定期检查为基础，按规定检查内容和标准，定期检查设备，根据检查结果，编制预修计划。对检查内容、方法、标准和检查周期没有严格规定，应根据企业特点、设备状况具体制订，实际修理中不断修改完善。

以上两种制度有共性也有差别，相互借鉴与渗透。"计划预修制"对设备进行技术诊断，按诊断结果和实际使用状况修正预防维修的措施；"预防维修"对使用稳定的设备，可依据维修记录找出磨损规律、故障规律，修正修理周期，减少检查环节。近年来，状态维修方式发展较快，以可靠性为中心的维修和质量维修也是预防维修方式。

1) 状态检测维修。以设备设计技术状态为基础的预防维修方式，一般采用日常点检和定期检查查明设备技术状态。在故障发生前进行预防维修，排除故障隐患，保证设备精度。设备状态精密检测诊断技术适用于重大关键设备、复杂设备、不宜解体的设备、故障发生后可能引起危害的设备。状态检测维修可保证设备经常处于良好状态，充分利用零件的使用寿命。对于有生产间隙时间的设备，可采用该方式维修。状态检测维修能发挥设备的使用周期，根据点检状态数据及信息，结合生产经营实际，确定设备维修。

2) 定期维修。以设备运行时间为基础的预防维修方式，对设备进行周期性维修。根据设备使用状况、精度、磨损等，事先确定维修类别、维修间隔期、维修内容及技术要求，维修计划按设备时间确定。目前实行的是预防维修方式。定期维修适用于已经充分掌握设备磨损规律、生产中难以停机维修的生产线设备。

经验证明，实行定期维修方式的设备使用中精度磨损规律，与出厂状况、使用条件、生产使用率、维护情况有关，定期维修要防止过维修或欠维修。

(3) 改善维修

改善维修也称改善性维修，为防止故障重复发生而对设备技术性能加以改进的维修，结合技术改造，修理后可提高设备的部分精度、性能和效率。设备运行中将出现一些薄弱环节，需对某些设备或零部件进行改造或结构改进，提高可靠性，提高设备技术水平及使用率。

改善维修重点内容包括原设备部分结构不合理或故障频繁的系统和机构，目的是减轻劳动强度，提高效率；提高设备操作便利性，减轻操作者的劳动强度，缩短辅助时间；按工艺要求，提高部分精度。

改善设备的相关结构，应符合职业安全卫生、环保要求。改善维修的特点是修改结合，经常结合设备大修、中修进行，根据设备结构、零部件故障的检查与分析，有计划改进设备结构、材质、控制操作方式等方面。

改善维修尽管是围绕改善设备的某些性能开展的维修，但需要充分考虑设备的先进性及总体性能，存在一定的风险。

（4）无维修设计

无维修设计不是针对现有需维修的设备进行的维修设计，是设备维修的理想目标，针对设备维修中经常遇到的故障，在新设备设计中采取改进方法，力求使设备维修工作量降到最低，达到理想的不需要维修或免维修状态。

2. 维修内容

（1）小修内容

小修也称日常维修，根据设备日常检查或其他状态检查中发现的设备缺陷或劣化征兆，在故障发生前及时排除，属预防修理范畴，工作量不大。日常维修一般由生产车间安排，在生产现场进行，对设备全面清洗、部分解体、局部修理。由维修工人修理操作人员参加。小修是更换部分磨损较快和使用期限接近于或一般是小于修理间隔期的零部件，调整设备局部机构、控制系统开关传感器位置、液压元件等，保证设备能正常运转到下一次计划修理时间。

根据设备管理要求，结合 GB/T 19001 质量管理体系，对易损件或设备一般缺陷进行维护性的检查和修理，保证设备正常运行。

小修不复杂，工作量不大，但在设备管理中非常重要。小修和二级维护保养结合，主要包括：检查紧固件；检查调整零件；检查润滑密封及冷却系统；检查启动和传动装置；修理和更换易损件；设备电气设施的清扫及松动件的紧固；恢复设备安装水平，调整影响工艺要求主要项目的间隙；做好全面检查记录，为大修、项修提供依据。

（2）项修内容

项修也称中修，是针对性修理，为使设备处于良好的状态，对设备精度、性能、效率达不到工艺要求的某些项目或部件，按需进行针对性的局部修理。部分解体设备、修理或更换的磨损零部件，根据实际需要进行局部刮研、坐标校正、精度调整，达到生产工艺要求。

修理或更换主要零部件与基准件的数量约为 10%~30%，修理使用期限一般基本等于但不大于修理间隔期的零部件。

项修是对设备某些主要部件进行更换和检修，保持两次大修期间的应有能力。项修主要包括：小修的全部内容；全部精度检查，确定拆卸分解需要修理或更换的零部件，对需要修理的零部件进行清洗；对更换磨损的零部件，应恢复设备规定的精度，或根据设备大修次数与使用时间，适当放宽精度要求；对床身、刀架、工作台、横梁、立柱、滑块等进行必要的刮研，校正坐标、恢复设备规定的精度、性能与使用效率；如个别项目难以恢复修理，可以适当延长至下一次大修理时恢复；对设备的非工作面应打光涂漆；治理液压系统与润滑系统的泄漏部位；根据规定对锅炉、压力容器、起重设备检验和电气设施的安全性进行试验等；

电气设施设备的绝缘测定，绝缘安全保险试验。

项修后，质量管理部门、生产车间、生产管理部门、技术部门根据项修任务书共同验收，办理交接与资料归档手续。

(3) 大修程序及内容

1) 大修要求。以全面恢复设备工作精度、性能为目标，针对长期使用的机电设备，为恢复原有精度、性能和效率的全面修理。设备预防性计划修理中，大修工作量最大、修理时间较长。应将设备全部或大部分解体；修复基础件；更换或修复磨损件以及丧失性能的零部件、电器元件、液压元件；调整电气控制系统、液压系统；整机装配与调试，全面清除缺陷、恢复规定的性能、精度、效率，达到出厂标准或规定的检验标准。

大修要达到预定的技术要求，还要考虑提高经济效益，修理前充分掌握设备技术状况，制定有效的修理方案，做好技术、调试及生产准备。保证维修质量前提下降低综合成本，如采用新材料、新技术、新工艺，采用有效的组织管理方法，合理分配资源，确保技术、经济、组织管理的合理性，保证修理质量、缩短停修时间、降低修理费用。

2) 大修的程序

① 掌握设备技术状态。做好大修的前提条件，现场了解设备运行情况，了解操作人员对维修的建议与要求，检测设备技术状态；查阅设备档案，历次大修、中修与日常保养记录等。

② 制定修理方案。修理方案是大修的技术文件和大修后验收依据，根据企业状况、技术人员状况、修理经验、资金安排、生产计划等综合确定。

③ 做好技术和生产准备工作。设备是机械、电气控制、液压、仪表等构成的整体，大修涉及许多专业技术；设备为生产服务，必须协调好修理与生产的矛盾，合理适时安排大修时间，做好生产准备工作。

④ 积极采用新技术、新材料、新工艺。大修应达到新设备出厂要求，技术在发展，各种新材料、新工艺不断出现，必须了解信息，及时淘汰落后的元件、产品。

⑤ 做好组织工作。设备大修涉及面广，如技术、生产、质量、产品、工艺、成本、人员等，是系统工程，其中人员组织分配要考虑专业、技能、配合，不能造成人少无法开展维修、人多窝工，细致周到地制订维修计划十分重要。

⑥ 保证修理质量，降低修理费用。根据设备管理具体情况，大修是恢复和提高设备性能、改善技术状况的有效措施。

3) 大修的主要内容。大修的主要内容包括：对设备大部分解体，进行全面精度检验检查，详细记录；全部拆卸设备的各个部件，对所有零件清洗、检查，做出可继续使用、修复后使用、更换的鉴定；对拆卸设备，应该遵循该拆的必须拆、能不拆就不拆的原则，如引进设备的某些机构不拆卸从来没有发生故障的，可不拆；编制大修技术文件和修理计划，做好备品、备件、材料、工具、检具、技术资料准备，对大型更换件，可提前加工或委外加工，或提前签订外购合同；修理、修复或更换所有磨损部件，尽量恢复设备应有精度，如历次大修后，某些可以下降的精度，必须严格执行大修技术文件；修理电气控制系统、液压系统，对电气系统，如仪表、传感器等要调整或更换达到控制精度要求，关键参数的检测仪表按规定送计量部门检定，电线电缆全部更换；液压元件必须清洗，检查阀芯是否动作灵活；更换全部磨损和损坏的零部件，配齐安全防护装置和必要的附件；整机装配调试，恢复设备规定的技术指标；对设备防腐喷漆，补齐各种标牌、指示标志。

大修按设备修理通用技术标准和设备修理任务书验收。需注意，机电设备大修应考虑技术改造方案，根据技术发展状况、产品特点，对设备多发性故障部位，可改进设计消除故障；对不适应的局部结构、落后或精度不高的控制系统，可局部或整体改进；改进时尤其要关注产品工艺对设备的要求。大修、项修及小修后，建议开展修理效果评价。设备大修、项修、小修的内容比较见表 2-3。

表 2-3 设备大修、项修、小修的内容比较

维修要求	类别		
	大修	项修	小修
拆卸分解程度	全部拆卸分解	部分拆卸分解	拆卸分解磨损严重的部位
修复范围程度	修复基准件，更换或修复主要件，更换所有不合格件	根据维修项目，更换不合格件	调整零件间隙和相对位置，更换或修复不能使用的零件
刮研程度	加工和刮研全部滑动界面	根据项目决定刮研部位	必要时对局部进行刮研
精度要求	出厂精度	预定要求	按照设备完好标准
表面修饰程度	全部表面磨光、刮腻子、喷漆，操作手柄等需电镀	适当补漆	不进行
液压元件	所有液压元件、管道拆下清洗，紧固卡箍更换	对液压单元或设备液压系统按照维修要求更换	更换有故障的元件
电气系统	整理控制系统的元件，更换老化、故障元件，全部更换电缆，校正计量元件	部分更换元件与电缆	更换故障元件，不更换电缆

课堂练习

（1）请叙述磨损的种类及特点。

（2）查阅资料，轴承润滑的故障与颗粒磨损的关系是什么？如何防止轴承润滑中的颗粒磨损？

（3）设备的装配对设备质量有哪些影响？

（4）请叙述设备的故障及因素。

（5）故障诊断技术包括哪些具体的监测对象？有哪些常见的监测仪器？

（6）请叙述设备故障的分类，针对此内容，建议组织到企业调研，与设备管理专业人员交流，总结学习体会。

（7）叙述设备的维修性及考虑的因素。

（8）如何编制设备修理文件？建议针对具体的设备，如车床或热处理设备，编制修理文件。

（9）分别叙述小修、项修、大修的特点和维修内容，建议以某一具体的设备，制定小修、项修、大修的维修内容。

2.4 设备维修计划编制及组织实施

2.4.1 计划编制

计划是企业运行的依据、考核的内容。设备维修计划是设备修理的前提，重点是大修计划，涉及技术、设备运行、生产、工艺、人员组织、财务等因素。企业管理中，设备维修计划是企业计划的组成部分。设备维修计划的实施包括修理前准备、组织维修施工和竣工检查验收，各企业维修实施机制有所不同，对维修计划实施内容和方法也不同，根据特点制定实施计划。有些复杂设备，在制定修理计划的基础上，还要编制更详细的维修技术计划。

合理有效编制机电设备修理计划，可有效安排修理计划的实施及专业分工配备、人力资源协调、有序修理备件加工件、维修成本控制等。设备修理牵涉面很多，要确定修理种类、修理工作量、修理时间进度、修理材料、修理资金及修理中的配合等，必须在计划编制中详细落实，才能合理组织设备修理。

设备维修计划需考虑年度生产安排与设备修理间的关系、设备修理数量、修理时间和维修资金，必须具体，具有操作性、实用性。年度计划由企管部门制定，实施计划由设备部门详细制定，包括二级保养、大修计划，高精度、大型和稀有设备修理计划、动力设备检修计划等。表 2-4 所示是某企业年度大修理材料计划表，表 2-5 所示为大修理计划汇总表。

表 2-4　年度大修理材料计划表

上次修理时间：　本次计划停机时间：　本次停修起止日期：　车间：　工段（或班组）：

项目编号			计划修理时间					计划修理费用					
工程总量部分		备件部分				材料部分							
修理内容	名称	备件	单位	数量	金额	名称	规格	单位	数量	金额	工种	工时	金额

编制：　校对：　审核：　批准：

表 2-5　大修理计划汇总表

车间：　工段（或班组）：

序号	项目编号	项目名称	修理费用	所需维修材料			
				金属材料		非金属材料	
				有色	黑色	木材	其他

编制：　校对：　审核：　批准：

1. 计划编制的依据

(1) 设备的技术状况

技术状态信息是确定维修计划实施的关键，信息来源包括日常点检、定期检查、状态检测记录、历史修理与维护记录、设备技术档案等。表 2-6 所示为某单位设备的技术状况表。表中 $F_{机}$ 表示设备机械部分的复杂系数，$F_{电}$ 表示设备电气控制部分的复杂系数，$F_{液}$ 表示设备机械液压系统部分的复杂系数。实际中，有时将 $F_{液}$ 归于 $F_{机}$。

表 2-6　设备的技术状况表

使用部门	资产编号	设备名称	型号规格	上次修理时间	$F_{机}$	$F_{电}$	$F_{液}$	上次修理类别
目前技术状况	工作精度							
	各导轨面							
	传动系统							
	液压系统							
	控制系统							
	安全装置							
	附件外观							

（2）生产工艺及产品质量对设备的要求

设备完好是合格产品的保证，要向产品工艺、质量管理等人员了解产品与设备间的信息，如机床的丝杠间隙大，可能造成加工产品精度下降；控制系统的传感器采集信号精度低，则系统精度出现大的误差。必须针对设备和产品工艺，全面分析，确定计划维修的内容。

（3）维修能力

人力、物力、维修工具、技术水平力求达到生产需要和维修资源之间的平衡，如果企业自身不能实施修理，可以全部或局部委外维修。

（4）设备维修周期结构

对实行定期维修的设备如连续性生产的设备、自动化生产线等，企业在维修计划中规定维修周期结构和维修间隔期。

（5）修理前的生产技术准备

根据设备复杂系数基本确定维修劳动量定额、停机时间、修理费用等。合理协调横向部门的关系，如技术、质量、生产、工艺等。

（6）安全与环境保护

设备运行、使用必须满足职业安全卫生与环境保护的要求，计划中必须考虑相关的标准指标。

2. 计划编制的基础资料

制定维修计划特别是大修计划时，全面收集资料是编制计划的基础。基础资料包括设备修理复杂系数、维修定额、设备修理停机时间、修理费用定额等，设备出厂的随机资料、历次维修记录和故障统计资料，产品标准与质量要求，维修周期与生产计划之间的协调，上年度的修理计划及验收资料。

3. 计划编制的原则

（1）考虑生产和维修的平衡

优先安排生产急需、影响产品质量的关键设备；先重点后一般，确保关键设备及大型、精密、稀有设备优先安排；先将历年大修的设备安排好；对连续性或周期性生产设备如热力设备、电力设备应根据特点安排修理计划，修理与生产配合好。设备维修与生产之间必定存在矛盾，具体实施中，将维修计划与生产计划统一协调安排。

（2）维修任务与维修力量的平衡

维修力量指为维修企业设备配备的人员，一般按设备修理复杂系数确定。复杂系数根据企业自行确定，表示设备修理复杂程度的一个数值。如以一台典型设备为参照，规定这台设备复杂系数是100，其他设备与此比较，确定复杂系数。企业根据自身特点，以复杂系数大概确定维修人员。维修人员中还要考虑工种、技能、熟练程度等因素的平衡。

（3）维修内容与维修材料的平衡

维修材料包括加工件、外购件、外协件、备件及各种标准件等，合理安排维修材料，保证维修周期与材料供应间的匹配，减少库存、减少等待窝工，提高维修质量。对大型维修加工件，可在计划中明确设备停机大修前开始加工，委外加工的复杂部件提前与合作单位签订加工合同，提出具体的技术质量要求。

（4）自身维修力量与委外维修的平衡

目前机电设备复杂程度越来越高，社会化的专业服务分工更加细化，专业性设备维修公司能提供周到的维修服务，制定维修计划时，可选择委外维修专业单位，提高维修质量。

委外维修应掌握的原则：对需委外维修的设备，应调研资质、维修专业配备、维修质量、费用、信誉等；优先考虑本系统、本区域专业维修厂、设备制造厂；对有特殊专业要求的委外维修项目，必须选择专业单位，如电梯、起重机械、锅炉等特种设备，承修单位必须具有相应的生产、制造、安装、维护资质；对重大、复杂的设备或项目，通过招标选择委外单位。

4. 计划编制应考虑的因素

修理准备与生产间的协调，一般一季度、四季度应尽量减少维修计划；优先安排生产急需的、影响产品质量的设备；周到考虑配套供应，如电力、锅炉热气、循环水等供应，起吊运输设备、场地安排等；注意修理拆卸的原则、工艺，修理拆卸中，坚持能不拆的就不拆、该拆的必须拆，即零部件可不必经过拆卸就达到要求，可不拆，减少维修工作量、节约维修时间、延长零部件的寿命。比如过盈配合的零部件，拆的次数太多会造成过盈尺寸消失，导致装配不紧固；某企业引进设备的大直径液压缸，密封结构没有完整的技术资料，使用30多年一直没有泄漏，就可不拆。但是，对不拆开难以判断技术状态而有可能发生故障的，就必须要拆卸。

5. 计划编制与下达

计划编制是将上述各种因素具体化，是修理工作执行的依据和保证。计划编制完成后与生产管理、生产车间、机修车间、技术管理、质量管理、财务等部门协调、补充后，下达计划。

2.4.2 维修计划的组织实施

1. 修理计划的内容

（1）修理技术任务书及工艺规程

技术任务书包括修理内容、技术问题、更换件明细表、主要采购元件目录及材料明细表等。工艺规程包括机械、电气与控制、液压、焊接等专业修理工艺，对于复杂的大部件工艺，可以制定专门的修理工艺、专业分工、技术标准、验收要求等。

(2) 维修施工管理

维修施工包括修理前的准备、组织施工及竣工验收。修理前的准备涉及维修计划管理人员、修理主管技术人员、车间设备管理员、备件管理人员、材料与专用工具、管理人员和施工人员等。其中设备部门编制年度维修计划和检修计划；修理主管技术人员负责维修准备工作、编制维修技术文件，技术文件应包括修换件明细表、材料表、修理任务书、修理工艺、试验及验收标准等。

组织施工必须抓好交付修理、解体检查、配件供应、生产调度和质量检查环节。设备交修单见表2-7。

表2-7 设备交修单

资产编号	设备名称		型号与规格	设备类别	
				重点、主要、一般	
修理类别			交修日期	年 月 日	
随机移交的附件及专用工具					
序号	名称	规格与型号	单位	数量	备注
与维修有关的记录					
移交单位	单位		修理单位	名称	
	操作人员			修理负责人	
	工程师			技术负责人	

竣工验收包括空运行试车检验、负荷试车检验、精度检验等，全部达到要求后，由修理部门、质量部门、设备部门、技术与工艺部门、生产部门和车间等验收，验收后资料整理归档。设备大（项）修竣工验收单见表2-8。

表2-8 设备大（项）修竣工验收单

资产编号	名称	型号与规格	重点、一般	复杂系数 $F_{机}$	复杂系数 $F_{电}$	复杂系数 $F_{液}$	设备修理复杂系数
修理时间	计划						
	实际						
修理工种	计划工时		实际工时		备注		
机械							
电气							
液压							
修理费用	计划		实际		备注		
人工费							
主材料费							

（续）

资产编号	名称	型号与规格	重点、一般	复杂系数 $F_{机}$	复杂系数 $F_{电}$	复杂系数 $F_{液}$	设备修理复杂系数
辅助材料费							
修理记录	修理任务书			电气系统检验记录			
	修换件明细表			调试记录			
	材料表			整机精度记录			
验收记录	操作人员： 维修人员： 技术主管工程师： 主管部门：						

2. 维修方法

（1）部件修理法

以设备部件为修理对象，修理时拆换整个部件，将部件解体、配件装配和制造等安排在部件拆换后，可大大缩短修理停机时间。部件修理法需一定的备品备件储存，材料压库占用流动资金。

为便于修理，需将设备部件设计成“标准结构件”“标准零件”，拆卸、更换都很方便。这种方式适合于拥有数量较多的同类型设备企业。

（2）分部修理法

某些设备生产任务重，很难安排足够时间修理，可采用分部修理法。设备各个部件不在同一时间内修理，而将设备各个独立部分，有计划、按顺序分别每次修理某一部分。项修可以在避开生产高峰时修理，提高设备利用率。此方法只适于在构造具有独立部件的设备，修理时间长的设备，如组合机床等。

（3）同步修理法

生产过程中，工艺上相互联系的多台设备，如生产线中独立的单机、主机和辅机等，实现修理同步化，减少分散修理的时间。

设备故障诊断技术参见阅读资料 2-12。

课堂练习

（1）如何了解设备的运行状况？建议在实习场所或车间，对某一设备进行调研，确定设备的运行状况。

（2）如何编写设备的大修计划？

（3）如果有条件，对某一具体的设备大修编写计划。

（4）大修实施中，针对某一具体的设备，修理计划应当包括哪些内容？

（5）简单叙述大修中的维修方法。

第3章 设备维修的拆卸与装配

3.1 机械零件的拆卸

3.1.1 拆卸前做好准备工作

任何机械设备都由许多零部件组合而成。设备维修维护的重要环节是拆卸与装配。拆卸后才能对失效零部件进行修复或更换，拆卸机械零件的目的是便于检查和维修。由于机械设备的构造各有特点，零部件重量、结构、精度等存在差异，如拆卸不当，将使零部件受损，甚至无法修复。为保证维修质量，在机械设备解体之前必须周密计划，对可能遇到的问题充分估计，有步骤地进行拆卸。

1. 必须清楚结构与原理

机械设备种类繁多，构造各异。拆卸前必须弄清结构特点、工作原理、性能和装配关系，做到心中有数，不能粗心大意、盲目乱拆。对不清楚的结构，应查阅图样资料，搞清装配关系、配合性质，尤其是紧固件位置和退出方向。另外，要边分析判断，边试拆，有时还需设计合适的拆卸夹具和工具。

2. 选择拆卸场地并制定保护措施

拆卸前应选择好场地，符合拆卸要求，如吊装设备准备齐全，必须安排有操作能力与资质的起吊人员；必须有足够的周旋场地，保证设备进出方便；拆卸场地要清洁；具有相应的拆卸施工动力源。

3-1 数控车的导轨与尾架

拆卸设备前，须先切断设备电源，液压传动设备放空动力油，电气设备、控制系统拆卸后做好保护，做好各控制单元、元件、电线连接的记号；防止零件锈蚀；做好液压系统与元件的保护；拆卸现场做好安全措施，建立明显的安全提示标志；容易锈蚀的零件做好保护。

3. 熟悉设备结构、准备工具和技术资料

熟悉传动机构，零部件的配合关系；熟悉机械机构、液压系统与电气控制之间的关系，包括液压控制的对象与机械机构的对应关系，液压的控制与电气信号关系；对电气及控制部分，做好控制电路的接线记号，绘制接线的记录图。

准备各种拆卸工具和装备，包括事先自行制作一些专用的拆卸工具。准备好各种维修资料，如设备说明书、设备维修图册、动力地下管网图、设备拆卸工艺、相应的质量标准、检验规程。

拆卸前应关注一些故障信息，了解并分析设备点检资料。

4. 完善拆卸现场的环保措施

拆卸设备的液压系统及油缸时，应完善环保措施，残余液压油不能直接排放到地沟中，也不能污染拆卸现场。

3.1.2 拆卸的一般原则

1. 选择合理的拆卸步骤

机械设备的拆卸顺序一般为由整体拆成总成，由总成拆成部件，由部件拆成零件；或者由附件到主机，由外部到内部。在拆卸比较复杂的零部件时，必须分析装配图原理，熟悉装配结构，特别要注意精度高的零部件。应使拆修有序，为修理和装配打下基础。

2. 合理拆卸

在修理拆卸中，应坚持可不拆的尽量不拆，需要拆的一定要拆的原则。如果零部件不必经过拆卸就符合要求，则不必拆开，可减少拆卸工作量和避免破坏配合性质，还可以延长使用寿命。对于尚能确保使用性能的零部件，在进行必要的试验或诊断后，确信无隐蔽缺陷可不拆。若不能肯定内部技术状态如何，必须拆卸检查，确保维修质量。

3. 正确使用拆卸工具和设备

在清楚了拆卸设备零部件的步骤后，合理使用拆卸工具和设备就很重要，在拆卸时，应尽量选择专用的或适合的工具和设备，避免随意敲击设备，防止零件的损伤或变形，如果没有相应的工具，只能用较软材料的物体敲击较硬的零部件，包括用木槌、木棒、铜棒敲击。如拆卸轴套、滚动轴承、齿轮等应用压力机或拔轮器，拆卸大型螺母时，应使用相应的呆扳手。

4. 拆卸注意要点

（1）核对拆卸零件并做记号

设备中有许多配合的组件与零件，具有精度、安装位置与方向的要求，不能发生错误；设备电气与控制部分要十分清楚电路连接与走向，电气柜之间、电气柜与设备之间、电气柜与执行元件之间的连接，不能发生错误；传感器的型号、传感器的接线等，不能发生错误；液压系统的许多元件，外形相同，但型号不同，必须有标记。

（2）分类存放零件

同一总成或同一部件的零件应尽量放在一起，根据零件大小与精度分别存放，不应互换的零件要分组存放；精密零件应当单独存放，防止污染与损坏；怕油的橡胶件不能与带油的零件一起存放；易丢失的小型标准件如垫圈、螺母可以用铁丝串好存放在容器中。

（3）机构合理摆放

设备的某些机构尺寸较长，应当合理摆放，防止产生微小变形或弯曲，影响性能。如图3-1所示的液压缸活塞杆较长，不能水平放置，应垂直放置或悬挂。

图3-1 液压缸活塞杆的合理摆放

（4）保护拆卸零件的加工表面

在拆卸过程中，一定注意不能损伤拆卸零件的加工表面，否则将给修复带来困难，可能导致设备的技术性能、精度下降。

(5) 为故障诊断创造条件

设备拆卸中的某些状态信息，可以作为故障诊断的分析依据，不应破坏或消除。如轴承拆卸中的润滑脂，做简单清洗后可能会消除故障信息。

(6) 为装配创造条件

如技术资料不全，必须对拆卸过程有记录，以便在安装时遵照“先拆后装”的原则重新装配。拆卸精密零件或结构复杂的部件，应画出装配草图或拆卸时做好标记，避免误装。零件拆卸后要彻底清洗，涂油防锈、保护加工面，避免丢失和破坏。细长零件如长的轴，要悬挂，不能水平放置，防止弯曲变形。

(7) 相互配合，专业分工

控制系统、液压系统各为独立系统，在设备中依据各自专业特点各自独立，但又存在联系，液压系统是电气控制系统的被控对象。设备由机械、电气控制和液压系统组成，设备大修团队必须由相应的专业技术人员组成、分工与配合，才能完成修理工作。

3.1.3 常用的拆卸方法

1. 击卸法

利用锤子或其他重物在敲击或撞击零件时产生的冲击能量把零件拆下，要注意，采用此法不能损坏或损伤零件的表面。

2. 拉拔法

对精度较高不允许敲击或无法用击卸法拆卸的零部件，应使用拉拔法，采用专门拉器进行拆卸。

3. 顶压法

利用螺旋 C 型夹头、机械式压力机、液压压力机或千斤顶等工具和设备进行拆卸。顶压法适用于形状简单的过盈配合件。

4. 温差法

拆卸尺寸较大、配合过盈量较大或无法用击卸、顶压等方法拆卸时，或为使过盈较大、精度较高的配合件容易拆卸，可用此种方法。温差法是利用材料热胀冷缩的性能，加热包容件，使配合件在温差条件下失去过盈量，实现拆卸。

5. 破坏法

若必须拆卸焊接、铆接等固定连接件，或轴与套互相咬死，或为保存主件而破坏副件时，可采用车、锯、錾、钻、割等方法进行破坏性拆卸。

3.1.4 典型连接件的拆卸

1. 螺纹连接件

螺纹联接应用广泛，简单、便于调节，可多次拆卸装配。虽然拆卸较容易，但有时因工具选用不当、拆卸方法不正确而造成损坏，应特别引起注意。

1）一般拆卸方法。先认清螺纹旋向，然后选用合适的工具，尽量使用呆扳手或螺钉旋具、双头螺栓专用扳手等。拆卸时用力要均匀，只有受力大的特殊螺纹才允许用加长杆。

2）断头螺钉的拆卸。机械设备中的螺钉头有时会被打断，断头螺钉在机体表面以下时，可在断头端的中心钻孔，攻反向螺纹，拧入反向螺钉旋出，如图 3-2a 所示。断头螺钉在机体表面以上时，可在螺钉上钻孔，打入多角淬火钢杆，再把螺钉拧出，如图 3-2b所示。也可在断头上锯出沟槽，用一字形螺钉旋具拧出；或用工具在断头上加工出扁头或方头，用扳手拧出；或在断头上加焊弯杆拧出；也可在断头上加焊螺母拧出，如图 3-2c 所示。当螺钉较粗时，可用扁錾沿圆周剔出。

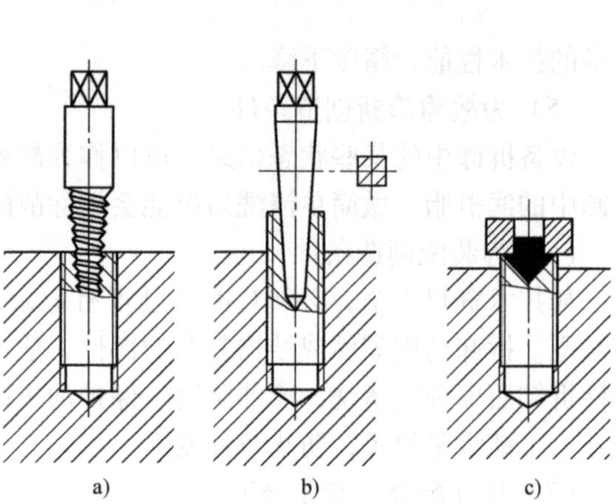

图 3-2 断头螺钉的拆卸

3）打滑内六角螺钉的拆卸。当内六角磨圆后出现打滑现象时，可用一个孔径比螺钉头外径稍小一点的六方螺母，放在内六角螺钉头上，将螺母和螺钉焊接成一体，用扳手拧螺母即可将螺钉拧出，如图 3-3 所示。

4）锈死螺纹的拆卸。螺纹锈死后，可将螺钉向拧紧方向拧动一下，再旋松，如此反复，逐步拧出；用手锤敲击螺钉头、螺母及四周，锈层振松后即可拧出；在螺纹边缘处浇些煤油或柴油，浸泡 20min 左右，待锈层软化后逐步拧出。若上述方法均不可行，而零件又允许，可快速加热包容件使其膨胀，软化锈层也能拧出；还可用錾、锯、钻等方法破坏螺纹件。

5）成组螺纹连接件的拆卸。拆卸顺序一般为先四周后中间，对角线方向轮换。先拧松少许或半周，然后再顺序拧下，以免应力集中到最后的螺钉上，损坏零件或使结合件变形，造成难以拆卸的困难，要注意先拆难以拆卸部位的螺纹件。

2. 过盈连接件

拆卸过盈件，应按零件配合尺寸和过盈量大小，选择合适的拆卸工具和方法。视松紧程度由松至紧，依次用木槌、铜棒、锤子或大锤、拉器、机械式压力机、液压压力机、水压机等进行拆卸。过盈量过大或为保护配合面，可加热包容件或冷却被包容件后再迅速压出。

无论使用何种方法拆卸，都要检查有无定位销、螺钉等附加固定或定位装置，若有必须先拆下。施力部位要正确，受力要均匀且方向要正确。

拆卸尺寸较大的轴承或其他过盈配合时，为了使轴承和轴不受损害，可加热后进行拆卸，如图 3-4 所示是加热轴承的内圈拆卸轴承的方法。加热前将靠近轴承的部分用石棉隔离开，然后在轮上套一个套圈使零件隔热，再将拆卸工具的抓钩抓住轴承内圈，迅速将 100℃左右的热油倾倒在轴承的内圈上，使轴承内圈加热，然后开始从轴承上拆卸轴承。

3. 滚动轴承的拆卸

拆卸滚动轴承时，除按过盈连接件的拆卸要点进行外，还应注意尽量不用滚动体传递力。拆卸轴末端的轴承时，可用小于轴承内径的铜棒或软金属、木棒抵住轴端，在轴承下面放置垫铁，再用锤子敲击。

4. 不可拆连接的拆卸

通常，焊接件的拆卸可锯割、扁錾切割、用小钻头钻一排孔后再錾或锯以及气割等；铆接件的拆卸可錾掉、锯掉、气割铆钉头，或用钻头钻掉铆钉等。拆卸主要是指连接件的拆卸，除应遵守上述规则以外，还应掌握拆卸的方法。

以上拆卸操作时，注意不要损坏机体零件。

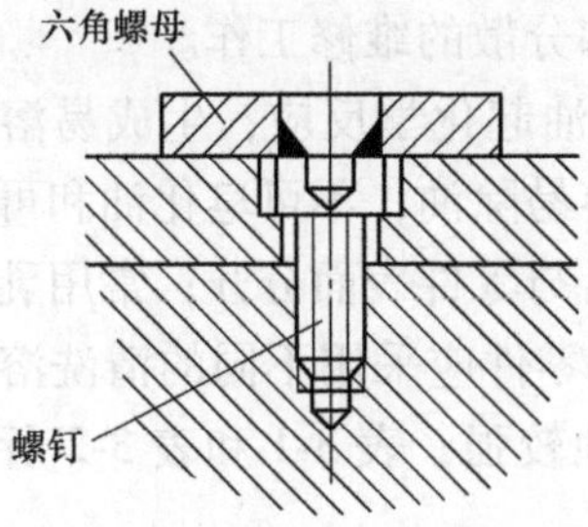

图 3-3 打滑内六角螺钉的拆卸

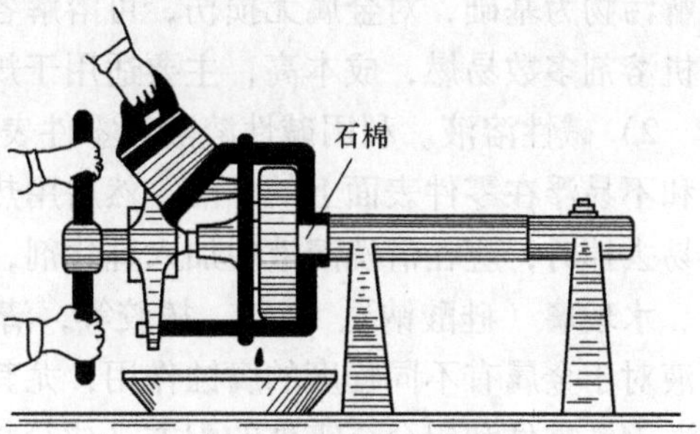

图 3-4 轴承的加热拆卸

课堂练习

（1）机械零件拆卸的一般规则和要求是哪些？

（2）设备拆卸前，应当做好哪些准备工作？

（3）建议有条件的前提下，参观企业，了解设备大修的拆卸准备工作及拆卸的具体方法。

3.2 拆卸零件的清洗

设备拆卸是修理的前期准备，拆卸下来的零件有些已明显损坏，就判断不再使用，直接报废。许多零件在拆卸下来，不能判断可用还是维修后再继续用，就需要清洗。清洗方法和清理质量，对鉴定零件的准确性、零件维修质量、设备的修复质量、维修成本和使用寿命等均产生重要影响。

3.2.1 拆卸前的清洗

设备拆卸前进行外部清洗，除去设备外部积存的尘土、油污、泥沙等，便于拆卸，避免将尘土、油泥等脏物带入厂房内部。外部清洗一般用软管将自来水接到清洗部位，用水流冲洗油污，并用刮刀、刷子配合进行；高压水冲刷用 1～10MPa 压力的高压水流。对于密度较大的厚层污物，加入适量的化学清洗剂并提高喷射压力和水的温度。

常见的外部清洗设备，一种是单枪射流清洗机，靠高压连续射流或汽水射流的冲刷作用，或射流与清洗剂的化学作用相配合来清除污物；另一种是多喷嘴射流清洗机，有门框移动式和隧道固定式两种。喷嘴安装位置和数量，根据设备的不同用途而异。

3.2.2 拆卸后的清洗

1. 油污种类及清洗液

凡是和各种油料接触的零件在解体后都要清除油污。油污分可皂化的油和不可皂化的油，前者指能与强碱起作用生成肥皂的油，如动物油、植物油，即高分子有机酸盐；后者指不能与强碱起作用，如各种矿物油、润滑油、凡士林和石蜡等，不溶于水，但可溶于有机溶剂；去除这些油类，主要用化学和电化学方法。

1）有机溶剂。如煤油、轻柴油、汽油、丙酮、酒精、三氯乙烯等，有机溶剂除油是以溶解污物为基础，对金属无损伤，可溶解各类油脂，不需加热、使用简便、清洗效果好；但有机溶剂多数易燃，成本高，主要适用于规模小的单位和分散的维修工作。

2）碱性溶液。利用碱性溶液和零件表面上的可皂化油起化学反应，生成易溶于水的肥皂和不易浮在零件表面上的甘油，然后用热水冲洗，很容易除油；不可皂化油和可皂化油不容易去掉时，应在清洗溶液中加入乳化剂，使油垢乳化后与零件表面分开；常用乳化剂有肥皂、水玻璃（硅酸钠）、骨胶、树胶等，清洗不同材料的零件应采用不同的清洗溶液；碱性溶液对于金属有不同程度的腐蚀作用，尤其是对铝的腐蚀较强；表3-1和表3-2所示分别是清洗钢铁零件和铝合金零件的配方（成分比例），供参考。

表3-1 清洗钢铁零件的配方

成分	配方1	配方2	配方3	配方4
苛性钠	7.5	20	—	—
碳酸钠	50	—	5	—
磷酸钠	10	50	—	—
硅酸钠	—	30	2.5	—
软肥皂	1.5	—	5	3.6
磷酸三钠	—	—	1.25	9
磷酸氢二钠	—	—	1.25	—
偏硅酸钠	—	—	—	4.5
重铬酸钠	—	—	—	0.9
水	1000	1000	1000	1000

表3-2 清洗铝合金零件的配方

成分	配方1	配方2	配方3
碳酸钠	1.0	0.4	1.5~2.0
重铬酸钠	0.05	—	0.05
硅酸钠	—	—	0.5~1.0
肥皂	—	—	0.2
水	100	100	100

3）化学清洗液。一种化学合成水基金属清洗剂，以表面活性剂为主，表面活性物质降低界面张力而产生湿润、渗透、乳化、分散等多种作用，去污能力很强，无毒、无腐蚀、不燃烧、不爆炸、无公害、有一定防锈能力、成本较低，已逐步替代其他清洗液。

2. 清洗方法

1）擦洗。将零件放入装有柴油、煤油或其他清洗液的容器中，用棉纱擦洗或毛刷刷洗，操作简便，设备简单，效率低，用于单件小批生产的中小型零件，一般情况下不宜用汽油，因其有溶脂性，会损害人的身体且不安全。

2）煮洗。将配制好的溶液和被清洗的零件一起放入用钢板焊制的适当尺寸的清洗池中，在池的下部设有加温用的炉灶，将零件加温到80~90℃煮洗。

3）喷洗。将具有一定压力和温度的清洗液喷射到零件表面，清除油污，此方法效果较好，效率较高，但设备复杂，适于零件形状不太复杂、表面有严重油垢的清洗。

4）振动清洗。将被清洗的零部件放在振动清洗机的清洗篮或清洗架上，浸没在清洗液中，清洗机产生振动来模拟漂刷动作，并与清洗液的化学作用相配合，去除油污。

5）超声清洗。靠清洗液的化学作用与引入清洗液中的超声波振荡作用相配合，达到去污目的。

3.2.3 清除水垢

机械设备的冷却系统经长期使用硬水或含杂质较多的水后，由于水中钙、镁离子与碳酸根、硫酸根结合产生沉淀，在冷却器及管道内壁上沉积水垢。使水管截面缩小，导热系数降低，严重影响冷却效果，影响冷却系统的正常工作，必须定期清除。

1. 酸盐清除水垢

用3%~5%的磷酸三钠溶液注入并保持10~12h，使水垢生成易溶于水的盐类，而后被水冲掉。洗后应再用清水冲洗干净，以去除残留碱盐，防止腐蚀。

2. 碱溶液清除水垢

对铸铁件可用苛性钠750g、煤油150g、水10L的比例配成溶液，过滤后加入冷却系统中停留10~12h，再起动发动机全速工作15~20min，直到溶液开始沸腾，放出溶液，最后用清水清洗。对铝制件可用硅酸钠15g、液态肥皂2g、水1L的比例配成溶液，注入冷却系统中，起动发动机到正常工作温度；再运转1h后放出清洗液，用水清洗干净。对钢制零件，用溶液浓度10%~15%的苛性钠；对有色金属零件用浓度2%~3%的苛性钠。

3. 酸洗清除水垢

酸洗常用的是磷酸、盐酸或铬酸等。用2.5%盐酸溶液清洗，生成易溶于水的盐类，如$CaCl_2$、$MgCl_2$等。将盐酸溶液加入冷却系统中，然后起动发动机，全速运转1h后放出溶液，再以超过冷却系统容量三倍的清水冲洗干净。清除铝合金零件水垢，可用5%浓度的硝酸溶液，或10%~15%浓度的醋酸溶液。

以上各种酸碱清洗后的大量冲洗水，必须有专门的排出渠道，做到环境达标排放。

3.2.4 清除积炭

积炭是由于燃料和润滑油在燃烧过程中不能完全燃烧，在高温作用下形成的一种由胶质、沥青质、油焦质、润滑油和炭质等组成的复杂混合物。积炭影响发动机某些零件的散热效果，恶化传热条件，影响其燃烧性，甚至会导致零件过热，形成裂纹。

机械维修过程中，常遇到清除积炭问题，如发动机中的积炭大部分积聚在活塞、汽缸盖上。积炭成分与发动机的结构、零件的部位、燃油、润滑油的种类、工作条件以及工作时间等有很大的关系。经常使用机械清除法、化学法和电化学法等进行积炭清除。

1. 机械清除法

机械清除法是用金属丝刷与刮刀去除积炭。为提高生产率，在用金属丝刷时可由电钻经软轴带动其转动，方法简单，常用于小规模的维修，效率低，容易损伤零件表面，积炭不易清除干净。也可用喷射干燥且碾碎的桃、李、杏核及核桃的硬壳清除积炭，因核屑比金属软，冲击零件时，零件表面不会产生刮伤或擦伤，生产效率高。

2. **化学法**

不能用机械清除法的某些精加工零件表面，可用化学法去除积炭。将零件浸入苛性钠、碳酸钠等清洗溶液中，温度为80~95℃，使油脂溶解或乳化，积炭变软，约2~3h后取出，再用毛刷刷去积炭，用加入0.1%~0.3%重铬酸钾的热水清洗，最后用压缩空气吹干。

3. **电化学法**

将碱溶液作为电解液，工件接于阴极，使其在化学反应和氢气的剥离共同作用下去除积炭。这种方法有较高的效率，但要掌握好清除积炭的规范。

3.2.5 除锈及清除涂层

锈是金属表面与空气中氧、水分及酸类物质接触而生成的氧化物，如 FeO、Fe_3O_4、Fe_2O_3等。设备修理过程中，为保证质量，必须彻底清除。

1. **机械除锈法**

利用机械摩擦、切削等作用清除零件表面锈层。常用方法有刷、磨、抛光、喷砂和喷丸等。单件小批维修靠人工用钢丝刷、刮刀、砂布等刷、刮或打磨锈蚀层。成批或有条件的，可用电动机或风动机作动力，带动各种除锈工具进行除锈，如电动磨光、抛光、滚光等。喷砂和喷丸除锈是利用压缩空气，将砂子通过喷枪喷在零件的锈蚀表面上，除锈快，还可为油漆、喷涂、电镀等工艺做准备。经喷砂后的零件表面干净，有一定的粗糙度，能提高覆盖层与零件的结合力。

机械法除锈只能用在不重要的表面。喷砂和喷丸除锈法须有专门的喷砂设备和喷丸设备。

2. **化学除锈法**

利用酸性溶液通过化学反应将金属表面的锈蚀产物溶解，达到清除锈蚀的目的。常用盐酸、硫酸、磷酸等，加入少量的缓释剂。主要工艺过程包括，脱脂-水冲洗-除锈-水冲洗-中和-水冲洗-去氢。一般将溶液加热到适当的温度，根据被除锈零件的材料成分，选择合适的配方。

3. **电化学除锈法**

电化学除锈也称电解腐蚀，比化学法快，能更好地保存基体金属，酸的消耗量少，但消耗能量大且设备复杂。除锈过程是零件在电解液中通以直流电，通过化学反应达到除锈目的。常用方法有阳极腐蚀和阴极腐蚀，阳极腐蚀除锈是将锈蚀件作为阳极；阴极腐蚀除锈是将锈蚀件作为阴极，用铅和铅锑合金作阳极。前者缺点是当电流密度过高时，易腐蚀过度，破坏零件表面，故适用于外形简单的零件。后者无过蚀问题，但氢易进入金属中，产生氢脆，降低零件塑性。因此，需根据锈蚀零件的具体情况确定合适的除锈方法。

4. **清除涂装层**

零件表面的保护涂装层需根据损坏程度和保护涂层的要求进行全部或部分清除。清除后要冲洗干净，准备再喷刷新漆。一般用刮刀、砂纸、钢丝刷或手提式电动、风动工具等，进行刮、磨、刷。有条件的也可用各种配制好的有机溶剂、碱性溶液等作退漆剂，涂刷在零件的漆层上，使之溶解软化，再借助手动工具去除漆层。

为完成各道清洗工序，可用一整套清洗设备，包括喷淋清洗机、浸浴清洗机、喷枪机、综合清洗机、环流清洗机、专用清洗机等。究竟采用哪一种设备，要考虑其用途和生产场所。

课堂练习

（1）机械零件常用的清洗剂有哪些？

（2）了解常用的清洗方式。

3.3 拆卸零件的检验

3.3.1 拆卸零件检验分类及检验原则

零件可能产生缺陷，如龟裂、裂纹等对其使用性能产生影响，应掌握检测方法与标准、易损零件的极限磨损及允许标准、配合件的极限间隙及允许配合间隙标准等。还要掌握零件的特殊报废条件，如电镀层性能、镀层轴承与机体的结合强度、平衡和密封的破坏及弹性件的弹力消失等。

拆卸的零件通过分析、检验和测量，可分为可用、不可用和经过修理后可用三类。可用零件指其所处技术状态仍能达到各级修理技术标准，不经过修理便能够直接进入装配使用。如果零件所处技术状态已经劣化至低于各级修理技术标准或使用规范等，则均属于续修零件。有些零件通过修理不仅能够达到修理技术标准，而且还经济合算，此时应当尽量给予修理并重新使用；有些零件通过修理尽管能够达到修理技术标准，但修理成本很高，通常不予修理而更换新件；当零件所处技术状态为材料变质、强度不够等，已经无法采用修理方法达到规定的技术要求时，应当做报废处理。

1. 节约原则

在保证质量的前提下，缩短维修时间，节约原材料、配件、工时，提高利用率，降低成本。

2. 技术规范原则

严格掌握技术规范、修理规范，正确区分能用、需修、报废的技术条件，从技术和经济效果综合考虑，不合格的零件不能继续使用，也不让不必维修或不应报废的零件进行修理或报废。

3. 检验原则

提高检验水平，尽可能消除或减少误差，建立健全合理的规章制度。按照检验对象的要求，特别是精度要求，选用检验工具或设备，采用正确的检验方法。

3.3.2 检验的内容

1. 检验分类

（1）修前检验

在机械设备拆卸后进行。对已确定需要修复的零部件，可根据损坏情况及生产条件选择适当的修复工艺；对报废的零部件，要提出需补充的备件型号、规格和数量；不属备件的需要提出零件蓝图或测绘草图。

（2）修后检验

零件加工或修理后检验其质量是否达到规定的技术标准，确定是成品、废品还是要返修。

（3）装配检验

指检验待装零部件质量是否合格，能否满足要求；装配中对每道工序或工步都要进行检验，以免产生中间工序不合格，影响装配质量；组装后，检验累积误差是否超过技术要求；总装后要调整，包括工件精度、几何精度及其他性能检验、试运转等，确保维修质量。

2. 检验的主要内容

1）零件的几何精度。包括尺寸、形状和表面相互位置精度，经常检验的是尺寸、圆柱度、圆度、平面度、直线度、同轴度、平行度、垂直度、跳动等项目。根据维修特点，有时不是追求单个零件的几何尺寸精度，而是要求配合精度。

2）零件的表面质量。包括表面粗糙度，表面有无擦伤、腐蚀、裂纹、剥落、烧损、拉毛等缺陷。

3）零件的物理力学性能。包括硬度、硬化层深度，还有零件制造和修复过程中形成的性能，如应力状态、平衡状况、弹性、刚度、振动等也需根据情况适当进行检测。

4）零件的隐蔽缺陷。包括制造过程中的内部夹渣气孔、疏松、空洞、焊缝等缺陷，还有使用过程中产生的微观裂纹。

5）零部件的质量和静动平衡。包括活塞、连杆组之间的质量；曲轴、风扇、传动轴、车轮等高速转动的零部件进行静动平衡检验。

6）零件的材料性质。包括零件合金成分、渗碳层含碳量、各部分材料的均匀性、铸铁中石墨的析出、橡胶材料的老化变质程度等。

7）零件表层材料与基体的结合强度。包括电镀层、喷涂层、堆焊层和基体金属的结合强度，机械固定连接件的连接强度，轴承合金和轴承座的结合强度等。

8）组件的配合情况。包括组件的同轴度、平行度、啮合情况与配合的严密性等。

9）零件的磨损程度。正确识别摩擦磨损零件的可行性，由磨损极限确定是否能继续使用。

10）密封性。如内燃机缸体、缸盖需进行密封试验，检查有无泄漏。

3. 检验的方法

（1）感觉检验法

不用量具、仪器，仅凭检验人员的直观感觉和经验，鉴别零件的技术状况。精度不高，适于分辨缺陷明显的或精度要求不高的零件，要求检验人员经验丰富。

1）目测。用眼睛或借助放大镜对零件进行观察和宏观检验，如倒角、圆角、裂纹、断裂、疲劳剥落、磨损、刮伤、蚀损、变形、老化等，做出可靠的判断。

2）耳听。根据机械设备运转时发出的声音，或敲击零件时的响声判断其技术状态；零件无缺陷时声响清脆，内部有缩孔时声音相对低沉，若内部出现裂纹，则声音嘶哑。

3）触觉。用手与被检验的零件接触，可判断工作时温度的高低和表面状况；配合件进行相对运动，可判断配合间隙的大小。

（2）测量工具和仪器检验法

1）用各种测量工具和仪器检验零件的尺寸、几何形状和相互位置精度；测量工具有卡钳、钢直尺、游标卡尺、百分尺、千分尺或百分表、千分表、塞规、量块、齿轮规等。

2）用专用仪器和设备检验零件的应力、强度、硬度、冲击性、伸长率等力学性能。

3）用静动平衡试验机对高速运转的零件做静动平衡检验。

4）用弹簧检验仪或弹簧秤对各种弹簧的弹力和刚度进行检验。

5）对承受内部介质压力并须防止泄漏的零部件，需在专用设备上进行密封性能检验。

6）用金相显微镜检验金属组织、晶粒形状及尺寸、显微缺陷，分析化学成分。

此方法由于能达到检验精度要求，测量工具较多，应用最广。

（3）无损检测

利用电、磁、光、声、热等物理量，通过零部件引起的变化来测定技术状况，发现内部缺陷。采用专门的仪器、工具检测，不会使零部件受伤、分离或损坏。无损检测是专业检测，出具检验报告的检验人员需要通过资质考试。

对维修而言，这种检测主要是对零部件定期检查、维修检查、运转中检查，发现缺陷，根据缺陷的种类、形状、大小、产生部位、应力水平、应力方向等，预测缺陷发展程度，确定采取修补或报废措施。广泛应用的有磁力法、渗透法、超声波法、射线法等。确定零件隐蔽缺陷的性质、大小、部位及取向等，因此，在选择无损检测法和操作时，必须结合零件的工作条件，考虑受力状况，生产工艺，检测要求，经济因素。

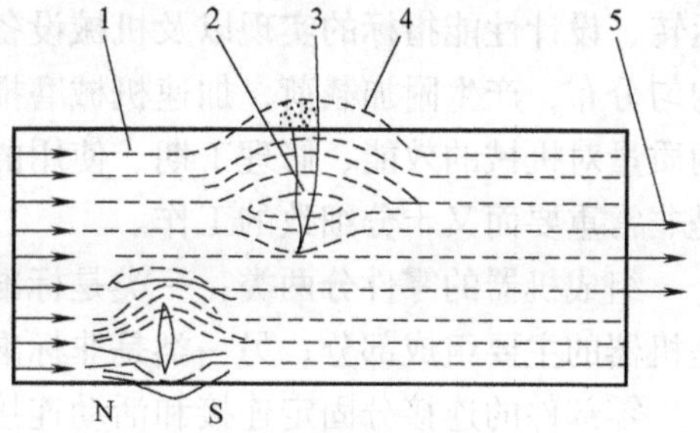

图 3-5　磁粉探伤检测

1—零件　2—内部缺陷　3—局部缺陷　4—泄漏磁通　5—磁力线

上面提到的几种无损检测法各有特点，并不适用于所有隐蔽缺陷检测。渗透检测法在零件表面上涂渗透剂，显示缺陷，简单的裂纹可以检测出 1mm；磁粉探伤检测法利用铁磁材料在电磁场作用下能够产生磁化的原理，即被检测零件在磁场作用下，表面缺陷的磁力线泄漏或聚集形成局部磁化吸附磁粉，显示出缺陷的位置、形状和取向，可检测出在表面内部的缺陷，但需要操作者有经验，如图 3-5 所示。超声波检测法是利用某些物质的压电效应产生的超声波在介质传播遇到不同介质间的界面如内部裂纹、夹渣和小孔等缺陷时，产生反射、折射等特性，可以检测内部较深的缺陷，但检测人员必须经验丰富，如图 3-6 所示。射线检测法是利用射线照射，使其穿透零件，当遇到缺陷如内部裂纹、夹渣、疏松和小孔等，射线则容易穿透，这样从被检测零件缺陷处透过射线的能量比其他位置多，即能够检测到材料的内部缺陷，但成本高，需防护措施，一般超声波检测无法判断的重要零件采用射线检测法，如图 3-7 所示。

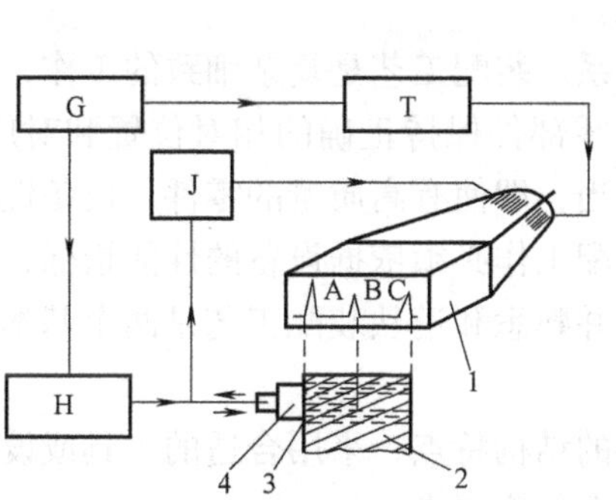

图 3-6　超声波检测法

1—显示器　2—零件　3—耦合器　4—检测头

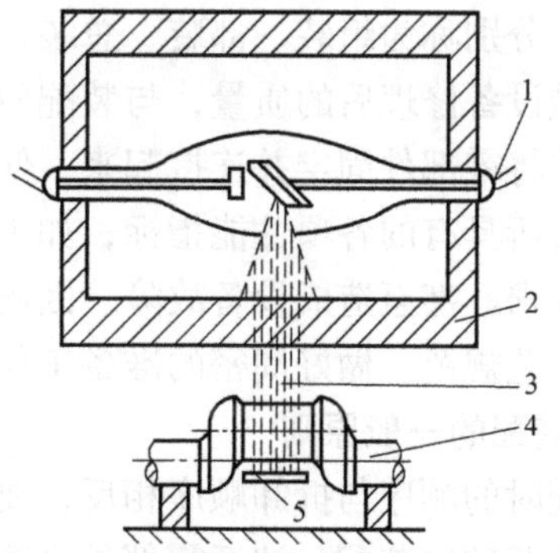

图 3-7　射线检测法

1—射线管　2—隔离保护箱　3—射线　4—工件　5—感光片

需注意，无损检测法的操作人员，必须持有资质证书才能签发探伤报告。

课堂练习

（1）零件检验的原则有哪些？检验的方法有哪些？

（2）请叙述无损检测的含义和种类，每种检测有何特点？

3.4 设备维修的装配

3.4.1 装配的概念

将机械零件或零部件按规定的技术要求组装成机器部件或机器，实现机械零件或部件的连接，通常称为机械装配，是机器制造和修理的重要环节。机械装配工作质量对机械的正常运转、设计性能指标的实现以及机械设备的使用寿命等有很大影响。装配质量差会使载荷不均匀分布，产生附加载荷，加速机械磨损甚至发生事故损坏等。对机械修理而言，装配工作的质量对机械的效能、修理工期、使用的劳力和成本等都有非常大的影响。因此，机械装配是非常重要而又十分细致的工作。

组成机器的零件分两类，一类是标准零部件，如轴承、齿轮、联轴器、键销、螺栓等，是机器的主要组成部分；另一类是非标准件，在机器中数量不多。

零部件的连接分固定连接和活动连接。固定连接是使零部件固定在一起，没有任何相对运动的连接，固定连接分为可拆的和不可拆的连接方式，可拆的固定连接如螺纹联接、键销联接及过盈连接等，不可拆的固定连接如铆接、焊接、胶合等。活动连接是连接起来的零部件能实现一定性质的相对运动，如轴与轴承的连接、齿轮与齿轮的连接、柱塞与套筒的连接等，无论哪种连接都必须按照技术要求和一定的工艺装配，才能保证装配质量，满足机械的使用要求。

3.4.2 装配原则及准备工作

一个庞大复杂的机器设备总是由许多零件和部件组成，按照规定技术要求，将若干个零件组合成组件，由若干个组件和零件组合成部件，最后由所有的部件和零件组合成整台设备的过程，分别称为组装、部装、总装，统称为装配。

机械设备修理后的质量，与装配质量有密切关系。装配工艺是复杂细致的工作，是按照技术要求将零部件固定并连接起来，使设备的各个零部件保持正确的相对位置和对应关系，确保设备所具有的各项性能指标，如果装配工艺不当，即使有高质量的零件，设备性能也很难达到要求，甚至造成设备故障。因此，修理后装配工作必须依据设备的性能指标，严格执行装配工艺规范。做好周密的准备工作、正确选择并熟悉和遵从装配工艺是两个基本要求。

1. 装配的一般原则

装配时的顺序与拆卸顺序相反，要根据零部件的结构特点，采用合适的工具或设备，严格仔细按照顺序装配，注意零部件之间的方位和配合精度要求。

1）合理使用工具。对过渡配合和过盈配合零件的装配，如滚动轴承的内外圈，必须用相应的铜棒、套筒等专门工具，按照工艺要求装配，也可以借助设备加温、加压装配；如装配困难，要先分析原因，排除故障，提出有效方法，再实施装配，绝对不可随意敲打、强行野蛮装配。

2）对油封件必须使用芯棒压入，对配合表面要经过仔细检查并擦净，去除毛刺；螺柱联接要按照规定的扭矩分次均匀紧固；螺母紧固后，螺柱一般要露出少量的螺牙。

3）在装配摩擦表面前，涂上适量的润滑油，如轴承、轴套、油缸活塞等，密封材料要选购质量有保证的优质产品；各种管道和接头，装配后不得出现渗漏；各部件的密封垫（纸板、石棉、钢皮、软木垫等）应统一按规格制作，自行制作时，切勿让密封垫覆盖润滑油、水和空气的通道；机械设备中的各种密封管道和部件装配后不得有渗漏现象。

4）过盈配合装配时，先涂上润滑油，利于装配和减少配合表面的磨损。装配时，注意观察检查各种元件的外形与拆卸时的记号，不能出现错装；对装配技术有要求的零部件，如装配间隙、过盈量、啮合印痕、灵活性等，边安装边检查，随时调整。

5）电气与控制部分装配时，不能将电气元件放在地面，必须放置在木板或硬纸板上，防止沙粒、金属粉尘进入电气元件；电气元件安装时，必须按照要求检查元件的标牌内容、动作是否灵活、有无损坏、接线方式合适与否等，低压电器元件及线缆是否有 CCC 标志等，不符合要求的元件不能安装，元件、电路的安装接线按照图纸标注线号；接线应牢固，不符合的电线电缆必须全部更换；在设备机身上安装的电器元件、传感器、分线箱、操纵箱等，在符合控制要求的前提下，要与设备整体协调、美观。

6）液压系统装配时，原用的高压管接头、卡箍全部更换；液压阀件需全部清洗，发现不灵活的阀件，必须更换。

7）电气电路安装结束后，必须检查绝缘，做通电试验，做检查元件的整定值、仪表的设定值等。特别对断路、短路的检查。

8）对液压、气动系统装配后，要试验系统压力，找出泄漏点。

9）所有装配结束后，必须严格仔细检查和清理，防止有遗漏或错装的零件，要检查电路是否错误、密封件是否漏装，是否存在多余的零件。

2. 装配的准备工作

研究和熟悉机械设备及各部件总成装配图和有关技术文件与技术资料。了解设备及零部件的结构特点、各零部件的作用，各零部件的连接关系及连接方式。对有配合要求、运动精度较高或有其他特殊技术条件要求的零部件，应予以特别重视。

熟悉装配图及技术文件，了解所装机械的用途、构造、工作原理，零部件的作用、相互关系、连接方法及有关技术要求等；掌握装配的技术规范；制定装配工艺规程、选择装配方法、确定装配顺序；准备所用的材料、工具、夹具和量具；对零件进行检验、清洗、润滑，重要的旋转体零件还需做静动平衡实验，特别是对于转速高、运转平稳性要求高的机器，其零部件的平衡要求更为严格。

1）研究和熟悉机械设备、各部件总线装配图，技术文件和资料配合要求、精度要求，包括动的要求、静的要求和带负荷的要求。

2）根据零部件的结构特点和技术要求，确定适合的装配工艺、方法和程序，准备好必备的工、量、夹具及材料。

3）按清单清理、检测各待装零部件的尺寸精度与制造或修复质量，核查技术要求；对螺柱、键及销等标准件稍有损伤者，应予以更换，不得勉强留用。

4）根据零部件结构特点和技术要求，确定适合的装配工艺，方法和程序，准备好必备的工具、量具、夹具、材料和修复质量。

5）零部件装配前必须清洗。对于经过钻孔、铰削、镗削等机械加工的零件，要将金属屑末清除干净；润滑油道要用高压空气或高压油吹洗干净；有相对运动的配合表面要保持洁净，以免因脏物或尘粒等杂质侵入其间而加速配合件表面的磨损。

6）电器元件要认真查看铭牌，要注意电压、电流等级，功率、频率参数，检测性能、绝缘性，不合要求的必须更换；对照电气控制原理图、接线图，检查电线电缆的接线方式、走向和固定要求。

7）液压元件、管路的清洗，更换和固定走向，装配。

8）计量校准。大修理后，对于关键的计量器具，应当按照要求送有资质的单位进行校验。

3.4.3 装配的精度要求与方法

设备性能和精度建立在机械零件加工合格的基础上，通过装配工艺实现。装配质量和效率很大程度上取决于零件的加工质量。机械装配又对机器的性能有直接的影响，如果装配不正确，即使零件加工的质量很高，设备也达不到设计的使用要求。

机械装配要求的共性问题是要保证装配精度，这是机械装配工作的关键，装配精度包括配合精度和尺寸链精度。影响装配精度的因素，包括零件部件的几何精度、相互位置和相对运动精度。装配精度的作用，包括影响设备的工作性能、工作精度与工作能力。

1. 配合精度

机械装配过程中大部分工作是保证零部件之间的正常配合。为保证配合精度，装配时要严格按公差要求。

1）完全互换法。相互配合零件公差之和小于或等于装配允许偏差，零件完全互换；对零件不需挑选、调整或修配就能达到装配精度要求；操作方便易掌握，生产率高，便于组织流水作业，但对零件的加工精度要求较高；适用于配合零件数较少，批量较大的场合。

2）分组选配法。零件的加工公差按装配精度要求的允许偏差放大若干倍，对加工后的零件测量分组，对应的组进行装配，同组可以互换；零件能按经济加工精度制造，配合精度高，但增加了测量分组工作；适用于成批或大量生产，配合零件数少，装配精度较高的场合。

3）调整法。选定配合副中的一个零件制造成多种尺寸作为调整件，装配时利用它来调整到装配允许的偏差；或采用可调装置如斜面、螺纹等改变有关零件的相互位置来达到装配允许偏差；零件可按经济加工精度制造，能获得较高的装配精度，但装配质量依赖操作者的技术水平；调整法可用于多种装配场合。

4）修配法。在某零件上预留修配量，装配时通过修去多余部分达到要求的配合精度，通过这种方法可按经济加工精度加工零件，获得较高的装配精度，但增加了装配过程中的修配和机械加工工作量，延长了装配时间，且装配质量依赖工人的技术水平；修配法适用于单件小批生产，或装配精度要求高的场合。

2. 尺寸链精度

机械装配过程中，有时虽然各件配合精度满足要求，但累积误差所造成的尺寸链误差可能超出设计范围，影响使用性能。因此，装配后必须检验，当不符合设计要求时，需重新选配或更换某些零部件。图3-8所示为内燃机曲柄连杆机构装配尺寸。A、B、C、D、δ构成装配尺寸链，其中δ是装配过程中最后形成尺寸链的封闭环，对柴油机压缩比影响很大。当A最大，B、C、D最小时，δ最大；反之，当A最小，B、C、D最大时，δ最小。δ值可能超设计范围，因此，必须在装配后进行检验，使δ符合规定。

3.4.4 装配的组织实施

1. 流动装配

流动装配是有很多机械设备分布成多个装配点，装配人员在一个点装配完一个环节后，再流动到下一个点装配。这种方法专业、效率高，是生产过程中常用的装配办法，设备维修很少采用此方法。

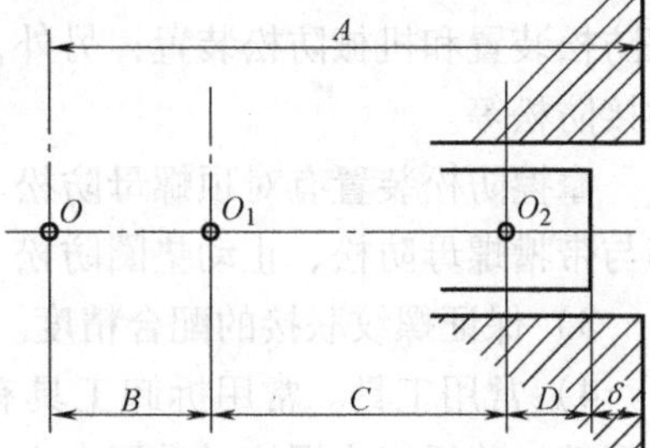

图3-8 内燃机曲柄连杆机构装配尺寸

A—曲轴座孔中心至缸体上平面的距离 B—曲轴回转半径 C—连杆大小头中心孔之间的距离 D—活塞销孔中心至活塞顶平面的距离 δ—活塞位于上止点时其顶平面至缸体上平面的距离

2. 定点装配

整台设备全部集中在一起装配，人员集中、场地集中。设备维修常采用的装配办法。

3. 装配的场地

装配的场地必须适宜，如应当具备相应的电源、气源等供应。

4. 起重与操作

根据现场需要，可选定专用的起重设备，也可使用专业的搬运设备，以及专业的起重与搬运设备操作人员、现场指挥协调人员。

3.4.5 典型零部件的装配

1. 螺纹联接的装配

（1）基本类型

1）螺栓联接。这是一种可拆卸的固定联接，结构简单、联接可靠、装卸方便，应用广泛，装拆方便；分普通螺栓联接和铰制孔用螺栓联接，前者的螺栓与孔之间有间隙，加工简单、成本低，应用广；后者被联接件上的孔用高精度铰刀加工而成，螺栓杆与孔之间一般用过渡配合，主要用于需螺栓承受横向载荷或需靠螺杆精确固定被联接件相对位置的场合。

2）双头螺柱联接。使用两端均有螺纹的螺柱，一端旋入并紧定在较厚被联接件的螺纹孔中，另一端穿过较薄被联接件通孔，拆卸时，只要拧下螺母，就可使联接零件分开，适用于被联接件较厚、结构紧凑和经常拆装的场合，如剖分式滑动轴承座与轴承盖的联接、气缸盖的紧固等。

3）螺钉联接。螺钉直接旋入被联接件的螺纹孔中，结构简单，适于被联接件之一较厚，或另一端不能装螺母的场合；不宜经常拆卸，以免破坏被联接件的螺纹孔而导致滑扣。

4）紧定螺钉联接。将紧定螺钉拧入一个零件的螺纹孔中，末端顶住另一零件的表面，或顶入相应的凹坑中；常用于固定两个零件的相对位置，并可传递不大的力或扭矩。

（2）基本要求、装配工具及方法

1）螺纹联接的预紧。螺纹联接预紧的目的是增强联接可靠性和紧密性，防止受载后被联接件间出现缝隙或发生相对滑移。为得到可靠、紧固的螺纹联接，装配时必须保证螺纹副有一定的摩擦力矩，施加拧紧力矩后使螺纹副产生一定的预紧力而获得。对设备装配技术文件规定有预紧力要求的螺纹联接，必须用专门方法保证准确的拧紧力矩。

2）螺纹联接的防松。螺纹联接具有自锁性，通常在静载荷时不会自动松脱，但在振动或冲击载荷作用下，会因螺纹工作面间的正压力突然减小，因摩擦力矩降低而造成松动；用于有冲击、振动或交变载荷作用的螺纹联接，必须有可靠的防护装置。常用的防松装置有摩擦防松装置和机械防松装置；另外，还可采用破坏螺纹副的不可拆防松方法，如铆冲防松和粘接防松等。

摩擦防松装置有对顶螺母防松、弹簧垫圈防松、自锁螺母防松等；机械防松装置有开口销与带槽螺母防松、止动垫圈防松、串联钢丝防松等。

3）保证螺纹联接的配合精度。配合精度由螺纹公差带和旋合长度确定。

4）常用工具。常用拆卸工具有活扳手、呆扳手、内六角扳手、套筒扳手、棘轮扳手、旋具等，装拆双头螺柱时采用专有工具。

5）控制预紧力的方法。通常通过控制螺栓沿轴线的弹性变形量来控制螺纹联接的预紧力，主要有控制扭矩法、控制伸长量法、控制扭角法等，可查阅技术资料。

（3）装配时的注意事项

为便于拆卸和防止螺纹锈死，在联接的螺纹部分应加润滑油（脂），不锈钢螺纹的联接部分应加润滑剂；螺纹联接的螺母须全部拧入螺杆的螺纹中，且螺栓高出螺母外端面2~5个螺距；被联接件应均匀受压，互相紧密贴合，联接牢固。拧紧成组螺栓或螺母时，应根据被联接件和螺栓的分布，按顺序操作，防止受力不均或工件变形；双头螺栓与机体螺纹联接应有足够的紧固性，联接后的螺栓轴线必须和机体表面垂直；拧紧力矩要适当。螺纹联接件在工作中受振动或冲击载荷时，要装好防松装置。

2. 管道连接的装配

（1）管道连接的类型

管道由管、管接头、法兰、密封件等组成。常用的管道连接形式如图3-9所示。图3-9a所示为焊接式管接头，将管子与管接头对中后焊接，连接强度高、密封性好，可用于各压力、温度；图3-9b所示为扩口式管接头，将管口扩张，压在接头体的锥面上，并用螺母拧紧；图3-9c所示为卡套式管接头，拧紧螺母时，由于接头体尾部锥面的作用，使卡套端部变形，尖刃口嵌入管子外壁表面，紧紧卡住管子；图3-9d所示为高压软管接头，装配时先将管套套在软管上，然后将接头体缓缓拧入管内，将软管紧压在管套的内壁上；图3-9e所示的管段密封面为锥面，用透镜式垫圈与管锥面形成环形接触面而密封。

（2）装配工艺

1）管道的吹扫与清洗。管道装配前应分段吹扫与清洗，根据对管道的使用要求、工作介质及管道内表面的脏污程度确定吹洗方法。吹洗顺序依次为主管、支管、疏排管，吹洗前应保护好系统内的仪表，并将孔板、喷嘴、滤网、节流阀及单向阀阀芯等拆除，妥善保管，待吹洗后复位。不允许吹洗的设备及管道应与吹洗系统隔离。对未能吹洗或吹洗后可能留存脏污、杂质的管道，应用其他方法补充清理。

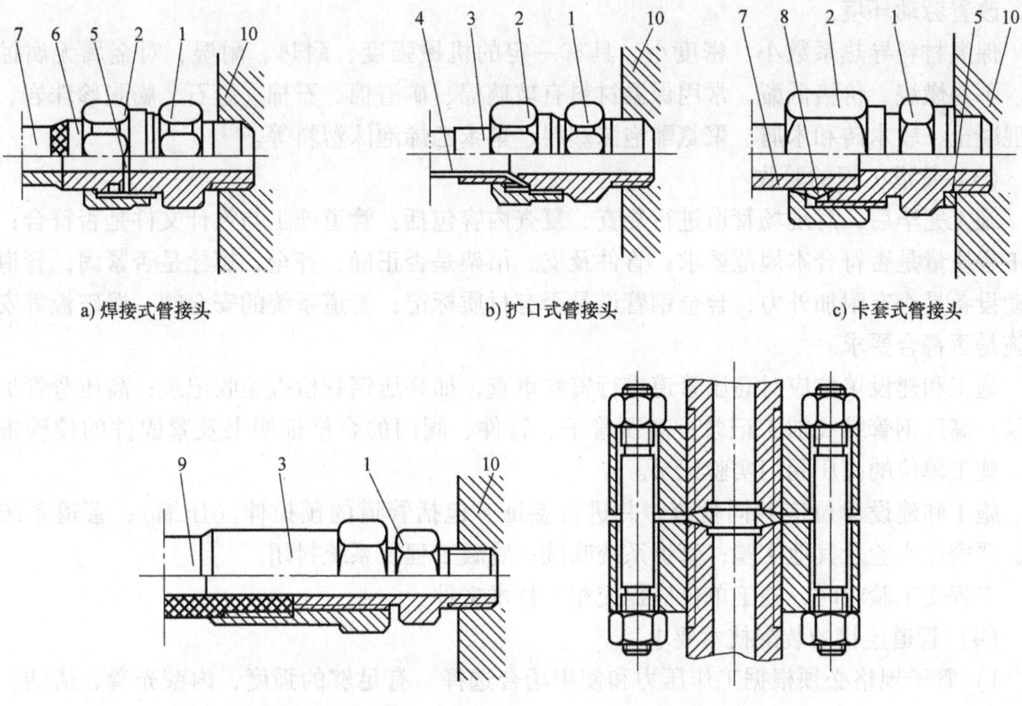

a) 焊接式管接头　b) 扩口式管接头　c) 卡套式管接头

d) 高压软管接头　e) 高压锥面螺纹法兰接头

图 3-9　管道的连接形式

1—接头体　2—螺母　3—管套　4—扩口薄壁管　5—密封圈　6—管接头

7—钢管　8—卡套　9—橡胶软管　10—液压元件

吹洗时，管道内的脏物不得进入设备，设备吹出的脏物不得进入管道。管道吹扫应有足够的流量，吹扫压力不得超过设计压力，流速不低于工作流速，一般不小于 20m/s。吹洗时除非铁金属管道外，不锈钢管道用木槌敲打管子，对焊缝、死角和管底部等部位重点敲击，不得损伤管子。吹洗前应考虑管道支、吊架的牢固程度，必要时应予以加固。

2）管道的防锈处理与保温

① 手工或动力工具处理。手工处理可用锤子、刮刀、铲刀、钢丝刷及砂布（纸）等，动力工具可用风（电）动工具或各式除锈机械；不得使用使金属表面受损或变形的工具和手段。

② 干喷射处理。用该方法时，应采取妥善措施防止粉尘扩散，所用压缩空气应干燥、洁净，不得含水分和油污；将白布或白漆靶板置于压缩空气流中 1min，其表面肉眼观察应无油、水等污迹，空气过滤器的填料应定期更换，空气缓冲罐内的积液应及时排放，经检查合格后方可使用。

③ 化学处理。金属表面化学处理可用循环法、浸泡法或喷射法等；酸洗液必须按规定配方和顺序配置，称量准确，搅拌均匀；为防止工件出现过蚀和氢脆现象，酸洗操作的温度和时间，应根据工件表面除锈情况在规定范围内调节；酸洗液应定期分析，及时补充；经酸洗后的金属表面必须进行中和钝化处理。

管道的保温是维持一定的高温，减少散热；维持一定的低温，减少吸热；维持一定的室温，改善劳动环境。

保温材料导热系数小、密度小、具有一定的机械强度、耐热、耐湿、对金属无腐蚀作用、不易燃烧、价格低廉。常用保温材料有玻璃棉、矿渣棉、石棉、蛭石、膨胀珍珠岩、泡沫混凝土、软木砖和木屑、聚氨酯泡沫塑料、聚苯乙烯泡沫塑料等。

（3）管道工程的验收

施工完毕后，对现场管道进行复查，复查内容包括：管道施工与设计文件是否符合；管道工程质量是否符合本规范要求；管件及支、吊架是否正确、齐全，螺栓是否紧固；管道对传动设备是否有附加外力；合金钢管道是否有材质标记；管道系统的安全阀、爆破板等安全设施是否符合要求。

施工和建设单位应对高压管道进行资料审查，如高压钢管检查验收记录；高压弯管加工记录；高压钢管螺纹加工记录；高压管子、管件、阀门的合格证明书及紧固件的校验报告单；施工单位的高压阀门实验记录。

施工和建设单位应共同检查，并进行签证。包括管道的预拉伸（压缩）；管道系统强度、严密性实验及其他实验；管道系统吹洗；隐蔽工程及系统封闭。

工程交工验收时，施工单位应提交相关技术文件。

（4）管道连接的装配技术要求

1）管子规格必须根据工作压力和使用场合选择。有足够的强度，内壁光滑、清洁，无砂眼锈蚀等缺陷。

2）管道装配后必须高度密封。管子在连接前须经过水压试验或气体实验，保证无泄漏；为加强密封作用，对螺纹联接处通常用麻丝或聚四氟乙烯等做填料，并在外部涂以红丹粉或白漆，对法兰连接处则在结合面垫上衬垫。

3）切断管子时，断面应与轴线垂直；弯曲管子时，可在管道内填满砂子，管子不能弯扁。

4）管道通过流体时压力损失最小。整个管道尽量短、转弯次数少；较长的管道应有支承和管夹固定，以免振动，要考虑伸缩余量；系统中任何一段管道或元件应能单独拆装。

5）管道装配定位后，应做耐压强度试验和密封性试验。对液压系统的管路系统还应进行二次装配，即拆下管道清洗后再装配，以防止污物进入管道。

3. 过盈配合的装配

过盈配合的装配是将较大尺寸（如轴）装入较小尺寸（如孔）中。过盈配合能承受较大的轴向力、扭矩及动载荷，应用广泛。它属于固定连接，装配时要求有正确的相互位置和紧固性，还要求装配时不损伤机件的强度和精度，装入简便迅速。过盈配合要求零件的材料应能承受最大过盈所引起的应力，配合连接强度应在最小过盈时得到保证。

（1）常温下的压装配合

常温下的压装配合适用于过盈量较小的几种静配合，操作简单，经常使用。经常采用压装配合分为锤击法和压入法。锤击法主要用于配合面要求较低、长度较短，采用过渡配合的连接件；压入法加力均匀，方向易于控制，效率高，主要用于过盈配合。

1）收装配机件。应注意机件尺寸、几何形状偏差、表面粗糙度、倒角和圆角，符合图纸要求并刮掉毛刺；机件尺寸和几何形状偏差如超允许范围，可能造成装不进、机件胀裂、配合松动等后果；表面粗糙度不符合要求会影响配合质量；倒角不符合要求或不光滑掉毛刺，在装配过程中不易导正，可能损伤配合表面；圆角不符合要求，可能使机件装不到预定的位置；检查机件尺寸和几何形状，一般用千分尺或游标卡尺，在轴颈和轴孔长度上两个或三个截面几个方向测量，其他靠样板和目视检查；机件验收的同时，得到了相配合机件实际过盈的数据，是计算压入力、选择装配方法等的主要依据。

2）估计压入力。压装时压入力要克服轴压入孔时的摩擦力，该摩擦力大小与轴的直径、有效压入长度和零件表面粗糙度等因素有关，压入力根据经验确定。

3）装入。先应使装配表面保持清洁并涂上润滑油，减少装入时的阻力和防止装配过程中损伤配合表面；其次应注意均匀加力并注意导正，压入速度不可过急，否则不能顺利装入，还可能损伤配合表面，压入速度约2~4mm/s；机件装到预定位置方可结束装配；用锤击法压入时要注意不要打坏机件，常采用软垫保护；装配时如出现装入力急剧上升或超过预定数值时，应停止装配，必须在找出原因并处理后才可继续装配。

（2）热装配合

热装配合基本原理是通过加热包容件（孔件），使其直径膨胀增大到一定数值，再将与之配合的被包容件（轴件）自由地送入包容件中，孔件冷却后，轴件就被紧紧地抱住，其间产生很大的连接强度，达到压装配合的要求。

1）先验收装配机件，热装时装配件的验收和过盈量测量与压入法相同。

2）确定加热温度，热装配合孔件的加热温度依据经验公式：

$$t=[(2\sim3)i]/k_a d-t_0$$

式中，t为加热温度（℃）；t_0为室温（℃）；i为实测过盈量（mm）；k_a为孔件材料的线膨胀系数（1/℃）；d为孔的名义直径（mm）。

3）热浸加热法。常用于尺寸及过盈量较小的连接件，加热均匀、方便，如加热轴承，将机油放在铁盒内加热，再将需加热的零件放入油内，对忌油连接件，则用沸水或蒸汽加热。

4）氧-乙炔焰加热法。多用于较小零件的加热，方法简单，但易于过烧，要求操作技术熟练。

5）固体燃料加热法。适用于结构较简单、要求较低的连接件；可根据零件尺寸临时用砖砌加热炉或将零件用砖垫上再用木柴或焦炭加热，为防止热量散失，可在零件表面加盖焊接罩子；方法简单，但加热温度难掌握，零件加热不均匀，可能造成炉灰飞扬，发生火灾，故此法慎用。

6）煤气加热法。操作简单，加热时无煤灰，温度易掌握，对大型零件只要将煤气烧嘴布置合理，亦可做到加热均匀，在有煤气处推荐采用。

7）电阻加热法。用镍-铬电阻丝绕在耐热瓷管上，放入被加热零件的孔里，对镍-铬丝通电加热；为防止散热，可用石棉板外罩盖住零件；只用于精密设备或易爆易燃场所。

8）电感应加热法。用交变电流通过铁心外的线圈，被加热零件可视为铁心，使铁心产生交变磁场，在铁心内与磁力线垂直方向产生感应电动势，此感应电动势以铁心为导体产生电流，在铁心内形成涡电流，铁心内的电能转化为热能，使铁心变热；当铁心磁场变动时，铁心被磁化的方向也随磁场变化而变化，此变化将消耗能量变为热能使铁心热上加热；操作简单，加热均匀，无污染，安全，用于装有精密设备或易爆易燃场所，适于大型机构、大齿轮等的加热。

9）温度检测。加热中，可用半导体点接触测温计测温，在现场常用油类、有色金属、测温蜡笔及测温纸片测温，但很难测准所需加热的温度，故现场常用样杆检测，如图 3-10 所示，样杆尺寸按实际过盈量的 3 倍制作，当样杆刚能放入孔时，加热温度合适。

10）装入。装入时应去掉孔表面上的灰尘、污物；将零件装到预定位置，并将装入件压装在轴肩上，直到机件完全冷却为止；不允许用水冷却机件，避免造成内应力，降低机件的强度。

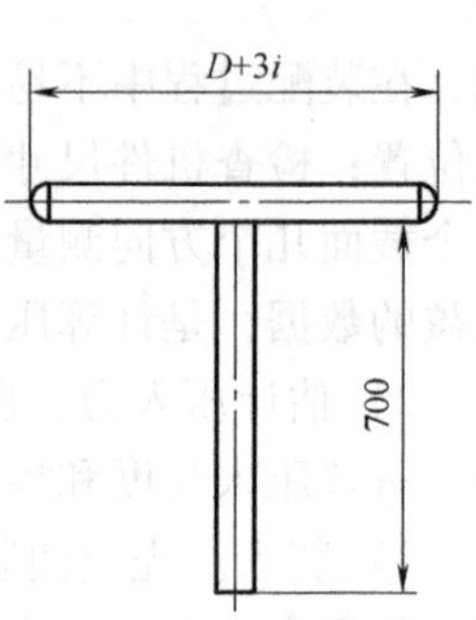

图 3-10 样杆

（3）冷装配合

当孔件较大而压入零件较小时，采用加热孔件不方便、不经济，甚至无法加热；有些孔件不允许加热，可冷装配合，即用低温冷却的方法使被压入的零件尺寸缩小，然后迅速将其装入到带孔的零件中去。冷装配合的冷却温度可按下式估算：

$$t=(2\sim3)i/k_a d$$

式中，t 为冷却温度（℃）；i 为实测过盈量（mm）；k_a 为孔件材料的线膨胀系数（1/℃）；d 为被冷却件的公称尺寸（mm）。

常用冷却剂有固体二氧化碳加酒精或丙酮、液氨、液氧、液氮。冷却前应将被冷却件尺寸精确测量，并按冷却工序及要求在常温下试装，准备好操作工具、量具及冷藏运输容器，检查操作工艺。冷却装配要特别注意操作安全，预防冻伤操作者。

4. 滚动轴承的装配

滚动轴承由内圈、外圈、滚动体和保持架组成。由于滚动体的形状不同，可分为球轴承、滚子轴承和滚针轴承；按滚动体在轴承中的排列可分为单列、双列和多列轴承；按轴承承受载荷的方向又分为向心轴承、向心推力轴承和推力轴承。

（1）装配前的准备

1）装配工具。按照所装配的轴承，准备好所需的量具及工具和拆卸工具，以便在装配不当时能及时拆卸，重新装配。

2）清洗。用防锈油封存的新轴承，可用汽油或煤油清洗；用防锈脂封存的新轴承，先将轴承中的油脂挖出，再将轴承放入热机油中使残油融化，将轴承从油中取出冷却后用汽油或煤油洗净，用净白布擦干；维修时拆下可用的旧轴承，用碱水和清水清洗；装配前的清洗最好用金属清洗剂；两面带防尘盖或密封圈的轴承，轴承出厂前已涂加润滑脂，装配时不需再清洗；涂有防锈润滑两用油脂的轴承，装配时不需要清洗；另外，应清洗与轴承配合的零件，包括轴、轴承座、端盖、衬套、密封圈等。

3）检查。轴承应转动灵活、轻快自如、无卡住现象；轴承间隙合适；轴承干净，内外圈、滚动体和隔离圈无锈蚀、毛刺、碰伤和裂纹；轴承附件齐全；此外，应按技术要求对与轴承相配合的零件，如轴、轴承座、端盖、衬套、密封圈等检查，如图 3-11 所示。

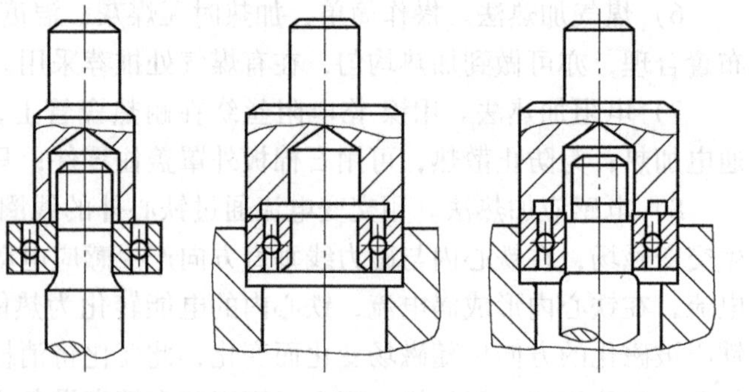
a)内圈受力　b) 外圈受力　c) 内外圈受力

图 3-11 滚动轴承的安装

4）注意事项。装配前，按技术文件要求检查轴承及与轴承相配合零件的尺寸精度、几何公差和表面粗糙度；应在轴承及与轴承相配合的零件表面涂一层机械油，利于装配。装配轴承时，无论采用何方法，压力只能施加在过盈配合的套圈上，不允许通过滚动体传递压力，否则会引起滚道损伤，影响轴承的正常运转；装配轴承时，一般应将轴承上带有标记的一端朝外，以便观察轴承型号。

（2）滚动轴承的游隙调整

滚动轴承的游隙有径向游隙和轴向游隙两种，前者即内外圈之间在直径方向上产生的最大相对游动量，后者是轴向游隙，即内外圈之间在轴线方向上产生的最大相对游动量。滚动轴承游隙的功用是弥补制造和装配偏差、受热膨胀，保证滚动体的正常运转，延长使用寿命。

按轴承结构和游隙调整方式，可分非调整式和调整式两类。向心球轴承、向心圆柱滚子轴承、向心球面球轴承和向心球面滚子轴承等属于非调整式轴承，此类轴承制造时已按不同组级留出规定的径向游隙，可根据使用条件选用，装配时一般不再调整。圆锥滚子轴承、向心推力球轴承和推力轴承等属于调整式轴承，此类轴承在装配及使用中根据情况对其轴向游隙进行调整，保证轴承在所要求的运转精度下灵活运转。此外，使用过程中调整，能部分地补偿因磨损所引起的轴承间隙的增大。

滚动轴承径向游隙和轴向游隙存在正比关系，只需调整轴向间隙。轴向间隙调整好，径向间隙就调整好。各种需调整间隙轴承的轴向间隙见表3-3。当轴承转动精度高或在低温下工作、轴长度较短时，取较小值；当轴承转动精度低或在高温下工作、轴长度较长时，取较大值。轴承的游隙确定后即可调整，以单列圆锥滚子轴承为例介绍轴承游隙的调整方法。

表3-3 可调轴承的轴向间隙

轴承内径/mm	轴承系列	轴向间隙/mm			
		角接触球轴承	单列圆锥滚子轴承	双列圆锥滚子轴承	推力轴承
≤30	轻型	0.02~0.06	0.03~0.10	0.03~0.08	0.03~0.08
	轻宽和中宽型		0.04~0.11		
	中型和重型	0.03~0.09	0.04~0.11	0.05~0.11	0.05~0.11
30~50	轻型	0.03~0.09	0.04~0.11	0.04~0.10	0.04~0.10
	轻宽和中宽型		0.05~0.13		
	中型和重型	0.04~0.10	0.05~0.13	0.06~0.12	0.06~0.12
50~80	轻型	0.04~0.10	0.05~0.13	0.05~0.12	0.05~0.15
	轻宽和中宽型		0.06~0.15		
	中型和重型	0.05~0.12	0.06~0.15	0.07~0.14	0.07~0.14
80~120	轻型	0.05~0.12	0.06~0.15	0.06~0.15	0.06~0.14
	轻宽和中宽型		0.07~0.18		
	中型和重型	0.06~0.15	0.07~0.18	0.10~0.18	0.10~0.18

1）垫片调整法。利用轴承压盖处垫片调整最常用，如图3-12所示。先将轴承压盖原有垫片全拆去，再慢慢拧紧轴承压盖上的螺栓，同时使轴缓慢转动，直至不能转动时停止拧紧螺栓，表明轴承内已无游隙，用塞尺测量轴承压盖与箱体端面间间隙 K，将所测 K 加上所要求的轴向游隙 C，即应垫的垫片厚度；间隙测量也可用压铅法和千分表法。

2）螺钉调整法。先将调整螺钉上的锁紧螺母松开，再拧紧调整螺钉，使止推盘压向轴承外圈，直到轴不能转动时为止。最后根据轴向游隙的数值将调整螺钉倒转一定角度 α，达到规定的轴向游隙后再把锁紧螺母拧紧，防止调整螺钉松动。调整螺钉倒转角度按下式估算：

$$\alpha=[C/t]\times360°$$

式中，C 为规定的轴向游隙；t 为螺栓的螺距。

另外，还有止推环调整法、内外套调整法等。

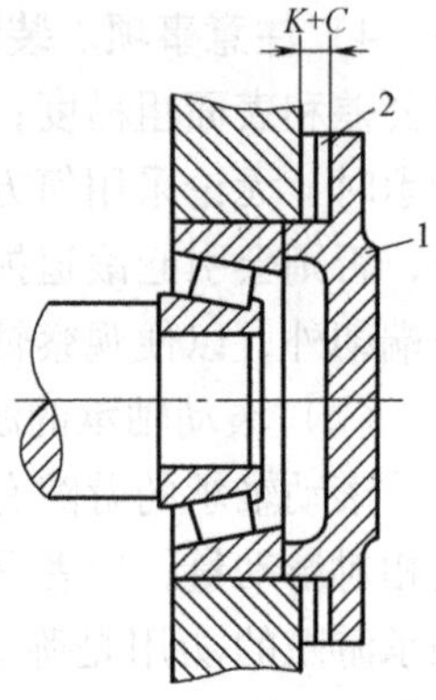

图 3-12 垫片调整法

1—压盖 2—垫片

(3) 圆柱孔滚动轴承的装配

圆柱孔滚动轴承是指内孔为圆柱形孔的向心球轴承、圆柱滚子轴承、调心轴承和角接触轴承等。圆柱孔滚动轴承较常见，具有一般滚动轴承的装配特性，装配方法主要取决于轴承与轴及座孔的配合情况。

轴承内圈与轴为紧配合，外圈与轴承座孔为较松配合，装配时先将轴承压装在轴上，再将轴连同轴承一起装入轴承座孔中。压装时要在轴承端面垫一个由软金属制作的套管，套管的内径应比轴颈直径大，外径应小于轴承内圈的挡边直径，以免压坏保持架。装配时应导正、防止轴承歪斜，否则装配困难、产生压痕，使轴和轴承过早损坏。

轴承外圈与轴承座孔为紧配合，内圈与轴为较松配合，对于这种轴承的装配是采用外径略小于轴承座孔直径的套管，将轴承先压入轴承座孔，然后再装轴。

轴承内圈与轴、外圈与座孔都是紧配合时，可用专门套管将轴承同时压入轴颈和座孔中。

对于配合过盈量较大的轴承或大型轴承，可用温差法装配，安装时，轴承的加热温度为80~100℃。对于内部充满润滑脂的带防尘盖或密封圈的轴承，不得采用温差法安装。

热装轴承的方法最为普遍，轴承加热的方法有多种，通常采用油槽加热，如图 3-13 所示是加热轴承特制油箱，轴承加热时放在槽内的格子上，格子与箱底有一定距离，避免轴承接触到比油温高得多的箱底而形成局部过热，且使轴承不接触到箱底的沉淀脏物。小型轴承可以挂在吊钩上在油中加热，如图 3-14 所示。加热时间根据轴承大小而定，一般10~30min。

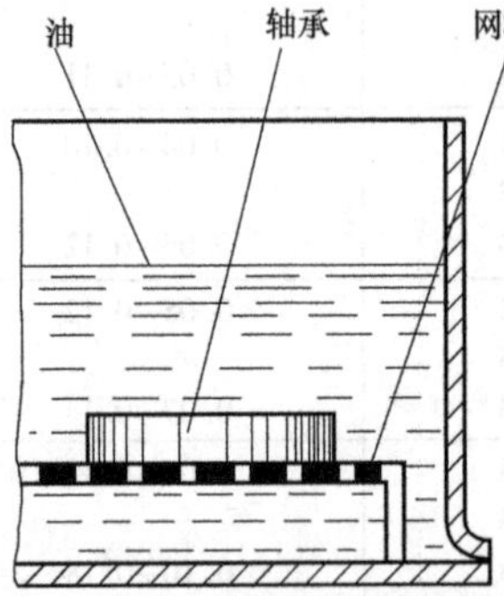

图 3-13 加热轴承特制油箱

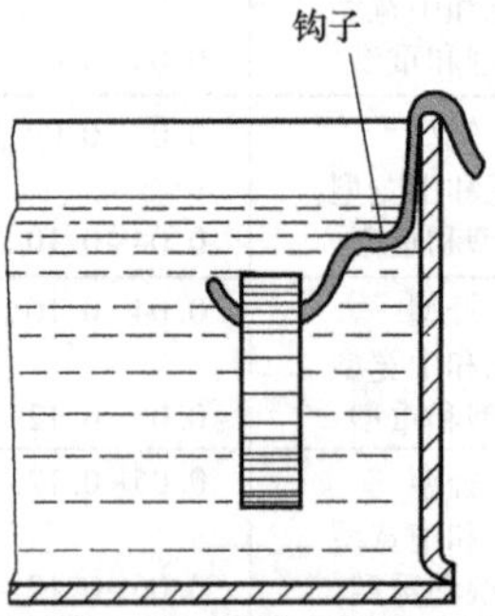

图 3-14 吊钩加热轴承

(4) 圆锥孔滚动轴承的装配

圆锥孔滚动轴承可直接装在带有锥度的轴颈上或装在退卸套和紧定套的锥面上。这种轴承配合较紧，但此配合不是由轴颈尺寸公差决定，而由轴颈压进锥形配合面的深度而定。配合松紧程度，根据在装配过程中跟踪测量的径向游隙确定，对不可分离型滚动轴承的径向游隙可用厚薄规测量。对可分离的圆柱滚子轴承，可用外径千分尺测量内圈装在轴上后的膨胀量，用其代替径向游隙减小量。图 3-15 和图 3-16 所示为圆锥孔轴承的两种不同装配形式。

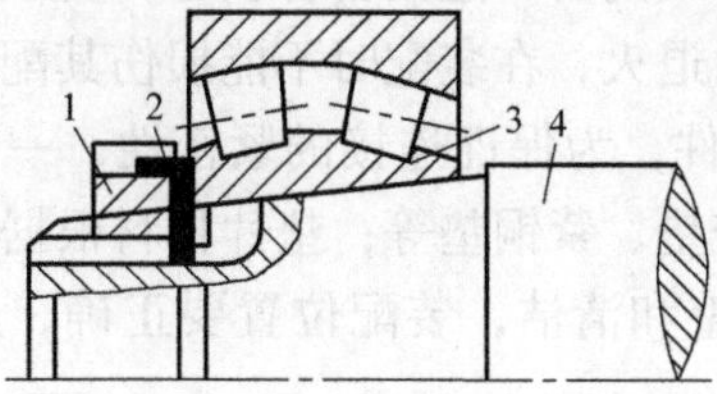

图 3-15　直接装在锥形轴颈上

1—螺母　2—锁片　3—轴承　4—轴

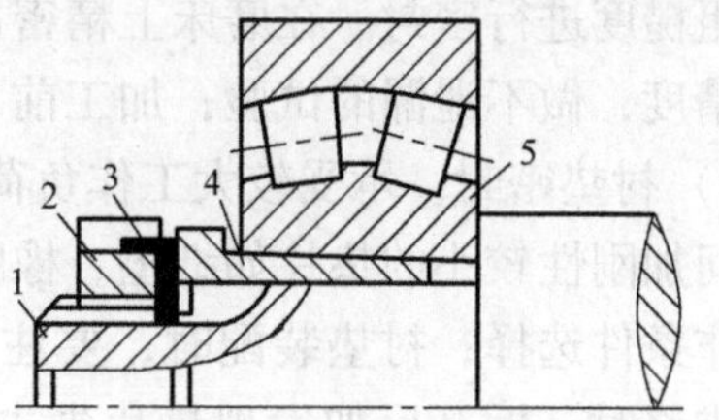

图 3-16　退卸套锥孔轴承装配

1—轴　2—螺母　3—锁片　4—退卸套　5—轴承

5. 密封装置的装配

密封，是设备常用的技术措施，为防止润滑油脂从机器设备接合面的间隙中泄漏，防止脏物、尘土、水和有害气体侵入；设备液压系统必须密封，特别是系统压力较高，采用高压密封材料与装置，密封性能是评价机械设备的重要指标。油、水、气等的泄漏，可造成浪费、污染环境，对人身、设备安全及机械本身造成损害，影响寿命；必须按要求做好设备的密封。

机电设备的密封主要包括固定连接的密封，如箱体接合面、连接盘的密封等，活动连接的密封如填料密封、轴头油封等。密封装置和方法种类很多，应根据密封介质种类、工作压力、温度、速度、外界环境等及设备的结构和精度等选用。

（1）固定连接密封

1）密封胶密封。为保证机件配合，在接合面处不允许有间隙时，不只是加衬垫，而需用密封胶进行密封。密封胶具有防漏、耐温、耐压、耐介质等性能，密封处理时效率高、成本低、操作简便。表 3-4 所示列出了密封胶使用时的泄漏原因及原因分析，供参考。

① 密封面的处理。各密封面上的油污、水分、铁锈及污物应清理干净，并保证应有的粗糙度，达到紧密结合的目的。

② 涂敷。一般用毛刷涂敷密封胶；若黏度太大，可用溶剂稀释，涂敷均匀，不要过厚。

③ 干燥。与环境温度和涂敷厚度有关系，涂敷后一般需 3~7min 的干燥时间。

④ 紧固连接。紧固时施力均匀，由于胶膜越薄，凝附力越大，密封性能越好，紧固后间隙 0.06~0.1mm 较适宜，当大于 0.1mm 时，可根据间隙数值选用固体垫片结合使用。

表 3-4　密封胶使用时的泄漏原因及原因分析

泄漏原因	可能的原因
工艺问题	1. 结合处处理不洁净
	2. 接合面太大(一般不宜大于 0.1mm)
	3. 涂敷不周
	4. 涂层太厚
	5. 干燥时间不符合要求
	6. 联接螺栓力不够大
	7. 原有的密封胶在设备拆除重新使用时,没有更换新的密封胶
选用密封材料不当	所选的密封胶与实际密封介质不符
温度、压力等问题	工作温度、环境温度过高或压力太大

2）密合密封。许多密封措施不是简单用密封胶，常依靠提高接合面的加工精度和降低表面粗糙度进行密封。在磨床上精密加工后，再研磨或刮研，达到密合状态，要求有良好的接触精度，做不泄漏的试验；加工前，需消除内应力退火，在装配时不能损伤其配合表面。

3）衬垫密封。承受较大工作负荷的螺纹联接零件，为保证连接的紧密性，一般在接合面之间加刚性较小的垫片如纸垫、橡胶垫、石棉橡胶垫、紫铜垫等；垫片材料根据密封介质和工作条件选择；衬垫装配时，要注意密封面的平整和清洁，装配位置要正确，应正确预紧；维修时，拆开后如发现垫片失去了弹性或已破裂，应及时更换。

（2）活动连接的密封

1）填料密封。填料密封如图3-17所示，软填料可一圈圈分开，各圈在轴上不要强行张开，不能产生局部扭曲或断裂，相邻两圈的切口错开180°；软填料可以做成整条，在轴上缠绕成螺旋形；当壳体为整体圆筒时，可用专用工具把软填料推入孔内；软填料由压盖压紧；为使压力沿轴向分布尽可能均匀，保证密封性能和均匀磨损，装配时由左到右逐步压紧；压盖螺钉至少两只，轮流逐步拧紧，保证圆周力均匀，同时转动主轴，并检查接触的松紧程度，不能压紧后再松出；软填料密封在负荷运转时，允许有少量泄漏；运转后继续观察，如泄漏增加，再缓慢均匀拧紧压盖螺钉，但不应为了完全不漏压得太紧，以免摩擦功率消耗太大或发热烧损。

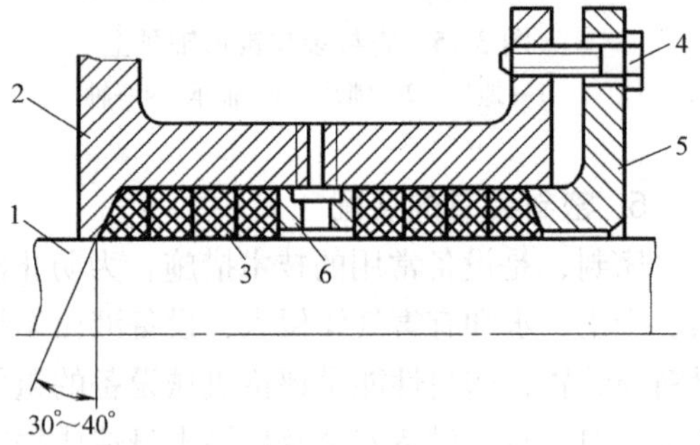

图3-17 填料密封

1—主轴 2—壳体 3—软填料

4—螺钉 5—压盖 6—孔环

2）油封密封。油封泄漏原因及防止措施如表3-5所示，供参考；油封广泛用于旋转轴上的密封装置，按结构分骨架式和无骨架式，装配时应使油封的安装偏心量和油封与轴心线的相交度最小，要防止油封刃口、唇部受伤，同时要使压紧弹簧有合适的拉紧力，装配时要在轴上与油封刃口处涂润滑油，防止油封在初运转时发生干摩擦而使刃口烧坏，严防油封弹簧脱落。

表3-5 油封泄漏原因及防止措施

泄漏原因	原因分析	防止措施
唇部损伤或折叠	装配时由于与键槽、螺钉孔、台阶等的锐边接触，或毛刺取出不干净	去除毛刺、锐边采用装配导向套，注意唇部的正确位置
	轴端倒角不合适	倒角30°，与轴颈光滑过渡
	包装、储存、输送存在缺陷	油封不用时不要拆开包装，不要过多折叠，要存储在干燥阴凉处
唇部早期磨损或老化龟裂	唇部与轴配合太紧	过盈配合对低速可大点，高速可小点
	拉紧弹簧径向压力太大	可改较长的拉紧弹簧
	唇部与轴间润滑油不充分或无润滑	添加润滑油
	与主轴线速度不适应	低速油封不可用于高速
	前后轴孔的同轴度超差，产生主轴偏心旋转	装配前应校正轴承的同轴度
	油液压力超过油封承受的限度	压力较大时应采用耐压油封或耐压支承圈

（续）

泄漏原因	原因分析	防止措施
油封与主轴或壳体孔贴不完全	主轴或壳体孔尺寸存在超差	装配前进行检查
	在主轴或壳体孔装油封处有油漆或杂质	装油封处要清洗，保持清洁
	装配不当	严格执行装配工艺

3）密封圈密封。

① O 形密封圈及装配。可用作静密封和动密封，使用最早、最多、最普遍，是压紧型密封；在装入密封沟槽时，必须保证 O 形密封圈有一定的预压缩量，一般截面直径压缩量为 8%～25%；O 形密封圈对被密封表面粗糙度要求很高，一般规定静密封零件表面粗糙度 *Ra* 值为 6.3～3.2，动密封零件表面粗糙度 *Ra* 值为 0.4～0.2；安装质量对密封性能与寿命有重要影响。

② 唇形密封圈及装配。应用范围很广，适用于大中小直径的活塞、柱塞密封及高低速往复运动和低速旋转运动的密封。

4）机械密封。是旋转轴用的密封装置，密封面垂直于旋转轴线，依靠动环和静环端面接触压力来阻止和减少泄漏。密封原理如图 3-18 所示，轴 1 带动动环 2 旋转，静环 5 固定不动，依靠动环 2 和静环 5 之间接触端面的滑动摩擦保持密封。在长期工作摩擦表面磨损中，弹簧 3 推动动环 2，保证动环 2 与静环 5 接触而无间隙。为防止介质通过动环 2 与轴 1 之间的间隙泄漏，装有动环密封圈 7；为防止介质通过静环 5 与外壳体 4 之间的间隙泄漏，装有静环密封圈 6。

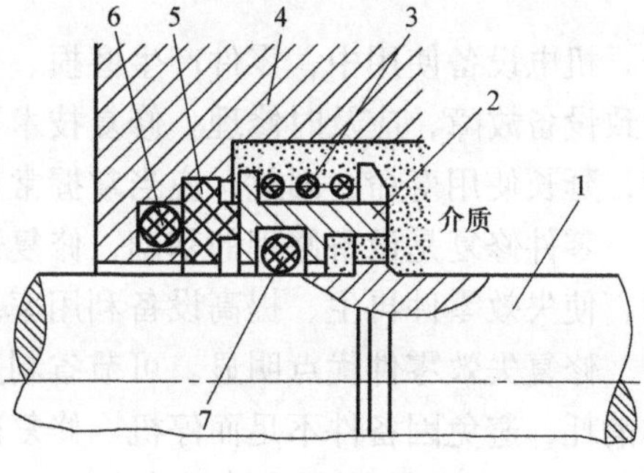

图 3-18 机械密封装置

1—轴 2—动环 3—弹簧 4—外壳体 5—静环 6—静环密封圈 7—动环密封圈

机械密封在装配时，应按技术要求使轴表面粗糙度、动环及静环密封表面粗糙度和平面度等符合规定；找正静环端面，使其与轴线的垂直度误差小于 0.05mm；动、静环有一定的浮动性，以便在运动中适应动、静环端面接触的偏差，保证密封性能；主轴的轴向窜动、径向跳动和压盖与轴的垂直度误差符合规定范围，否则将导致泄漏。

装配过程中保持清洁，特别是主轴装置密封的部位不得锈蚀，动、静环端面应无任何异物或灰尘。装配过程中，不允许用工具直接敲击密封元件。

课堂练习

（1）以一种典型机械元件为例，叙述装配过程。

（2）密封件有何作用？有哪些类型？叙述 O 形密封件的装配过程。

（3）管道连接在生产设备中经常用到，请叙述连接形式及装配的方式。

第4章 典型的修复技术

4.1 修复技术的基本内容

机电设备使用中，零件产生磨损、变形、断裂等，设备的精度、性能、生产效率下降，导致设备故障，应及时修理。修复技术不仅使失效的零件重新得以利用，还可提高零件的性能，延长使用寿命，因此，应当掌握常用的修复技术。

零件修复是设备修理的基础，修复性维修中，应以最短时间、最少费用，有效地消除故障，使失效零件再生、提高设备利用率。

修复失效零件优点明显。可节省制造及加工时间、节约新购零件的材料，降低维修备件的消耗，避免因备件不足而停机。修复旧零件容易组织协调，可减少更换件的制造，提高设备利用率。利用新技术修复旧件，还可提高零件的某些性能，延长使用时间。

随着技术、新材料、新工艺的发展，零件修复不仅能修复原样，如电镀、堆焊、喷涂等技术，还可提高零件的使用寿命。常用的零件修复法有研磨、刮研、粘接、焊接、喷涂、电镀、塑性变形、镶加、扣合等，每种修理方法包括许多修理工艺，还有许多修理专业设备，如焊接设备、扣合设备等。

采取零件修复，或购置零件库存备件，要客观分析，正确合理选择零件修复办法。

4.1.1 选择修复技术应遵守的基本原则

1. 技术合理

(1) 所选修复技术对机械零件材质的适应性

每种修复技术有适应的材质，选择修复技术时，首先考虑待修复机械零件的材质对修复技术的适应性。

喷涂技术在零件材质上适用范围较宽，金属零件如碳钢、合金钢、铸铁件和绝大部分有色金属件及合金件等，几乎都能喷涂。金属中只有少数有色金属及合金喷涂较困难，如纯铜，因导热系数很大，会导致喷涂失败。以钨、钼为主要成分的材料喷涂也较困难。

喷焊技术对材质的适应性较复杂，通常将金属材料按喷焊难易分为四类：容易喷焊的金属，如低碳钢、ω_c<0.4%的中碳钢、铬镍基不锈钢、灰铸铁等，不经特殊处理即可喷焊；喷焊前需预热、重熔后需缓冷才可喷焊的材料，如 ω_c>0.4%的中碳钢等；重熔后需等温退火的材料，如铬的质量分数大于11%的马氏体不锈钢等；目前还不适于喷焊加工的材料，如铝、镁及其合金，青铜、黄铜等。

(2) 考虑各种修复技术所能提供的覆盖层厚度

机械零件因磨损等损伤不一，修复时补偿覆层厚度不同。选择修复技术时，须了解各种技术修复所能达到的覆盖层厚度。推荐几种修复技术的覆盖层厚度（数据源于专业研究和经验）。镀铬，0.1~0.3mm；镀铁，0.1~5mm；金属喷涂，0.2~10 mm，喷焊，0.5~5mm；电振动堆焊，1~2.5mm；等离子弧堆焊 ，0.25~6mm；埋弧堆焊和焊条电弧耐磨堆焊的厚度不限。

（3）考虑覆盖层的力学性能

覆盖层的强度、硬度，覆盖层与基体的结合强度及机械零件修理后表面强度的变化情况等是评价修理质量的指标，也是选择修复技术的依据。如铬镀层硬度可高达800~1200HV，其与钢、镍、铜等机械零件表面的结合强度可高于其本身晶格间的结合强度；铁镀层硬度可达500~800HV(45~60HRC)，与基体金属的结合强度大约在200~350MPa。又如喷涂层的硬度范围为150~450HBW，喷涂层与工件基体的抗拉强度约为20~30MPa，抗剪强度约为30~40MPa。喷焊层的硬度范围为25~65HRC，喷焊层与工件基体的抗拉强度在400MPa左右。

考虑覆盖层力学性能时，还需考虑修复后覆盖层硬度较高，虽提高耐磨性，但加工困难；如果修复后覆盖层硬度不均匀，会引起加工表面不光滑。

（4）考虑修复技术应满足机械零件的工作条件

选择修复技术时应考虑必须满足机械零件工作条件，如承受的载荷、温度、运动速度、工作面间的介质等。气焊、电焊等补焊和堆焊技术，在操作时机械零件受到高温影响，热影响区内金属组织及力学性能均发生变化，这些技术只适于修复焊后需加工整形的机械零件、未淬火的机械零件以及焊后需热处理的机械零件。

机械零件工作条件不同，采用的修复工艺也不同。如在滑动配合条件下工作的机械零件两表面，承受的接触应力较低，从这点考虑，各种修复技术都可适应。

（5）考虑下次修复的便利

多数机械零件不只修复一次，因此要考虑到下次修复的便利性。如专业修理厂在修复机械零件时应采用标准尺寸修理法及相应技术，而不宜用修理尺寸法，以免再修复时造成互换、配件等的不方便。对同一机械零件不同的损伤部位所选用的修复技术应尽可能少。

2. 经济性好

在保证机械零件修复技术合理的同时，还须考虑经济合理性。包括修复成本静态指标和动态经济指标，如用某技术后机械零件的使用寿命，必须综合评价。尽量组织批量修复，降低修复成本，提高修复质量。衡量机械零件修复的经济性通常满足

$$S_{修}/T_{修}<S_{新}/T_{新}$$

式中，$S_{修}$为旧件修复成本；$T_{修}$为旧件修复后的使用期；$S_{新}$为新件制造成本；$T_{新}$为新件使用期。

上式表明，只要旧件修复后的单位使用寿命的修复费用，低于新件单位使用寿命的制造费用，则认为修复经济。但还须考虑到出现因备品配件短缺而停机停产造成损失。这时，即使修复旧件的单位使用寿命所需费用较大，但从整体经济考虑仍可取，此时可不满足上式要求。

3. 生产及工艺可行

许多修复技术需配置相应的装备、人员，涉及维修组织管理和维修进度。选择修复技术

要结合企业现有修复装备状况和修复水平。应通过学习、开发和引进，结合实际采用较先进的修复技术。

组织专业化机械零件修复，并大力推广先进的修复技术是保证修复质量、降低修复成本、提高修理技术的发展方向。

4.1.2 选择零件修复技术的方法与步骤

1. 考虑因素

(1) 设备性能及损伤程度

了解掌握待修零件的损伤形式、部位和程度，机械零件材质、物理、力学性能和技术条件，机械零件在设备中的功能和工作条件。查阅机械零件资料、文件、装配图及工作原理等。

(2) 维修技术及原则

考虑本单位的修复装备状况、技术水平和经验，估算旧件修复数量。按选择修复技术的基本原则，对待修机械零件损伤部位选择相应的修复技术。如待修机械零件只有一个损伤部位，则到此就完成了修复技术的选择过程。

(3) 修复方案

全面权衡机械零件各损伤部位的修复技术方案。一个待修机械零件往往同时存在多处损伤，尽管各部位损伤程度不同，有的部位可能处于未达极限损伤状态，但仍应全面修复。按此步骤确定机械零件各单个损伤的修复技术后，应综合权衡，确定全面修复方案。

全面权衡修复方案，在保证修复质量的前提下，力求使修复方案中的修复技术种类最少，尽量采用简便而又能保证质量的技术。当待修机械零件全面修复技术方案有多个时，最后需再次根据修复技术选择基本原则，择优选定最优方案。

2. 案例

(1) 概况

一台1500t压力机，在某企业是关键设备，已连续运行六年，主液压缸柱塞严重划伤，需停机修复。由档案可知，主液压缸柱塞直径900mm，重14t，长5.14m，工作行程5m，速度5m/min，回程速度10m/min，承受油压0.24~0.314MPa。柱塞材料ZG270-500，表面经滚压处理。柱塞市场价17万元。柱塞与一铜套组成摩擦副，端面用橡胶密封圈密封。柱塞表面划伤面400mm×3400mm，划痕0.1~3mm，平均约0.8mm，局部有近十个深度4mm左右的小坑。

为修复柱塞划伤工作面，可选电焊修复、机械加工配铜套修复、钎焊锡-铋合金加镀工作层、粘接修复、喷涂修复、电刷镀修复等技术。

(2) 从技术合理考虑

采用大面积电焊修复技术易使柱塞表面受热引起变形；采用对柱塞损伤表面进行机械加工配铜套修复技术会降低柱塞原有的承受油压面积；采用钎焊技术，其锡-铋合金强度较低；采用粘接技术的强度较低、承载能力差；采用喷涂技术其局部喷涂层太薄，整体质量不易保证；采用电刷镀技术镀层性能可靠，镀时可现场完成，镀后不再需机械加工。从各方案中决定选择刷镀技术修复柱塞至原尺寸。

(3) 从经济性、生产、设备状况考虑

该厂有刷镀设备，可现场修复。综合技术、经济、工艺等因素，确定修复方案。用电刷镀修复柱塞大面积划伤的工作表面，用堆焊修复柱塞表面局部 4mm 左右的深坑。用此方案修复，经济合理。须指出，这种损伤不正常，应加强设备维护，避免再发生大面积划伤。

(4) 具体修复时的问题

修理对象。此对象不是毛坯，是有损伤的旧机械零件，损伤形式各不相同。修理时应考虑修理损伤部件，保护不修理表面的精度和材料力学性能不受影响。

尺寸基准。零件制造时的加工定位基准被破坏，需修复定位基准或给出新的定位基准。修理的磨损机械零件通常不均匀，需补偿的尺寸较小。清洗，机械零件需修表面在用中会产生硬化，沾有污秽，修前需整理和清洗。

小批量。修复中采用技术方法较多，辅助工时高，对非专业化维修单位，多是单件修复。修复技术如焊接或堆焊会引起机械零件变形，应注意将产生较大变形的工序排在前并校正，对精度要求较高、表面粗糙度要求低的工序安排在后。

零件的平衡性及检验。修复高速运动的机械零件，原来的平衡性可能受破坏，应考虑保证平衡性。有些修复技术可能导致机械零件材料内部和表面产生微裂纹等，为保证疲劳强度，应注意提高疲劳强度的工艺措施和采取无损探伤检验等手段。

4.1.3 选择修复技术应考虑的因素

1. 修复技术和工艺对零件材料的适应性及修补层厚度

修复技术和工艺中，对材料适应性有很大局限性，先考虑修复技术和工艺是否适应待修零件的材质。如手工电弧焊适于低碳钢、中碳钢合金结构钢和不锈钢，埋焊适于低碳钢和中碳钢，镀铬适于碳素结构、不锈钢和灰铸铁，粘接适于金属、非金属材质零件连接等。各种修复技术对常用材料的适应性见表 4-1。不同修复技术达到的修补层厚度不同，应先了解修复技术所能达到的修补层厚度，根据磨损程度合理选择，图 4-2 中所示为典型修复工艺达到的修补层厚度。

表 4-1 各种修复技术对常用材料的适应性

序号	修复技术	低碳钢	中碳钢	高碳钢	合金结构钢	不锈钢	灰铸铁	铜合金	铝
1	镀铬	+	+	+	–	–	+		
2	镀铁	+	+	+	+	+	+		
3	气焊	+	+		+		–		
4	手工电弧焊	+	+	–	+	+	–		
5	埋弧电弧焊	+	+						
6	振动电弧焊	+	+	+	+	+	–		
7	钎焊	+	+	+	+	+	+	+	–
8	金属喷镀	+	+	+	+	+	+	+	+
9	塑料粘补	+	+	+	+	+	+	+	+
10	塑性变形	+	+					+	+
11	金属扣合						+		

注：“+”表示修复效果好，“–”表示修复效果不好。

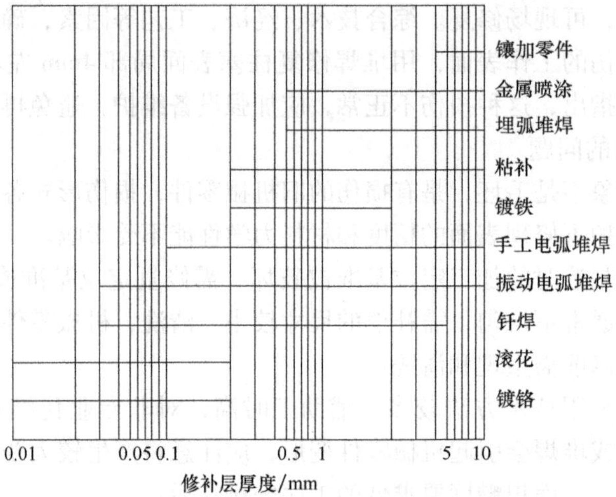

图 4-1 典型修复工艺达到的修补层厚度

2. 零件结构对工艺选择的影响

对零件损坏部位修复时，应综合分析零件结构对该部位的限制。如轴上螺纹损坏时可车成直径小一个级别的螺纹，但要考虑与螺母配合旋入时是否受到临近轴径尺寸较大的限制；镶螺纹套法修理孔、扩孔镶套法修理孔径时，孔壁厚度与邻近螺纹孔的距离尺寸是主要限制。

3. 零件修复后的力学性能

修补层的强度、硬度，与零件结合强度及零件修补后的强度变化等，是修理的重要指标，也是选择修复技术的依据，各种工艺的修补强度相差很大。表 4-2 所示是几种修补层的力学性能。选择修复技术时还应考虑，修补层硬度高，耐磨性好，但加工难度大；硬度低，磨损快；修补层硬度不均匀，造成加工表面不光滑。机械零件表面的耐磨性与表面硬度、金相组织、表面吸附润滑油能力和两个接触面磨合等有关。如多孔镀铬、金属喷涂等修复技术，可获得多孔隙的修补层，吸储油能力强，改善润滑条件，耐磨性能和磨合性能较好。镀铬使修补层有很高的硬度，耐磨性好，但磨合性较差。对修补后可能发生液体及气体渗漏的零件，要求修补层的密实性好，不能产生砂眼、气孔、裂纹等。修补后必须探伤检测等。

表 4-2 几种修补层的力学性能

序号	修补工艺	修补层抗拉强度/MPa	修补层与 45 钢的结合强度/MPa	零件修补后疲劳强度降低率(%)	硬度
1	镀铬	400~600	300	20~25	600~1000HV
2	低温镀铁		450	25~30	45~65HRC
3	焊条电弧堆焊	300~450	300~450	36~40	210~420HBW
4	埋弧电弧堆焊	350~500	350~500	36~40	170~200HBW
5	振动电弧堆焊	620	560	与 45 钢相近	25~60HRC
6	银钎(银的质量分数是 45%)	400	400		
7	铜钎焊	287	287		
8	锰青铜钎焊	350~450	350~450		217HBW
9	金属喷涂	80~110	40~95	45~50	200~240HBW
10	环氧树脂粘补		热粘 20~40 冷粘 10~20		80~120HBW

4. 修复技术对零件精度的影响

对精度有要求的零件，修复时应考虑修复技术对变形的影响。如被修复零件要预热或修复中温度较高，会产生退火效应，淬火组织遭破坏，产生内应力，热变形增大，因此，修复后应加工整形或回火。如焊接修复会使零件因高温影响产生内应力，回火处理后可消除。选择修复技术和工艺，还要考虑修复后零件的刚性，如刚性降低、产生变形、影响精度。

5. 修复技术的可行性和经济性

选择修复技术应考虑生产的可行性，结合维修设备实际状况、技术水平等；考虑经济条件，根据修复方法的成本、修复周期及修后使用时间、性能、效益等，综合分析修复技术的经济性，并与更换零件对比，确定采取修复还是更换。

4.1.4 机械零件修复工艺规程的拟定

1. 编制零件修理工艺规程的过程

熟悉材料性能、修复零件材料及化学成分、力学性能、工作状况、技术水平等，明确修复数量；确定零件修复技术、工艺、方法，分析修复中的主要问题，拟定解决措施，安排修复技术的工序，提出具体工序技术、标准、规范及工艺设备、检测手段、质量要求等。

2. 工艺确定

工艺拟定后，对关键工艺、难以确定的工艺、首次采用的工艺等，可先做试验、实验，符合质量可靠性要求后，实施时可作为修理工艺规程，经过确认后执行。常用修复方法有机械修复法、焊接修复法、电镀修复法、喷涂修复法等，表 4-3 所示为典型的修复技术。

表 4-3 典型的修复技术

零件名称	磨损部位	修理方法	
		达到标称尺寸	达到修理尺寸
轴	滑动轴承的轴颈和外圆柱面	镀铬、镀铁、金属喷涂、堆焊并加工至标称尺寸	车削或磨削提高几何形状精度
	滚动轴承的轴颈和过盈配合面	镀铬、镀铁、化学镀铜	
	轴上键槽	堆焊修理键槽、转位新铣床键槽	键槽加宽，不大于原宽度的 1/7，重新配键
	轴上螺纹	堆焊、重车螺纹	车成小一级螺纹
	外圆锥面		磨到较小尺寸
孔	孔径	镶套、堆焊、电镀、粘补	镗孔
	圆锥孔	镗孔后镶套	刮削或磨削修整形状
齿轮	轮齿	1. 利用花键孔，镶新轮圈插齿 2. 齿轮局部断裂，堆焊加工成形	大齿轮加工成负变位齿轮
	孔径	镶套、堆焊、镀铬、镀铁、镀镍	磨孔配轴
导轨滑板	滑动面研伤	粘补镶面后加工	电弧冷补焊、钎焊、粘补、刮削、磨削
拨叉	侧面磨损	铜焊、堆焊后加工	

3. 注意事项

修复表面时，注意保护不修理表面的精度和材料理化性能不受影响；注意修复技术对零件变形的影响，安排工序时，应将产生较大变形的工序安排在前，增加校正工序，将精度要求高的工序尽可后排；零件修理加工时需预先修复定位基准或给出新的定位基准；有些修复技术可能导致零件产生细微的裂纹，必须注意提高疲劳强度的工艺措施和采取无损探伤检测手段；修复高速运动的机械零件，考虑安排平衡工序；修复工艺必须与技术条件、工艺水平、检测能力、产品标准要求相适应；如有些检测、划线等工序，必须具备精度很高的检验平台。

课堂练习

(1) 叙述零件修复的意义。

(2) 参观企业，对某个设备维修中采取的修复技术进行调研分析。

(3) 叙述选择修复技术应考虑的因素。

4.2 机械修复法

4.2.1 钳工、机械加工法

利用机械连接、切削加工和机械变形等机械方法，使磨损、断裂、缺损的机械零件恢复原有功能，称为机械修复法。

钳工、机械加工法是零件修复最常用、最基本的方法，不仅可独立直接修复零件，也可作为在焊接修复、喷涂修复、电镀修复等多种修复方法中采用的工序方法。

零件修复中，机械加工是最基本、最重要的方法，具体包括钳工修补、车削加工、铣削加工、磨削加工、铰削加工、研磨加工等。大多数失效零件可通过机械加工消除缺陷，达到配合精度和表面粗糙度要求。机械加工修理，简单易行，修理质量稳定可靠，经济成本低，旧件修复中很常见；缺点是零件强度和刚度下降，如需更换或修复相配件，则使零件的互换性复杂化。

4-1 数控车的刀架及轨道

4-2 数控车的主轴、刀具及控制

4.2.2 修理尺寸法

对机械设备的间隙配合副中较复杂的零件修理时，可不考虑原设计尺寸，而采用切削加工或其他加工方法恢复磨损部位的形状精度、位置精度、表面粗糙度和其他技术条件，得到新尺寸，此尺寸称修理尺寸。此尺寸对轴而言比原设计尺寸小，对孔而言比原设计尺寸大。与此相配合的零件则按此尺寸制造新零件或修复，保证原配合关系不变，此称为修理尺寸法。

如轴、传动螺纹、滑动导轨等结构均可采用该法修理。应注意，修理后零件强度和刚度必须仍能符合要求，必要时要验算和测试，否则不能采用此法修理。通常，对轴颈尺寸间隙量，一般规定不能超过原设计尺寸的10%。轴上键槽磨损后，可根据实际情况放大一个等级尺寸使用。

修理尺寸还适于设备中电器材料的修理。修复大功率导电体时，不仅仅考虑尺寸，还要考虑导电能力。笔者曾参加大功率电焊设备的设计，焊接电极是低电压大电流的铜导体，电流几万至十几万安培，需在导电体中钻孔通入冷却循环水。设计加工后设备调试、满负荷工作时，导电体冷却不理想，必须提高冷却效果。需提高冷却循环水的流量，要求循环水孔径加大，将造成电极导电截面积下降，焊接电流达不到设计的额定电流。必须要对电极的电流量、电极冷却效果进行综合考虑、验算和测试。

为保证修理尺寸时的加工质量，应仔细分析原来的加工工艺，选择合理、可行的定位基准，选择适宜的刀具和切削量，选择适合的修理设备。

修理尺寸法应用很普遍，为得到一定的互换性便于组织备件生产和供应，大多数修理尺寸已标准化，各种主要修理零件都规定了各级的修理尺寸。修理尺寸法标准化很重要，在设备维修中应采取措施，提高标准化的修理尺寸。

4.2.3 局部修换法

某些零件使用中，局部产生严重磨损，其他部分完好，可切除磨损严重部位，重新制造零件，然后利用机械连接、焊接或粘接等方法固定在原来零件上，使原零件得以修复的方法，称为局部修换法。

对齿类零件，特别是精度不高的大中型齿轮，如出现一个或多个齿损坏、断裂，可先将坏的齿轮切割掉，然后在原来部位用机械加工方法加工出燕尾槽并镶配新的齿轮，端面紧固螺钉或采用电焊固定。如损坏的齿轮比较多，特别是多联齿轮的齿部损坏时，可将损坏的齿圈先退火降低硬度再车掉，配新齿圈，用键或过盈配合连接。

图 4-2 所示为将双联齿轮中磨损严重小齿轮的轮齿切除，重新制作新的小齿圈，用上述方法连接固定；在保留的轮毂上，铆接重制齿圈；局部修换牙嵌式离合器采用胶粘法固定。

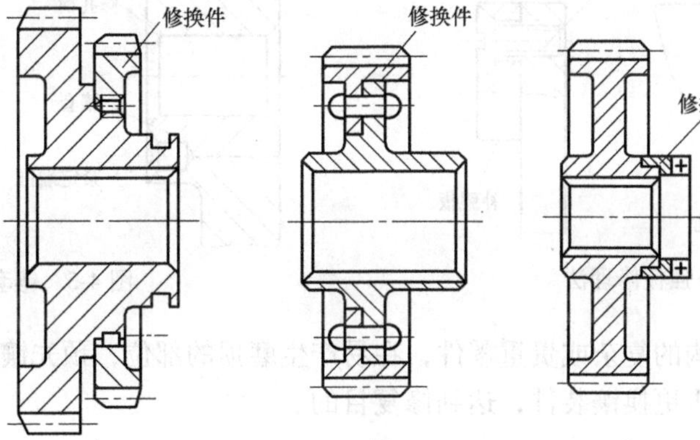

图 4-2　局部修换法

有些零件还可用掉头、转向方法重新满足使用要求，如丝杠的螺纹局部磨损后，掉头重新使用；承受单向力的齿轮磨损后，可反转重新安装，利用未磨损面继续工作。轴、孔中的键槽损坏后，在满足强度前提下，可转位后重新加工键槽继续使用。但掉头转向重新使用的零件，必须在构造上对称或经过简单加工可满足使用要求。图 4-3a 所示是轴上键槽的重新开制新槽，图 4-3b 所示是联接螺纹孔损坏后，转过一个角度重新开孔。

4.2.4 镶装零件法

镶装零件法在实际维修中应用很广，镶装件在磨损后可更换。配合零件磨损后，在结构和强度允许时，镶装1个零件补偿磨损，恢复原有零件精度的方法称镶装零件法。常用车轴或扩孔镶套、加垫和机械夹固等。图4-4所示在零件裂纹附近局部镶装补强板，一般采用钢板螺钉联接。如果是脆性材料裂纹，还应当钻止裂孔，止裂孔在裂纹末端，根据经验止裂孔直径为$\phi 3 \sim \phi 6$mm。图4-5所示为镶套修复法，对损坏的孔，可镗孔镶套，孔尺寸应镗得足够大，保证套有必要的刚度，套的外径与孔有适当的过盈尺寸量，套的内径事先按照轴径配合加工，也可留有加工余量，镶入后再加工至工艺要求的尺寸。

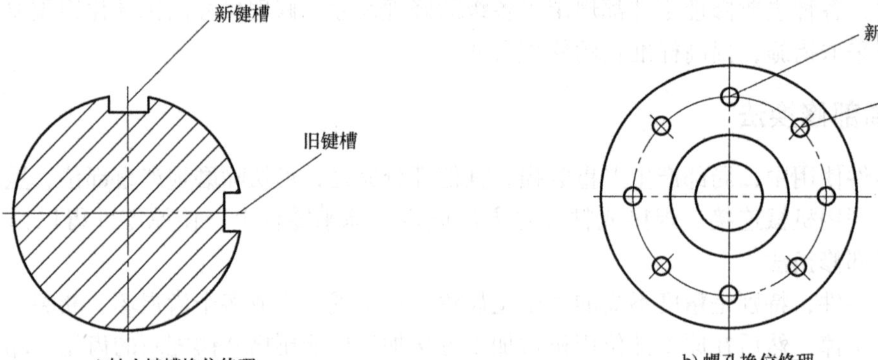

a) 轴上键槽换位修理　　b) 螺孔换位修理

图4-3　局部修换法示例

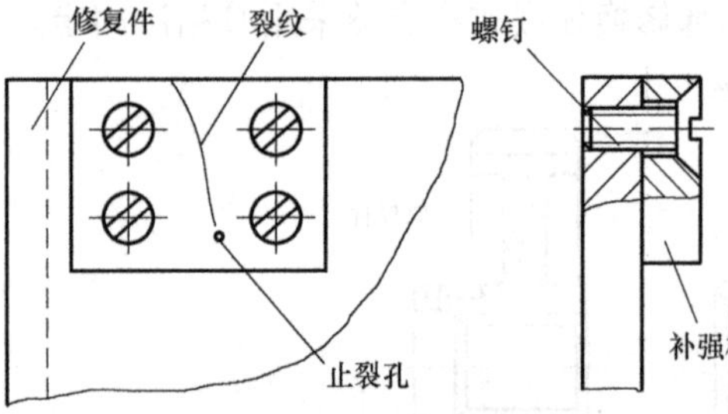

图4-4　镶装补强板修理法

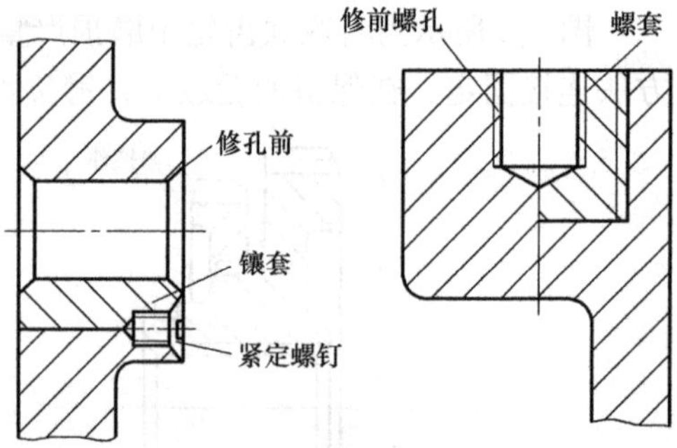

图4-5　镶套修复法

机械设备某些结构的复杂或贵重零件，在易产生磨损的部位，预先镶装上零件，这些零件在使用时磨损牺牲再更换镶装件，达到修复目的。

4.2.5　金属扣合法

借助于高强度合金材料制成的扣合连接件，在槽内产生塑性变形或热胀冷缩，完成扣合作用，使裂纹或断裂部分重新连接成整体，达到修复目的。适于不易焊补的钢件和不允许有较大变形的铸件、有色金属件等，尤其对大型铸件的裂纹或折断面修复效果更好。

金属扣合法修复零件强度高、密封性能好；修复过程在常温下，不产生热变形；波形槽分散排列，波形键分层装入，逐片铆接，不产生应力集中，操作简单，不需复杂的设备和工具，修复方便。按照扣合的特点与性质，分强固扣合、强密扣合、热扣合和优级扣合法等。

1. 强固扣合法

先在垂直于裂纹或折断面上，加工出具有一定形状和尺寸的波形槽，再将形状、尺寸与波形槽相吻合的用高强度合金材料制成的波形键镶入槽中，在常温下铆接键部，使之产生塑性变形而充满整个槽腔，利用波形键的凸缘与波形槽扣合，将开裂的两个部分牢固地连接在一起。如图 4-6 所示为强固扣合法，波形键形状如图 4-7 所示。设计制作时，将波形键的凸缘直径 d、颈部宽度 b、间距 l 和厚度 δ 规定成标准尺寸，根据受力和铸件壁厚决定波形键个数，一般取 $b=3\sim6$mm，根据经验取 $d=(1.2\sim1.6)b$；$l=(2\sim2.2)b$；$\delta\leqslant b$。

波形键常取 5、7、9 个，常用 1Cr18Ni9Ti 或 1Cr18Ni9 奥氏体镍铬钢和与铸铁膨胀系数相近的 Ni36 高镍合金等。波形键材料力学性能见表 4-4，波形槽尺寸与布置方式如图 4-8 所示。

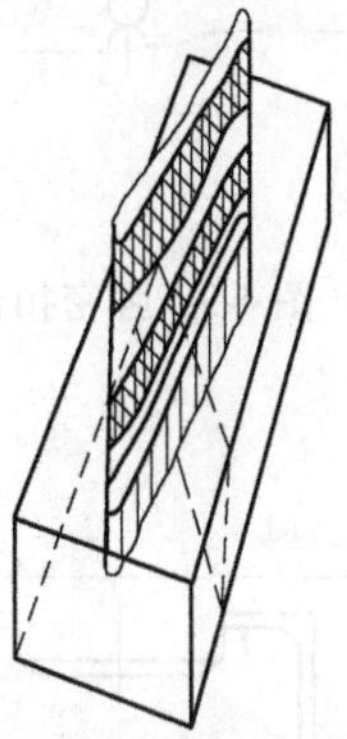

图 4-6　强固扣合法

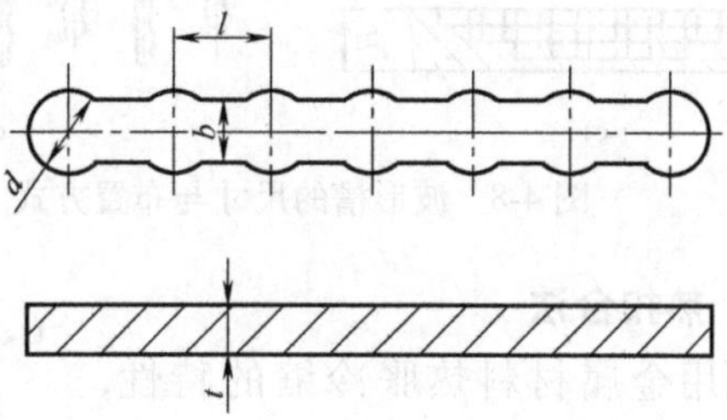

图 4-7　波形键

表 4-4　波形键材料的力学性能

钢号	热处理		力学性能(不小于)				
	淬火温度/℃	冷却剂	抗拉强度 σ_b/MPa	屈服点 σ_s/MPa	伸长率 δ(%)	收缩率 ψ(%)	硬度 HBW
1Cr18Ni9	1100~1150	水	500	200	45	50	150~170
1Cr18Ni9Ti	950~1050	水	500	200	40	55	145~170
Ni36			480	280	30~45		140~160

2. 强密扣合法

对有密封要求的修复件，如高压力气缸和高压力容器等防渗漏零件，采用本法修复，将产生裂纹或折断面的零件连接成牢固整体，再按顺序在断裂线全长上加工出缀缝栓孔，安装涂有胶粘剂的螺钉，形成缀缝栓。注意应使相邻的两个缀缝件相割，即后一个缀缝栓孔少许切入上一个已经装好的波形键或缀缝栓，确保裂纹全部由缀缝栓填充，形成一条密封的金属隔离带，起防渗漏作用，如图 4-9 所示。

对承受压力较低的断裂带，用螺栓形缀缝栓，直径可参照波形键尺寸 d 选 M3~M8mm，旋入深度为波形槽深度 T，旋入前将螺栓涂上环氧树脂或无机胶粘剂，逐个旋入拧紧，最后将凸起部分铲平。对较高压力，密封性能要求高的机件，采用圆柱形缀缝栓，直径参照凸缘尺寸 d 选 M3~M8mm，厚度为波形键厚度 δ。与机件连接和波形键相同，分片装入逐片铆接。

缀缝栓直径和个数选取时要考虑波形之间的距离，确保缀缝栓能够密布于裂纹全长上，各个缀缝栓彼此要重叠 0.5~1.5mm。缀缝栓的材料与波形键相同，对要求不高的工件可选标准螺钉、低碳钢、铜等代替。

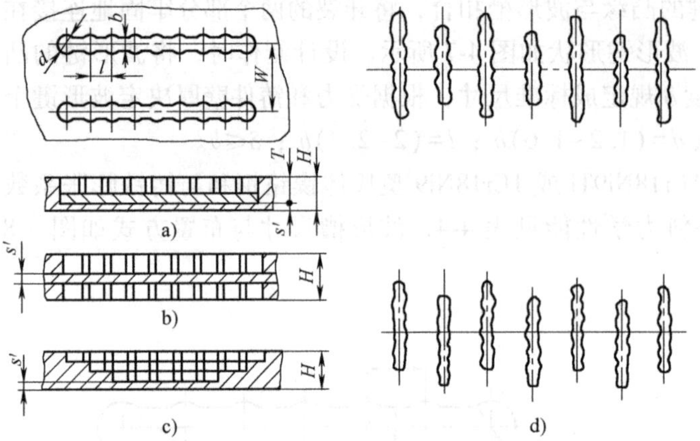

图 4-8 波形槽的尺寸与布置方式

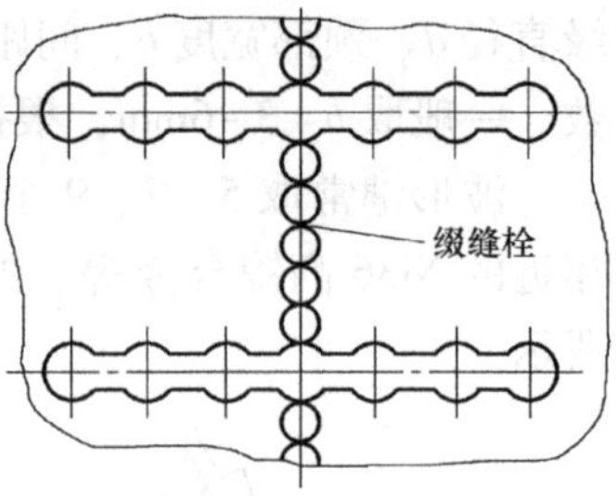

图 4-9 强密扣合法

3. 热扣合法

利用金属材料热胀冷缩的特性，将一定形状的扣合件经加热扣入已在机件裂纹加工好的形状尺寸与扣合相同的凹槽中，扣合件冷却后迅速将裂纹箍紧，达到修复目的。适于修复大型飞轮、齿轮、重型设备机身的裂纹折断面。如图 4-10a 所示为圆环状热扣合件，适于轮廓部分有损坏的零件，图 4-10b 所示为工字形状热扣合件，适于机件壁的裂纹或断裂。

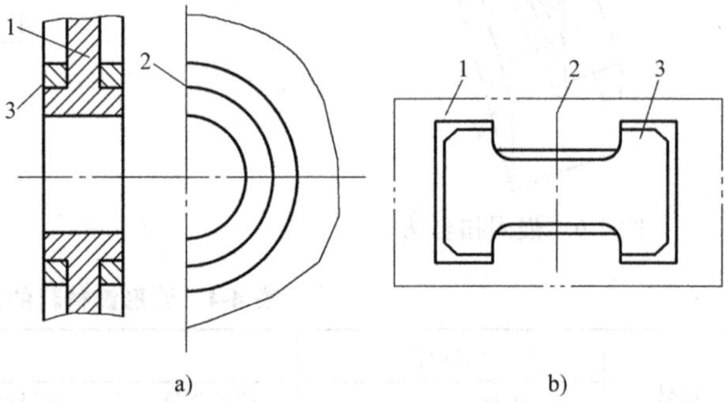

图 4-10 热扣合法

1—机件 2—裂纹 3—扣合件

4. 优级扣合法

对承受高载荷的后壁机件，采用波形键扣合，需用优级扣合法。如大型设备的横梁、轧钢机主梁、辊筒等。在垂直于裂纹或折断面的方法上镶入钢制的加强件，用缀缝栓联接，有时也用波形键加强，如图 4-11 所示。加强件的形式有多种，如图 4-12 所示。图 4-13 所示为修复弯角附近的裂纹所用加强件的形式。

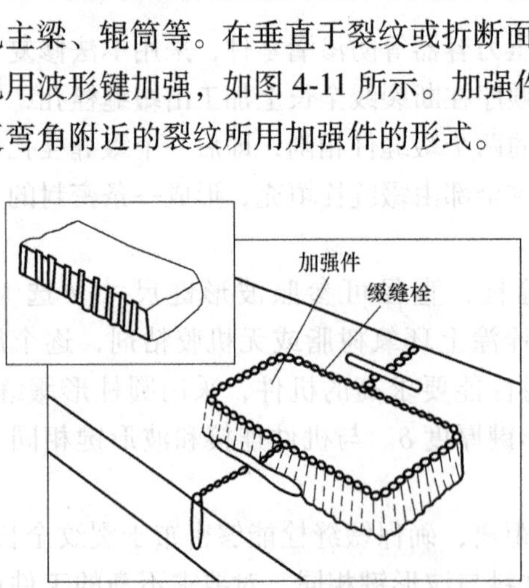

图 4-11 优级扣合法

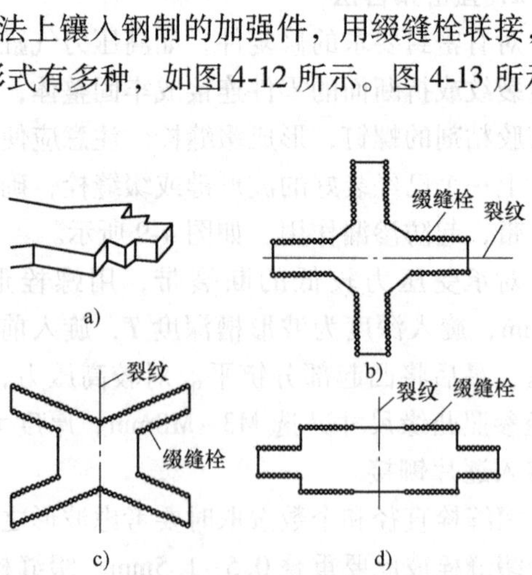

图 4-12 加强件

采用金属扣合法修理，使修复的机件具有足够的强度和良好的密封性，修理设备、工具简单，可现场施工，修理中机件不产生热变形和热应力等。但波形槽的制作加工比较烦琐。

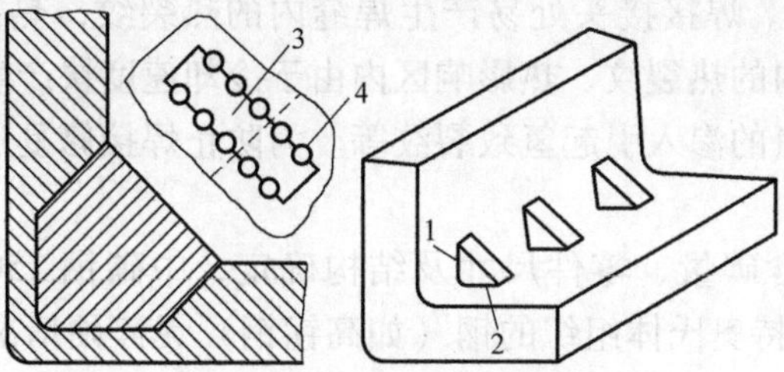

图 4-13　弯角裂纹的加强方法
1、2—凹槽底面　3—加强件　4—缀缝栓

4.3　焊接及喷涂喷焊修复技术

4.3.1　焊接修补法及特点

利用焊接技术修复失效零件的方法称为焊接修复法，用于修复零件使其恢复尺寸与形状或修复裂纹与断裂时称为补焊；用于恢复零件尺寸、形状，并赋予零件表面以某些特殊性能的熔敷金属时称为堆焊。补焊和堆焊在机械零件修复技术中占重要地位，结合强度高；可修复大部分金属零件因为各种原因如磨损、缺损、断裂、凹坑等引起的损坏；可局部修换，也可切割分解零件；在一些特殊场合，焊接修复过程产生的热量，可作为对零件预热及实施简单的热处理工艺；修复质量好、修复效率高；可以焊补裂纹与断裂、局部损伤；可用于校正形状。由于焊修质量高、效率高、设备成本低、灵活性大，不受零件尺寸、形状、场地以及修补厚度的限制，应用很广泛，但需相应功率的电源，可以现场抢修。

焊接修复法也存在缺陷，如因补焊和堆焊时对零件局部不均匀的加热，零件产生内应力和变形，一般不宜用于修复较高精度、细长和薄壳类零件。焊接中，零件产生了内应力，一般在焊接后要退火。焊接时产生的气孔、夹渣等对焊缝强度和密封性有影响，焊接时产生裂纹也是焊接中需注意的重点。此外，焊接还要受到零件焊接性的影响。所以，焊接修补法的应用受到一定影响。随着焊接技术发展，采取相应的工艺措施，可克服大部分缺陷。尽管焊接修复法的灵活性大，但现场需要符合相当功率的电源。

4.3.2　焊接方法

1. 补焊

通常，机械补焊比钢结构焊接困难。因机械零件多为承载件，材料有物理性能、化学成分要求、尺寸精度和形位精度要求，焊接时要考虑材料的焊接性以及焊后的加工性要求。一般情况下，机械零件损伤多是局部损伤，采用焊接技术修复时，要保持未损伤部位的尺寸形位精度和机械性能，焊修后的部位要保持设计规定的精度和材料性能。由于焊接时能量集中、效率高，减少对母材料组织的影响和零件的热变形，涂药焊条品种多，选择适合的焊条，尽量做到焊缝性能与母材料接近，是目前应用最广泛的方法。为保证焊修质量，需选择采用合理的焊接工艺，根据材料，应采取相应的焊接方法。

1）低碳钢零件。可焊性良好，补焊时一般不需要采取特殊的工艺措施。

2）中、高碳钢零件。焊接接头处易产生焊缝内的热裂纹，热影响区内因钢含碳量高，焊接接头处易产生焊缝内的热裂纹、热影响区内由于冷却速度快产生低塑性淬硬组织引起冷裂纹，焊缝根部主要因氢的渗入引起氢致裂纹等。为防止焊接修复过程中产生的裂纹，应采取措施。

焊件预热温度根据含碳量、零件尺寸及结构确定，中碳钢 150～250℃，高碳钢 250～350℃；某些在常温下保持奥氏体组织的钢（如高锰钢）无淬硬情况下可不预热；选用多层焊，是前层焊缝受后层焊缝热循环作用，可使晶粒细化，性能得到改善；零件产生内应力须消除，改善焊接部位的韧性与塑性，减少裂纹的产生，一般用热处理消除内应力；尽可能选用低氢焊条，增强焊缝的抗裂性能。加强焊接区的清理，彻底清洁油、水、锈及可能进入焊缝的任何氢的来源；设法减少母材料溶入焊缝的比例，如焊接坡口的制备，应保证便于施焊但要尽量减少填充金属。

2. 铸铁件的补焊

铸铁零件在设备结构支座、电机外壳等应用广泛，是重要的基础件。焊接是铸铁件修复的主要方法之一。

（1）铸铁件补焊的特点

铸铁含碳量高、组织不均匀、强度低脆性大，对焊接温度较敏感、焊接性较差。

铸铁含碳量高，补焊时易产生白口，脆而硬，难切削加工，易产生裂纹，铸铁中磷、硫含量较高，焊接困难；为防止白口，需调整焊缝化学成分、焊前预热和焊后缓冷、采用小电流焊接减少母材熔深等。

焊接时，焊缝容易产生气孔与咬边。因许多铸铁零件结构复杂、刚性大、补焊时易产生大的焊接力，在薄弱部位易产生裂纹，因此，要减少焊接应力，可以从减少补焊区和工件整体之间的温度梯度或改善补焊区的膨胀和收缩条件等方面采取措施。

（2）铸铁件补焊的方法

铸铁件补焊的方法见表 4-5，可供选用和参考。

表 4-5 常用铸铁件补焊方法

补焊方法	分类	特 点
气焊	热焊法	焊前预热至 600℃左右，在 400℃以上施焊，焊后在 650～700℃保温缓冷，采取铸铁填充料，铸件内应力小，不易裂，可加工
	冷焊法	也称不预热气焊法，焊前不预热，只用焊炬烘烤坡口周围或加热减应区，焊后缓冷，填充料同上。焊后不易裂，可加工，但减应区选择不当时有开裂危险
电弧焊	热焊法	采用铸铁芯焊条，温度控制同气焊热焊法，焊后不易裂，可加工
	半热焊法	采用钢芯石墨型焊条，预热至 400℃，焊后缓冷，强度与母材接近，但加工性不稳定
	冷焊法	采用非铸铁组织的焊条，焊前不预热，要严格执行冷焊工艺要点，焊后性能因焊条而异
钎焊	用气焊火焰加热，铜合金做钎料，母材不熔化，焊后不易裂，加工性好，强度因钎料而异	

3. 堆焊

堆焊修复不是用于连接零件，而是在零件表面堆敷金属，满足零件尺寸、精度、耐磨或耐热、耐腐蚀等要求。堆焊技术可用于制造新零件，也可修复旧零件。

1）堆焊技术特点。尺寸要求，除满足零件尺寸外，主要满足零件性能要求；为满足性能，应选合适的堆焊层合金，由于堆焊层合金元素含量比母材的要求要高，有时与母材成分有很大不同，就带来新问题，如堆焊时由于两者材料性能不同引起裂纹，对堆焊层的稀释问题等，要求在堆焊技术中妥善解决；变形问题，堆焊技术在零件表面实施，零件不对称受热极为显著，堆焊后零件变形明显，要在堆焊技术中妥善解决。

2）堆焊合金。表4-6列出了常用堆焊合金的类型、合金系统、堆焊层硬度、主要特点及用途等。修复的堆焊合金表面应满足零件工作条件，选择堆焊合金时，可结合零件失效模式选择；满足经济性，堆焊合金的使用寿命越长，成本越高，须综合考虑经济性，满足工艺时，应选寿命成本最低的堆焊合金；焊接性，满足上述两点时，需选焊接性较好的堆焊合金。

表4-6 常用堆焊合金

序号	堆焊合金类型	合金系统	堆焊层硬度/HRC	焊条例	特点及用途
1	低碳低合金钢	1Mn3Si 2Mn4Si 2Cr1.5Mo	≥22 ≥28 ≥22	D107 D127 D112	韧性好，有一定耐磨性，易加工、价廉，多用于常温下金属间的磨损件，如火车轮缘、齿轮、轴等
2	中碳低合金钢	3Cr2Mo 4Cr2Mo 4Mn4Si 5Cr3Mo2	≥30 ≥30 ≥40 ≥50	D132 D172 D167 D212	抗压强度良好，适用于堆焊受中等冲击的磨损件，如齿轮、轴、冷冲模等
3	高碳高合金钢	7Cr3Mn2Si	≥50	D207	耐低应力磨料磨损性能较好，用于推土机刀片、搅拌轴等
4	热稳定钢	5CrMnSi 3Cr2W8 5W9Cr5Mo2V	≥45 ≥48 ≥55	D397 D337 D322	热硬性和高温耐磨性较好，主要用于热加工模具
5	高铬钢	1Cr13 2Cr13 3Cr13	≥40 ≥45 40~49	D507 D517	耐磨、耐腐蚀和气蚀。主要用于耐磨和耐腐蚀零件的堆焊，如阀座、水轮叶片耐气蚀层
6	奥式体高锰钢、铬锰钢	Mn13 Mn13Mo2 2Mn12Cr13	≥170(HBW) ≥170(HBW) ≥20	D256 D266 D276	兼有抗强冲击，耐腐蚀、耐高温的特点，用于道岔、挖掘机斗齿、水轮机叶片等
7	奥氏体镍铬钢	Cr18Ni8Mo3Mo3 Cr18Ni8Si5 Cr18Ni8Si7	≥170 270~320(HBW) ≥37	D547 D577	耐腐蚀、抗氧化，热强度等性能良好，用于化工石油部门耐腐蚀、耐热零件，如高、中压阀门密封面堆焊，也可用于水轮机叶片抗气蚀层，开坯轧辊
8	高速钢	W18Cr4V	55	D307	热硬性和耐磨性很高，主要用于堆焊各种刀具
9	马氏体合金铸铁	W9B Cr4Mo4 Cr5W13	≥50 ≥55 ≥60	D678 D608 D698	有很好的抗高应力和低应力磨料磨损性能及良好的抗压强度，用于堆焊混凝土搅拌机、混砂机、犁铧等磨损件

（续）

序号	堆焊合金类型	合金系统	堆焊层硬度/HRC	焊条例	特点及用途
10	高铬合金铸铁	Cr30Ni7 Cr30 Cr28Ni4Si4 Cr30Mn2Si2B	≥40 ≥60 ≥48 ≥58	D567 D646 D667 D687	有很高的抗低应力磨料磨损和耐热、耐蚀性能，常用于铲斗齿、泵套、高温锅炉等设备的密封面堆焊
11	碳化钨合金	W45MnSi4 W60	≥60 ≥60	D707 D717	抗磨料磨损性能很高，具有耐热性，用于强烈磨料磨损工作的零件，如石油钻井钻头，推土机刀刃，犁铧等
12	钴基合金	Co 基 Cr30W5 Co 基 Cr30W5 Co 基 Cr30W12	≥40 ≥44 ≥53	D802 D812 D822	有很高的热硬性，抗磨料磨损、金属间磨损，耐蚀性、抗氧化、抗热疲劳性均好，主要用于高温高压阀门、热剪切刀刃、热锻模等，价格贵

3）堆焊方法。常用堆焊方法及特点见表 4-7。

表 4-7 常用堆焊方法及特点

堆焊方法		特点	注意事项
氧乙炔堆焊		设备简单，成本低，操作复杂，劳动强度大。火焰温度低，稀释率小，单层堆焊厚度可小于 1.0mm，堆焊层表面光滑，常用合金铸铁及镍基、铜基的实芯焊丝。堆焊批量不大的零件	堆焊时可采用熔剂，熔深越浅越好，尽量采用小号焊炬和焊嘴
电弧堆焊		设备简单，机动灵活、成本低，能堆焊几乎所有实芯和药芯焊条，目前是主要堆焊方法。常用于小型或复杂形状零件的全位置堆焊修复和现场修复	采用小电流、快速焊、窄道焊、摆动小，防止产生裂纹。大件焊前预热，焊后缓冷
埋弧堆焊	单丝埋弧堆焊	常用堆焊方法，堆焊层平整，质量稳定，熔敷率高，劳动条件好。但稀释率较大，生产率不够理想	应用最广的高效率堆焊方法。用于具有大平面和简单圆形表面的零件。可配通用焊剂，也常用专用烧结焊剂进行渗焊
	双丝埋弧堆焊	双丝、三丝及多丝并列接在计算机的一个级上，同时向堆焊区送进，各焊丝交替堆焊，熔敷率大大增加，稀释率下降 10%～15%	
	带级埋弧堆焊	熔深浅，熔敷率高，堆焊层外形美观	
等离子弧堆焊		稀释率低，熔敷率高，堆焊零件变形小，外形美观，易实现机械化和自动化	有填丝法和粉末法两种

图 4-14 所示是加热扣合件的焊接修复，图 4-15 所示为加强板的焊接，黑色的图面是堆焊层。

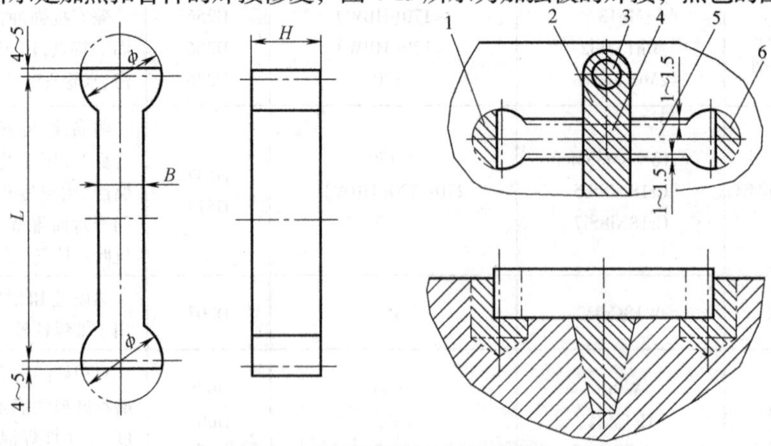

图 4-14 加热扣合件的焊接修复

1、2、6—焊缝 3—止裂孔 4—裂纹 5—扣合件

4. 自动堆焊

图4-16所示为振动自动弧焊示意图，由自动堆焊设备进行自动化焊接，与手工堆焊相比，生产效率高、焊接质量好、成本低、劳动条件改善。

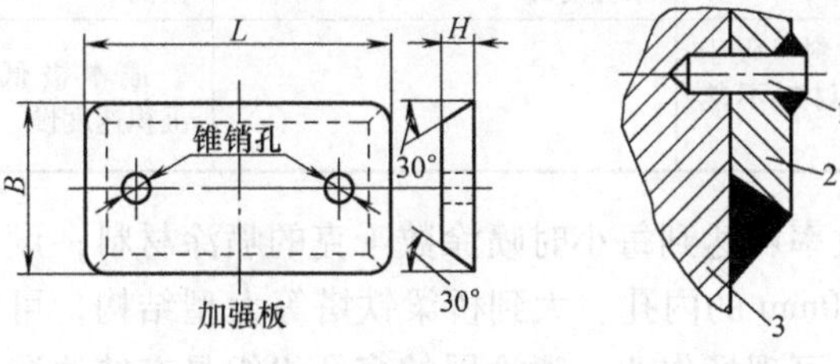

图4-15　加强板的焊接

1—锥销　2—加强板　3—焊接工件

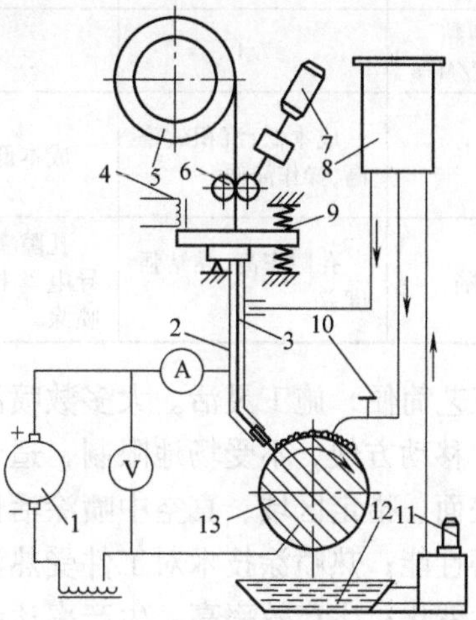

图4-16　振动自动弧焊示意图

1—电源　2—焊嘴　3—焊丝　4—电磁机构
5—送丝盘　6—送丝轮　7—送丝电动机
8—水箱　9—弹簧　10—冷却液开关
11—水泵　12—冷却液收集器　13—焊接工件

4.3.3　热喷涂修复技术

1. 热喷涂技术原理

利用氧乙炔火焰或电弧等热源，在压缩空气等高速气流推动下，将喷涂材料加热至熔化状态或呈塑料状态，并用高速气流使其雾化，喷涂材料被雾化并被加速喷射到制备好的工件表面上。热喷涂和喷焊技术，能恢复机械零件磨损的尺寸，选用合适的喷涂（喷焊）材料，改善和提高零件表面耐磨性和耐腐蚀性等，用途广泛。

喷涂材料呈圆形雾化颗粒射到工件表面即受阻变形成为扁平状。最先喷射到工件表面的颗粒与工件表面凹凸处产生机械咬合，随后喷射来的颗粒打在先到达的工件表面颗粒上，变形并与先前的颗粒相互咬合，形成机械结合。大量喷涂材料颗粒在工件表面相互挤嵌堆积，就形成了喷涂层。

2. 喷涂技术种类

根据热源，热喷涂技术分氧乙炔火焰喷涂、电弧喷涂、高频喷涂、等离子喷涂、激光喷涂和电子束喷涂等。氧乙炔火焰喷涂技术优点明显，设备少、成本低、工艺简单易掌握、可现场维修等，设备维修中应用广泛。典型热喷涂工艺特点见表4-8。

3. 热喷涂技术特点

适用广。涂层材料可金属或聚乙烯、尼龙等工程塑料，金属氧化物、碳化物、硼化物、硅化物陶瓷材料等，以及复合材料，被喷涂工件可以是金属和非金属材料；表面各涂层材料，使其表面具有各种功能，如耐蚀性、耐磨性、耐高温性等。

表 4-8 典型热喷涂工艺的特点

工艺	火焰喷涂	电弧喷涂	等离子喷涂	爆炸喷涂
典型涂层孔隙率(%)	10~15	10~15	1~10	1~2
典型黏结强度/MPa	7.1	10.2	30.6	61.2
特点	成本低,沉积效率高,操作简便	成本低,沉积速度快	孔隙率低,能喷薄壁易变形件,热能集中,热影响区小,粘结强度高	孔隙率很低,黏结强度极高
缺陷	孔隙率高,黏结强度差	孔隙率高,喷涂材料只限于导电丝材料,活性材料不能喷涂		成本极低,沉积速度慢

工艺简便，施工灵活。大多数喷涂技术效率可达到每小时喷涂数千克的喷涂材料；设备简单，移动方便，不受场地限制，适于小到 10mm 的内孔、大到桥梁铁塔等大型结构，可在整体表面、指定区域、真空中喷涂活性材料，可现场作业；喷涂层的多孔组织具有储油润滑和减磨性能；热喷涂技术对工件受热温度低，一般在 70~80℃，工件热变形较小，材料组织不发生变化；生产效率高，生产率达到每小时喷涂数千克喷涂材料；涂层厚度可控制，几十微米到几毫米，喷涂层是多孔组织，易存油，润滑性好。

热喷涂技术也存在缺陷，如喷涂层与工件基体结合强度较低，不能承受交变载负荷和冲击载荷；工件表面粗糙化处理会降低零件的刚性；涂层质量靠严格实施工艺来保证，涂层质量尚无有效的检测方法。

4. 热喷涂材料

有粉、线、带和棒等形态，成分是金属、合金、陶瓷、金属陶瓷及塑料等。粉末材料种类有百余种；线材和带材多为金属或合金；棒材只有几十种，多为氧化物陶瓷。

自熔性合金粉末，合金粉末中加适量的 B、Si 等强脱氧元素，降低合金熔点，增加液态金属流动性和湿润性，主要有镍基合金粉末、铁基合金粉末、钴基合金粉末等。

喷涂合金粉末，有结合层用粉末和工作层用粉末，前者提高基体与工作层的结合强度，又称打底粉，后者种类多，主要有镍基、铁基和铜基，每种工作粉形成的涂层有使用范围。

复合粉末，两种或以上性质不同物质组成的粉末，得到综合性能涂层，按使用性能，分硬质耐磨复合粉末、抗高温耐热和隔热复合粉末、减磨复合粉末和放热型复合粉末等。

丝材，主要有钢质丝材，如 T12、T9A、80″及 70″高碳钢丝等，用于修复磨损表面；还有纯金属丝材，如锌、铝等，用于防腐。

5. 氧乙炔火焰喷涂技术

以氧乙炔焰为热源，借助高速气流将喷涂粉末吸入火焰去，加热到熔融状态后再喷射到工件表面，形成喷涂层。氧乙炔火焰喷涂设备主要包括喷枪、氧气和乙炔储存器、喷砂设备、电火花拉毛机、表面粗化工具及测量工具等。喷枪分中小型和大型，中小型喷枪结构如图 4-17 所示，喷涂喷焊中小型零件和精密零件，大型喷枪喷射大型零件，图 4-18 所示为一种大型喷枪结构图。

（1）喷涂前的准备

确定喷涂层厚度。喷涂后须机械加工，涂层厚度应含加工余量，并考虑喷射的热胀冷缩。

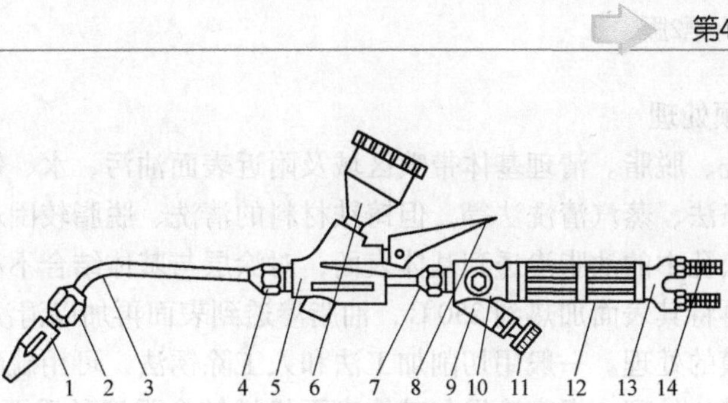

图 4-17 中小型喷枪的典型结构图

1—喷嘴 2—喷嘴接头 3—混合气管 4—混合气管接头 5—粉阀体 6—粉斗 7—气接头螺母 8—粉阀开关阀柄 9—中部主体 10—乙炔开关阀 11—氧气开关阀 12—手柄 13—后部接体 14—乙炔接头

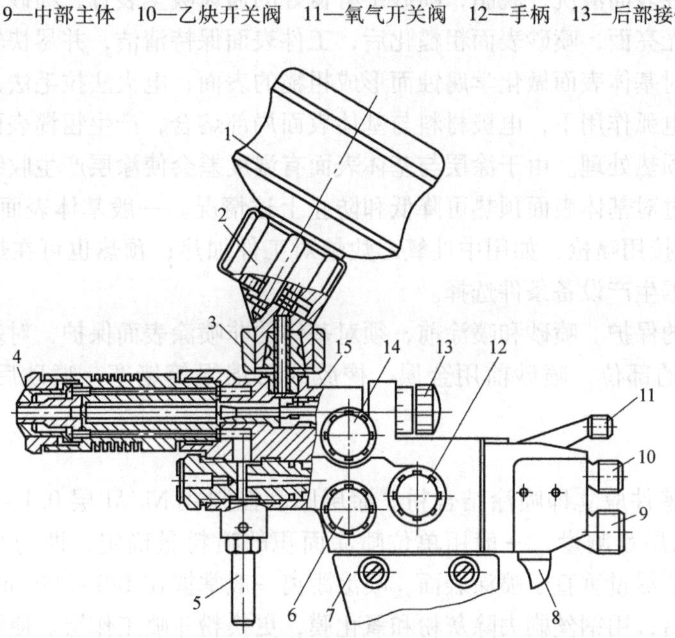

图 4-18 大型喷枪内设置图

1—粉斗 2—粉斗座 3—锁紧环 4—喷嘴 5—支柱 6—乙炔阀 7—手柄 8—气体快速关闭阀 9—乙炔进口 10—氧进口 11—送粉气进口 12—氧阀 13—粉阀柄 14—气体控制阀 15—本体

确定喷涂层材料。涂层材料性能应满足被喷涂工件的材料要求、配合要求、技术要求和工作条件等，分别选结合层和工作层用材料；喷涂用粉末可分结合层用粉（简称结合粉）和工作用粉（简称工作粉）；结合粉喷在基体与工作层之间，也称底粉，提高基体与工作层间的结合强度，多用镍、铝复合粉，粉末颗粒中镍和铝单独存在，常温下不发生反应；喷涂过程中，粉末加热 600℃以上时，镍和铝之间发生强烈的放热效应，部分铝被氧化，产生更多热量，放热效应在粉末喷射到工件表面后还能持续一段时间，使粉末与工件表面接触处瞬间达 900℃以上，此高温下镍扩散到母材中，形成微区冶金结合，大量微区冶金结合使涂层结合强度显著提高。

确定喷涂数。根据涂层厚度、喷涂材料性能、粒度等，确定热喷涂参数、乙炔气氧气压力、喷涂距离，喷枪与工件的相对运动速度等。

（2）喷涂表面预处理

基体表面的清洗、脱脂。清理基体带喷区域及附近表面油污、水、锈和氧化皮层，用碱洗法、有机溶剂洗涤法、蒸汽清洗法等，但铸铁材料的清洗、脱脂较困难，由于喷涂时基体表面温度升高，疏松孔中的油脂渗透到基体表面，对涂层与基体结合不利，对铸铁件基体表面清洗、脱脂后，再将其表面加热到250℃，油脂渗透到表面再加以清洗。

基体表面氧化膜的处理。一般用切削加工法和人工除锈法，可用硫酸或盐酸酸洗。

基体表面的粗糙化处理。提高涂层与基体表面机械结合强度的重要措施，喷涂前1~8h须对工件表面做糙化处理，有喷砂法、机械加工法、化学腐蚀法、电火花拉毛法；喷砂法最常用，喷砂前工件表面清洗、脱脂，喷砂中有良好的通风吸尘装置，喷砂后除极硬的材料表面外，不应出现光亮面，喷砂表面粗糙化后，工件表面保持清洁，并尽快转入喷涂工序；化学除锈法是通过对基体表面做化学腐蚀而形成粗糙的表面；电火法拉毛法是将细的镍丝或铝丝作为电极，在电弧作用下，电极材料与基体表面局部熔合，产生粗糙表面。

基体表面的预热处理。由于涂层与基体表面有温度差会使涂层产生收缩应力，引起涂层开裂和脱落，通过对基体表面预热可降低和防止上述情况。一般基体表面预热温度在200~300℃，预热可直接用喷枪，如用中性氧乙炔焰对工件加热；预热也可在热工频炉、高频炉等中实施，可根据生产设备条件选择。

非喷涂表面的保护。喷砂和喷涂前，须对基体的非喷涂表面保护，对基体表面键槽或小孔等不允许喷涂的部位，喷砂前用金属、橡胶或石棉绳等堵塞，喷砂后换上碳素物或石棉等。

（3）喷涂

预处理后的零件应立即喷涂结合粉。涂层厚度控制在Ni/Al层0.1~0.2mm，Al/Ni层0.08~0.1mm。涂层难测量，一般用单位喷涂面积的喷粉量确定，即为0.08~0.15g/cm^2。喷粉时喷射角度要尽量垂直于喷涂表面，喷涂距离一般掌握在180~200mm。

结合层喷完后，用钢丝刷去除灰粉和氧化膜，更换粉斗喷工作层。使用铁基粉末时采用弱碳化焰，使用铜基粉末时采用中性焰。喷涂时喷枪与工件相对移动速度为70~150mm/s。喷涂中，应经常测量基体温度，超过250℃时暂停喷涂。

（4）喷涂后处理

后处理包括封孔、机械加工等工序。喷涂层的空隙约占总体积的15%，对于摩擦副零件，可在喷后趁热将零件浸入润滑油中，利用孔隙储油有利于润滑，但对承受液压的零件、腐蚀条件下工作的零件，其涂层都需用封孔剂填充孔隙，这一工序成为封孔。对封孔的要求是浸透性好，耐化学作用，不溶解、不变质，在工作温度下性能稳定，能增强涂层性能等。当喷涂层的尺寸进度和表面粗糙度不能满足要求时，需对其进行机械加工。

6. 热喷涂技术的应用

（1）在设备维修的应用

修复旧件，恢复磨损零件的尺寸，如机床主轴、凸轮轴的轴颈、电机转子轴、机床导轨和溜板等经热喷涂修复后，可节约钢材、延长寿命、减少库存；修补铸造和机械加工的废品，填补铸件裂纹，如修复大型铸件加工完毕时发现存在砂眼气孔等；制造和修复减磨材料轴瓦，在铸造或冲压出来的轴瓦上及在合金脱落的瓦背上，喷涂一层“铅青铜”或“磷青铜”等材料，就可制造和修复减磨材料的轴瓦。此法成本低、性能强，可大大提高耐磨性；

喷涂特殊的材料，可以得到耐热或耐腐蚀性能的涂层；在轴承上喷涂合金层，可代替铸造的轴承合金层；在导轨上用氧乙炔火焰喷涂一层工程塑料，可提高导轨的耐磨性和减摩性；还可根据需要喷涂防护层等。

（2）实例

发动机曲轴磨损严重，磨削法无法修复或修复效果不满足工艺要求，可用等离子喷涂技术修复。喷涂前轴颈的表面处理，根据轴颈的磨损，在曲轴磨床上将其磨圆，直径一般减少0.50~1.00mm；用铜皮对所要喷涂轴颈的临近轴颈覆盖保护；用拉毛机对待涂层表面做拉毛处理，用镍条做电极，在6~9V、200~300A条件下，使镍熔化在轴颈表面上。

喷涂过程：将曲轴卡在旋转工作台上，调整好喷枪与工件的距离，选择Ni/Al为打底材料，耐磨合金铸铁与Ni/Al的混合物为工作层材料，底层厚度为0.20mm，工作层厚度根据需要而定。喷涂规范见表4-9。

表4-9 喷涂规范

粉末材料	粒度/目	送粉量/(g/min)	工作电压/V	工作电流/A	喷涂功率/kW
Ni/Al	160~260	23	70	400~500	28~32
Ni/Al+NT	140~300	20	70	260~400	18~22

喷涂中，所喷轴颈的温度一般在150~170℃。喷涂后的轴颈放入150~180℃烘箱中保温2h，并随箱冷却，减少喷涂层与轴颈间的应力。

喷后处理：喷后检查喷涂层与轴颈基体结合程度，如不够紧密则除掉重新喷涂。合格后，对轴颈磨削加工。因等离子喷涂层硬度较高，一般选较软的碳化锡砂轮磨削，磨削时防止涂层破裂；磨削后用砂条对油道孔研磨，去除毛刺。清洗后将轴颈放入80~100℃的润滑油中8~10h，待润滑油充分渗入涂层后可装车使用。

4.3.4 喷焊修复技术

对经预热的自熔性合金粉末喷涂层再加热，使喷涂层颗粒熔化，温度约1000~1300℃，造渣上浮到涂层表面，生成的硼化物和硅化物弥散在涂层中，颗粒间和基体表面有良好黏性，最终质地致密的金属结晶组织与基体形成0.05~0.10mm的冶金结合层。喷焊层与基体结合强度约400MPa，耐磨、耐腐蚀、抗冲击性能较好。

1. 喷焊技术的应用范围

无需特殊处理可喷焊的材料，有ω_c<0.25%的一般碳素结构钢，锰、钼、钒总的质量小于3%的结构钢，0Cr18Ni9不锈钢，灰铸铁、可锻铸铁和球墨铸铁、纯铁等。

需预热喷焊后缓冷的材料，需预热250~375℃，指ω_c>0.4%的碳钢，锰、钼、钒总质量分数大于3%的结构钢，ω_{cr}≤2%的结构钢等。

喷焊后需等温退火的材料，指ω_{cr}≥11%的马氏体不锈钢，ω_c≥0.4%的铬钼结构钢等。

不适于喷焊的材料，指比喷焊用合金粉末熔点还低的材料，如铝镁及合金，某些铜合金；ω_{cr}≥18%的马氏体高铬钢等。

与喷涂层相比，喷焊层组织致密，耐磨，耐腐蚀，与基体结合强度高，是喷涂结合强度的10倍左右，喷焊对工件的热影响介于喷涂与堆焊之间。喷焊技术适于承受冲击载荷、表面硬度高、耐磨性好的磨损零件修复，如混砂机叶片、破碎机齿板、挖掘机铲斗齿等。

2. 喷焊的特点

基体不熔化，焊层不被稀释，保持喷焊合金的原性能；可根据工件需得到理想的强化表面；喷焊层与基体间结合非常牢固，喷焊层表面光洁，厚度可控制；设备简单，工艺简便，适于各种钢、铸铁及铜合金工件的表面强化。

3. 喷焊用自熔性合金粉末

喷焊用自熔性合金粉末是以镍、钴、铁为基材的合金，其中添加适量硼和硅元素起到脱氧造渣焊接熔剂的作用，同时能降低合金熔点，适于氧乙炔喷焊。

4. 氧乙炔火焰喷焊技术

喷焊技术过程与喷涂技术过程基本相同，操作顺序分一步法喷焊和二步法喷焊。

如工件表面有渗碳层和渗氮层，预处理时须清除，否则喷焊过程生成碳化硼或氮化硼，很硬、很脆，易引起翘皮，导致喷焊失败；对工件预热时，一般碳钢预热温度200~300℃，对耐热奥氏体钢可预热至350~400℃，预热时火焰采用中性或弱碳化焰，避免表面氧化。重熔后，喷焊层厚度减小25%左右，设计喷焊层厚度时要考虑。

4.3.5 电弧喷焊技术

电弧喷焊以电弧为热源，将金属丝熔化并用高速气流使其雾化，使熔融金属粒子高速喷到工件表面形成喷涂层。图4-19所示为电弧喷焊工作原理图。生产效率高，涂层厚度1~3mm。用于修复各种外圆表面，如曲轴的轴颈表面、轴的表面、杠杆的表面、凸轮的表面等；内圆表面和平面也可以使用电弧喷焊。

喷涂时，两根彼此绝缘的金属丝由送丝装置通过送丝轮匀速分别送进电弧喷焊枪中的导电嘴里，导电嘴接电源正负极，当两根金属丝端部接触时，端部短路产生电弧，金属丝瞬间受热熔化，压缩空气将熔融金属雾化成熔滴，高速喷射到工件表面，堆积成电弧喷涂层。

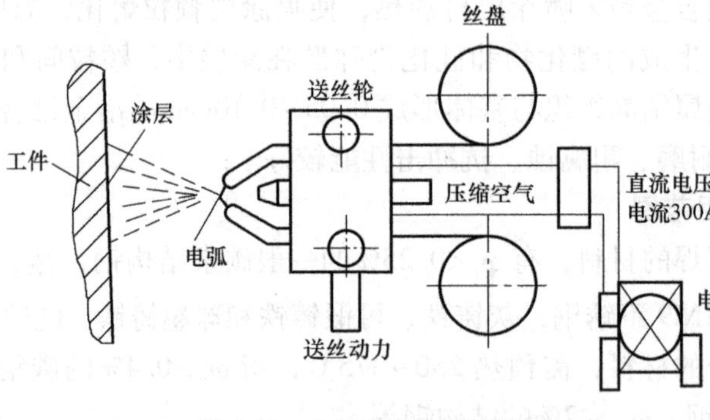

图4-19 电弧喷焊工作原理图

4.3.6 喷涂喷焊层质量测试

1. 喷涂层、喷焊层的硬度检测

对喷涂层、喷焊层宏观硬度的检测一般用洛氏硬度检测，薄层检测用洛氏表面硬度计。对金属覆盖层及其他覆盖层，使用威氏和里氏硬度试验方法。

2. 喷涂层、喷焊层组织的定性检查

喷涂层是均匀细致的层状组织，为均匀分布的细沙装表面，表层硬实。镍基涂层颜色为银灰色，铁基涂层为灰黄色，铜基涂层为深黄色，镍铝复合涂层为银黄色。

喷焊层是金属结晶组织，与金属堆焊组织相同。表面焊渣去掉后，焊层表面光滑坚实。铜喷焊层颜色为银黄色，镍、钴、铁基喷焊层均是呈金属光泽的银灰色，略有深浅之分。

喷涂层组织粗加工后，表面不应有裂纹、空洞、针孔等。喷焊层组织经直接检查后，表面应无漏底、裂纹、夹渣、空洞、针孔等。

课堂练习

（1）分析机械修复技术、焊接修复技术及喷涂喷焊修复技术的特点。

（2）叙述焊接修复技术及喷涂喷焊修复技术的应用场合。

4.4 电镀修复法

1. 电镀的基础知识

电镀指在含欲镀金属的盐类镀液中，以被镀基体金属为阴极，电解作用使镀液中欲镀金属的阳离子在基体金属表面沉积，形成金属表面镀层，可补偿零件表面磨损和改变表面性能，是最常用的修复技术。

（1）电镀反应

电镀液由主盐、络合剂、附加盐、缓冲剂、阳极活化剂和添加剂等组成。主盐指镀液中提供金属离子，在阳极上沉积的镀层金属盐。附加盐指电镀液中碱金属或碱土金属盐类，提高电镀液的导电能力。缓冲剂是稳定溶液酸碱度的弱酸、弱酸盐或弱碱、弱碱盐组成的物质。阳极活化剂指在镀液中促进阳极活化的物质，提高阳极开始钝化时的电流密度，保证阳极处于活化状态正常溶解。添加剂指不明显改善镀层导电性、但能显著改变镀层性能的物质。

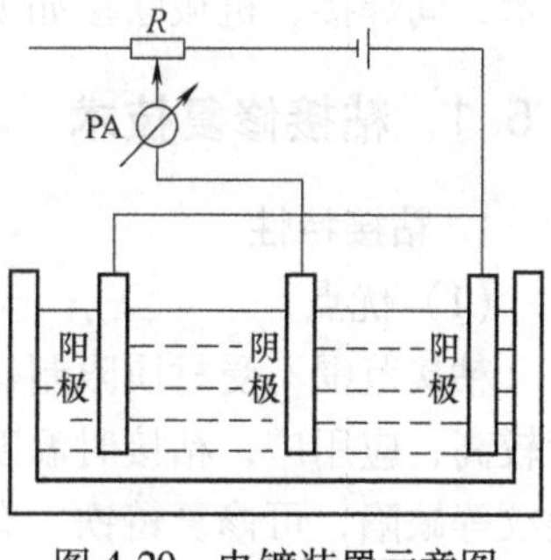

图 4-20 电镀装置示意图

电镀装置示意图如图 4-20 所示，被镀零件为阴极，与直流电源负极相连，金属阳极与直流电源正极连接，阳极与阴极均侵入水中。当在阴极与阳极间施加一定电位时，在阴极发生反应，从镀液内部扩散到电极和镀液界面的金属离子 M^{n+} 从阴极上获得电子，被还原成金属 M，即 $M^{n+}+ne \rightarrow M$。

另一方面在阳极界面上释放电子生成金属离子 M^{n+} ，即 $M-ne \rightarrow M^{n+}$。上述电极反应是电镀反应，电子直接参加化学反应，称电化学反应。

（2）金属的电沉积过程

电镀过程是镀液中金属离子在外电场作用下，经电极反应还原成金属离子并在阴极上形成金属沉积，经过液相传质、电化学反应和电结晶等同时进行的步骤。影响电镀质量的因素包括 pH 酸碱度、添加剂、电流密度、电流波形、温度和搅拌等。

2. 电镀前后处理

（1）电镀前预处理

预处理使待镀面呈现干净新鲜的金属表面，获得高质量镀层。经表面磨光、抛光等使表面粗糙度达工艺要求，用溶剂溶解或化学、电化学方法使表面脱脂，再用机械、酸洗及电化学方法除锈，最后将表面在弱酸中侵蚀一定时间进行镀前活化处理。

（2）电镀后处理

后处理包括钝化处理和除氢处理。前者指将已镀表面放入一定的溶液中化学处理，在镀层上形成一层坚实致密、稳定性高的薄膜表面。后者使镀层耐蚀性大大提高，并增加表面光泽和抗污染能力。有些金属如锌在电沉积中，自身沉积出来还析出氢，氢渗入镀层中，镀件产生脆性甚至断裂。为消除氢脆，电镀后应使镀件在一定温度下热处理数小时，做除氢处理。

电镀前后处理消耗大量水，含酸洗、电化学除锈和电镀液成分，废液处理须符合环保要求。

3. 电镀修复的特点

电镀层能形成装饰，可恢复磨损零件的尺寸、改善零件表面性质，提高表面硬度、耐磨、耐蚀及表面导电性，改善润滑条件等。电镀过程在15~105℃，基体金属性质不受影响，零件不受热变形，电镀层与基体金属的结合强度高。但电镀层机械性能随电镀层加厚会下降，修理过程时间较长，价格较高，仅适合于电镀层较薄的修补零件。

电镀工艺过程对环境保护会产生严重的影响，传统企业的电镀车间应全部搬迁到电镀工业园区集中管理。关于电镀金属及电刷镀的内容，参考阅读资料4-1。

4.5 粘接修复法及表面强化技术

借助于胶粘剂将相同或不同材料连接成一个牢固整体的方法称为粘接，也称黏合，粘接修复法是设备零件修复中的常用办法，工艺简单。采用胶粘剂连接修复的技术就是粘接修复技术，同焊接、机械联接如铆接、螺纹联接称为三大连接技术。

4.5.1 粘接修复技术

1. 粘接特性

（1）优点

粘接范围不受材质限制，相同材料或不同材料、硬或软或韧性的各种材料均可粘接，强度较高；应用广，粘接时温度低，不引起基体或木材金相组织发生变化或热变形，不易出现裂纹等缺陷，可修复铸铁、有色金属及合金零件、薄型件及小型件等；成本低，粘接工艺简便，无需复杂的设备，节能、成本低、效率高，易现场修复；特性与焊接、铆接、螺纹联接相比，减轻结构重量的20%~25%，表面光滑美观；粘接还可对接头增加密封、隔热、绝缘、防腐、防振、导电、导磁等性能，两种金属的胶合可防止电化学腐蚀。

（2）缺陷

不耐高温（无机胶除外），一般有机合成胶在150℃以下性能长期稳定，某些耐高温胶也能达到300℃左右强度差，不如焊接、铆接修复法的强度高；存在隐患，使用有机合成胶黏剂尤其溶剂，易燃、有毒、影响职业安全卫生；有机合成胶受环境条件影响易变质，抗老化性能差，受使用条件影响寿命差异较大；难以进行质量检测，胶接质量无可行的无损检测方法，只依赖严格的工艺，应用受到限制。

2. 胶粘剂及选用

（1）胶粘剂分类

胶粘剂基本成分分类见表4-10。按固化过程的变化可分反应型、溶剂型、热熔型、压敏型等；按胶粘剂用途可分结构胶、非结构胶、特种胶，结构胶粘接强度高、耐久性好，用于承受较大应力的场合，非结构胶用于不受力或次要受力的部分，特种胶满足特殊需求，如耐高温、耐磨、耐腐蚀、密封等。

表4-10　胶粘剂的分类

<table>
<tr><td rowspan="5">分类</td><td colspan="15">胶粘剂类型</td></tr>
<tr><td colspan="11">有机类</td><td colspan="4" rowspan="3">无机类</td></tr>
<tr><td colspan="7">合成型</td><td colspan="4" rowspan="2">天然型</td></tr>
<tr><td colspan="2">树脂型</td><td colspan="2">橡胶型</td><td colspan="3">混合型</td></tr>
<tr><td>热固性胶粘剂</td><td>热塑性胶粘剂</td><td>单一橡胶</td><td>树脂改性</td><td>橡胶与橡胶</td><td>树脂与橡胶</td><td>热固性与热塑性树脂</td><td>动物胶粘剂</td><td>植物胶粘剂</td><td>矿物胶粘剂</td><td>天然橡胶胶粘剂</td><td>磷酸盐</td><td>硅酸盐</td><td>硫酸盐</td><td>硼酸盐</td></tr>
</table>

（2）胶粘剂的选择原则

依据粘接零件材料和接头形态特性，如刚性连接、柔性连接，确定胶粘剂大类。按用途选，粘接兼具有连接、密封、固定、定位、修补、填充、堵漏、防腐及特殊功能，但用胶接时是某方面功能占主导地位，如密封，选密封胶，定位、装配及修补，选室温下快速固化的胶粘剂，如需导电，选导电胶；按环境选，温度、湿度、介质、真空、辐射、户外老化等，胶粘剂不同，耐介质性不同，有些是矛盾的，如耐酸性不耐碱，应严格按说明书选择；按明确受力形式选，静态或动态，受力类型如剪切、剥离、拉伸、载荷，如受力状况复杂应选用复合型热固树脂胶；按工艺选，用结构胶粘剂时，考虑强度、性能及工艺可行性。

另外，考虑经济成本，采用胶粘技术收益大，使用很少的胶粘剂就能解决大问题，节约材料与人力，也要考虑成本，使用胶粘剂量大时，在保证性能前提下，可选成本低的胶粘剂。

（3）胶粘剂的选择

根据性能选择胶粘剂，表4-11所示是常用胶粘剂的基本性能和用途；根据被粘物具体特性选择合适的胶粘剂，参考表4-12所示，还要考虑温度、湿度、化学介质等。

表4-11　机械设备修理中常用的胶粘剂

类别	牌号	主要成分	主要性能	用途
通用胶	HY-914	环氧树脂，703固化剂	双组分，温室快速固化，温室抗剪强度22.5~24.5MPa	低于60℃金属和非金属材料粘补
	农机2号	环氧树脂，二乙烯三胺	双组分，温室固化，温室抗剪强度17.4~18.7MPa	低于120℃的各种材料
	KH-520	环氧树脂，703固化剂	双组分，温室固化，温室抗剪强度24.7~29.4MPa	低于60℃的各种材料

（续）

类别	牌号	主要成分	主要性能	用途
通用胶	JW-1	环氧树脂，聚酰胺	三组分，60℃ 2h 固化，温室抗剪强度 22.6MPa	低于 60℃的各种材料
	502	a-氰基丙烯酸乙酯	单组分，温室快速固化，温室抗剪强度 9.8MPa	低于 70℃受力不大的各种材料
结构胶	J-19C	环氧树脂，双氰胺	单分组、高温加压固化，室温抗剪强度 52.9MPa	低于 120℃受力大的部位
	J-04	钡酚醛树脂	单分组、高温加压固化，室温抗剪强度 21.5~25.4MPa	低于 120℃受力大的部位
	204（JF-1）	酚醛-缩醛有机硅酸	单分组、高温加压固化，室温抗剪强度 22.3MPa	低于 120℃受力大的部位
密封胶	Y-150 厌氧胶	甲基丙烯酸	单分组，隔绝空气后固化，室温抗剪强度 10.48MPa	低于 100℃螺纹堵头和平面配合处紧固密封堵漏
	7302 液体密封胶	聚酯树脂	半干性，密封耐压 3.92MPa	低于 200℃各种机械设备平面法兰螺纹联接部位的密封
	W-1 密封耐压胶	聚醚环氧树脂	不干性，密封耐压 0.98MPa	

表 4-12 粘接各种材料时可选用的胶粘剂

	软质材料	木材	热固性塑料	热塑性塑料	橡胶制品	玻璃、陶瓷	金属	备注
金属	3、6、8、10	1、2、5	2、4、5、7	5、6、7、8	3、6、8、10	2、5、6、7	2、4、6、7	1—酚醛树脂胶粘剂；2—酚醛—缩醛树脂胶粘剂；3—酚醛—氯丁树脂胶粘剂；4—酚醛—丁树脂胶粘剂；5—环氧树脂胶粘剂；6—环氧—丁腈树脂胶粘剂；7—聚丙烯酸酯胶粘剂；8—聚氨酯胶粘剂；9—热熔性树脂溶剂胶粘剂；10—热熔胶粘剂
玻璃、陶瓷	2、3、6、8	1、2、5	2、4、5、7	2、5、7、8	3、6、8	2、4、5、7		
橡胶制品	3、8	2、5、8	2、4、6、8	5、7、8	3、8			
热塑性塑料	3、8、9	1、5	5、7、9	5				
热固性塑料	2、3、6、8	1、2、5	2、4、5					
木材	1、2、5	1、2、5						
软质材料	3、8、9、10							

3. 粘接工艺

（1）确定粘接部分及表面预处理

对粘接部分如材料、表面状态、清洁程度及损伤程度、粘接位置等，认真观察与检查，为施行具体的粘接工艺作准备。粘接接头的被粘物表面处理决定粘接接头的强度和耐久性，应除去表面污物及疏松层、增加表面质量、提高表面性能等。表面处理方法有脱脂、机械加工、打磨和喷砂、化学腐蚀法和涂底胶法等。

（2）配胶

单组分胶粘剂，可直接使用，一些相容性差、填料多、存放时间长的胶粘剂会沉淀或分层，使用前按规定比例称取后，必须搅拌均匀。注意，配胶时随用随配，配胶容器和工具必须清洗干净。配胶场所宜明亮干燥、通风。

（3）涂胶

用适当方法和工具将胶粘剂涂布在被沾物表面，操作方法对粘接质量有很大影响。用粘接技术对零件磨损或划伤修复时，胶层达到尺寸时并留加工余量。对结构件胶接，胶层完全侵蚀被粘物表面时，胶层厚度约为 0.08~0.15mm。涂胶方法因胶粘剂形态不同而异，对液态、糊状或膏状胶粘剂可用刷胶、喷涂、刮涂、滚涂、注入等方法。涂胶均匀，避免空气混入，无漏胶、不缺胶、无气孔、不堆积，粘接后有适当厚度的胶层。

（4）晾置

晾置能挥发溶剂，使黏度增大，促进固化。对无溶剂的氧化胶粘剂，无须晾置，涂胶后即可叠合。

（5）粘接和固化

将涂胶后或适当晾置，已粘表面叠合在一起，适当按压、锤压或滚压，赶出空气，胶层密实，如有缝隙或缺胶应补胶填满。胶粘剂通过溶剂挥发、熔体冷却、乳液凝聚的物理作用或交联、缩聚、加聚，变为固体并具有一定强度，获得良好粘接性能。

固化过程须满足适当的温度、时间、压力。有电热鼓风干燥箱、蒸汽干燥室、电吹风、红外线、高频电、电子束加热等加温方式。固化中对胶粘剂施加一定压力。固化时间长短与温度相关，温度可缩短固化时间。

（6）胶层检验

简单检验有目测法、敲击法、溶剂法、水压或油压试压法等。技术方法如超声波法、X射线法、声阻法、激光法等。

（7）修整或后加工

检验合格的粘接件，为满足装配要求需修整，刮掉多余的胶，将粘接表面整修光滑平整。也可机械加工达到装配要求。注意，加工中要尽量避免胶层受到冲击力和剥离力。

设备维修中，粘接修补技术可进行机床导轨磨损的修复、零件动静配合修复工艺的修复、零件裂纹和破损部位的修复、填补铸件的砂眼和气孔、用于连接表面密封堵漏和紧固放松、用于连接表面的防腐等。如图 4-21 所示为胶粘技术的应用例子。

4.5.2 表面机械强化技术

1. 概述

通过机械手段如滚压、内挤压和喷丸等使零件金属表面产生压缩变形，表面形成形变硬化层，深度 0.5~1.5mm，有效提高金属表面强度和疲劳强度。成本低，强化效果显著，机械设备维修中常用。

滚压强化，利用球形金刚石滚压头或表面有连续沟槽的球形金刚石滚压头以一定的滚压力对零件表面滚压，使表面形变强化产生硬化层；内挤压，孔的内表面获得形变强化的工艺方法，美国就此方法已发表专利；喷丸，利用高速弹丸强烈冲击零件表面，产生形变硬化层并引进残余应力的一种机械强化工艺方法，广泛用于弹簧、齿轮、链条、轴、叶片等零件的强化，能显著提高抗弯强度、抗腐蚀疲劳、抗微动磨损等性能。

2. 表面热处理和表面化学热处理强化

（1）表面热处理强化

表面热处理包括高频和中频感应加热表面淬火、火焰加热表面淬火、接触电阻加热表面淬火、浴炉或高温盐浴炉加热表面淬火等，除接触电阻加热表面淬火外，均为常规的热处理方法。

接触电阻加热表面淬火工艺方法是利用铜滚轮或碳棒和零件间接触电阻使零件表面加热，依靠自身热传导实现冷却淬火，设备简单、操作灵活、零件变形小、淬火后不需回火，

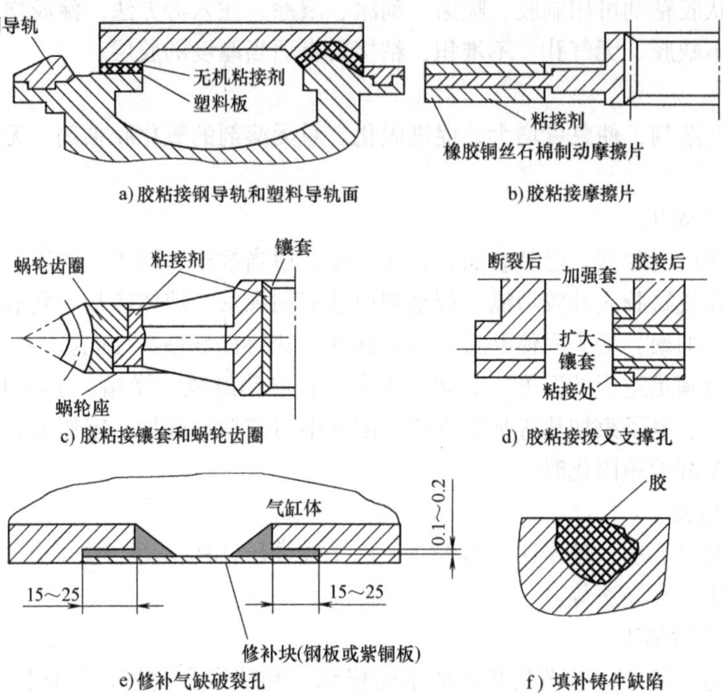

图 4-21 胶粘技术的应用例子

可显著提高零件的耐磨性和抗擦伤能力，但淬硬层较薄，一般 0.15~0.30mm，金相组织及硬度的均匀性较差。多用于机床铸铁导轨、气缸套、曲轴等的表面淬火。

（2）表面化学热处理强化

表面化学热处理可提高金属表面的强度、硬度和耐磨性，提高表面疲劳强度、表面耐蚀性，使金属表面抗黏着能力良好、摩擦系数低。常用的表面化学热处理强化方法有渗硼（提高表面硬度、耐磨性和耐蚀性），渗碳、渗氮、碳氮共渗（提高表面硬度、耐磨性、耐蚀性和疲劳强度），渗金属（渗入 W、Mo、V、Cr 等，与碳形成碳化物，硬度极高、耐磨性好、抗黏着力强、摩擦系数小）等。

3. 电火花强化

（1）电火花强化原理

图 4-22 所示是电火花强化机原理图，主要由脉冲电源和振动器组成，简单的脉冲电源用 *CR* 弛张式脉冲发生器，直流电源、限流电阻 *R* 和储能电容 *C* 组成充电回路，而 *C*、电极、工件及连接线组成放电回路。电极接 *C* 正极，工件接负极。电极与振动器运动部分相连接，振动器的振动电源频率决定频率，振动电源和脉冲电源组成一体，成为电源部分。

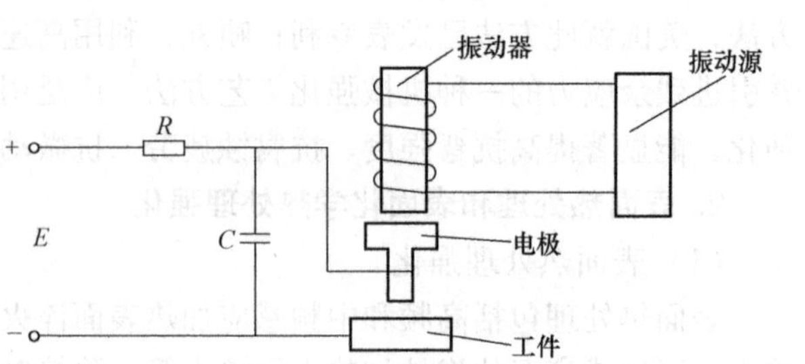

图 4-22 电火花强化机原理图

电火花强化一般在空气介质中进行，如图 4-23 所示，图中箭头是电极运动方向。

图 4-23a是电极未接触工件时，直流电源经 R 对 C 充电；图 4-23b 是电极向工件运动接近时，间隙击穿产生火花放电，电容 C 的能量以脉冲形式瞬时输入火花间隙，形成放电回路，产生高温，电极和工件局部区域熔化甚至汽化，随之发生电极材料向工件迁移和化学反应；电极仍向下运动接触工件，在接触处流过短路电源，电极和工件接触部分继续加热；图 4-23c 是电极以适当压力压向工件，熔化材料熔接、扩散，形成新合金；图 4-23d 是电极离开工件，电极材料熔渗进工件表层深部，一部分电极材料涂覆在工件表面。这时放电回路断开，再对 C 充电。至此，一次电火花强化过程完成。重复充放电过程并移动电极位置，强化点相互重叠和融合，在工件表面形成一层强化层。

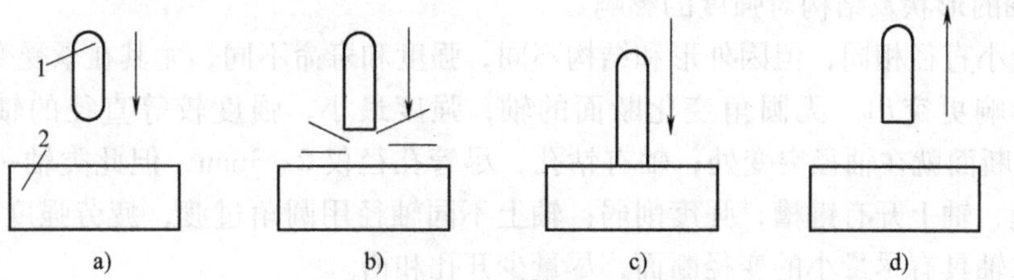

图 4-23 电火花表面强化工艺过程

1—电极 2—工件

强化过程中，因火花放电所产生瞬时高温，使放电微区的电极材料和工件表面基体材料瞬间高速熔化，发生高温物理化学冶金过程。此过程中，电极材料和被电离空气中的氮离子等，熔渗、扩散到工件表层，重新合金化，化学成分发生明显变化。由于熔化微区体积极小，脉冲放电瞬时停止后，基体材料上被熔化的金属微粒因快速冷却凝固而被高速淬火，改变了工件表面层组织结构和性能。用适当的电极材料强化工件，在工件表面形成一层高硬度、高耐磨性和耐蚀性的强化层，显著地提高被强化工件的使用寿命。

（2）电火花强化过程

1）强化前准备。了解工件材料硬度、工件表面状况、性质及技术要求，确定工艺；确定强化部位并清洁；选择设备和强化规范。强化设备功率与强化表面粗糙度质量要求相适应，根据工件对粗糙度和强化层厚度要求选择强化规范。为保证厚度和表面粗糙度，采取多规范强化的方法。

2）实施强化。这是电火花强化的重要环节，包括调整电极与工件强化表面的夹角，选择电极移动方式和掌握电极移动速度等，还包括强化后处理，表面清理和质量检查。

（3）电火花强化在设备维修中的应用

电火花强化工艺应用于模具、刀具和机械零件易磨损表面强化，广泛用于修复模具、量具、轧辊、零件的磨损表面，修复质量好，经济性好。可去除折断的钻头、板牙、螺栓及钻出任何形状的沟槽等。电火花强化加工修复层厚度达 0.5mm，修复铸铁壳体上的轴承座孔时，阳极用铜材料；强化零件的磨损轴颈时，阳极为切削工具，用铬铁合金、石墨等材料制作。

注意，电火花强化工艺层较薄，零件表面较粗糙、生产效率低，应用受到一定限制。

课堂练习

（1）叙述粘接修复法的特点。

(2) 查阅资料，叙述电火花的工作原理及作用，结合典型的工作电路进行分析。

4.6 典型机械零部件的维修

4.6.1 典型零件的修理与装配

1. 轴类零件的修理与装配

(1) 轴的形状及结构对强度的影响

轴的最小直径相同，但因外形和结构不同，强度和寿命不同，尤其在承受变载荷和冲击载荷时，影响更突出。无圆角变化断面的轴，强度最小，强度较等直径的轴降低 10%~30%，危险断面就在轴径突变处；轴有钻孔，尽管孔径仅 2~3mm，但此类轴一般在孔的根部产生裂缝，轴上开有键槽，强度削弱；轴上不同轴径用圆角过渡，疲劳强度有很大提高。所以，要求轴具有尽量小的变径断面，尽量少开孔和槽。

(2) 表面状态对轴疲劳强度的影响

轴表面粗糙度对轴疲劳强度影响较大，若设表面抛光轴的疲劳强度为 100，则极粗加工表面粗糙度为 60~85，粗加工表面粗糙度为 40~60，锈蚀表面粗糙度为 45~55，热处理时脱碳表面粗糙度为 30~50。

(3) 轴上安装零件对强度的影响

轴上安装静配合的零件（过渡配合的联轴器、齿轮、皮带轮），如用较大过盈量会降低配合处轴的强度，这样配合使轴产生很大的应力集中，疲劳强度降低约 1/3~2/3，即使过盈量合适，也对轴的疲劳强度有影响。过盈配合值应选择适当，并在轴的结构采取相应措施。

2. 轴类零件的拆卸

(1) 配合过盈轴类的拆卸

配合过盈不大的轴类零件，用锤击或用退卸器、压力机、千斤顶等拆卸。过盈较大的配合件，拆卸前需在轴的包容零件上加热。为使包容件受热均匀，需将零件翻转，不使轴同时受热而膨胀，一般可将轴两端部包以湿布，不断浇凉水。通常包容零件加热温度低于 700℃，否则零件过分氧化、退火，可能降低零件的强度和寿命。

(2) 不旋转的心轴拆卸

对不旋转的心轴，轴端有轴向螺纹孔供拆卸用。先松开定位螺栓或挡板，再拧入一螺栓，用螺栓将轴拉出来。

3. 轴拆卸后的检查和修复

(1) 磨损的检查

1) 轴颈圆度的检查。在车床或专用托架上用千分表、游标卡尺检查，每一测量段上测量 3 处，2 处距轴颈端处约 30mm，另一处在中间测量；如将轴颈旋转一周，千分表指针读数增大或减少两次，且正负读数值大致相等，说明轴颈在该断面处磨损呈椭圆形，并可根据读数差求得其圆度。

2) 轴颈圆柱度的检查。参照圆度检查方法，检查处不是在轴颈同一横截面处，而在相距一定轴向长度处，一般相距 50~120mm 内，至少在轴颈根部、中部和端部测量轴颈的磨损；轴颈圆柱度不应超过其圆度公差，配合处圆柱度应在配合尺寸公差范围内，轴颈圆度和圆柱度应符合技术要求规定值。

3）轴颈磨损的修复。轴颈上有较小磨痕和擦伤时，可用细锉和砂布消除，没有配合尺寸精度要求的轴颈，直径小于250mm的轴颈磨损后，圆度和圆柱度小于0.1mm时，可手工修复；重要轴的轴颈有较大磨损时，在机床上外圆车削修复，车削量不超过直径的5%，表面粗糙度 Ra 不大于0.8，保证强度不降低；如在配合处，可重新考虑配合方式和性质，必要时可采用涂镀、电镀或喷涂工艺修复，也可采用镶套处理。

（2）轴的直线度检查与修理

1）直线度的检查。在车床上用千分表，也可用滚动轴承托架，如图4-24所示。当轴缓慢转动时，用千分表在轴上测定轴两端和中间。轴转动时，千分表指针在表盘上移动的最大读数与最小读数之差即为轴直线度的两倍。

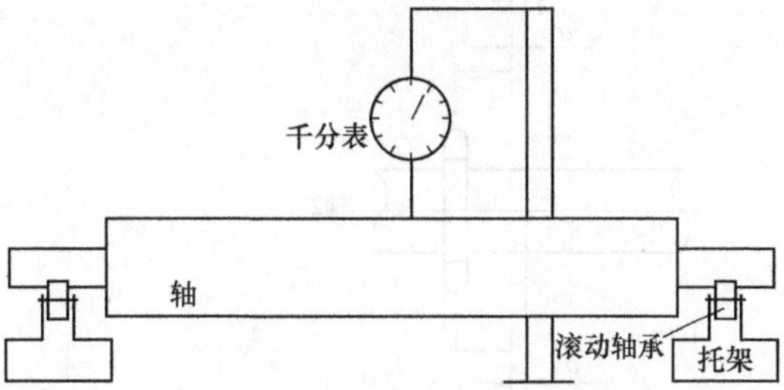

图4-24　轴的直线度检查

2）弯曲轴的矫直。已弯曲的轴矫直是精细工作，有冷矫或热矫两种。对机械设备轴尤其细长轴，无论拆卸、装配或保管中，都应防止弯曲变形。

（3）轴裂纹的修理

轴裂纹的检查，可用无损探伤检查法精确检查，在怀疑有裂纹部位用煤油抹擦后，将轴表面煤油擦净，涂上粉笔，如有微小裂纹立即出现明显的浸线，也可用专用喷剂；对机械设备重要部位的轴，裂纹深度超直径5%或扭转变形角超过3°时应更换，对不受冲击载荷、次要的轴，轴上有较浅的裂纹，可用电焊补焊。

4. 轴的装配

（1）装配前的准备

装配前，对轴和包容件孔的配合尺寸校对。配合表面涂一层清洁机油，减少表面摩擦阻力；过渡配合的装配件在装配时不应歪斜，当仔细检查装正时施加压力，防止压入时因位置歪斜刮伤轴或孔；对已装配好的轴部件，应均匀支承在轴承上，用手转动应轻快，各装配件轴间的平行度、垂直度、同心度均要符合要求。

（2）装配过程中的检查方法

1）轴间平行度检查。根据具体情况用弯针和挂线配合检查，如图4-25所示，此时钢丝线应与轴2的中心线垂直，使间隙 a 相等，再检查钢丝与轴1的指针间的间隙 b 是否相等，此法误差较大；用测量轴间距离的方法如图4-26所示，用内径千分尺或游标卡尺来测量二轴间两处的距离，被测两处距离应尽量远些。用内径千分尺测量时，必须将内径千分尺的一端顶在轴的圆柱面上作支点，绕着它在两个相互垂直方向画几下圆弧，便测出轴间的最近距离。如在两处所测的距离数值相等，说明两轴平行度较好。

2）轴的垂直度与同心度检查。可用弯针检查两根相垂直的轴的垂直度，如图4-27所示，如测量 a 和 b 值相等，则两轴相垂直。如图4-28所示，用装有螺钉的卡子，将螺钉安装在一定位置上，当缓慢转动轴时，如用塞尺量得螺钉末端与轴间的间隙不变，说明两轴同心。

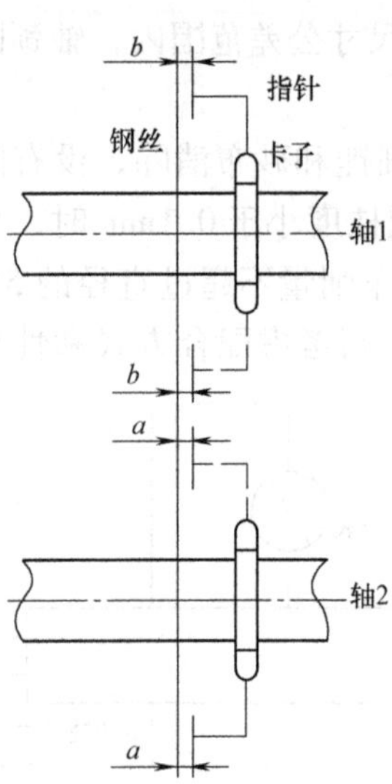

图 4-25 轴间平行度的检查

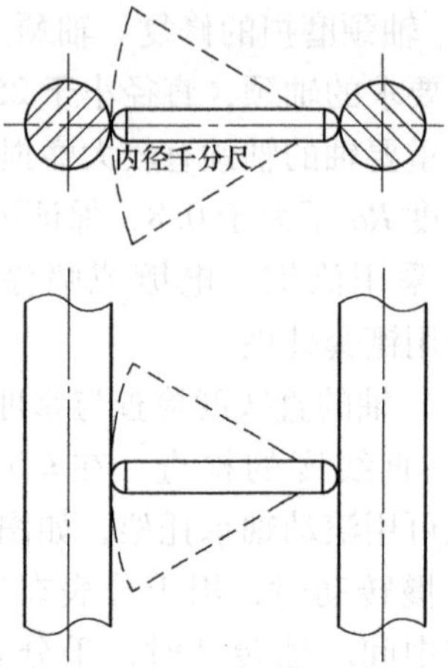

图 4-26 用内径千分尺测量二轴平行度

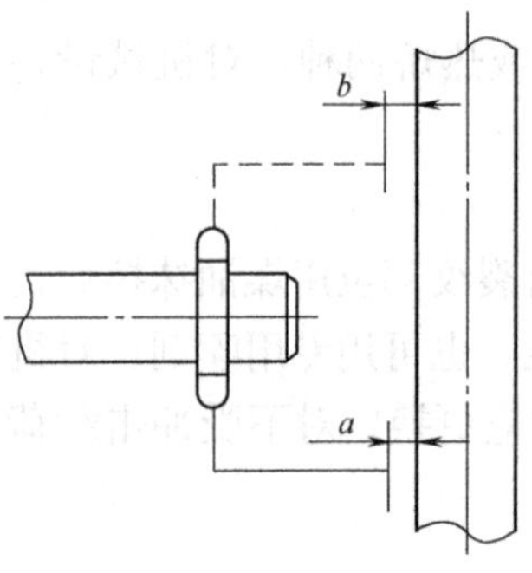

图 4-27 轴的垂直度检查

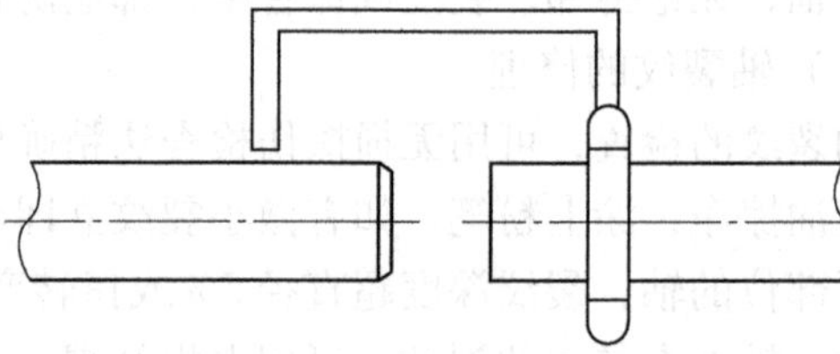

图 4-28 轴的同心度检查

4.6.2 卧式万能升降台铣床的维修

1. X62W 型万能铣床主要部件的修理

（1）主轴部件的修理

1）主轴轴颈及轴肩面的检测与修理。如图 4-29 所示，在平板上用 V 型架支承主轴的 A、B 轴颈，用千分尺检测 B、D、F、G、K 的同轴度误差，公差 0.007mm；如同轴度超差，可镀铬修复并磨削各轴颈至要求尺寸；再用千分表检测 H、J、E 表面的径向圆跳动，公差 0.007mm，如超差可在修磨表面 A、K 时磨削表面 H、J；表面 I 的径向圆跳动公差 0.05mm，如超差，可同时修磨至符合要求。

2）主轴锥孔的检测与修复。如图 4-29 所示，将检验棒插入主轴锥孔中，用拉杆拉紧，用千分表检测主轴锥孔的径向圆跳动量，近主轴端公差 0.005mm，距主轴端 300mm 处 0.01mm；达不到精度或内锥表面磨损，可将主轴尾部用磨床卡盘夹持，用中心架支承轴颈 C 的径向圆跳动量小于 0.005mm；同时校正轴颈 G 使其与工作台运动方向平行；然后修磨床主轴锥孔 I，使其径向圆跳动误差在允许范围内，使接触率大于 70%。

（2）主轴配件的装配

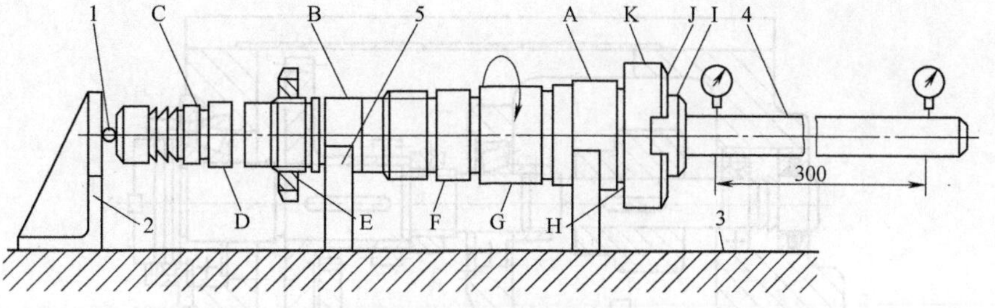

图 4-29 主轴及检测
1—钢球 2—挡铁 3—平板 4—检验棒 5—V 型架

图 4-30 所示为主轴部件结构图。主轴有 3 个支承，前支承为圆锥滚子轴承，中支承为圆锥滚子轴承，后支承为深沟球轴承，前、中轴承决定主轴的工作精度，后轴承是辅助支承。前、中轴承可用定向装配，提高这对轴承的装配精度。主轴装有飞轮，用惯性消除铣削时的振动，主轴旋转更加平稳。

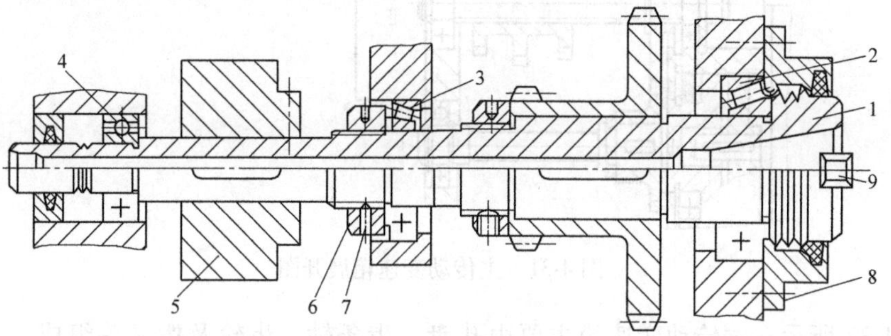

图 4-30 主轴部件结构
1—主轴 2、3—圆锥滚子轴承 4—深沟球轴承 5—飞轮 6—调整螺母 7—锁定螺钉 8—盖板 9—端面键

为使主轴有理想的旋转精度，装配中注意前、中轴承径向和轴向间隙的调整。先松开紧定螺钉，再用专用扳手钩住调整螺母上的孔，借主轴端面键转动主轴，使圆锥滚子轴承内圈右移，消除两个轴承的径向和轴向间隙。调整完毕再将锁定螺钉拧紧。轴承预紧量根据机床工作要求决定，机床载荷不大的精加工，预紧量稍大些，保证 1500r/min 时运转 30～60min 后，轴承温度不超过 60℃。

调整螺母右端面较严格，右端面径向圆跳动误差应在 0.005mm 内，两端面平行度误差应在 0.001mm 内。

2. 主传动变速箱的修理

展开图如图 4-31 所示。轴Ⅰ～Ⅳ的轴承及安装基本相同，左端轴承采用内、外圈分别固定于轴上和箱体孔中；右端轴承采用只将内圈固定轴上，外圈在箱体孔中游动的形式。装配轴Ⅰ～Ⅲ时，轴由左端伸入箱体孔中一段长度后，齿轮安装到花键轴上；然后装右端轴承，将轴全部伸入箱体内，并将两端轴承调整好固定。轴Ⅳ应由右端向左装配，先伸入右边一跨，安装大滑移齿轮块；轴继续前伸至左边一跨，安装中间轴承和三联滑移齿轮块，并将三个轴承调整好。

（1）主传动变速操作机构

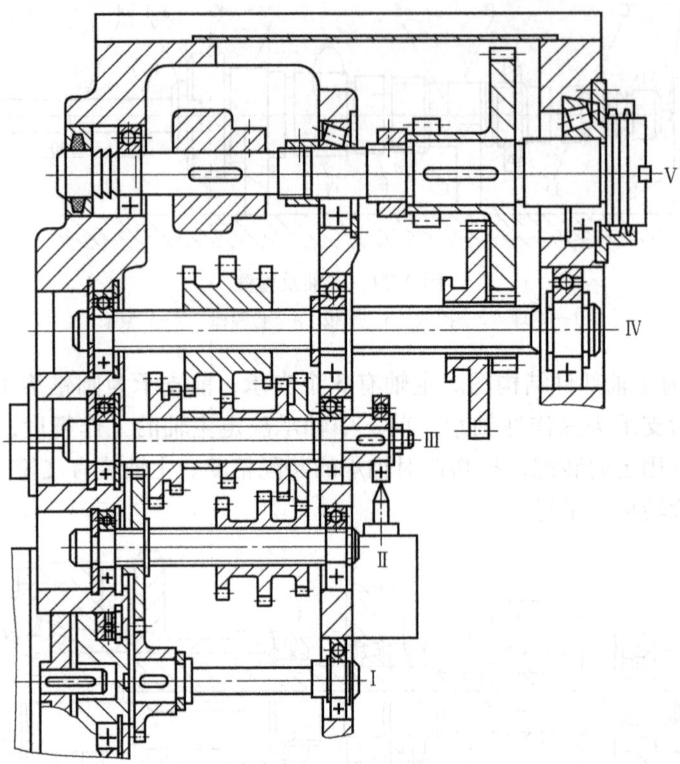

图 4-31 主传动变速箱展开图

如图 4-32 所示，主传动变速箱主要由孔盘、齿条轴、齿轮及拨叉等组成。变速时，将手柄顺时针转动，通过齿扇、齿杆、拨叉使孔盘向右移动，与齿条轴脱开；根据转速转动选

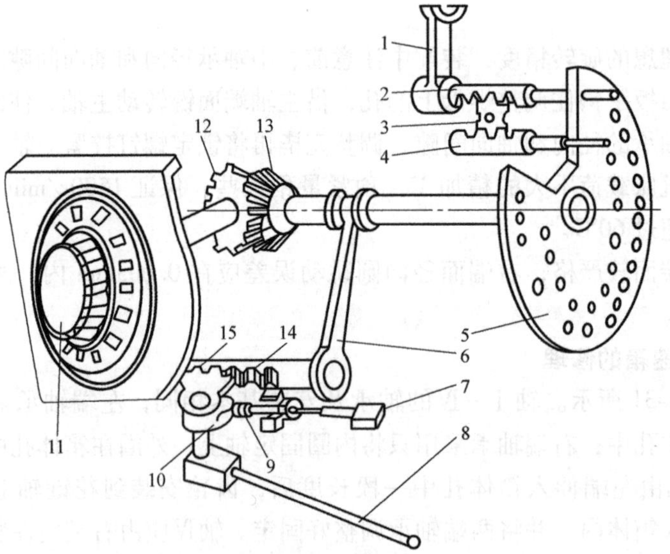

图 4-32 主传动变速操纵机构

1、6—拨叉 2、4—齿条 3—齿轮 5—孔盘 7—开关 8—手柄

9—顶杆 10—凸块 11—速度盘 12、13—锥齿轮 14—齿杆 15—齿扇

速盘，通过锥齿轮使孔盘转到所需位置；再将手柄逆时针转动到原位，孔盘使三组齿条轴改变位置，从而使三联滑移齿轮块改变啮合位置，实现主轴 18 种转速的转换。

瞬时压合开关，使电动机起动。当凸块随齿扇转过后，开关重新断开，电动机断电随即停止转动。电动机只起动运转短暂的时间，便于滑移齿轮与固定齿轮的啮合。

（2）主变速操纵机构的调整

正确组装操纵机构，拆卸选速盘轴上锥齿轮的啮合位置时做好标记。拆卸齿条轴中的销时，每对销长短不同，不能装错。或在拆卸前，将选速盘转到 30r/min 位置，按拆卸位置装配；装配好后扳动手柄使孔盘定位，并应保证齿轮的中心至孔盘端面的距离 231mm，如图 4-33所示。若尺寸不符，即齿条轴啮合位置不正确，应使齿条顶紧孔盘，重新装入齿轮，检查齿轮中心至孔盘端面的距离，最后查各转速位置是否正确。

当变速操纵手柄回到原位并合上定位槽后，如发现齿条轴上的拨叉来回窜动或滑移齿轮错位，可拆出该组齿条轴间的齿轮，用力将齿条轴顶紧孔盘端面，再装入齿轮。

（3）床身导轨的修理

如图 4-34 所示，可用磨削或刮削恢复精度。磨削或刮削床身导轨面时，以主轴回转轴线为基准，保证导轨 A 纵向垂直度公差 0.015mm/300mm；横向垂直度公差 0.01mm/300mm。检测方法如图 4-35 所示。保证导轨 B 与 D 的平行度，全长上公差 0.02mm；直线度公差 0.02mm/1000mm。燕尾导轨面 F、G、H 结合悬梁修理配刮。用磨削工艺，各表面表面粗糙度小于 8μm。用刮削工艺，各表面的接触点在 25mm×25mm 的面积内为 6~8 点。

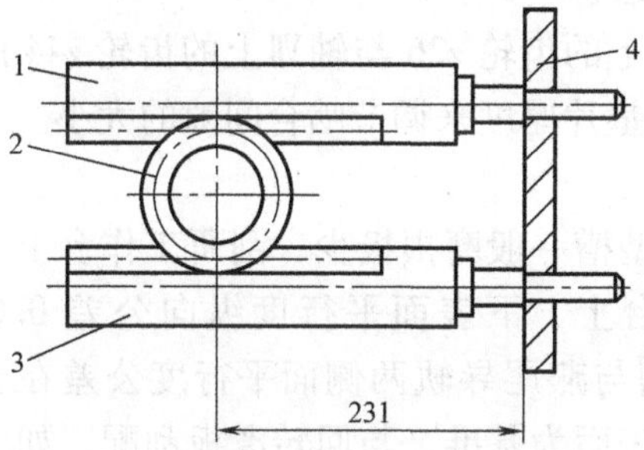

图 4-33 齿轮轴与齿轮的啮合

1、3—齿条 2—齿轮 4—孔盘

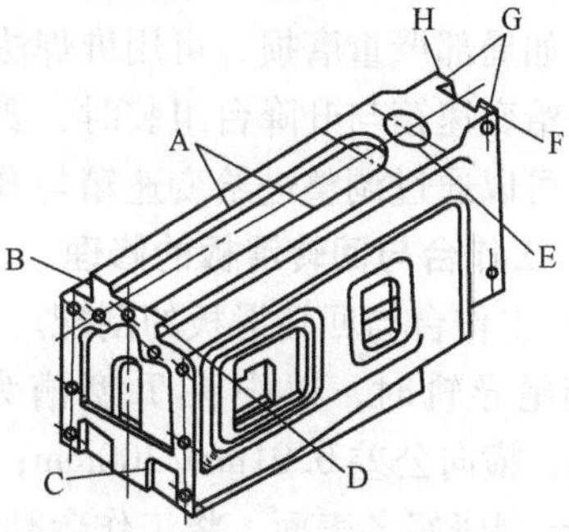

图 4-34 导轨结构示意图

3. 进给变速箱的修理

工作台快速移动直接传给轴Ⅺ，转速较高，易损坏。修理时更换；牙嵌离合器工作室频繁啮合，端面齿很容易损坏。修理时可更换或用堆焊修理。

检查摩擦片有无烧伤，平面度误差在 0.1mm 内；若超差，可修磨平面或更换。

装配轴Ⅺ上的安全离合器时，先调整离合器左端螺母，使离合器端面与宽齿轮 z40 端面之间有间隙 0.40~0.60mm，再调整螺套，使弹簧压力能抵抗 160~200N·m 的转矩。

将进给变速操纵机构装入进给箱前，手柄应向前拉到极限位置，利于装入进给齿条轴顶紧孔盘，再装入转动齿轮和堵塞，最后查 18 种进给量位置，准确、灵活、轻便。

进给变速箱装配后，必须严格清洗，查柱塞式液压泵输油管道，保证油路畅通。

4. 工作台横向和升降进给操纵结构的修理与调整

机构示意图如图 4-36 所示。手柄有 5 个工作位置，前后扳动手柄，球头拨动鼓轮做轴

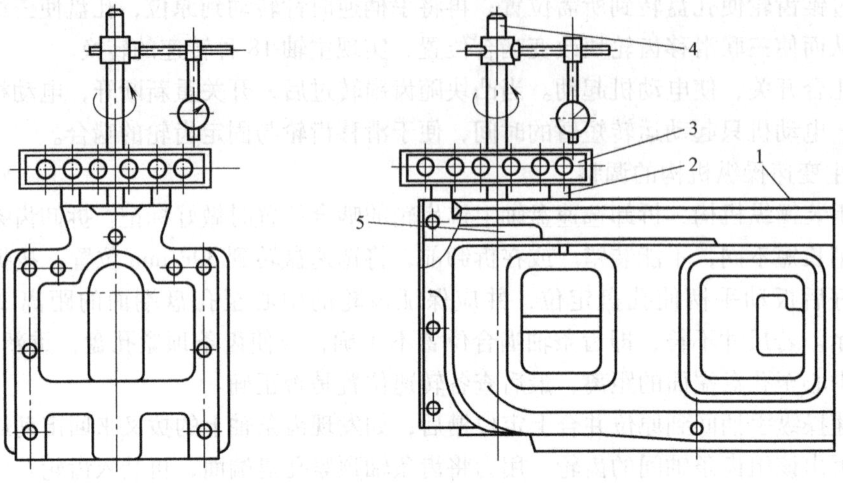

图 4-35 导轨对主轴回转轴线垂直度检测

1—床身导轨 2—等高垫块 3—平尺 4—检验棒 5—主轴孔

向移动，顶杆使横向进给离合器啮合，同时触动行程开关，起动进给电动机正转或反转实现床鞍向前或向后移动。同样，手柄上下扳动，其球头拨动鼓轮回转，顶杆使升降离合器啮合，同时触动行程开关起动，进给电动机正转或反转，实现工作台的升降运动。手柄在中间位置时，床鞍和升降台均停止运动。鼓轮表面经淬火处理，硬度高不易损坏，装配前应清洗干净。如局部严重磨损，可用堆焊法修复并淬火处理。

进给变速箱与升降台组装时，要保证电动机轴上的齿轮 z26 与轴Ⅶ上的齿轮 z44 的啮合间隙，可以通过调整进给变速箱与升降台结合面的垫片厚度来调节啮合间隙的大小。

5. 工作台与回转滑板的修理

1）工作台与回转滑板的刮配。工作台中央 T 型槽一般磨损极少，刮研工作台上、下表面及燕尾导轨时，以中央 T 型槽为基准。工作台上、下表面平行度纵向公差 0.01mm/500mm，横向公差 0.01mm/300mm；按中央 T 型槽与燕尾导轨两侧面平行度公差在全长上 0.02mm 刮研好各表面，将工作台翻身，以工作台表面为基准，与回转滑板刮配，如图 4-37 所示。

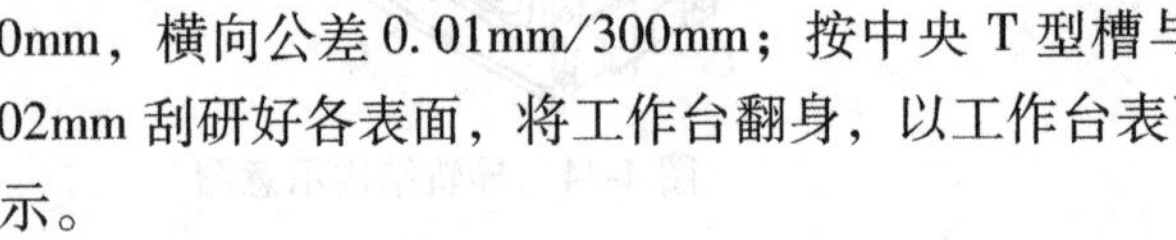

图 4-36 工作台横向与升降进给操纵机构

1—手柄 2—鼓轮 3—螺钉 4—顶杆

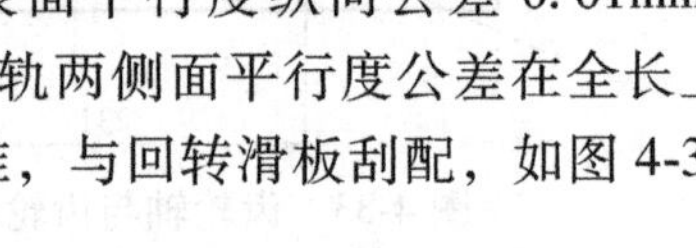

图 4-37 工作台与回转滑板刮配

1—工作台 2—回转滑板

2）回转滑板底面与工作台上表面的平行度公差在全长上为 0.02mm，滑动面间的接触点在 25mm×25mm 的面积内为 6~8 点。

3）粗刮楔铁。将楔铁装入回转滑板与工作台燕尾导轨间配研，滑动面接触点在25mm×25mm的面积内8~10点，非滑动面接触点6~8点，用0.04mm的塞尺检查楔铁两端与导轨之间的密合程度，插入深度小于20mm。

6. 工作台传动机构的组装

工作台与回转滑板组装时，弧齿锥齿轮副的正确啮合间隙可通过配磨调整环的端面调整。工作台纵向丝杠螺母间隙的调整为，打开盖并松开螺钉，用一字螺钉旋具转动蜗杆轴，通过调整外圆带蜗轮的螺母的轴向位置来消除间隙。调好后，工作台在全长上运动时应无阻滞、轻便灵活，然后紧固螺钉，压紧垫圈，装好盖即可。

课堂练习

（1）叙述轴类零件的修理与装配需要注意的因素。

（2）叙述齿轮啮合接触面积的检查要点，到实习工厂参观了解。

第5章 电气设备的维修

5.1 电气设备的故障诊断方法

5.1.1 电气设备故障诊断的信息处理技术

1. 信号采集

设备的电气及控制部分运行时会发生力、热、振动及能量等物理量变化，将产生各种数据及信息，发生性能参数及状态变化。设备维护维修时对状态及参数进行诊断，选择能表征设备电气及控制部分工作状态的信号，诊断传感器的工作效果。

2. 信号处理

电气及控制部分的信号专业性强，具有自身特点，明显区别于设备的机械、液压系统信息。但信号处理的思维方式基本相同，将采集信号及点检状态分类、统计、分析、处理等，取得设备的电气及控制部分特征参数，即特征提取过程，如对振动信号从时域变换到频域进行频谱分析。

3. 状态识别

将信号处理后获得的设备电气及控制部分特征参数与规范允许参数比较，对明显的参数及信息，分析设备所处状态，确定是否存在故障，并确定故障类型和性质；对于不明确的电气及控制部分的隐患，需根据状态及点检信息，进一步分析诊断，制定相应的判别准则和诊断策略。

4. 电气设备故障检测诊断方法

电流分析法可监测负载电流幅值、波形并做频谱分析，可诊断出电动机的转子绕组断条、气隙偏心、定子绕组故障、转子不平衡等缺陷；电流频谱分析是诊断和监测交流电动机故障的有效方法，能诊断交流电动机笼型绕组的断条、静态气隙偏心、动态气隙偏心及机械不平衡等故障。

振动诊断对振动信号进行信号处理和分析绝缘诊断，利用各种电气试验和特殊诊断方法，对设备的绝缘结构、工作性能和是否存在缺陷做出判断，对绝缘剩余寿命做出预测。

温度诊断，对设备各部分温度进行检测或红外测试。

噪声诊断，对诊断的对象同时采集振动信号和噪声信号注意这两种信号的干扰大。

5. 电气设备故障诊断技术

机电设备中的电气元件多为低压供电。按低压电器在电路中的作用，分低压配电电器和低压控制电器。前者用于低压配电系统或动力设备中，传送、分配和保护电能，主要有刀开关、熔断器、转换开关等；后者用于拖动及其他控制电路中对命令、现场信号分析判断并驱动电气设备工作，主要有接触器、继电器、控制器、主令电器、电磁铁等。

电气设备故障诊断是根据各测量值及运算结果提供的信息，结合设备管理经验，推理判断，找出设备电气故障部位、类型及程度，确定修理方法。

6. 电气系统故障的特点

1）电气设备种类繁多。系统中电气设备种类繁多，从大类分有强电设备和弱电设备。执行机构为强电设备，如接触器、电磁铁、电动机等；控制部分为弱电设备，如传感器、可编程序控制器、仪表等。

2）电气与机械故障交织。机电设备越来越复杂，机械与电气不是独立部分，而是有机整体。机械部分故障可能与电气控制部分有关，电气控制故障可能是由机械部分产生的，电气与机械的故障交织，给故障判断带来困难，对设备维修管理提出了更高要求。

3）电气与液压系统故障交织。机电液一体化设备中，电气与液压系统故障尤其难识别，特别是电气闭环控制、液压闭环控制、液压伺服系统的故障，因此，必须要准确判断。

4）电气故障与仪表、传感故障交织。电气与仪表系统的故障、与传感测量系统的故障、与执行机构的故障交织，故障范围小但需要更深的专业知识。

5.1.2 电气故障排除的基本步骤

5-1 高压力大流量液压单元观察

5-2 折弯设备大直径油缸活塞

1. 熟悉电气系统与设备结构

1）收集图纸资料。包括设备说明书、控制系统说明书，控制系统原理图、布置图和装配图，清楚各种元件的功能及在设备中的位置。

2）熟悉电气系统。熟悉电气系统与组成，包括主电路、控制电路。如控制部分复杂，应根据原理将控制电路分块，清楚总体功能、各控制部分功能、各控制部分的内在联系，熟悉检测传感元件的位置、操纵开关按钮的功能与位置。

3）熟悉生产工艺过程。结合生产工艺分析原理，满足生产工艺修改或调整控制程序；清楚各种仪表与生产工艺之间的关系。

4）清楚操纵与执行机构。十分清楚操纵面板的元件位置，被控对象的图纸符号与实物装配，如液压元件、电机等在设备中的具体位置。

5）清楚设备的各环节。设备作为整体，各环节在设备的位置与相互连接，必须清楚。还必须注意设备的接地、各种控制仪器与控制单元的接地。

6）查阅点检表记录。根据设备的状态连续多年循环多次调整设备点检表，具有工程师的倾向思维，预计设备的故障部位或系统。查阅点检表将对消除疑难故障提供帮助。

2. 了解电气故障产生的情况

（1）调查故障现象

同一类故障可能有不同的故障现象，不同类故障可能有同种故障现象。故障现象是检修设备电气故障的基本依据与起点。要仔细观察、分析，确定故障发生的时间、地点、环境。

5-3 液压单元控制柜

发生故障后，先向现场人员了解故障发生时的设备运行情况。比如，曾遇到某生产线设备故障，连续检修多个班次，机械、液压和电气控制专业人员分别全面检查，仍不能排除故障。在认为机械部分和液压部分无故障的前提下，重点检查电气控制部分，从电气执行单元、控制单元到传感器单元，发现8路传感器实际使用4个端子，空余4个端子，将空余4个端子短接，故障即排除。

（2）分析故障可能的原因

应用电路理论、电子技术、控制理论、电气控制技术、可编程序控制技术、传感技术等，对电气设备的构造、原理、性能进行分析，将设备故障与原理结合，分析故障产生的可能原因。

（3）确定故障部位

具体确定设备的故障位置，如短路点、断路点、损坏的元件、接触不好、电气集成部件损坏、接地等，也要能确定设备运行参数的变异，如电压波动、电源的三相不平衡等。

（4）分析点检表信息及交接班记录

点检表是现场点检人员对设备状态的客观记录，对状态数据及信息统计、分析，可针对性诊断故障；交接班记录有设备当班次运行的详细记录，包括设备状态不适当及需要改进的要求，为故障诊断及设备改善提供依据。

3. 电气故障排除的简单方法

1）闻。嗅气味，故障发生后，断开电源，靠近电动机、变压器、继电器、接触器、导线等闻气味，如有焦味，表明电器的绝缘层已烧焦，一般是过载、短路或三相严重不平衡等故障。

2）问。向现场人员了解故障发生情况，如故障发生前是否有过载、频繁起动与停止、设备运动部件卡死等，是否有异常声音、冒烟、火苗等。

3）听。仔细听设备的运行声，如电机正常运转，声音均匀，无杂音；如有“嗡嗡”声表明负荷电流过大，超载；“嗡嗡”声特别大表明电源缺相；“咕噜咕噜”声表明轴承间隙不正常或滚珠损坏；“丝丝”声表明轴承缺油。

4）看。现场仔细观察电气元件是否有变化，如熔断器是否爆掉、热继电器触点是否动作、断路器是否脱开、导线和元件线圈是否烧焦等。

5）摸。故障发生后，断开电源，用手接触或轻拉导线及电器的接线部位，感觉是否异常，如触摸电动机、变压器和电磁线圈表面，感觉温度是否太高；拉拉电线的接线头，是否松动，轻轻推动活动机构，动作是否灵活。

再次强调，用手接触电气元件时，必须切断电源。

4. 用简单的测量工具确定故障

常用万用表测量电压、电阻；用钳型表测量交流电流，判断是否过载，三相是否平衡；用万用表测量电阻，判断电路是否断路或短路。但必须注意，测量时应确保没有回路。

5.1.3 电气设备的绝缘预防性试验

为保证电气设备及控制系统的可靠性，应对电气系统进行绝缘性能试验。电气设备在制造、安装和使用中，可能因材料质量、振动或意外碰撞等造成绝缘缺陷。运行中长期承受额定电压、各种过电压，绝缘材料在强电场下发生击穿，丧失绝缘性能。导体发热、损伤、化学腐蚀及受潮等，可能使绝缘性能劣化。须定期对设备绝缘做预防性试验，检测电气、理化等性能，对绝缘状况做出评价。电气设备的绝缘预防性试验是按规定条件、项目和周期进行。掌握设备的绝缘强度，及早发现电气设备内部隐蔽的缺陷。

1. 绝缘电阻和吸收比测量

当设备受潮、表面脏污或局部缺陷时，设备绝缘电阻会显著降低。通常用绝缘电阻表（俗称兆欧表）测量，对设备施加一定的直流电压，读取试品1min时的绝缘电阻值。

（1）放电

试验前断开试品的电源，拆除所有连线，将试品短接后接地放电1min以上。放电应接地端接地，另一端接试品。用干燥清洁的柔软布或棉纱擦净试品表面，消除表面对试验结果的影响。

（2）校验绝缘电阻表

将绝缘电阻表水平放置，摇动手柄转速120r/min，指针指到“∞”；再用导线短接绝缘电阻表“电路”（L）端和“接地”（E）端，轻轻摇动手柄，指针指“0”。

（3）试验接线

绝缘电阻表的E端接试品接地端、金属外壳等处，L端接试品的被测部分，如绕组、铁心柱等。如试品表面潮湿或脏污，应装屏蔽环，即用软裸线在试品表面缠绕几圈，再用绝缘导线引接于绝缘电阻表的“屏蔽”（G）端。

（4）测量

恒定转速转动手柄，绝缘电阻表指针逐渐上升并稳定，1min后读取绝缘电阻值。如测量吸收比，在绝缘电阻表达额定转速时，即在试品上加全部试验电压，分别读取15s和60s的读数。

试验完毕或重复试验时，须将试品充分放电。记录试品名称、规范、装设地点及气象条件等。完毕后，所测得绝缘电阻值应大于电气设备的绝缘电阻允许值。也可将测得结果与有关数据比较，如同一设备的各相间数据、同类设备间数据、出厂试验数据、耐压试验前后数据等。如发现异常，应查明原因。试验时防止触电，注意安全，手不可触及导体。

2. 介质损耗的测量

电介质损耗是衡量绝缘电性能的重要指标。电介质即绝缘材料在电场作用下，电介质中有一部分电能转化为热能。如介质损耗过大，绝缘材料温度升高，材料老化、变脆和分解速度会加快；如介质温度不断上升，绝缘材料会熔化、烧焦、丧失绝缘能力，导致热击穿。

电场中电介质内单位时间消耗的电能称介质损耗。用功率因数角ψ反映，但介质损耗数量不大，ψ接近90°，使用不方便，工程中用ψ的余角δ的$\tan\delta$反映电介质的品质。

$$\tan\delta = 1/(\omega CR) = 1/(2\pi fCR)$$

$$P = \omega CU^2 \tan\delta = 2\pi fCU^2 \tan\delta$$

当电介质一定，介质损耗P与$\tan\delta$成正比。测量$\tan\delta$，可判断绝缘优劣。电气设备绝缘良好，$\tan\delta$很小；当绝缘受潮、劣化或含杂质时，$\tan\delta$将显著增大。

$\tan\delta$的测试可用高压西林电桥和2500V介质损耗角试验器等设备，一般用平衡电桥法、不平衡电桥法、低功率因数功率表法测量。如图5-1所示是平衡交流电桥，C_x、R_x是试品并联等值电容及电阻，C_N是标准空气电容器，R_3是可调无感电阻箱；C_4是可调电容箱，R_4是无感电阻，G是检流计。

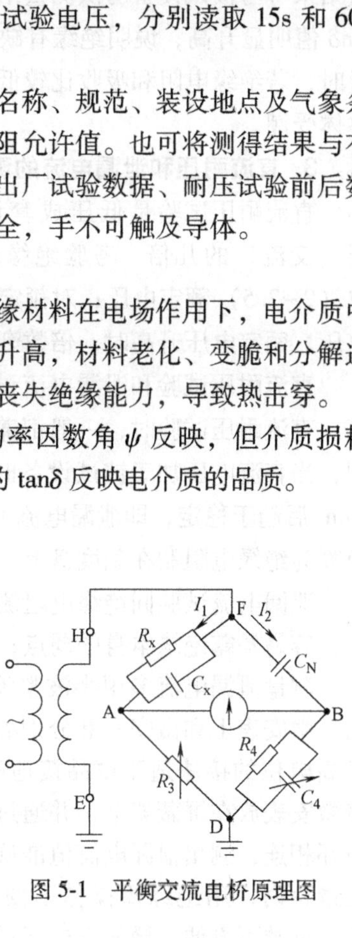

图5-1 平衡交流电桥原理图

根据交流电桥平衡原理，当检流计示数为零时，电桥平衡，各桥臂阻抗值满足关系：

$$Z_4 Z_x = Z_N Z_3 \tag{5-1}$$

其中，$Z_4 = \dfrac{1}{\dfrac{1}{R_4} + j\omega C_4}$；$Z_x = \dfrac{1}{\dfrac{1}{R_x} + j\omega C_x}$；$Z_3 = R_3$。

代入式（5-1），得到

$$\tan\delta = \omega R_x C_x = \omega R_4 C_4 \tag{5-2}$$

对 50Hz 的电源，$\omega = 100\pi$，仪表制造时，取 $R_4 = 10^4/\pi\Omega$，得到

$$\tan\delta = 10^6 C_4 \tag{5-3}$$

C_4 的单位是 F，当 C_4 的单位为 μF 时，则 $\tan\delta = C_4$。C_4 是可调电容箱，电桥面板上直接以 $\tan\delta$ 表示，以便读数，可得

$$C_x = C_N R_4 / R_3 \tag{5-4}$$

测 C_x 可判断绝缘状况。如电容式套管，当内部电容层短路或有水进入时，C_x 值显著增大。

为保证 $\tan\delta$ 测量结果准确，要尽量远离电场及磁场等干扰源，或者进行电场屏蔽。测量结果可与被试设备历次测量结果相比较，也应与同类型设备测试结果比较。若相差悬殊，$\tan\delta$ 值明显升高，说明绝缘有缺陷。如当用绝缘电阻表和西林电桥分别对变压器绝缘进行测量时，若绝缘电阻和吸收比较低，$\tan\delta$ 不高，表示绝缘有局部缺陷；如 $\tan\delta$ 很高，说明绝缘整体受潮。

3. 直流耐压和泄漏电流的测量

直流耐压试验是低压成套设备试验的重要环节。试验电压应高于设备正常工作电压（交流）的几倍，考验绝缘的耐压能力，暴露缺陷。试验时，电动机试验电压值通常取（2~2.5）额定电压；对额定电压在 10kV 及以下电力电缆试验电压值常取（5~6）额定电压，额定电压升高时，倍数渐降。直流耐压试验的时间一般为 1min。

直流耐压试验和泄漏电流试验的原理、接线及方法相同，差别是直流耐压试验电压较高。直流耐压试验时，一般都兼做泄漏电流测量。泄漏电流试验同绝缘电阻试验的原理相同，当直流电压加于被试设备时，不均匀介质中出现随时间而减小的可变电流，加电压到 1min 后趋于稳定，即泄漏电流大小与绝缘电阻成反比。绝缘电阻表即据此原理将泄漏电流换算为绝缘电阻制在刻度盘上。

泄漏电流试验同绝缘电阻测量相比具有的特点是试验电压比绝缘电阻表的额定电压高得多，容易暴露绝缘本身的弱点；用微安表监视泄漏电流，灵活、灵敏，测量重复性较好。

测量泄漏电流多用半波整流电路，如图 5-2 所示。微安表Ⅰ和微安表Ⅱ分别处于高、低电位。处于高电位的接法适于试品接地端不能对地隔离时，将微安表放在屏蔽架上，并通过屏蔽线与试品的屏蔽环相连，测出泄漏电流值准确。试验中改变微安表量程时，用绝缘棒操作不便，且距离微安表较远，读数不方便。微安表处于低电位处，现场试验

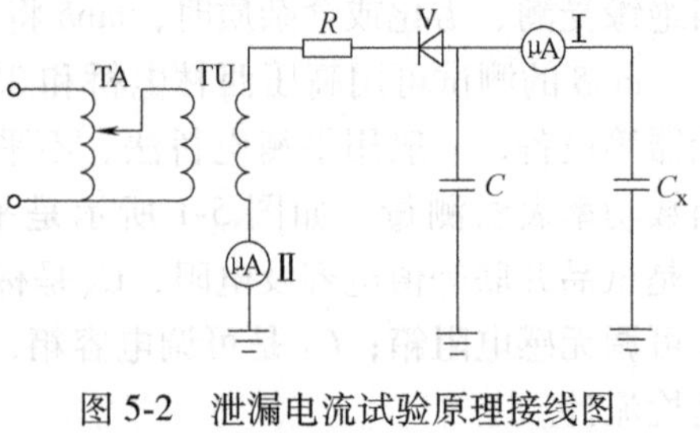

图 5-2 泄漏电流试验原理接线图

时多采用。但此接线无法消除试品绝缘表面的泄漏电流和高压导线对地电晕电流对测量结果的影响。

设备泄漏电流试验后，对测量结果认真全面分析，可换算到同一温度下与历次试验结果比较，与规定值比较，也可同一设备各相之间相互比较，判断设备的绝缘性。

4. 电力变压器的绝缘试验

（1）测量绝缘电阻和吸收比

检查绝缘测量，可发现变压器导电部分影响绝缘的异物、绝缘局部或整体受潮、脏污、绝缘油劣化、绝缘击穿和严重热老化等。规定用2500V绝缘电阻表，量程不低于10GΩ，测量部位有绕组和铁心。

1）测量绕组的绝缘电阻和吸收比。测量绕组绝缘电阻时，连同套管一起，依次测量各绕组对地和其他绕组间的绝缘电阻，空闲绕组接地，避免各绕组剩余电荷造成的测量误差。测得绝缘电阻值不应低于制造厂所测的70%。如无法查找变压器原始数据，可参考表5-1所示的绕组绝缘电阻允许值。10~30℃时，测得吸收比不应小于1.3。绕组电压在35kV以下的变压器不做吸收比试验。

表5-1 油浸式电力变压器绕组绝缘电阻允许值 （单位：Ω）

高压绕组电压等级	温度/℃							
	10	20	30	40	50	60	70	80
3~10kV	450	300	200	130	90	60	40	25
20~35kV	600	400	270	180	120	80	50	35
66~220kV	1200	800	540	360	240	160	100	70

2）测量铁心绝缘电阻。测量前先将铁心接地片拆开，再分别测量铁心对夹件、方铁、穿心螺杆和垫脚的绝缘，测量结果应不低于制造厂测量值的50%。如无初始值，当线圈温度为20℃时，对10~35kV的绝缘电阻应不低于300MΩ；对3~6kV的不低于200MΩ。

（2）测量泄漏电流

与测量绝缘电阻相似，施加电压较高，灵敏度较高。一般测量绕组连同套管一起的泄漏电流值，绕组上所加电压与绕组额定电压有关，表5-2所示是试验电压标准。测量时至试验电压，待1min后读取的电流值即为所测得的泄漏电流值。测量结果与历年相比，当年测量值不应大于上一年测量值的150%。

表5-2 测量电力变压器泄漏电流的试验电压标准 （单位：kV）

高压绕组额定电压	3	6~15	20~35	66~330	500
直流试验电压	5	10	20	40	60

（3）工频交流耐压试验

工频交流耐压试验是考核绝缘强度最有效的方法，发现变压器绕组主绝缘受潮、开裂或绕组松动及绕组附着污物等。试验前，先测量绝缘电阻及泄漏电流，如已查明绝缘有缺陷，应设法消除，并重新测量合格后才能进行交流耐压试验，以免在较高试验电压下遭受损伤。

注意，变压器交流耐压试验时，被试绕组必须两端短接，非被试绕组必须短接接地，否则可能损坏绕组绝缘。电力变压器交流耐压试验电压标准见表5-3。试验结果除参阅前面的内容判断外，还可从声音判断。若在试验过程中，听到清脆响亮的“哨哨”放电声，说明变压器固体绝缘已击穿；若“哨哨”声较小，则是变压器油中气泡引起局部放电；若听到像炒豆般的声音，观察电流表指示并无明显变化，则说明悬浮的金属部件对地放电。

表5-3　电力变压器交流耐压试验电压标准　（单位：kV）

额定电压	3	6	10	15	20	35	60	110
出厂试验电压	18	25	35	45	55	85	140	200
大修试验电压	15	21	30	38	47	72	120	170

（4）测量绕组的直流电阻

通常用较精密的双臂电桥测量变压器绕组的直流相电阻及线电阻。通过三相电阻平衡性检查分接开关的接触是否良好、绕组或引出线有无折断、绕组层间或匝间有无短路现象。

5. 交流电动机的绝缘试验

（1）测量绝缘电阻和吸收比

测量电动机的绝缘电阻时，先拆开接线盒内连接片，使三相绕组6个端头分开，分别测量各相绕组对机壳和各相绕组间的绝缘电阻。额定电压在500V以下的电动机，用500V绝缘电阻表；额定电压在500~3000V的电动机，用1000V绝缘电阻表；额定电压在3000V以上的电动机，用2500V绝缘电阻表。

电动机冷、热状态不同，绝缘电阻值随温度升高而降低。常温下额定电压1000V以下的电动机，测得绝缘电阻值应大于5MΩ。电动机在热态下，额定电压380V的低压电动机，绝缘电阻应不低于0.38MΩ。对额定电压更高的电动机，容量不太大时，额定电压每增加1kV，则绝缘电阻最低限值增加1MΩ。

（2）泄漏电流及直流耐压试验

额定电压1000V以上、容量500kW以上的电动机，对定子绕组应进行直流耐压试验并测量泄漏电流。大修或局部更换绕组时，试验电压为3倍额定电压；全部更换绕组时，为2.5倍额定电压。泄漏电流无统一标准，但各相间差别一般不大于三相平均值的10%；20μA以下者，各相间应无显著差别。

（3）工频交流耐压试验

该试验主要是定子绕组一相对地和绕组相间的耐压试验，检查这些部位间的绝缘强度。应在绕组绝缘电阻达到规定数值后进行。

试验电压值是耐压试验的关键参数。对于额定电压为380V的电动机，大修或局部更换绕组时，为1.5倍额定电压，且不低于1000V；全部更换绕组时，为2倍额定电压再加1000V，且不低于1500V。试验应在电动机静止状态下进行，接好线后将电压加在被试绕组与机壳之间，其余不参与试验的绕组与机壳连接再接地。若试验中发现电压表指针大幅度摆动，电动机绝缘冒烟或有异响，应立即降压，断开电源，接地放电后检查。

还有测量绕组直流电阻、电动机空转检查和空载电流的测定等。

6. 开关电器的绝缘试验

（1）高压开关试验（以断路器为例）

1）测量绝缘电阻。该试验是断路器试验中的基本试验，用2500V绝缘电阻表测量，分别测量合闸状态下绝缘拉杆对地和分闸状态下断口间的绝缘电阻，检查拉杆是否受潮，有无沿面贯穿性缺陷，内部灭弧室是否受潮或烧伤。

2）测量泄漏电流。该试验是35kV及以上少油断路器的重要试验项目，能发现断路器外表带有的危及绝缘强度的严重污秽以及拉杆、绝缘油及灭弧室受潮劣化等缺陷。35kV断路器应施加20kV直流电压，35kV以上的断路器施加40kV直流电压。测得的泄漏电流值一般应不大于10μA，各相数值应相互比较。

3）测量介质损耗tanδ。该试验只针对35kV及以上的多油断路器。主要检查非纯瓷套管的绝缘，也可检查灭弧室、提升杆、绝缘油等部分的绝缘缺陷。某部分绝缘劣化将使tanδ明显增大。tanδ测量应在多油断路器分闸和合闸两种状态下三相分别进行，《电气设备预防性试验规程》规定，对35kV及使用非纯瓷套管的多油断路器，20℃时tanδ的允许值比所用套管的tanδ值可高2%~3%。合闸状态下测量tanδ，目的是检查多油断路拉杆的绝缘状况，并可初步判断灭弧室是否受潮和有无脏污等缺陷。

4）工频交流耐压试验。该试验是鉴定断路器绝缘强度最有效的试验项目，在上述绝缘试验项目合格后进行。对经过滤或新加油的断路器，一般应在静止约3h的油充分静止状态下进行试验，以防止油中气泡引起放电。该试验应在合闸状态下导电部分对地间和分闸状态的断口间进行，油断路器耐交流电压试验电压标准见表5-4；油断路器耐压试验前后绝缘电阻不下降30%为合格，试验中若油箱内部发出轻微放电声、冒烟等，要查明原因检修后再试。

表5-4 油断路器耐交流电压试验电压标准（单位：kV）

额定电压	3	6	10	35	60	110	220
实验电压	22	28	38	85	140	225	425

油断路器测量导电回路的直流电阻、动作特性试验不再介绍。

（2）低压开关试验

1kV以下的低压开关在大修与交接时，用1000V绝缘电阻表测量绝缘电阻。接触器和磁力起动器还要进行交流耐压试验，测试部位是主回路对地、主回路极与极之间、主回路进线与出线之间、控制与辅助回路对地之间。

检查触点接触的三相同步性，三相不同步误差应小于0.5mm。断路器在交接和大修时，必须检查合分电压，查操作机构的最低动作电压，应满足合闸接触器不小于30%的额定电压，不大于80%额定电压；分闸电磁铁不小于30%额定电压，不大于65%额定电压。还必须测量线圈直流电阻，测量合闸接触器和分、合闸电磁线圈的绝缘电阻和直流电阻，绝缘电阻值不小于1MΩ，直流电阻应符合制造厂家规定。

课堂练习

（1）叙述电气设备故障诊断技术的含义。

（2）按照低压电器在控制电路中的作用，哪些为低压配电电器？哪些为低压控制电器？

（3）如何理解电气故障排除的基本步骤？

（4）了解电气设备的绝缘预防性试验方法。

5.2 典型低压电器元件的维修方法

5.2.1 常用低压电器的识别

1. 型号识别

低压电器指工作电压 AC 1200V 或 DC 1500V 以下的电器，其种类很多，型号组成如图 5-3 所示。根据产品型号，可识别类型、规格、主要参数、结构和用途等，通用派生代号见表 5-5，特殊环境条件派生代号见表 5-6。图 5-4 所示为熔断器型号含义，额定电流 60A 的螺旋式熔断器，熔体额定电流为 40A；图 5-5 所示为低压断路器型号含义，电路保护用的 4 极、40A 漏电保护断路器。HZ10-10/3、CJ10-20、JR15-20/3D、LA10-2H、JZ5-62、JS5-1A 等型号，请自行识别。

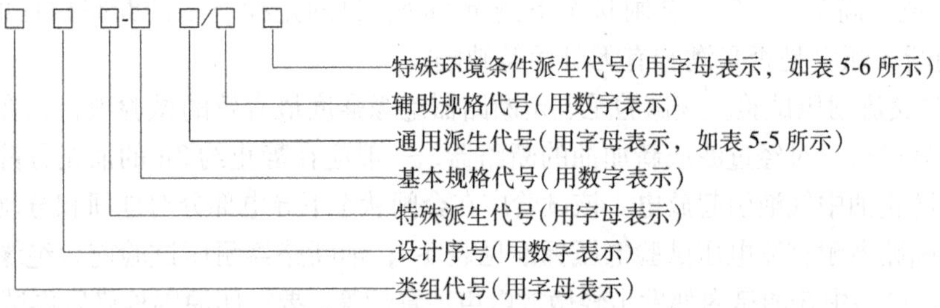

图 5-3 低压电器的型号组成

表 5-5 通用派生代号

通用派生代号	含义	通用派生代号	含义
A、B、C、D…	结构设计稍有变化或改进	K	开启式
J	交流、防溅式	H	保护式、带缓冲装置
Z	直流、自动复位、防振、重任务	M	密封式、灭磁
W	无灭弧装置	Q	防尘式、手车式
S	有锁机构、手动复位、防水式、三相、三个电源	L	电流
N	可逆	F	高返回、带分励脱扣
P	电磁复位、防滴式、单相、两个电源、电压		

表 5-6 特殊环境条件派生代号

特殊派生代号	含义	备 注
T	热湿热带临时措施制造	加注在产品型号后
TH	湿热带	
TA	干热带	
G	高原	
H	船用	
Y	化工防腐用	

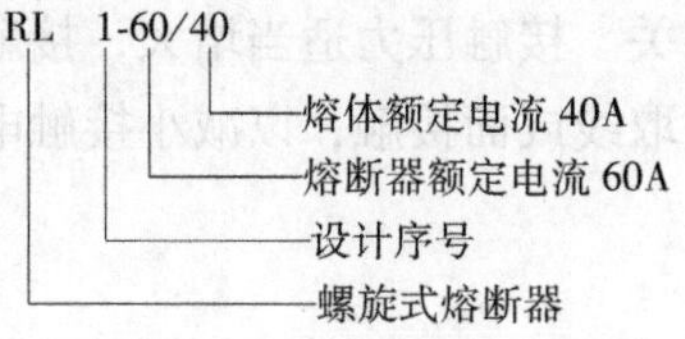

图 5-4 熔断器型号含义

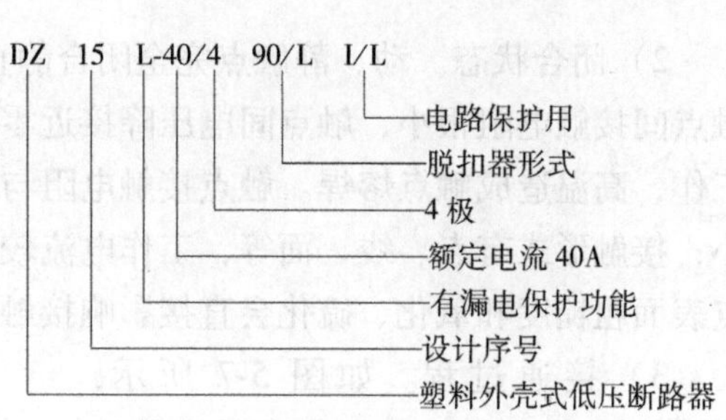

图 5-5 低压断路器型号含义

2. 安装位置

一般体积较大、较重的电器元件安装在控制柜下方，如额定电流较大的交流接触器、控制变压器、整流器、变阻器、电抗器等；发热元件，如热继电器，安装在易散热位置；热继电器一般与接触器配合安装，热继电器在接触器下方；熔断器一般安装在控制板上部；检修时需调节或更换的电器，如时间继电器、热继电器、可调电阻和熔断器等安装在较适中位置；控制柜外的元件位置，有控制台或控制面板的设备，主令电器和显示元件包括转换开关、按钮开关、指示灯、仪表及常调节的电器等，安装在控制板上；行程开关、传感器、温度继电器、压力继电器和速度继电器等检测电器、元件安装在设备的相应部位。

5.2.2 低压电器常见故障诊断与排除

设备的电器及控制系统出现故障现象时，大致估计故障范围，通过参数检测、信息分析并结合经验，可进一步推测控制系统的故障线路，再分析线路区域的元件工作状态，最终确定故障元件，查找到故障元件的故障点，价格低的小型元件直接更换，大型元件可更换机构。

1. 触点系统的故障诊断与排除

触点系统是低压电器的执行部件，由动、静触点成对组成。触点分、合动作，接通和断开电路。触点有指式单断口和桥式双断口两种形式，如图 5-6 所示。

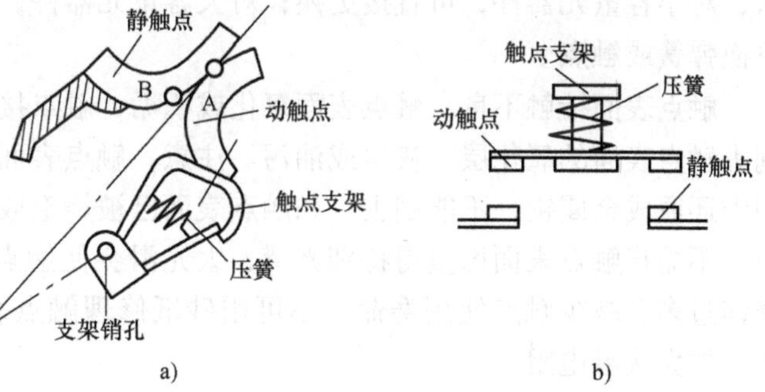

图 5-6 触点形式

a) 指式单断口触点 b) 桥式双断口触点

当电器动作时，动合触点（常开触点）由断开状态转换为闭合状态，动断触点（常闭触点）则由闭合状态转换为断开状态；电器复位时则相反，恢复其原来的断开或闭合状态。触点系统是关键部件，承受电路的工作电压，接通、分断工作电流，动作频繁。触点系统工作条件恶劣，容易产生故障。

（1）触点系统的工作状态

1）分断状态。动静触点完全脱离接触的静止状态，此时动、静触点间承受电路的额定电压，触点之间无电流通过。

2）闭合状态。动、静触点完全闭合静止，此时触点间通过工作电流。正常时，动、静触点间接触电阻很小，触点间电压降接近零。如接触电阻增大，闭合时引起触点发热，影响工作，高温造成触点熔焊。触点接触电阻与多种因素有关。接触压力适当增大，接触电阻减小；接触形式有点、线、面等，工作电流较大的触点采取线或面接触，以减小接触电阻；触点表面粗糙度和氧化、硫化会直接影响接触电阻。

3）接通过程。如图5-7所示，动、静触点由分断状态过渡到接触状态，触点接通瞬间，动触点撞击静触点，静触点对动触点产生反作用力；电流在通过触点最初的接通点时，在该点处产生电动斥力，可使动、静触点接通后再短时分离，发生触点弹跳，产生电弧，严重时会使触点熔焊。

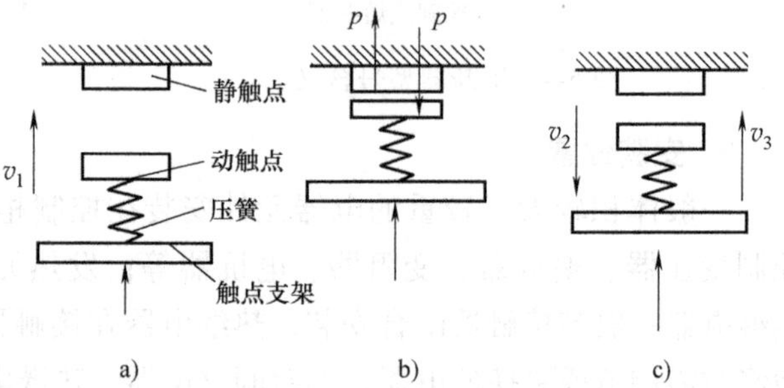

图5-7 触点闭合时过程图

4）分断过程。动、静触点紧密接触并在通过工作电流时脱离接触，完全分断。触点分断时，由于热电子发射和强电场作用，使气体游离，分断瞬间产生电弧。电弧对触点和电路产生危害，高温将加快触点的氧化、加快电磨损；妨碍电路及时可靠地分断，持续燃弧会烧毁触点，可能引起相间短路；对电子设备造成电磁干扰。

（2）触点系统的故障与维修

1）触点过热及维修。触点过热即触点温升超过允许值，可能是触点接触压力不足。电器元件使用一段时间后，因机械损伤、高温电弧等造成弹簧疲劳、触点压力不足；当触点磨损变薄、动静触点压力减小，触点接触电阻增大时，会引起触点发热。如触点压力不符合要求，对小容量元器件，可直接更换；对大容量元器件，可调整弹簧恢复，如达不到要求，可更换弹簧或触点。

触点表面接触不良、触点表面氧化或积垢，触点接触电阻将增大，引起过热。可用小刀刮去触点表面的氧化层、灰尘或油污。注意，触点表面是银，其氧化层有良好的导电性，使用中还原成金属银，不能刮去。如触点表面已被烧毛或被电弧灼伤，可用小刀或小锉修整表面，不需将触点表面修整得特别光滑，太光滑会使触点的有效接触面减小，接触电阻增大，修锉过多会减少触点使用寿命。不可用砂纸修理触点表面，因可能会使砂粒嵌在触点表面上，增大接触电阻。

2）触点磨损及维修。触点使用一段时间后，会磨损变薄。一是电气磨损，触点间电弧或电火花的高温使触点气化和蒸发所致；二是机械磨损，因触点在接通中的撞击、触点接触面的相对滑动摩擦等原因所致。当触点磨损到原厚度的2/3～1/2时，需更换新触点。接触器更换触点后，应保持三相主触点同步动作，实际误差不得大于0.5mm。

3）触点熔焊及维修。触点熔焊指动、静触点表面熔化后粘在一起分离不开。触点接触中引起电弧，触点表面金属熔化，动、静触点熔焊在一起，必须及时排除。如触点压力太大，造成触点接通过程弹跳厉害，可调整触点压力或更换弹簧；如触点容量太小或电路过载，触点闭合时因过流产生较大的电弧，也会造成熔焊。

触点熔焊后，必须更换新触点。更换后应进行触点的开距、超距、压力检查并调整。图 5-8 所示为桥式触点的开距与超距，图 5-9 所示为指式触点的开距与超距。

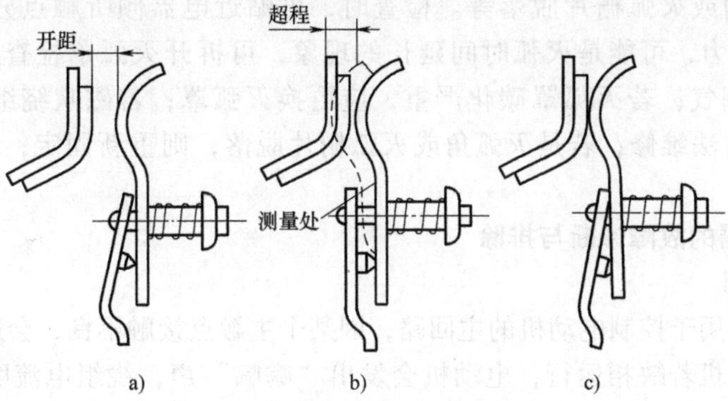

图 5-8　桥式触点的开距与超距

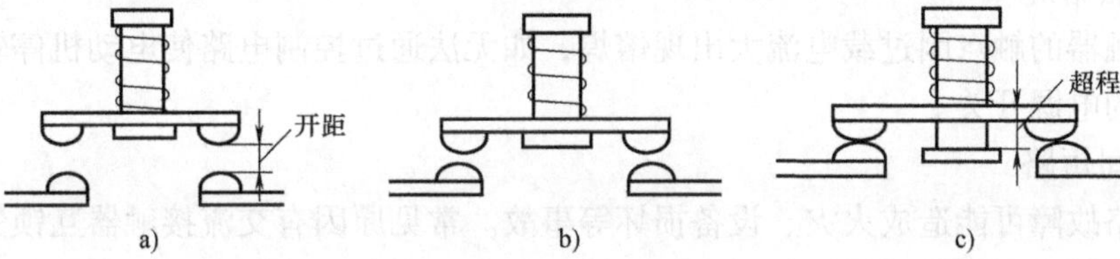

图 5-9　指式触点的开距与超距

2. 电器电磁机构的故障诊断与排除

（1）衔铁噪声大

电磁机构工作时发出轻微“嗡嗡”声，但声音过大，则发生了故障。

1）衔铁与铁心面接触不良或衔铁歪斜。元器件长期使用，衔铁与静铁心间的接触面磨损或变形，产生锈蚀、油污、尘垢等，接触不良，动、静铁心吸合时接触不紧密，产生抖动发出噪声；衔铁跳动加速动、静铁心的损坏，绕组可能过热或烧毁。小型元件的电磁机构损坏，直接更换新元件；大容量元件的电磁机构需维修。排除故障时，应拆下绕组，检查动、静铁心之间的接触面，应平整、清洁，若不平整，需锉平，如有污垢则用汽油清洗。若衔铁歪斜或松动，必须校正或紧固。

2）短路环损坏。电器铁心受到多次撞击后，铁心端面内的短路环会出现断裂而失去作用，铁心在交变磁场作用下产生强烈振动，发出噪声。如发现短路环断裂，应修复或更换。

3）如触点弹簧压力过大或动铁心因活动受卡阻而不能完全吸合，也产生振动而发出噪声。

（2）线圈断电后衔铁不能释放或滞后释放

此类故障经常发生。主要原因有：衔铁运动受阻；动、静铁心间气隙太小，剩磁太大；复位弹簧变形或疲劳；铁心接触面有油污而粘住；动、静铁心运动接触面不光滑而卡住；电路发生故障，线圈两端的电压过低。

（3）绕组故障

主要由于绕组电流过大以致过热导致绝缘损坏甚至烧毁，或因机械损伤造成匝间短路或接地。电源电压过低、动静铁心吸合时接触不好不能吸合，都可能使绕组电流过大。

3. 灭弧装置的故障诊断与排除

常表现为灭弧性能降低或失去灭弧功能。可能是灭弧罩受潮、碳化或破碎，磁吹绕组局部脱落，灭弧角或灭弧栅片脱落等。检查时，可贴近电器倾听触点分断时的声音。如“卜卜”声软弱无力，可能是灭弧时间延长的现象，可拆开灭弧罩检查。若灭弧罩受潮，可用文火烘烤除潮气；若灭弧罩碳化严重，应更换灭弧罩；若磁吹绕组短路，可按绕组短路的故障排除方法维修；若是灭弧角或灭弧栅片脱落，则重新固定；若灭弧栅片烧坏，应更换。

4. 交流接触器的故障诊断与排除

（1）触点断相

交流接触器常用于控制电动机的主回路，因某个主触点接触不良，会造成电动机缺相运行。三相异步电动机若缺相运行，电动机会发出“嗡嗡”声，绕组电流明显增大，绕组严重发热甚至烧毁。出现这种情况应立即停机检修。

（2）触点熔焊

交流接触器的触点因过载电流大出现熔焊，如无法通过控制电路使电动机停转，应立即切断前一级的电源开关。

（3）相间短路

相间短路故障可能造成火灾、设备损坏等事故。常见原因有交流接触器互锁失灵，触点动作缓慢或熔焊、灭弧装置损坏等。

交流接触器常见故障、可能原因和排除方法见表5-7。

表5-7 交流接触器的常见故障、可能原因和排除方法

序号	故障现象	可能的原因	排除方法
1	衔铁吸不上	(1)绕组断线或烧毁 (2)衔铁或可动部分被卡住 (3)机械部分锈蚀或歪斜 (4)控制电压过低	(1)重新接线或更换绕组 (2)排除卡阻物或修理光滑 (3)去锈、润滑或更换零件 (4)更换正确的电源
2	动作缓慢	(1)极面间间隙太大 (2)底板上部较下部凸出	(1)调整机械部分、减小间隙 (2)装直
3	断电时衔铁不释放	(1)触点间弹簧压力过小 (2)底板下部较上部凸出 (3)衔铁或机械部分被卡住 (4)非磁铁衬垫片磨损过度或太薄(直流) (5)触点熔焊在一起 (6)铁心剩磁过大	(1)调整弹簧压力 (2)装直 (3)清除卡阻物 (4)更换或加厚垫片 (5)找出原因并更换触点 (6)更换铁心
4	触点熔焊	(1)触点弹簧压力过小 (2)触点断开容量不够 (3)触点开断次数太多	(1)调整弹簧压力 (2)改换合适的容量 (3)更换触点
5	触点过热或灼伤	(1)触点弹簧压力过小 (2)触点上有油污 (3)触点的超行程太小 (4)触点断开容量不够	(1)调整弹簧压力 (2)清除油污 (3)调整运动系统或调整触点 (4)改换合适的容量

（续）

序号	故障现象	可能的原因	排除方法
6	线圈过热或烧毁	(1)弹簧的反作用力过大 (2)绕组额定电压与电源电压不一致 (3)操作频率太高 (4)绕组因机械损伤或导电粉尘而短路 (5)运动部分被卡住	(1)调整弹簧压力 (2)更换绕组或电源 (3)改用适合的接触器 (4)修复或更换绕组并保持清洁 (5)排除卡住
7	有噪音	(1)弹簧的反作用力过大 (2)极面有污垢 (3)极面磨损过度、面不平 (4)磁系统歪斜 (5)短路环断裂(交流) (6)衔铁与机械部分间的联接销松脱	(1)调整弹簧压力 (2)清除污垢 (3)修整极面 (4)调整机械部分 (5)更换短路环或修焊 (6)装好联接销

5. 继电器的故障诊断与排除

（1）热继电器

1）热元件烧断。当热继电器动作频率太高，或负载一侧短路、电流过大时，可能将热元件烧断。先切断电源，排除电路或负载的故障，再更新或重新选用合适的热继电器。

2）热继电器误动作。整定值偏小，以致未过载就动作；电动机起动时间过长，热继电器在电动机起动过程中动作，如电动机Y-△起动中转换时间设定太长，电动机长时间低压起动，电流超过设定值；操作频率过高，使热元件经常受到电流的冲击；使用场合有较强烈的冲击及振动，使热继电器动作机构松动而动断触点断开。

调换合适的热继电器，并调整电流整定值。

3）热继电器不动作。通常是热元件烧断或脱焊或电流整定值偏大，电动机过载很久热继电器仍不动作；也可能是热继电器触点接触不良，电路不通，热继电器不能动作。发现时，必须立即做针对性的处理，热继电器使用一段时间后，应定期检查、校验。

注意，热继电器脱扣后，不要立即手动复位，应等待双金属片冷却复原后，再按下复位按钮使动断触点复位。

（2）时间继电器

常用的时间继电器有空气阻尼式和晶体管式时间继电器等。前者的主要故障是延时准确性较差，使用一段时间或经过拆卸后，气室密封不严、橡皮膜老化及弹簧疲劳等，造成较大误差。如有灰尘进入气室，或堵塞进气孔，延时就会变长。应拆开气室清洗、更换零件。后者的控制精度较高，采用接插式安装，使用一段时间后，可能发生电路接触不好，造成控制电路故障。将晶体管式时间继电器轻轻拔下，检查接插件部分的接线，消除故障。若发生内部的晶体管、电容等元件老化、焊点接触不良等故障，应当维修或更换相同型号的元器件。

（3）速度继电器

如果速度继电器使用在电动机反接制动控制电路中时，触点接触不良或胶木摆杆断裂，电动机停机不能制动停转，应维修触点或更换胶木摆杆。

（4）中间继电器

主要结构是电磁机构和触点系统，故障及检修与交流接触器基本相同。

6. 主令电器的故障诊断与排除

(1) 按钮开关

按钮开关在控制电路中操作频率高，故障较多。按钮常见故障及处理方法见表5-8。

表5-8 按钮常见故障及处理方法

序号	故障现象	可能的原因	排除方法
1	按下按钮，常开触点不通	(1)触点氧化、老化、磨损 (2)按钮变形，动静触点不能闭合 (3)机构卡死	(1)擦拭触点或更换按钮 (2)更换按钮 (3)清除杂物或更换按钮
2	松开按钮，常闭触点不通	(1)触点氧化、老化、磨损或有杂物 (2)弹簧损坏 (3)机构不灵活、卡死	(1)擦拭触点或更换按钮 (2)更换按钮 (3)清除杂物或更换按钮
3	按下按钮，常闭触点不能断开	(1)杂物造成短路 (2)胶木烧焦，造成短路	(1)擦拭触点或更换按钮 (2)更换按钮
4	松开按钮，常开触点不能断开	(1)杂物造成短路 (2)弹簧损坏 (3)胶木烧焦，造成短路	(1)擦拭触点或更换按钮 (2)更换按钮 (3)更换按钮
5	按下按钮，有触电感觉	(1)接线松动，搭接在按钮的外部 (2)按钮内部有金属粉尘	(1)检查电路，重新接好 (2)擦拭按钮
6	按钮过热	(1)按钮的电流过大 (2)环境温度高 (3)带指示灯的按钮，指示灯功率大	(1)检查控制电路 (2)控制柜散热 (3)减小指示灯功率

(2) 行程开关

行程开关在电气控制电路中如控制失灵可能危及设备和人身安全。行程开关控制失灵常常是安装螺钉松动或触点接触不良引起。安装在设备运动部位，安装螺钉容易松动，造成行程开关位移，应经常检查，发现松动应及时紧固，触点接触不良应及时修理或更换。

在油污、粉尘较多场合使用的行程开关出现失灵，可能不是触点烧坏、固定螺钉松动，而是因粉尘积聚过多或油污与粉尘黏合造成导杆移动受阻，油污、粉尘造成触点接触不良，应定期检修。行程开关常见故障与排除方法见表5-9。为提高行程控制的可靠性，建议选无触点接近开关代替行程开关。

表5-9 行程开关常见故障与排除方法

序号	故障现象	可能的原因	排除方法
1	行程开关动作后不能复位	(1)弹簧弹力下降 (2)机械卡死 (3)长期不使用，不灵活 (4)外力长期压迫行程开关	(1)更换行程开关 (2)拆卸清除 (3)清理，使其灵活 (4)改变设计控制方法，短期压迫行程开关
2	杠杆偏转但触点不动作	(1)工作行程没有到位 (2)触点脱落或偏斜 (3)卡死 (4)接线松动	(1)调整行程开关位置，满足工艺要求 (2)修理触点，或更换行程开关 (3)清理 (4)检查接线并紧固

（续）

序号	故障现象	可能的原因	排除方法
3	行程开关可以复位，但动断触点不能闭合	(1)触点被杂物卡死 (2)触点损坏 (3)弹簧失去弹力 (4)弹簧卡死	(1)清理杂物 (2)更换行程开关 (3)更换弹簧或行程开关 (4)重新装配或更换行程开关

（3）控制器

控制器包括主令控制器和凸轮控制器。常见故障主要有控制器定位不准，多为凸轮片角度磨损使角位移变化所致，应更换凸轮片；控制器触点的开、闭顺序不正确，检查凸轮片如有破碎、棘轮机构过度磨损或损坏，应予更换；控制器动作部件被卡或有噪声，轴承损坏或轴承内有异物进入，应检查轴承，清洗或更换轴承；如凸轮鼓或触点间隙处有异物进入，应检查并取出异物，检查有无被异物轧伤或挤坏的部件，检查属实应予修复或更换。

另外，如控制器触点支持胶木烧坏，一般是触点长期温度过高，胶木变焦易碎，先查控制器型号选择，如电流容量选择不符合要求，应重新选择；如控制器规格正确，只偶然出现个别触点的支持胶木烧坏，可能是动、静触点的接触电阻过大或接触不良引发电弧造成触点过热而引起，应对触点修复或者更换触点。

7. 低压断路器的故障诊断与排除

因采用空气灭弧，断路器俗称空气开关。相当于闸刀开关、过电流继电器、失电压继电器、热继电器及漏电保护器等部分或全部功能，对电路有短路、过载、欠电压和漏电压保护作用，应用非常广泛。

安装及运行前，应检查：外观有无损伤破裂；触点系统和导线连接处有无过热；灭弧栅片是否完好，灭弧罩是否完整，有无喷弧痕迹和受潮；如灭弧罩受损，应停用，并修配或更换；传动机构有无变形、锈蚀、销钉松脱；相间绝缘主轴有无裂痕、表层剥落和放电现象；过流脱扣器、失压脱扣器、分励脱扣器的工作状态。整定值是否与被保护负荷相符，电磁铁表面及间隙是否清洁、正常，弹簧外观有无锈蚀，线圈有无过热及异常响声等。

触点检修很重要。先清除触点表面的氧化膜和杂质，用小刀轻刮。镀银的接触面只能用净布擦拭，以免损坏银层。若触点表面积聚灰尘，可吹掉或用刷子刷掉。触点表面若积聚油垢，可用汽油洗净。触点表面被电弧烧出毛刺，可用细锉仔细锉平，保持接触表面形状和原来一样。检查触点压力应符合出厂规定，可更换损坏的弹簧。调整三相触点位置，保证三相同时闭合。断路器的故障分析与排除方法见表5-10。

表5-10 断路器的故障分析与排除方法

序号	故障现象	可能的原因	排除方法
1	电动操作断路器不能闭合	(1)操作电源电压不符 (2)电源容量太小 (3)电磁推杆行程不够 (4)电动操作定位开关变形 (5)控制器中元件损坏	(1)调换电源 (2)增大电源容量 (3)调整推杆行程或更换推杆 (4)调整 (5)检查并更换元件
2	手动操作断路器不能闭合（推不上闸）	(1)欠电压脱扣器无电压或线圈损坏 (2)储能弹簧变形导致闭合力太小 (3)反作用弹簧力太大 (4)机构不能复位再扣	(1)检查电路，增加电压或更换线圈 (2)更换储能弹簧 (3)调整弹簧力 (4)重新再扣接触面至规定值

（续）

序号	故障现象	可能的原因	排除方法
3	分励脱扣器不能使断路器分断	(1)电路短路 (2)电源电压太低 (3)再扣接触面太大 (4)螺钉松动	(1)更换线圈 (2)调整电源电压 (3)调整 (4)紧固
4	起动电动机时断路器立即分断	(1)过电流脱扣器瞬时动作整定值太小 (2)脱扣器电路的元件损坏 (3)脱扣器反力弹簧断裂或脱落	(1)调整整定值 (2)检查并更换元件 (3)更换弹簧
5	欠电压脱扣器不能使断路器分断	(1)反力弹簧变小 (2)储能弹簧变小或断裂 (3)机构卡死	(1)调整弹簧 (2)调整或更换储能弹簧 (3)检查并清除卡死原因
6	断路器温升过高	(1)触点压力太低、电阻大 (2)触点表面磨损或接触不良 (3)导电零件连接松动 (4)触点表面氧化	(1)调整压力或更换弹簧 (2)更换触点或更换断路器 (3)紧固 (4)清除脏物
7	带半导体脱扣器的断路器误动作	(1)半导体脱扣器元件损坏 (2)外界电磁干扰	(1)检查并更换元件 (2)消除外界干扰,采取隔离或更换电路措施
8	漏电断路器经常自行分断	(1)漏电动作电流变化 (2)电路漏电	(1)回厂整定 (2)检查电路,排除故障
9	漏电断路器不能闭合	(1)操作机构损坏 (2)电路漏电或接地	(1)回厂修理 (2)检查电路,排除故障
10	断路器闭合后一段时间自行分断	(1)过电流脱扣器整定值不符合 (2)热元件或半导体延时电路器件变化	(1)调整 (2)更换
11	有一对触点不能闭合	(1)一般型断路器的一个连杆断裂 (2)限流断路器拆开机构的可拆连杆之间的角度变大	(1)更换连杆 (2)调整
12	欠电压脱扣器噪声大	(1)反作用弹簧力太大 (2)铁心工作面有油污 (3)短路环断裂	(1)调整 (2)清除 (3)更换
13	辅助开关不能通	(1)辅助开关的动触点卡死或脱落 (2)辅助开关传动杆断裂或滚轮脱落 (3)触点不接触或接触不良	(1)调整 (2)更换传动杆或更换辅助开关 (3)调整触点,清理

8. 熔断器的维护、检修

(1) 对运行中的熔断器经常巡视检查

熔体额定电流是否与负载电流相适应；有熔断信号指示器的熔断器应检查信号指示是否弹出；与熔断器相连接的导线、接点及熔断器本身有无过热现象，触点的接触是否良好；熔断器的外观有无裂纹、污损，有无放电现象；其内部有无放电的声响。

(2) 熔体的更换

熔体熔断后应予更换，但须查明原因。熔体熔断原因可从过载或短路考虑。熔体在过载熔断时，一般响声不大，熔丝仅在一两处熔断，熔体只有小截面熔断，熔管内也没有烧焦现象；熔体在短路下熔断时，响声很大，熔体熔断部位大，且熔管内有烧焦的现象。

更换熔体时，需检查熔体规格，熔体应与负载的性质及电路电流相适应。更换熔体必须断电。

注意，排除电气控制故障时，如发生连续熔断器爆断，不是只更换熔体，还要认真检查并分析电路，确定问题的原因。

另外，快速熔断器保护功率电力电子元件时，其熔体的额定电流选择应与电力电子元件构成的具体整流电路或逆变电路有一致的特性，如快速熔断器安装于交流侧、直流侧还是整流桥臂，单相全波还是半波等。

课堂练习

（1）叙述设备电气故障排除的基本步骤，有条件时到工厂参观或参与设备的电气维修活动，体会故障诊断过程与方法。

（2）如何测量设备电气电路的绝缘情况？用绝缘电阻表对一个具体电路进行测试并体会。

（3）在某个电动机控制电路中，发生了故障，造成了电动机停转。技术人员已经判断出是交流接触器出现了故障，请自由讨论，接触器可能有哪些故障？如何确定并排除？

（4）熟悉常用低压电器元件的型号、参数。

（5）快速熔断器保护功率电力电子元件时，有哪些具体要求，当快速熔断器熔断时，应如何诊断故障？

5.3 常用电气设备和开关故障与维修

1. 电力变压器的故障及排除

（1）异常响声

变压器接电源后，由交变磁场引起的电磁力会使铁心振动发出正常的连续均匀的“嗡嗡”声，俗称交流声。但若有异常响声就需分析检查。有较大、均匀的“嗡嗡”声，或随负载的急剧变化，呈现“咯、咯、咯”的间歇声时，可能是外加电压过高，检查证实后，应设法降低电压。如声音大而嘈杂，说明内部振动加强或结构松动，必须密切注意，必要时可减少负荷，或停电修理。有“嘶嘶”声时，说明变压器表面有闪络，检查套管是否太脏或有裂纹，若套管无闪络，则可能是变压器内部的问题。

若运行中变压器发出很大且不均匀的响声，夹有爆裂和“咕噜咕噜”声，表明发生了击穿，如绕组匝间短路、层间短路、引线对铁心局部放电、分接开关接触不良等，应立即停电修理。

（2）温度异常

如发现变压器上层油温升高超 85℃时，应检查校对温度计指示是否正确，变压器冷却系统的运行是否正常。若无问题，可能负载过大，应减小负载，或可能三相负载不平衡，可调整三相负载的分配。若以上均正常，而温度继续上升，要考虑变压器内部故障，如绕组短路、油路堵塞等，应立即停电修理。

（3）油位异常

若发现变压器油枕的油面较此油温应有的油面低时，应加油。加油时，将瓦斯保护装置改接至信号，加油后，待变压器内部空气完全排除后，方可将瓦斯保护装置恢复正常状态。如大量漏油而使油面迅速下降时，禁止将瓦斯继电器动作于信号，而必须采取停止漏油的措施，同时加油至规定的油面。

若油面因温度升高而逐渐升高，当油面高出规定油面时，应放油至适当高度，以免溢出。因渗漏油、放油未补充或气温急剧下降等原因造成油位指示器看不到油位，都应将变压器退出运行，以便检查及补油。

(4) 储油柜喷油或防爆管喷油

当出现储油柜喷油或防爆管薄膜破碎喷油，表明变压器内部有严重损伤，喷油使油面下降到设定位置时，瓦斯保护动作使变压器两侧断路器跳闸。若瓦斯保护未动，油面低于箱盖时，因引线对油箱绝缘的降低，发出“吱吱”放电声。此时，应切断变压器电源，防止事故扩大。

(5) 油色变化大

国产变压器油有牌号10号、25号、45号，新油呈亮黄色或天蓝色，运行后呈浅红色。若发现油色变暗、透明度降低，或闻到焦味、酸味，此时应取油样化验。化验酸值、击穿电压、闪点、腐蚀性硫、氧化安全性、水分、水溶性酸和碱等，若不符合标准，则说明油质下降，易引起线圈对地放电，必须停止运行，换油后方可再投入运行。

(6) 套管有严重的破损和放电现象

套管瓷裙严重破损和裂纹，或表面有放电及电弧的闪络时，会引起套管击穿。因此时发热很剧烈，套管表面膨胀不均而使套管爆炸，此时变压器应停止运行，更换套管。

(7) 变压器着火

变压器着火是严重故障，应将变压器两侧的断路器断开，若不能断开，应立即手动顺序拉开断路器、隔离开关，强制送风的风扇也应停止。然后用消防设备灭火，带电灭火时，须采用不导电的灭火器和黄砂，防止触电。

如油在变压器的盖上燃烧，由于储油柜油压作用而流油，应从故障变压器的一个放油门把油面放低一些，最好向变压器外壳浇水，使油冷却。当变压器铁壳爆炸时，必须迅速放出全部变压器油，引入储油坑或封闭沟内。

电力变压器的维修，参见阅读材料5-1。

2. 电动机常见故障及排除

(1) 通电后电动机不能转动，但无异响、异味和冒烟

可能原因：两相以上电源未通；有两相以上熔丝熔断；控制回路接线错误。

措施：仔细检查电源回路开关，接线盒是否有松脱、断点，若有则修复；检查熔丝，若熔断，可更换新熔丝；仔细检查控制回路的接线情况，若错误，则依据接线原理图改正接线。

(2) 通电后电动机不转，然后熔丝熔断

可能原因：缺一相电源；定子绕组发生相间短路或接地故障；熔丝截面过小；电源线发生短路或接地故障。

措施：检查刀开关是否有一相未合好或电源回路有一相断线；检查定子绕组电阻值及绝缘情况，查出短路点，予以修复；更换截面较大的熔丝；检查电源线，消除故障点。

(3) 通电后电动机不转，但发出低沉的“嗡嗡”声

可能原因：电源电压过低；电源一相失电或定子、转子绕组有断线故障；绕组引出线始末端接错或绕组内部接反；电动机负载过大或转子卡住。

措施：检查电源接线，如将△联结误接为丫联结，及时纠正；检查电源和定子、转子绕组，查明断点并修复；检查绕组极性，判断绕组首末端是否正确；减少负载，消除机械故障。

（4）电动机起动困难，带负载运行时转速低于额定值

可能原因：电源电压过低；笼型转子断裂或开焊；转子绕组发生一相断线；电刷与集电环接触不良；负载过大。

措施：检查电动机输入端的电源电压，是否将△联结误接为丫联结；检查笼型转子断点，进行修复或更换；用万用表检查绕组断线处，并予以排除；调整电刷压力及改善电刷与集电环接触面；选择较大容量的电动机或减轻负载。

（5）电动机空载或负载时，电流表指针来回摆动

可能原因：绕线式转子发生一相断路或电刷、集电环短路装置接触不良；笼型转子断笼条或开焊。

措施：检查转子绕组回路，查断路点，调整电刷压力与改善电刷状况，修理或更换。

（6）运行中电动机，回路电流正常，但温升超过规定值

可能原因：电动机通风散热冷却系统发生故障，如通风道积垢堵塞，周围环境温度过高，空气流通不畅，散热不良等。

采取措施：检查冷却系统情况，处理上述问题。

（7）电动机运行时有异响

可能原因：定子与转子相摩擦；轴承磨损或润滑脂（油）内有砂粒等异物；轴承严重缺润滑脂（油）；风道堵塞或风扇碰壳；定子绕组错接或发生短路。

措施：锉去定转子硅钢片突出部分或更换轴承、端盖等；清洗轴承或予以更换；加新润滑脂（油）；清理风道，校正风扇，拧紧螺钉；消除定子绕组故障。

（8）运行中电动机振动较大

可能原因：磨损造成轴承间隙过大；气隙不均匀；铁心变形或松动；风扇不平衡；机壳或基础强度不够，电动机地脚螺钉松动；定子或转子绕组短路。

措施：检修轴承，必要时更换；调整气隙，使之均匀；校正重叠铁心；检修风扇，校正平衡，纠正其几何形状；加固基础，紧固地脚螺钉；检查绕组，寻找故障点并修复。

（9）电动机运行中过热冒烟或有焦臭味

可能原因：电源电压过高，使铁心发热大大增加；电源电压过低，电动机又带额定负载运行，电流过大使绕组发热；电动机过载或频繁起动；周围环境温度高，电动机表面污垢多，或通风道堵塞；定子绕组发生相间、匝间短路或内部连接错误。

措施：调整供电变压器分接头，降低电源电压；减少负载，按规定次数控制电动机起动；清洗电动机，改善环境温度，采取降温措施；检修定子绕组，消除故障。

如某铝拉丝机 350kW 的电机，操作人员报修，电机拉丝拉不动。现场发现电机堵转声明显，将铝丝从牵引轮松掉，电机能转动且无明显故障现象，但只要牵引轮铝丝拉紧或用手拉住，电机就转不动，电枢电流急剧变大。

测量电机绕组绝缘、查碳刷无明显问题。电机与设备脱开后运行，测励磁电流、电枢电流正常。

电气无问题，初步判断，可能设备机械部分故障，打开箱体无异常。继续查，电机低速

转动时有停顿感，但不明显。电机连接器稍加力，电枢电流急剧变大，排除设备机械问题。查电机和电机轴承无异常，查控制器参数没问题，拆开控制器无异常。专业检测后发现整流模块问题，换模块的控制器。

更换后问题依旧。询问维修点，仍无能力解决，寻求供方的售后服务。现场再坚持重新查电机内部，内灰尘多。用吹风机吹一下，发现电机线断了，应该是电机出问题。

电机换向绕组之间的连线断开了，两根线用端子连接，以前维修端子没压好。因在电机最底部有多层蜡管套着，很难发现。

维修工作没有解决不了的问题，根据基本原理分析、排查，足够仔细、耐心，就能发现故障。

电动机的维修，参见阅读材料 5-2。

3. 开关电器故障与维修

（1）高压断路器的维修

1）断路器拒绝合闸。断路器拒绝合闸时，先查操作电源的电压值，如不符合，先调整再合闸。如操作电源的电压值满足规定，应尽可能根据其外部异常现象去发现故障的原因。

① 当操作手柄置于合闸位置而信号灯却不发生变化，可能是合闸回路中无电压，仔细检查回路是否断线或熔断器熔断。

② 指示“跳闸”位置的信号消失而“合闸”信号不亮，检查“合闸”信号灯是否已损坏。

③“跳闸”信号消失，然后又重新点亮，可能是直流回路中电压不够，导致操作机构未能将油断路器合闸铁心正常吸起，或是操作机构机械部分有故障或调整不正确。

④“跳闸”信号消失，“合闸”信号点亮但立即熄灭，“跳闸”信号复亮，油断路器虽曾合上过，但因机械故障，挂钩未能合上，仔细检查机械部分予以排除。

2）断路器拒绝跳闸。当电力系统或设备发生故障，断路器应自动跳闸而不跳闸时，可引起严重事故，结果是引起全部电源跳闸。机械方面有跳闸铁心卡涩、顶杆套上的上部螺纹松动或由于联锁装置故障造成断路器的辅助触点接触不好，导致跳闸回路不通。

① 操作回路断线（如熔断器熔断）或跳闸线圈两端电压过低造成断路器无法跳闸等，当断路器合闸时，指示灯不亮。

② 继电保护回路出现故障，如继电器线圈损坏或接点不通等，应定期进行继电保护校验。

③ 断路器误跳闸。如断路器跳闸而其继电保护装置未动作，且在跳闸时未发现短路故障或接地故障，则为误跳闸，必须查明原因；检查时，应将其两侧隔离开关拉开，隔离电源；在排除误操作后，查断路器操作机构及操作回路的绝缘，如还查不出来，需查继电保护装置。

④ 断路器着火。可能是油断路器开断时动作缓慢或开断容量不足；油断路器油面上缓冲空间不足使电弧燃烧时压力过大；油不洁或受潮而引起油断路器内部的闪络；外部套管污秽或受潮而造成对地闪络或相间闪络；断路器着火时应立即手动拉开断路器，并拉开两侧隔离开关，与电源完全脱离，不使火灾有蔓延的危险，再用干式灭火器扑灭，如不能扑灭时再用泡沫灭火器扑灭。

3）油断路器的维修。用合格的变压器油清洗灭弧片及绝缘筒，检查有无烧伤、断裂、受潮等情况；检查动、静触点表面是否光滑，有无变形、烧伤等情况，轻者可用锉刀修光，重者予以更换；检查支持绝缘子有无破损，如有轻微掉块可用环氧树脂修补，严重时应更换。

（2）隔离开关的维修

1）触点过热。触点发热的原因很多，如触点压紧弹簧松弛及接触部分表面氧化，使接触电阻增加，触点运行中发热是接触电阻的功率损耗，使触点温度升高，氧化随温度上升明显加快，最终导致触点烧毁，引发电弧和短路。另外，隔离开关在拉合过程中引起电弧而烧伤触点，或用力不当使接触位置不正，引起触点压力降低，致使隔离开关接触不良而导致发热。

隔离开关发生触点过热时，应退出运行或减少负荷。停电检修时仔细检查压紧弹簧，必要时可更换新隔离开关；用细锉刀修整触点表面，并涂少许凡士林油。

2）绝缘子表面闪络和松动。绝缘子用来支持隔离开关并使带电部分与地绝缘。发生表面闪络的原因可能是表面受潮或脏污，检修时可冲洗干净绝缘子，平时定期用干净布擦拭。当胶粘剂发生膨胀或收缩引起绝缘子松动时，应更换新绝缘子，将换下来的重新胶合处理。

3）隔离开关拉不开。可能是传动机构和刀口处生锈等造成，不得蛮力强行拉开，应用手把慢慢摇晃，注意绝缘子及机构的每一部分，根据变形和变位找出故障点。

4）隔离开关合不上。可能是轴销脱落、楔栓退出铸铁断裂等造成刀杆与操动机构脱节。遇到这种情况时，应停电处理。若不能停电，应用绝缘棒合闸操作，或用扳手转动每相隔离开关的转轴。

5）隔离开关的误合。误合隔离开关后，不论任何情况，也不论合上了几相，都不许立即拉开，必须用断路器将电路断开，或确定无负荷后才允许拉开。误拉隔离开关引起电弧时，若刀片刚离开刀嘴，应立即合上，停止操作；若刀片离开刀嘴有一定距离时，应拉到底，不许立即重合。

（3）负荷开关的维修

1）高压负荷开关。高压负荷开关与隔离开关相似，但有简单的灭弧装置，可断开负荷电流，但不能切断短路电流和用作过载短路保护元件。投入运行前，应将绝缘子擦干净；给各转动部分涂上润滑油；接地处的接触表面要处理打光，保持接触良好；母线固定螺栓应拧紧，同时负荷开关的连线母线要配置合适，不应使负荷开关受到来自母线的机械应力。

高压负荷开关操作频繁，主闸刀和灭弧闸刀动作顺序是，合闸时，灭弧闸刀先闭合，主闸刀后闭合；分闸时，主闸刀先断开，灭弧闸刀后断开。多次操作后，应检查紧固件是否松动，当操作次数达到规定值时，必须检修。

负荷开关分闸后，闸刀张开的距离应符合出厂规定。若达不到，可改变操作拉杆到扇形板上的位置，或改变拉杆的长度。合闸操作时，灭弧闸刀上的弧动触点不应剧烈碰撞喷口，以免将喷口碰坏。当负荷开关与熔断器组合使用时，可做短路保护。

高压熔断器选择应考虑短路电流大于负荷开关的开断能力时，必须保证熔断器先熔断，负荷开关才能分闸。负荷开关触点受电弧的影响损坏时，必须检修，损坏严重的要更换。

2）低压负荷开关。低压负荷开关又称铁壳开关，由刀开关和低压熔断器组成，常用于电动机、照明等配电电路中，可开断负荷电流及短路电流。安装时，电源进线应接静触点一方，用电设备接在动触点一方。合闸时，手柄应向上，不能倒装或平装。铁外壳应可靠接地。

检修时，清除污垢，检查外部及紧固情况，检查操作机构是否灵活，必要时加以调整；清除触点烧损痕迹，检查与调整动、静触点的接触紧密程度，检查三相是否同时接触；更换有裂纹的、损坏的绝缘子；检查接地是否良好。

课堂练习

（1）如何监测变压器的运行状态？分别从温度、油位等方面叙述。

（2）叙述电力变压器的工作原理和主要组成，了解电力变压器的拆卸过程。

（3）结合相应课程，叙述隔离开关、负荷开关和断路器的特点，检修时的注意事项。

（4）叙述更换熔断器的注意事项。

5.4 常见电气电路的故障诊断与排除

5.4.1 电气电路故障排除的基本方法

1. 直观法

设备故障的排除，先确定故障原因与部位，即故障诊断，电气故障诊断有其特点。现场对设备采取“问、闻、看、听、摸”，发现异常，找出故障电路和故障部位。

2. 逐段状态检查法

发生故障时，根据电器元件所处的状态分若干个电路段或电路块，并逐一分析，称逐段状态检查法。逐段状态检查法在一般的继电器-接触器控制电路中，排除故障很容易，对设备中各零部件工作状态分析查找电气故障，与积累的实践经验有关。

电气设备的运行过程可分解成若干个连续的阶段，称状态。任何电气设备都处在一定的状态，如电动机工作过程可分解成起动、连续运转、正转、反转、高速、低速、制动、停止等状态，电气故障总会发生于某一状态。在这种状态中，各种元件的状态，是分析故障的依据。如电动机起动时，哪些元件工作，哪些触点闭合等，检修电动机起动故障时只需注意这些元件的工作状态。

状态划分得细，对检修电气故障有利。对一种设备，查故障时必须将各种运行状态区分清楚。

如图 5-10 所示，KM_1、KM_2 是交流接触器，SB_1 为起动按钮，SB_2 为停止按钮，各部件只有通、断两种工作状态。KM_1 控制 KM_2 的吸合线圈，而 KM_1 的工作状态由 SB_1、SB_2 控制。SB_2 断开，KM_1 断开，但 SB_2 闭合，KM_1 不一定闭合；SB_1 闭合，KM_1 工作，但 SB_1 再断开，KM_1 由其自身的辅助触点自锁而不断开。用“0”和“1”代表 SB_1、SB_2、KM_1 的“断开”和“接通”状态，如图 5-11 所示。其中 SB_1 经常处于断开状态，按下 SB_1 的瞬时，SB_1 闭合，KM_1 工作；SB_2 经常处于接通状态，按下 SB_2 的瞬时，SB_2 断开，KM_1 断开。假如 KM_1 不能断开，即 KM_2 出现由合闸状态到跳闸状态变化的故障，可对相关的 KM_1、KM_2、SB_1、SB_2 部件的状态进行分析，找出故障原因。

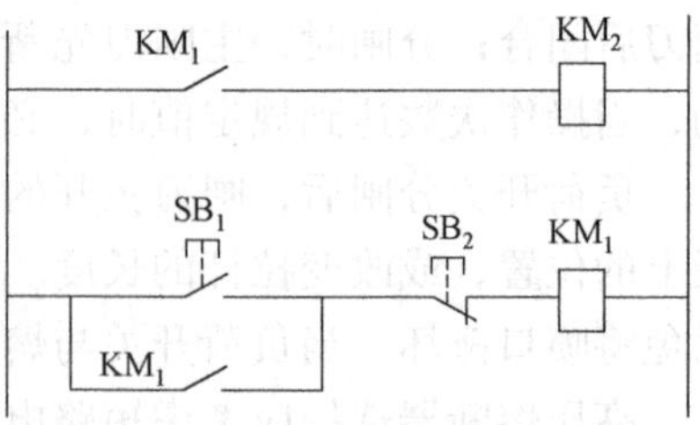

图 5-10 某控制电路

3. 回路分割法

回路是构成一定功能的封闭电路，复杂电路由若干个回路构成，每个回路都具有特定功能，电气故障意味着某功能的丧失，因此电气故障总会发生在某个或某几个回路中。将回路分割，简化电路，缩小查找范围。闭合电路包括电源和负载。如图 5-12 所示电动机正反转控制电路，可分成两个主要回路，电源为交流 380V。第一个回路的负载是正转接触器 KM_1 的线圈，第二个回路的负载是反转接触器 KM_2 的线圈。

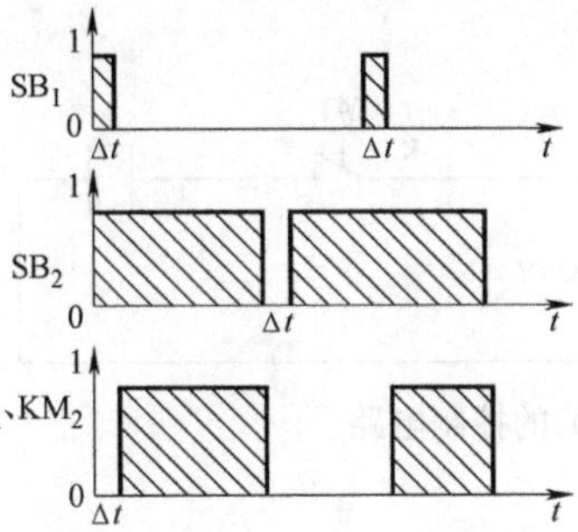

图 5-11　对应的各段工作状态

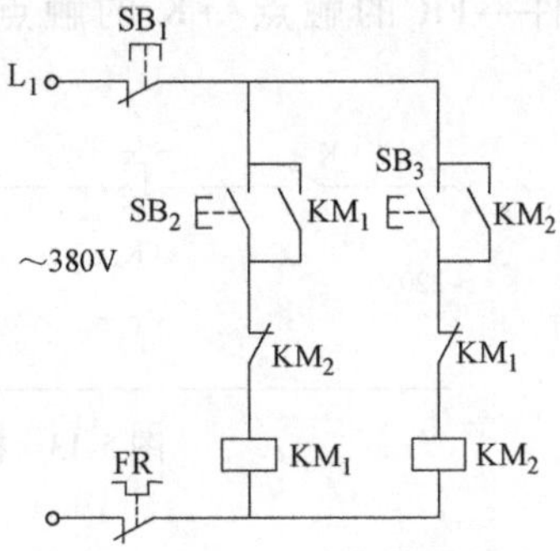

图 5-12　电动机正反转控制电路

分割回路，查找故障就方便了。如该装置正转工作正常，则主要从反转回路查找，检查该回路元件 SB_3、KM_1 的连锁触点、KM_2 的线圈及其连接线是否有断路点等故障。

4. 单元分割法

将上面逐段状态检查法和回路分割法综合考虑，具体的，按照功能划分，一个复杂电路由若干个功能相对独立的单元构成，检修时可将这些单元分割开来，再根据故障，将故障范围限制于其中一个或几个单元。单元分割后，查找电气故障就方便了。应结合电路功能划分单元，如一般电路分电源、控制、执行和保护等部分，对复杂电路还可将控制部分进一步细分。

机床控制电路一般由继电器、接触器、按钮等组成逻辑控制电路，元件不多，构成简单，一般可分信号部分和执行部分两个单元。

以电动机控制电路为例，前级命令单元由起动按钮、停止按钮、热继电器保护触点等组成；中间单元由交流接触器和热继电器组成；后级执行单元为电动机。若电动机不转动，先查控制箱内的部件，按下起动按钮，交流接触器是否吸合。如吸合，则故障在中间单元与执行单元之间，检查是否缺相、断线或电动机有故障等；如接触器不吸合，则故障在前级命令单元与控制电路单元之间。以控制单元为界，将电路一分为二，再判断故障是在前一半电路还是在后一半电路，是在控制电路还是主电路部分。这样，对较复杂电气电路，效果更明显。

5. 推理分析法

根据电气设备出现的故障，层层分析和推理。需具备现场经验、基础理论、逻辑推理与分析能力。电气设备组成有内在联系，如连接顺序、动作顺序、电流流向、电压分配等，某部件、组件、元器件的故障必然影响其他部分，表现出故障现象。分析电气故障时，常常需从这一故障联系到对其他部分的影响或由某故障现象找出故障的根源。这是逻辑推理过程，又分顺向推理法和逆向推理法，前者一般从电源、控制设备及电路到故障设备的分析和查找；后者用相反的程序推理，由故障设备倒推至控制设备及电路、电源等，从而确定故障。

图 5-13 所示为被控元件 Y 的控制电路，温控器 KT 接通，中间继电器 K 工作，常开触点接通，元件 Y 工作。热继电器 FR 的触点断开，Y 停止工作。如 Y 不工作，查找故障顺向推理为：按元件 Y 的动作顺序查找，控制电源 DC24V→温控器 KT→中间继电器 K（线圈）→工作电源 AC220V→K 的触点→FR 的触点→元件 Y。逆向推理法：由故障元件 Y 逆向推理至故障点，元件→FR 的触点→K 的触点→工作电源 AC220V→K 的线圈→KT→控制电源 DC24V。

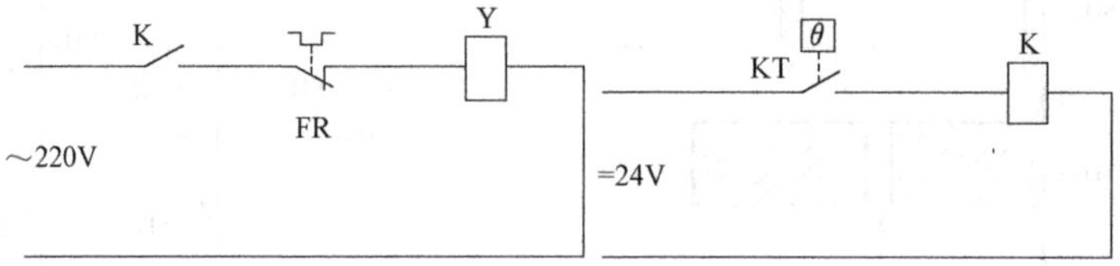

图 5-13 被控元件 Y 的控制电路

6. 关键逻辑元件分析

电气控制系统一般包括主回路、控制回路及保护回路或保护单元，如控制回路复杂，可分解成多个控制单元，再找到各个控制单元之间的逻辑关系。如图 5-14 所示控制回路中的 KM 常开触点是关键逻辑触点，当 KM 常开触点闭合时，既是对按钮 SB_2 的自保，也是控制回路部分工作的条件。

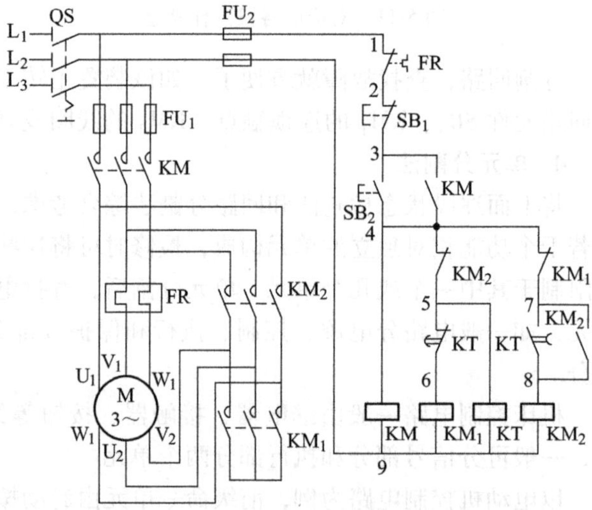

图 5-14 逻辑触点分析

7. 图形变换法

电气图用以描述电气装置的构成、原理、功能，提供装接和使用维修信息。检修电气故障，需将实物和图纸对照。电气图种类繁多，从故障检修出发，将一种形式的图变换成另一种形式的图。常将设备布置图、接线图变换成原理图。将集中式布置电路图变换成为分开式布置电路图。

另外，还有电压分析法、测量法等，如电位和电流的测量、绝缘电阻的测量、直流电阻的测量等，各种排除故障方法相互配合、相互联系，根据实际故障现象，采取某种或多种方法结合。

5.4.2 电气电路故障排除的一般思路

1. 熟悉电路原理，确定检修方案

设备发生电气故障时，不要急于动手拆卸，先了解电气设备故障现象、经过、范围、可能的原因；熟悉设备及电气系统，分析具体电路、分析电路功能块的内在联系，搞清楚信号、控制、输出、执行元件或机构的相互关系，结合实际，确定修理方案。

2. 先机械后电气

设备是机电液仪一体化，机械部分出现故障，可能影响电气系统，许多发生在机械部分的故障，可能由电气控制系统造成。机械部分可以观察，电气控制系统不直观。要认真分析故障现象，根据现象，从机械部分分析到电气系统。

3. 先简单后复杂

检修故障要用简单易行、最熟悉、最有效的方法，或者考虑得复杂但动手时从最简单开始，然后再用复杂、精确的方法处理。排除故障时，先排除直观、易发现、简单常见、先前遇到的故障，后排除难度较高、没有处理过的疑难故障。

4. 先检修常见故障、后排查疑难杂症

电气设备经常容易发生相同类型的故障现象，由于发生的次数多，积累经验也较丰富，可快速排除。再集中精力和时间排除比较少见、难度高、现象古怪甚至解释不通的疑难杂症。简化步骤，缩小范围，提高检修效率。

5. 先外部调试，后内部处理

外部指设备电气控制部分暴露在电气柜或密封件外部的开关、按钮、信号传感器、指示灯、接插件等；内部指电气柜或密封件内部的各种电路板、元器件及各种连接导线等。在不拆卸电气设备时，用外部开关、按钮、位置开关等调试检查，缩小故障范围，判断故障位置。先排除外部元器件引起的故障，再检修内部故障，尽可能不盲目拆卸或尽量不拆卸。

6. 先不通电测量，后通电测试

检修设备电气故障时，先不通电仔细观察元件，用手轻轻拉动导线接头，看是否有松动、脱离或碰线，还可用万用表测量电路的短路、断路状况。再接通电源测试，进一步判断故障。

7. 先共用电路，后专用电路

任何电气控制电路出现故障，信息、能量就无法传递、分配到具体电路中，系统无法工作。如控制系统的总电源出现故障，则电源以下全部的电气系统停止工作，就不能向电源以后的各电路传递信息、输送能量。遵循先共用电路、后专门电路的顺序，排除电气系统故障。

8. 查阅控制程序与控制器的外部关系

设备中常用的控制器有多种，如单片机、PLC 及工控机等，控制器的输入输出端子与现场状态的连接关系，应当正确并适当，如控制器是否能够驱动大功率负载，选择不当，将出现故障。

9. 传感器与控制器的关系

设备中所用的传感器特性，应满足设备技术性能要求，还应与控制器的性能、参数、精度等相适应。选用传感器的精度并不是越高越好，可能故障诊断比较难。

10. 控制器与控制对象的关系

设备运行过程的执行驱动，通常由电气信号或相应额定功率的电气元件或部件承担，控制器输出的信号功率一般较小，需采取措施，选择适合的方案进行功率放大，如不恰当，将成为产生故障的隐患。

11. 控制系统与保护的关系

设备的控制系统都需要有保护电路、保护环节或保护元件，保护必须合理，如达不到保护要求，则设备将发生故障；如过度保护，即使设备的控制系统没有因性能或参数发生故障，也会造成误故障或误停机。

12. 先静止，后动作

检修电气系统故障时，不随意通入电源、操作按钮、让设备运转，而是先静止观察设备故障发生时的状态，在当前状态下采用一些技术测试，分析判断故障的原因、位置。再操纵控制按钮，使设备运转动作，进一步判断故障。

5.4.3 典型控制电路故障及排除

1. 直接起动控制电路的常见故障及排除

（1）按起动按钮后电动机不能起动

1）判断主电路还是控制电路的故障。交流异步电动机正反转直接起动控制电路如图5-15所示。若按下起动按钮后，接触器吸合，说明控制电路无故障；查主电路，用万用表逐段测量主电路的电压，熔断器是否熔断或松脱，主电路是否断线或接线松脱，接触器主触点接触有无问题；若按下起动按钮后，接触器不吸合，则故障在控制电路，可用检查电路通断的方式，重点检查按钮开关的动合和动断触点、接触器互锁触点是否接触良好、热继电器的动断触点是否已复位闭合、接触器的线圈是否损坏等。

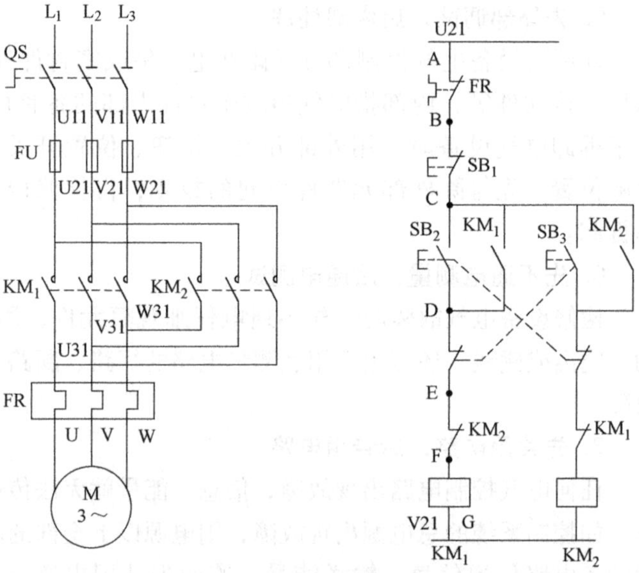

图 5-15 交流异步电动机正反转直接起动控制电路

2）如双向运转的电动机只是单向不能起动，应检查相关控制电路和元件；如在电动机接线端子 U、V、W 处能测得正常电压，则是电动机发生故障，应检修电动机。

3）如是电动机在起动时不能起动运转，并发出“嗡嗡”声或运行时突然发出“嗡嗡”声，可能是电动机发生了断相，三相熔断器熔断（或松脱）了一相、接触器主触点有一相接触不良，也可能是电动机接线盒内的一相接线松脱。应切断电源检修，以防电动机损坏。

（2）接通电源无需起动按钮控制，电动机自行运转

可能是起动按钮开关内部动合和动断触点的接线接反，在没按下按钮的情况下控制电路已接通，也可能是按钮开关的动合触点熔焊。

（3）电动机起动运转后，手离开按钮电动机便停转

自锁支路出现了问题，可能是接触器的自锁触点接触不良，也可能是自锁电路的接线

松脱。

（4）按下停机按钮，电动机不能停转

可能是接触器的三相主触点熔焊；停机按钮的触点熔焊或击穿短路；也可能是新换的接触器因未擦去铁心中的防锈油，经多次吸合后致使接触器的动、静铁心粘住。

（5）按点动按钮不能实现电动机点动运转

点动控制的电路如图 5-16 所示，有专门的点动按钮 SB_3，如按下 SB_3 电动机不能点动运转，原因主要是 SB_3 的动合触点接触不良，按下 SB_3 后电路没有接通，电动机不会运转；串联在自锁支路中的 SB_3 动断触点没有断开，电动机保持连续运转，应重点查点动按钮及接线。

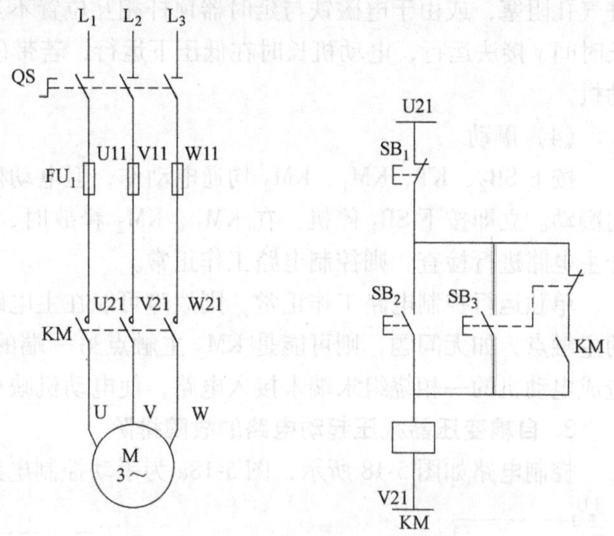

图 5-16 点动与连续转动控制的电路

2. Y-△减压起动控制电路的故障诊断与排除

（1）起动时

图 5-17 所示的时间继电器控制Y-△减压起动控制电路。电动机通电后转速上升，约 1s 后电动机突然有“嗡嗡”声转速下降，接着断电停机。尽管Y-△起动方式可降低电动机起动电流，但轻载起动时的电流值达到额定电流的 2～3 倍。起动开始时电动机状态正常，说明电源及电路正常，但随之有“嗡嗡”声并转速下降，可能是熔断器熔体的额定电流值太小，起动时即熔断一相，电动机缺相，绕组电流增大，使另两相熔断器相继熔断。

（2）运行时

电动机Y起动时正常，但转换成△运行后，就发出异常响声并转速骤降，熔断器熔断使电动机断电停机。电动机Y起动正常，说明这部分电路没有问题。转成△运行异常，则应从该部分电路中寻找故障。可能原因是电动机△联结时的接线端接错，造成△运行时的三相电源相序与Y运行时相反，电动机在Y-△转换后处于反接制动，产生过

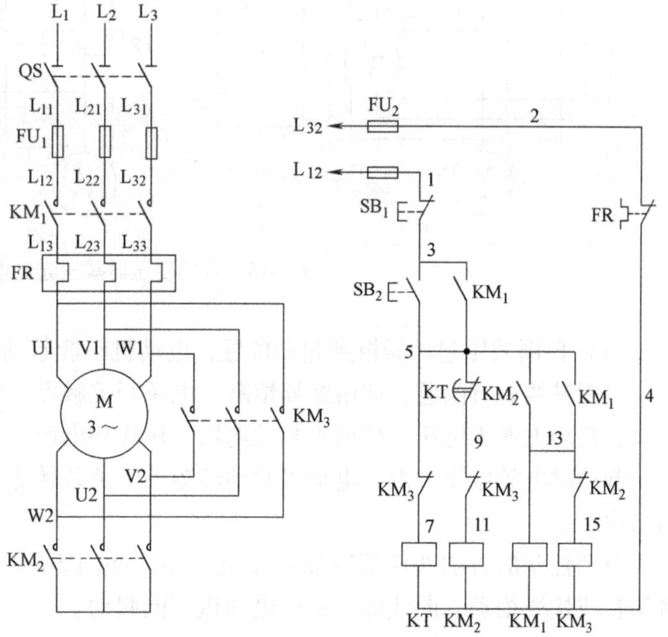

图 5-17 Y-△减压起动控制电路

大的制动电流使三相熔断器熔断。

（3）电路无切换

按下 SB_2，KT 及 KM_2、KM_1 通电动作，电动机Y起动，但长时间电路无转换动作。可能是时间继电器的时间设定太长或没有动作。如果是空气阻尼式时间继电器，可能是空气室进气孔阻塞，或由于电磁铁与延时器顶杆相互位置不当。如不及时发现并排除，将使电动机长时间Y接法运行，电动机长时在低压下运行，若带硬性负载，则会造成电流过大而损坏电动机。

（4）颤动

按下 SB_2，KT、KM_1、KM_2 均通电动作，但电动机立即发出异响，转轴向正、反两个方向颤动。立即按下 SB_1 停机，在 KM_1、KM_2 释放时，接触器主触点有较强的电弧。如果断开主电路进行检查，则控制电路工作正常。

单独运行控制电路工作正常，则故障可能在主电路。检查主电路各熔断器和 KM_1、KM_2 的主触点，如无问题，则可能是 KM_2 主触点另一端的短接线松脱，该接线如接触不良，则造成电动机的一相绕组末端未接入电路，使电动机缺相起动。

3. 自耦变压器减压起动电路的故障排除

控制电路如图 5-18 所示，图 5-18a 为手动控制电路，图 5-18b 为自动控制电路。

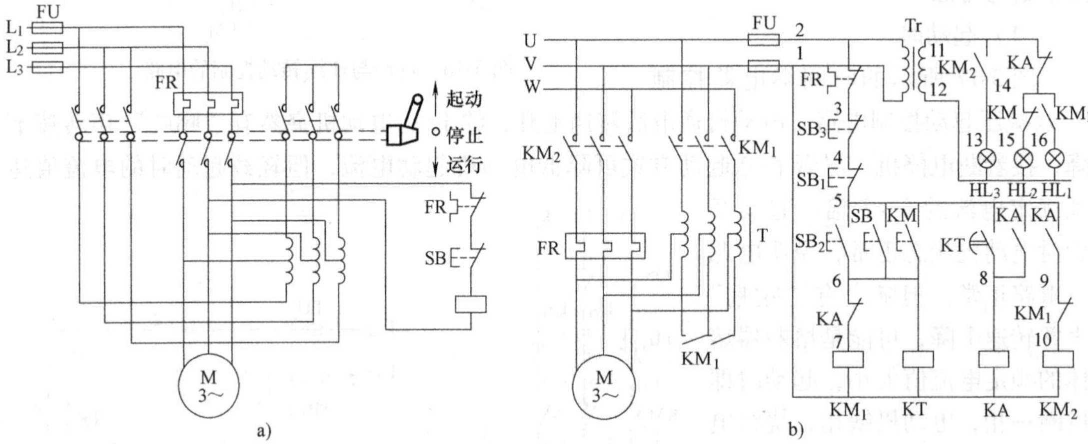

图 5-18 自耦变压器减压起动电路

（1）自耦减压起动器扳到起动位置，电动机不能起动

电源进线处有问题，如熔断器熔断、电源开关触点、接线接触不良、电动机的接线端子松动，甚至电源无电压。应检查相关电器、接线和电源。

起动时电源电压太低，电动机起动转矩小于负载转矩，应调整自耦变压器抽头位置以提高二次电压。

自动控制的自耦变压器减压起动电路中，如图 5-18 中的 KM_1、KT、KA 损坏、触点接触不良或接线松动、断线等，也使电动机不能起动。

（2）电动机起动时运转正常，但转换到运行位置时，电动机变为缺相运行

此情况可能与Y-△减压起动转换电路故障原因相似，运行位置时有一相接触不良，或是在起动过程中有一相熔断器熔断。若为后者，应检查熔丝规格。

（3）电动机起动过程过快或过慢

1）自耦变压器二次电压原因。可能是自耦变压器二次电压过高或过低，可降低或提高二次电压再次试验；变压器绕组匝间短路会产生电动机起动过快或过慢，拆下电动机接线，测量自耦变压器各相绕组抽头的输出电压，若某相绕组输出电压明显偏高或偏低并严重发热，说明有短路故障，需更换绕组或变压器。需注意，自耦变压器重新接线，要仔细检查，防止变压器一次绕组与二次绕组接反，出现高电压，如自耦变压器二次绕组抽头接在65%位置时，输入/输出电压应该为380/247V，若变压器的一次、二次绕组接反，则输出电压为585V，重新接线后要查线并空载测量变压器的输出电压。

2）时间继电器延时问题。控制电路中，如时间继电器延时时间过长或过短，会使电动机起动过快或过慢，应根据实际负载整定延时时间。

（4）手动补偿器不能停在“运行”位置

可能原因是FR脱扣后，需经几分钟恢复时间才能重新合闸；停止按钮SB_1、热继电器FR的动断触点接触不良；失压脱扣器绕组开路或电磁铁动、静铁心接触面有油污或异物造成不吸合，应检修；手动补偿器的机械机构松动、磨损或弹簧失效等，手柄不能停在运转位置上，可检查动作机构，修理或更换。

（5）手动补偿器工作时有不正常响声或油箱发热

如不正常响声来自变压器，按变压器故障处理方法处理；如响声来自触点位置，一般是接触不良，触点间产生火花发出的放电声，应检修触点，检查油箱油面是否符合规定；如为爆炸声，同时油箱冒烟，可能是触点有严重火花或有接地和短路，应立即停电检查，触点有灼伤时应修整；接地或短路时，短路点常有电弧灼焦的痕迹，应处理绝缘并符合规定要求；发生电弧短路或接地时，常会引起绝缘油油质变坏，要对油质检验，必要时更换绝缘油；如油箱发热，可能是绝缘油变质，需更换绝缘油。

如补偿器操作过于频繁或触点熔焊，造成油箱发热，因自耦变压器绕组按短时工作设计，若操作频繁，就会使绕组严重发热；如电动机功率过大，起动电流将很大，若合闸时燃弧次数过多，会引起触点熔焊，致使电动机不能从起动状态转换为运行状态，此时自耦变压器将长期处于通电状态，将导致变压器过热甚至烧毁。

4. 反接制动控制电路的故障排除

常用速度继电器自动控制，典型的故障也常出自速度继电器。电路如图5-19所示。

（1）电动机起动、运行正常，按下SB_1，电动机断电继续惯性旋转，无制动。

查KM_2各触点及接线；查SB_1的动合触点；如无问题，查速度继电器KV，如触点接触不良、胶木摆杆断裂，应修理或更换。如无问题，可起

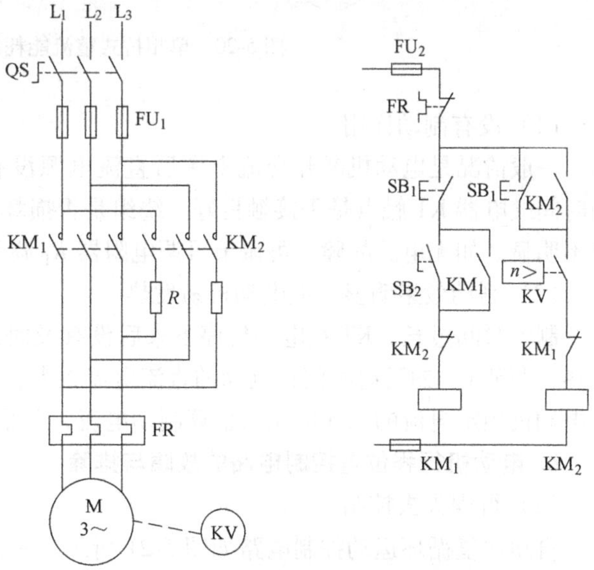

图5-19 反接制动控制电路

动电动机，待转速上升到一定值时，观察 KV 摆杆动作，如发现摆杆摆向未用的另一组触点，则 KV 两组触点用错，应改接另一组触点。

(2) 电动机有制动，但 KM_2 释放时，电动机转速仍较高

可能是 KM_2 释放太早。用转速表测量 KM_2 释放时电动机的转速，一般在 100r/min 左右为宜，若太高，可松开 KV 的触点复位弹簧的锁定螺母，将弹簧的压力调小后再将螺母锁紧。重新观察制动的效果，反复调整。

(3) 电动机制动时，KM_2 释放后电动机反转

由于 KV 复位太迟引起，KV 触点复位弹簧压力过小，应按上述方法将复位弹簧的压力调大，并反复调整试验，直至达到合适程度。

5. 能耗制动控制电路的故障排除

能耗制动控制电路需直流电源，直流电源由单相半波或桥式整流电路组成，单相桥式整流能耗制动控制电路如图 5-20 所示。

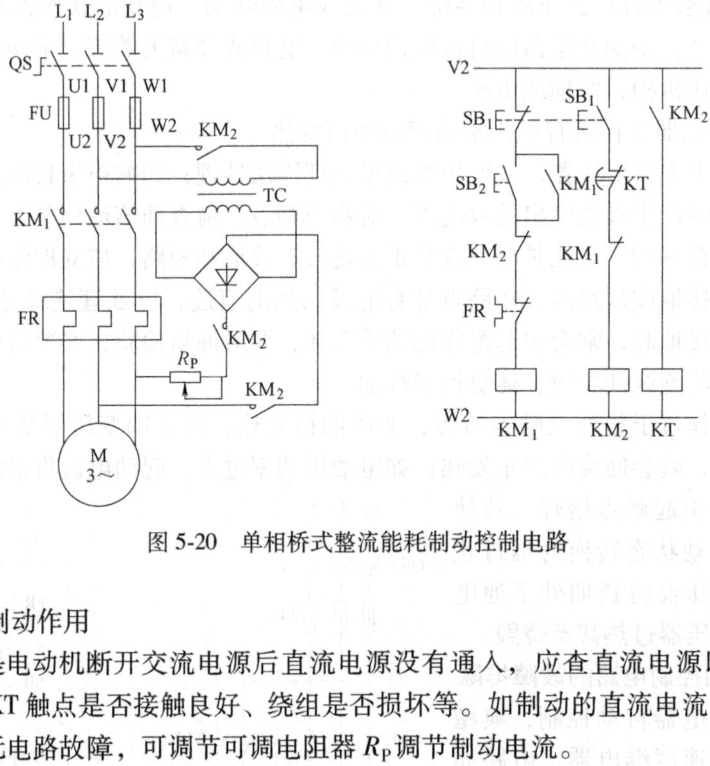

图 5-20 单相桥式整流能耗制动控制电路

(1) 没有制动作用

一般情况是电动机断开交流电源后直流电源没有通入，应查直流电源以及接触器 KM_2 和时间继电器 KT 触点是否接触良好、绕组是否损坏等。如制动的直流电流太小，制动效果也不明显。如无电路故障，可调节可调电阻器 R_P 调节制动电流。

(2) 制动效果明显，但电动机易发热

制动时间过长，KT 在电动机停下来后没有及时地切断直流电源，造成电动机定子绕组发热，调节 KT 的延时时间；制动的直流电流太大，可调节 R_P，取合适的制动电流，一般可按电动机额定电流的 1.5 倍左右估算制动电流，并根据实际制动效果调节。

6. 电动机行程位置控制电路的故障与排除

(1) 行程失去控制

自动往复循环运动控制电路如图 5-21 所示。不能实现行程控制，即限位挡块已碰行程开关但电动机不反转，是常见故障，多为行程开关损坏。先切断主电路，按下行程开关 SQ_1

和 SQ_2，查接触器如无动作，则可能是行程开关多次碰撞后损坏，应修理或更换。如行程开关没有问题，再查机械装置，如行程开关、挡块松动或安装位置不合适，行程开关的滚轮行程不够，或限位挡块碰击高度不够，运行到限位挡块时没有压住行程开关，此时将限位挡块调整位置并紧固即可。如行程开关内部的微动开关不可靠动作，应更换微动开关或更换行程开关。

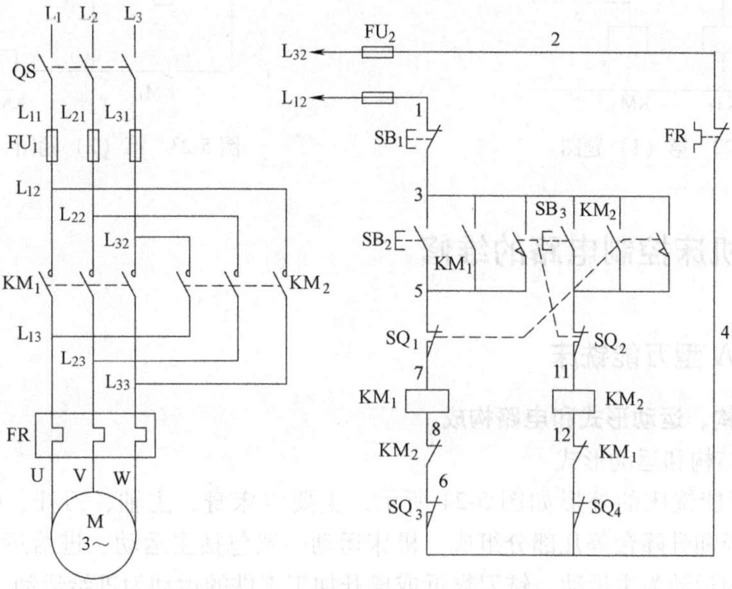

图 5-21　自动往复循环运动控制电路

（2）接线问题

限位挡块碰撞到行程开关时接触器动作，但电动机仍不反转。挡块碰撞到行程开关使相关的接触器动作，说明不是电路和电器故障，问题在主电路。可能是主电路维修时接错线，使 KM_1、KM_2 分别动作时，电动机电源相序相同，电动机不能反转。

该电路实质是控制电动机的正反转，起重设备在轨道上运行，也是这种控制方式，但是起重设备是特种设备，安全运行十分重要，发生故障时，特别要仔细检查行程开关及限位挡块，为提高安全可靠性，一般在越过行程开关的位置加装机械限位。

课堂练习

（1）如图 5-22 所示，某电路的设计要求是接通电源后，KM_1 得电动作，延时一段时间后 KM_2 得电动作。请叙述此电路的工作过程，此电路是否合理？请分析原因（答题提示：要注意接触器元件的结构，动合与动断触点同时使用时，当电磁机构得电动作，动合与动断触点的动作瞬间是有顺序的，这个顺序将影响电路的接通与断开）。

（2）如图 5-23 所示，某设备电路，接触器 KM_1、KM_2 接在电源中，要求按下 SB_2 按钮，KM_1 接通并自保，同时 KM_2 接通；按下 SB_1，KM_1、KM_2 停止工作。此电路是否合理？请分析原因，并修改电路。

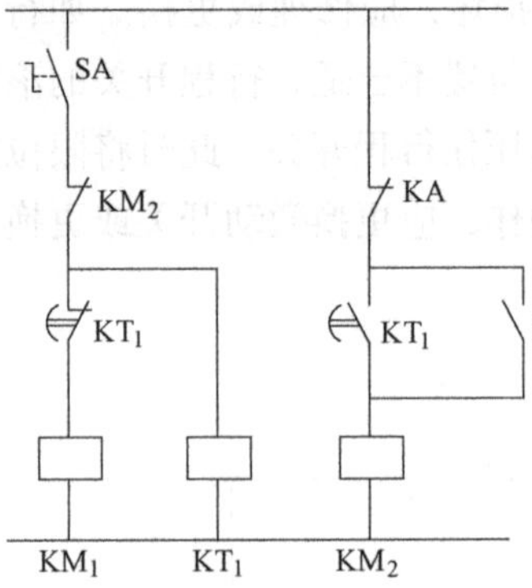

图 5-22 第（1）题图

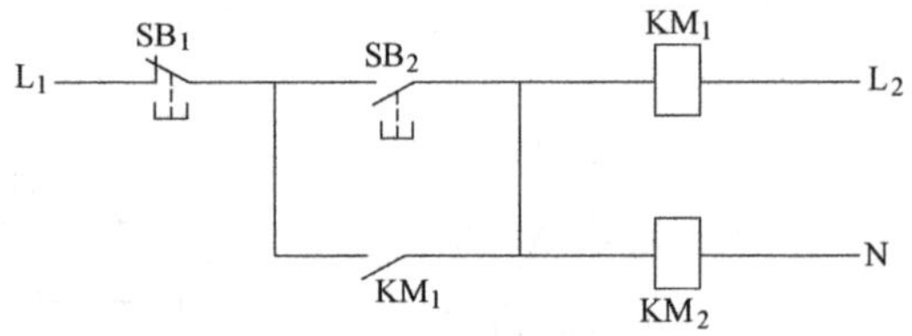

图 5-23 第（2）题图

5.5 典型机床控制电路的维修

5.5.1 X62W 型万能铣床

1. 主要结构、运动形式和电路构成

（1）主要结构和运动形式

X62W 型万能铣床的外形如图 5-24 所示，主要由床身、主轴、刀杆、横梁、工作台、回转盘、横溜板和升降台等几部分组成。机床运动一般包括主运动、进给运动与其他运动。主轴带动铣刀的运动为主运动，铣刀靠近或离开加工工件的运动为进给运动，其余运动如横梁、工作台、回转盘、横溜板和升降台等运动为辅助运动。

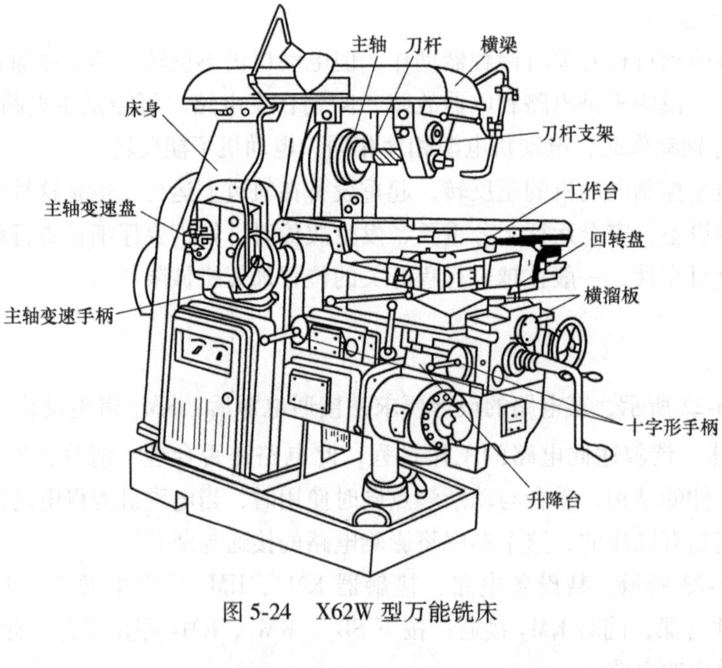

图 5-24 X62W 型万能铣床

主运动是主轴电动机通过传动机构来驱动主轴旋转。进给运动是工作台在纵、横方向及垂直方向的三个方向的运动，由进给电动机通过传动机构驱动。

（2）铣床对电气控制电路的要求

铣床有 3 台电动机，主轴电动机 M_1、进给电动机 M_2 和冷却泵电动机 M_3。机械加工时分顺铣和逆铣两种加工形式，要求 M_1 能正、反转，并要求在变速时能做瞬时冲动，以利于齿轮的啮合，还有停车制动和两地控制。M_2 也能正、反转，实现工作台三方向正、反向进给运动，同时在工作台进给变速时，能做瞬时冲动，并要求有快速进给和实现两地控制。M_1 和 M_2、M_3 还要求有互锁控制，即在 M_1 起动之后 M_2 和 M_3 才能起动运行。M_3 只要求正转。

（3）电气控制电路分析

X62W 型万能铣床的电气控制电路如图 5-25 所示，铣床床身电气位置图如图 5-26 所示。

1）主电路。主电路中有电动机 M_1、M_2 和 M_3。电源开关 QS 接电源，FU_1 是总的短路保护。M_1 由接触器 KM_1 控制，由转换开关 SA_4 实现换相使电动机 M_1 正、反转，接触器 KM_2、制动电阻 R 和速度继电器 KS，实现变速瞬时冲动和正、反转反接制动控制。进给电动机 M_2 由 KM_3、KM_4 实现正、反转，并与行程开关及接触器 KM_5、牵引电磁铁 YA 配合，实现进给变速时的瞬时冲动及六个方向的常速和快速进给。冷却泵电动机 M_3 由 KM_6 控制做单向旋转。FU_2 作 M_2、M_3 及控制、照明变压器一次绕组的短路保护。三台电动机分别由热继电器 FR_1、FR_2、FR_3 作过载保护。

2）控制电路。由控制变压器 TC 提供交流 110 V 工作电压，FU_3 和 FU_4 作变压器二次绕组的短路保护。

3）主轴电动机控制。SB_3、SB_4 和 SB_1、SB_2 分别为 M_1的起动和停机按钮开关（两地控制）。停机时，由 KM_2 改变 M_1 的电源相序（串限流电阻）作反接制动，当 M_1转速低于 120r/min 时，由速度继电器 KS 的一对动合触点切断 KM_2 支路，完成制动。M_1 的变速冲动则由变速手柄压动行程开关 SQ_7，使 KM_2 瞬间通电（KM_1断电）。

4）进给运动控制。工作台六个方向的常速进给由分别与相关机械操作手柄有机械动作联系的行程开关 SQ_1、SQ_2、SQ_3、SQ_4 控制接触器 KM_3、KM_4 实现 M_2 正、反转。快速进给时，在常速进给相应操作基础上按下快速进给按钮 SB_5 或 SB_6，由 KM_5 接通牵引电磁铁 YA 改变机械传动比实现。进给变速冲动时，由操作手轮瞬间压合行程开关 SQ_6，使 KM_3 瞬间通电实现。该电路还设有圆工作台的控制，由组合开关 SA_1 控制，此时 M_2 由 KM_3 控制只作单向旋转。

5）冷却泵电动机的控制和照明电路。M_3 由组合开关 SA_3 控制作单向旋转，但需在 M_1 起动运行之后进行。照明变压器 TL 提供 AC24V 电压给照明灯 HL，SA_5 为灯开关，由 FU_4 作短路保护。

2. X62W 型铣床电气电路故障与排除

机床电路任何部位、任何元件都可能发生故障。但从电路分析思路看，X62W 型万能铣床电气控制电路常见的故障一般是主轴电动机控制电路和工作台进给控制电路的故障。

（1）主轴电动机控制电路故障

1）主轴电动机不能起动。应从电源、总熔断器 FU_1、热继电器 FR_1 到接触器 KM_1、换相组合开关 SA_4，从主电路到控制电路进行检查。因主轴电动机的容量较大，应注意检查接触器的主触点、换相组合开关的触点有无熔焊、接触不良。

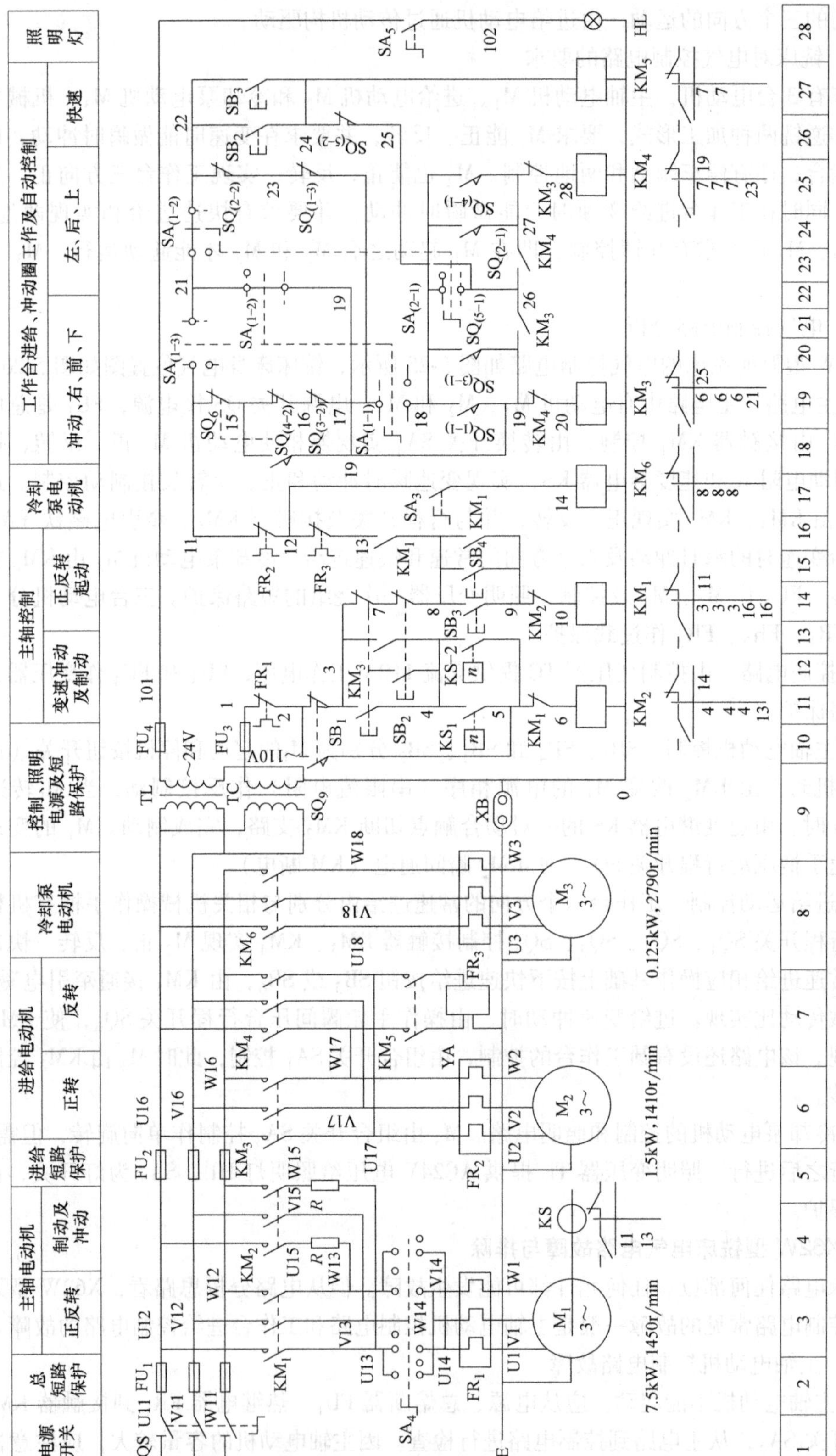

图 5-25 X62W 型万能铣床电气控制电路原理图

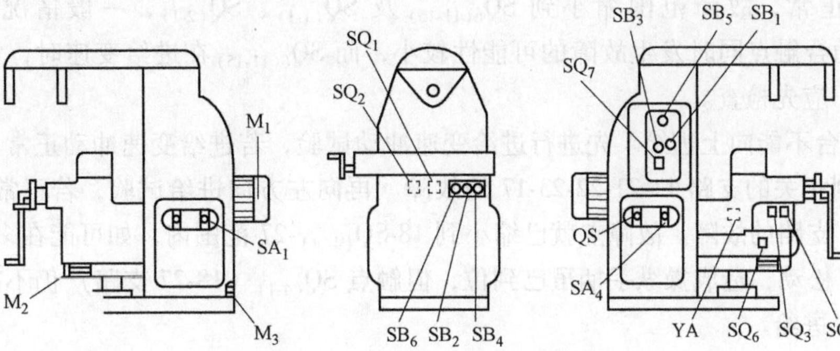

图 5-26 X62W 铣床电气位置图

2）主轴电动机停机时无制动或制动不明显。主轴无制动时，按下停机按钮 SB_1 或 SB_2 后，反接制动 KM_2 如不动作，故障在控制电路中。可先操作主轴变速冲动手柄，若抖动冲击，故障范围缩小到速度继电器和按钮支路。如 KM_2 动作，故障原因较复杂，故障原因之一是主电路 KM_2、R 制动支路中，至少有两相缺相故障；其二是速度继电器 KS 触点不动作，胶木摆杆断裂或其联动装置故障，如 KS 弹性连接件损坏，螺钉、销松动或打滑，速度继电器的触点不能动作。如 KS 触点过早断开，制动效果不明显，是 KS 动触点反力弹簧过紧，也可能是 KS 的永磁铁磁性衰减；如 KS 反力弹簧调得过松，触点断开过迟，主轴电动机停机时产生短时反向旋转，KS 反力弹簧应适当调整。

3）按下停车按钮后 M_1 不停。可能是 KM_1 的主触点熔焊；反接制动时两相运行；起动按钮 SB_3 或 SB_4 在 M_1 起动后绝缘被击穿。这三种原因故障现象有区别：如按下停车按钮后 KM_1 不释放，可断定故障由 KM_1 熔焊引起；如按下停车按钮后，接触器动作顺序正确，即 KM_1 释放 KM_2 吸合，而 M_1 伴有“嗡嗡”声或转速过低，制动时主电路有缺相，使 M_1 两相运行；如按下停车按钮后接触器动作顺序正确，M_1 能反接制动，但松开停车按钮后，M_1 又再自行起动，则是起动按钮绝缘击穿。

4）主轴变速时无瞬时冲动。由于主轴变速行程开关 SQ_7 在频繁动作后，造成开关位置移动，甚至开关底座被撞碎或触点接触不良，都将造成主轴无变速时的瞬时冲动。

（2）工作台进给控制电路故障

铣床工作台应能前、后、左、右、上、下六个方向进行常速和快速进给运动。由于电气系统和机械系统配合，在出现工作台进给运动故障时，逐个对电器、支路检查，难以尽快查出故障，应采用试验和逻辑判断方法，依次进行常速进给、快速进给、进给变速冲动和圆工作台的进给控制试验，逐步缩小故障范围，再在故障范围内逐个对电器元件、触点、接线和接点等检查。检查时，还应考虑机械磨损或位移使操纵失灵等非电气的故障原因，这部分电气控制电路的故障较多，以故障为例分析。

1）工作台不能纵向进给。先对横向进给和垂直进给试验检查，如正常，则进给电动机 M_2、主电路、接触器 KM_3、KM_4 及与纵向进给公共支路都正常。重点查图 5-25 所示电路中图区 19 中行程开关 $SQ_{6(11\text{-}15)}$、$SQ_{(4\text{-}2)}$ 及 $SQ_{(3\text{-}2)}$，接线端编号 11-15-15-17 的支路，这 3 对动断触点之中有 1 对不闭合、接触不良或者接线松脱，就不能纵向进给。再查进给变速冲动是否正常，如正常，故障范围缩小到 $SQ_{6(11-15)}$ 及 $SQ_{(1-1)}$、$SQ_{(2-1)}$，一般情况下 $SQ_{(1-1)}$、$SQ_{(2-1)}$ 两对动合触点同时发生故障的可能性较小，而 $SQ_{6(11-15)}$ 在进给变速时，常常会用力过猛而损坏，应先检查。

2）工作台不能向上进给。先进行进给变速冲动试验，若进给变速冲动正常，可排除与向上进给控制相关的支路 11-21-22-23-17 的故障。再向左方向进给试验，若正常，排除 15-18 和 25-28-0 支路的故障。故障点就已缩小到 18-$SQ_{(4-1)}$-27 范围内，如可能在多次操作后，SQ_4 安装螺钉松动，造成操纵手柄虽已到位，但触点 $SQ_{(4-1)}$（18-27 支路）仍不能闭合，工作台不能向上进给。

3）工作台各个方向都不能进给。先进行进给变速冲动和圆工作台控制，如正常，故障可能在行程开关 $SA_{(1-1)}$ 接线 15-18。但若变速不能冲动，则注意 KM_3 能否吸合。如 KM_3 不吸合，故障可能在控制电路的电源，即 8-13-12-11 支路及 0 号线上；若 KM_3 吸合，检查主电路及电动机 M_2 的接线及绕组有无故障。

4）工作台不能快速进给。常见原因是牵引电磁铁 YA 电路故障，如线头脱落、绕组烧毁等，也可能机械运动部分卡住。如按下 SB_5 或 SB_6 后接触器 KM_5 不能动作，故障在控制电路中。若 KM_5 能动作，牵引电磁铁正常，多是牵引电磁铁传动系统的故障，如由于杠杆卡住、离合器的摩擦片间隙调整不当引起的故障。

5.5.2 CW6163B 型车床故障分析

1. CW6163B 型车床主要结构、运动形式和电气电路

（1）主要结构和运动形式

CW6163B 型车床主要由床身、主轴变速箱、进给箱、溜板箱、溜板与刀架、尾架、主轴、丝杠与光杆等组成，外形图如图 5-27 所示。主运动由主轴电动机 M_1 通过带轮传动到主轴变速箱带动主轴旋转，由床身前面的手柄操纵专用转阀，通过液压装置控制主轴正、反转和停车制动。快速进给运动是溜板箱带刀架的直线运动，由快进电动机 M_3 传动到进给箱，通过光杠传入溜板箱，再由溜板箱齿轮与床身的齿条或上下刀架的丝杠、螺母等获得纵、横两方向的快速进给。常速进给仍由主轴电动机 M_1 传动。电气控制电路原理图如图 5-28 所示。

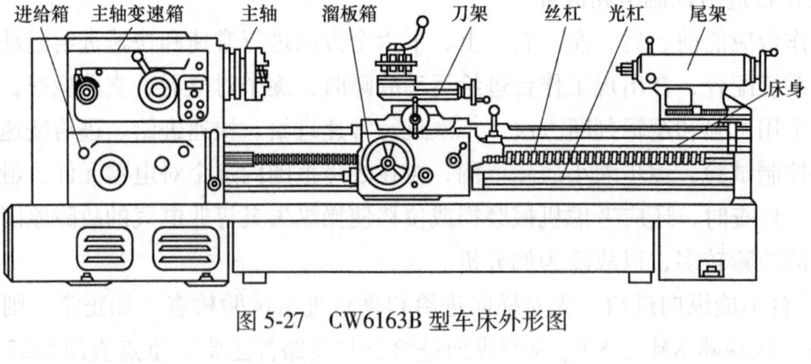

图 5-27　CW6163B 型车床外形图

（2）对电气控制的要求

车床有三台电动机，M_1 为主轴电动机，M_2 为冷却液泵电动机，M_2 在 M_1 起动后才能

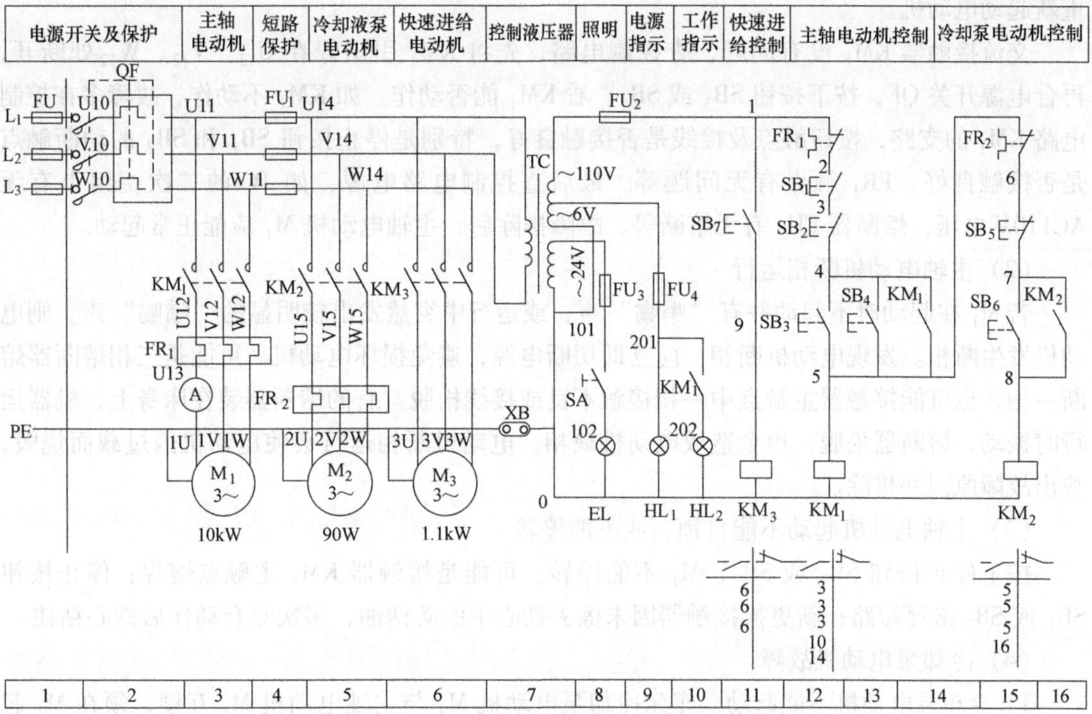

图 5-28 CW6163B 型车床电气控制电路原理图

起动。M_3 为快速进给电动机，要求采用点动控制。三台电动机都采用全压直接起动，单向运转。

（3）电气控制电路

1）主电路。电源为三相 AC380V，由开关 QF 控制，有保护接地措施；总熔断器 FU 由用户提供，电动机 M_1 由自动开关 QF 短路保护；M_2、M_3 由熔断器 FU_1 短路保护；M_1 与 M_2 分别由热继电器 FR_1、FR_2 过载保护；交流电流表 A 监视 M_1 的实时负载，3 台电动机分别由接触器 $KM_1 \sim KM_3$ 控制。

2）控制电路。由控制变压器 TC 提供 110V 电源，FU_2 作短路保护。M_1 由起动按钮 SB_3、SB_4 和停机按钮 SB_1、SB_2 两地控制。M_2 在 M_1 起动后才能按下 SB_6 起动，与 M_1 互锁控制。M_3 由 SB_7 点动控制。

3）照明与信号。由 TC 提供电源，EL 为车床照明灯，电压 AC24V；HL_1 为电源指示灯，HL_2 为 M_1 的运行指示灯，电压均为 AC6V。

2. 电气控制电路故障诊断与检修

（1）主轴电动机不能起动

按下起动按钮不起动或发出“嗡嗡”声，一按下起动按钮，熔断器烧毁；按下停止按钮后无法再起动；运行中突然停机，再不能起动，这些都是主轴电动机不能起动的故障。应查熔断器有无熔断、电源开关 QF 有无跳闸；查热继电器 FR_1 是否动作过。如热继电器已动作，先查原因，如负载大即加工时进刀量过大且运行时间长，或热继电器整定电流过小，或热继电器选配不当，需更换热继电器或重新整定电流值。找出原因后，将热继电器复位，可重新起动电动机。

交流接触器 KM_1 没有问题，查控制电路，先将 KM_1 引出线在 U_{12}、V_{12}、W_{12} 处断开，再合电源开关 QF，按下按钮 SB_3 或 SB_4，看 KM_1 能否动作。如 KM_1 不动作，故障多在控制电路 KM_1 的支路，按钮触点及接线是否接触良好，特别是停止按钮 SB_1 和 SB_2 的动断触点是否接触良好、FR_1 触点有无问题等。最后查控制电路电源，如 TC 的二次绕组上有无 AC110V 电压，熔断器 FU_2 有无熔断等。故障排除后，主轴电动机 M_1 应能正常起动。

（2）主轴电动机断相运行

若 M_1 在起动时不起动并有"嗡嗡"声，或运行中突然发出较明显的"嗡嗡"声，则电动机发生断相。发现电动机断相，应立即切断电源，避免损坏电动机。可能是三相熔断器熔断一相，也可能接触器主触点中一相接触不良或接线松脱。有的熔断器装在床身上，机器运行时振动，熔断器松脱，也会造成电动机缺相。电动机断相运行会使电动机因过载而烧毁，找出故障原因并排除。

（3）主轴电动机起动不能自锁，或不能停转

按下停止按钮 SB_1 或 SB_2，M_1 不能停转。可能是接触器 KM_1 主触点熔焊；停止按钮 SB_1 或 SB_2 击穿短路；新更换接触器因未擦去铁心中的防锈油，多次吸合动作后铁心粘住。

（4）冷却泵电动机故障

1）冷却泵电动机不能起动。车床冷却泵电动机 M_2 与主轴电动机 M_1 互锁，须在 M_1 起动后 M_2 才起动。如只是 M_2 不能起动，除按上述查 M_1 不能起动的方法外，还应查控制电路中 KM_2 与 KM_1 支路间的接线有无松脱。

2）冷却泵电动机烧毁。当车床冷却液中金属屑等杂质较多时，造成冷却泵负荷大，导致电动机堵转，发现不及时就会烧毁电动机。此外，在车床加工零件时，冷却液飞溅，可能从接线盒或电动机端盖等处进入电动机，造成定子绕组短路，烧毁电动机，这类故障应注意检查冷却泵电动机的密封性能。

（5）控制变压器的故障

控制变压器 TC 给控制电路、照明、信号指示供电，控制变压器常常会出现烧毁等故障。

1）过载。控制变压器容量较小，注意负荷与变压器容量相适应，不可随意增大照明灯的功率。

2）短路。原因较多，包括灯头接触不良造成局部过热，使螺口白炽灯锡头脱焊两极短路；灯头内电线因长期过热导致绝缘性能下降产生短路；白炽灯拧得过紧，也可能使灯头内弹簧片与铜壳相碰而短路；控制电路故障也会造成变压器次级短路，应选用合适的熔体。

3）熔体选得过大。变压器的熔断器熔体一般按额定电流的 1.5~2 倍选用，若过大起不到保护作用。

课堂练习

（1）机床电路中的照明电路有什么要求？

（2）根据图 5-27 所示，快速进给电动机的主电路为什么没有热继电器保护？

5-4 发电系统的控制及状态信息

5-5 火灾报警系统的状态信息

5-6 某操纵系统的控制及状态信息

5.6 电气设备的日常维护和保养

5.6.1 日常维护保养实务

1. 日常维护保养的必要性

设备在运行中常发生各种故障，轻者使设备停止工作，影响生产，重者造成事故。产生故障的原因有多方面，有的是由于电气设备的自然寿命引起；有相当部分的故障是忽视了对电气设备的日常维护和保养，致使小问题发展成大问题而造成；还有是由于操作人员操作不当，或是维修人员维修时判断失误，修理方法不当而引起。所以，为保证设备的正常运行，减少因电气设备故障进行修理的停机时间，从而减小对生产的影响，必须十分重视电气设备的日常维护和保养工作，消除隐患，防止事故发生。同时，还应根据实际情况，储备必要的电器元件备件及配件。

2. 日常维保的内容

（1）电动机及主电路部分维保

1）电动机应经常保持清洁。进、出风口保持畅通，不允许有任何异物进入电动机内部。

2）额定状态运行。正常运行时，电动机负载电流不能超额定值，检查三相电流是否平衡，任何一相与三相的平均值相差不能超过10%。

3）电源平衡。经常检查电源电压、频率与铭牌值是否相符，并检查电源三相电压是否对称。

4）常检查电动机的温升有无超过规定值。三相异步电动机（根据铭牌标注的绝缘等级确定）各部位最高允许温度见表5-11。

表5-11 三相异步电动机各部位最高允许温度（用温度计测量法，环境温度40℃）

最高允许温度/℃ \ 绝缘等级 \ 电动机部位	A	B	C	D	E
定子绕组或转子绕组	95	105	110	125	145
定子铁心	100	115	120	140	165
滑环	100	110	120	130	140

5）电机常态检查。经常检查电动机运行时是否有不正常的振动、噪声、气味，有无冒烟，电动机的起动是否正常，若不正常，立即停机检查。

6）检查电动机运动部位。经常检查电动机轴承部位的工作情况，是否过热、漏油，用螺钉旋具放在轴承部位用耳朵紧贴木柄听有无异常杂音。轴承振动和轴向窜动应不超过规定值。检查电动机传动机构的运行是否正常，联轴器带轮或传动齿轮有无跳动。

7）检查绝缘。经常检查电动机的绝缘电阻，工作在潮湿、灰尘大或有腐蚀性气体环境中的电动机，应加强检查。三相 380V 及以下的电动机，绝缘电阻应大于 0.5MΩ，高压电动机定子绝缘电阻应大于 1MΩ，转子绝缘电阻应大于 0.5MΩ。如电动机绝缘电阻低于标准，采用烘干、浸漆等处理，绝缘电阻达到要求才能使用。检查电动机的引出线是否绝缘良好、连接可靠，检查电动机的接地装置是否可靠和完整。

8）检查电刷与集电环之间的接触状态。对绕线式异步电动机，检查电刷与集电环之间的接触压力、磨损情况及有无不正常火花。一般电刷与集电环接触面不小于全面积的 3/4；电刷压强为 15～27kPa；刷握与集电环之间距离 2～4mm；电刷与刷握内壁应保持 0.1～0.2mm 的缝隙。发现不正常火花时，用零号砂布均匀地磨平集电环表面，并校正电刷压力。

（2）控制电路部分处于良好的状态

1）检查电气柜、壁龛的门、盖、锁及门框周边的耐油密封垫保持良好，所有门、盖均应能严密关闭，不能有水、油污和灰尘、金属屑等入内。

2）检查各部件之间的连接电缆及保护导线的软管，不得被冷却液、油污等腐蚀。

3）机床运行部件，如设备的机械手、铣床的升降台、龙门刨床的刀架及悬挂按钮站等连接电缆的保护软管，在使用一段时间后容易在接头处脱落或散头，造成电线裸露，应注意检查，发现后应及时修复，防止电线损坏造成短路事故。

4）经常擦拭电器控制箱、操纵台的外表，保持清洁。特别是操纵台上的按钮和操纵手柄，如经常有油污等进入，容易造成元件损坏，使运行失灵，应保持清洁。

（3）电气控制柜不得随意打开

对安装在电气柜、壁龛内的电器元件，为现场安全起见，不能经常开门检查，可倾听电器动作声音判定工作状态，如电器工作正常，通电或断电时动作灵敏干脆，声音清脆，铁心吸合时应无明显的交流声和杂音。铁心吸合困难时，会产生振动发出噪声。如有不正常声音，立即停机检查。对电气柜、壁龛内的电器元件，做好定期维护保养。维保周期可根据机床电气设备结构、使用情况等确定，结合设备点检，对电气设备进行维护保养。

根据传统的设备管理经验，金属切削机床的一级保养一般 2～3 个月 1 次，作业时间根据机床复杂程度，一般 6～12h，可对电气柜内电器元件进行保养、清扫柜内灰尘和异物，更换坏元件；整理内部接钉；检查电器元件的固定螺钉，旋紧螺旋式熔断器；拧紧接线板和电器元件上的压线螺钉，保证接线头接触可靠，减小接触电阻；通电试车，检查电器元件的动作顺序正确和动作可靠。

金属切削机床二级保养一般 1 年 1 次，时间 3～6 天，对电气柜内的电器元件保养。着重查运行频繁且电流较大的接触器、继电器。若电器触点是银或银合金制成，即使表面烧毛或凹凸不平，只要不影响触点的使用效果，不用修整。如触点严重磨损，应更换。动作时有明显噪声的接触器、继电器，如不能修复则应更换，校验热继电器的整定值；校验时间继电器的延时时间；检查各位置开关动作；检查各类信号指示装置和照明装置。

（4）保养注意事项

对电气控制电路的各种保护环节，如过载、短路、过流保护等，维护时不要随意改变电器（如热继电器、低压断路器）的整定值和更换熔断器的熔体。若要调整或更换，应按要求选配。在高温、潮湿环境下要加强对电气设备的维护保养。

维护保养时，要注意安全，电气设备的接地或接零必须可靠。

5-7 某设备控制的状态信息

5-8 天然气船舶安保系统的状态与信息

课堂练习

（1）请叙述机床电气日常维保的主要内容。

（2）认识表5-11中的绝缘等级A、B、C、D、E、F的含义。

5.6.2 永磁耦合传动装置的使用维护

1. 永磁耦合传动装置的组成

永磁耦合传动装置是通过两个转子间的磁场耦合传递转矩，旋转的转子之间构成气隙，两个转子的磁场在气隙中耦合产生转矩，实现主动轴向与动轴间的转矩传递。它没有硬机械连接传动，可代替传统的机械轴系硬连接传动，改变了传统机械传动，应用广泛。

永磁耦合传动装置选用适合的永磁材料很关键。19世纪末开始对永磁材料研究，近年来，第三代稀土永磁材料钕铁硼NdFeB的性能提高、成本降低，开始了工业批量应用，如永磁电动机、风力发电机、永磁耦合传动装置等，不同的永磁材料对产品性能影响很大。常用永磁材料性能见表5-12。

表5-12 常用永磁材料的性能

性能	铁氧体	钐钴	钐钴	钕铁硼
牌号	Y30H	SmCo-24	SmCo-30H	N42UH
剩磁 Br/T	0.39	0.98	1.1	1.31
磁感应矫顽力 Hcb/(kA/m)	252	730	788	938
内禀矫顽力 Hcj/(kA/m)	262	1194	1990	1990
最大磁能积 BHmax/(kJ/m³)	30	183	239	330
剩磁温度系数/(%/℃)	−0.20	−0.04	−0.03	−0.11
居里温度/℃	460	750	820	320
工作温度/℃	<200	<250	<350	<180
密度/(kg/dm³)	4.5~5.1	8.4	8.4	7.5~7.7

（1）永磁耦合传动的特点

1）永磁耦合同步传动。永磁耦合同步传动装置最早是解决机械装置中的旋转轴传动。如图5-29a所示是盘式结构，工作中，非导磁隔离罩将内、外转子隔离，内、外转子的永磁体产生磁场沿轴向透过隔离罩相互耦合，主动轴转矩通过气隙传递给从动轴，实现无接触传动。此结构对主、从动轴的对中要求较低。因主动轴与从动轴的转速相等，为同步传动。内、外转子间的磁场沿轴向耦合，内、外转子间存在轴向磁拉力，在主动轴和从动轴的轴承不能承受轴向力的场所就不能采用此结构。图5-29b是筒式结构，内、外转子永磁体产生的磁场沿径向穿过隔离罩相互耦合，不存在轴向磁拉力。永磁体的N极和S极一般交替布置，如图5-30所示。

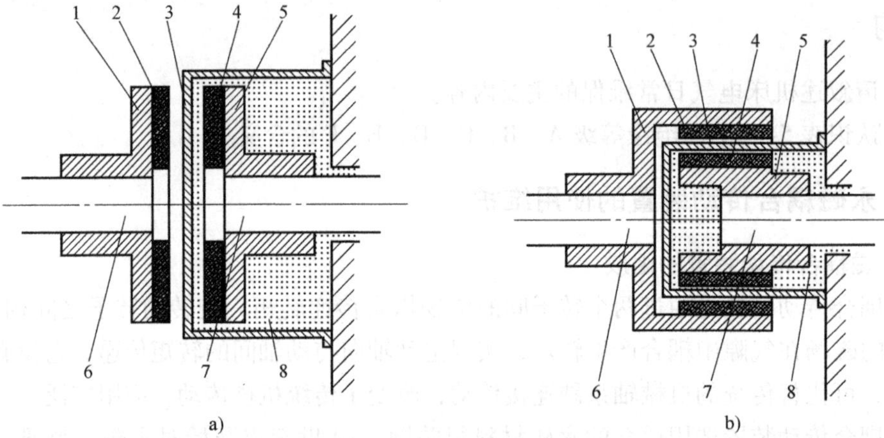

图 5-29 永磁耦合同步传动装置

a）盘式结构 b）筒式结构

1—外转子 2、4—永磁体 3—非导磁隔离罩 5—内转子 6—主动轴 7—从动轴 8—液体或气体介质

永磁材料随温度的上升磁性下降，当介质温度超过永磁材料的工作温度时，永磁体对外不显示磁性甚至永久退磁。另一种涡流式永磁耦合传动装置可克服这一缺陷。

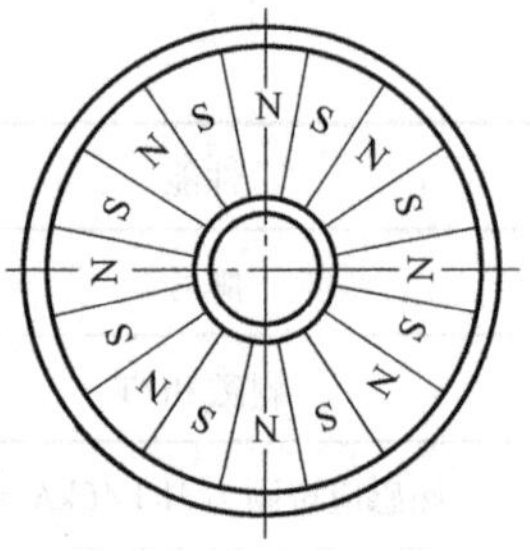

图 5-30 永磁体的 N 极和 S 极一般交替布置

2）涡流式永磁耦合传动

如图 5-31 所示，与图 5-29 所示结构比较，只是将内转子的永磁体换成了导电盘，但永磁耦合传动原理改变了。工作时，主动轴带动外转子旋转，内转子上的导电盘切割磁力线产生感应涡流，产生感应磁场，该磁场与外转子永磁体产生的磁场相互作用，驱动从动轴，实现转矩传递。这与异步电动机工作时的电磁感应原理相同，异步电动机中的旋转磁场是定子三相绕组通入三相对称交流电流后产生，永磁耦合传动装置的旋转磁场是由主动轴带动外转子上面的永磁体产生。因此，这种永磁耦合传动称为涡流式永磁耦合传动。

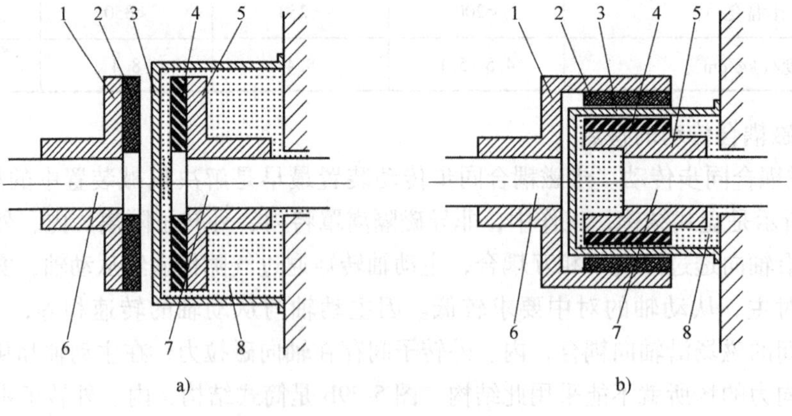

图 5-31 涡流式永磁耦合传动装置

a）盘式结构 b）筒式结构

1—外转子 2—永磁体 3—非导磁隔离罩 4—导电盘 5—内转子 6—主动轴 7—从动轴 8—液体或气体介质

涡流的产生是由于外转子和内转子间存在转速差，也称滑差，所以这种涡流式永磁耦合传动装置工作时，从动轴的转速始终小于主动轴。

导电盘的制造通常采用铜或铝电阻率小的材料，铜或铝能耐200~300℃的高温，解决了永磁体不能耐受高温介质的问题。

现场中，刚性和柔性机械联轴器对主动轴与从动轴的对中要求很高，振动、磨损会影响使用寿命，超载时导致部件破坏。为提高机械联轴器的可靠性，消除主、从动轴间的联接误差，使主、从动轴端间的振动互不影响。但因制造、安装误差，承载后的变形及温度变化等，两轴会发生相对位移，这是传统机械联轴器无法解决的问题。

随着技术进步，涡流式永磁耦合传动装置已逐步替代机械联轴器，应用范围广，如输送带（减少皮带冲击）、周期性负载堵转、脉冲型负载（引擎、往复式空压机）、热胀冷缩引发两轴线产生位移、因对中不好易引发振动等场合。

永磁耦合传动装置，没有摩擦、磨损元件，无需维护、维修，寿命长；易对中，方便安装；不传递振动和噪声，有效保护轴系设备；弹性强，抗冲击，有效消除冲击载荷对轴系的影响；过载保护，停机重启；多动力单元驱动，可自动均衡负载；最大转矩静态可设定；结构简单，两轴端联接方式可任意设定；环境适应性强，特别是一些恶劣场合。

（2）调速型涡流永磁耦合传动

永磁耦合传动装置可替代机械联轴器、小范围调速，结构原理如图5-32所示。

异步电动机的转差率 s 的公式为：

$$s=(n_1-n)/n_1$$

式中，n_1 为同步转速；n 为输出转速。

将上式变换为

$$n=n_1(1-s)$$

从永磁耦合传动调速的角度，n_1 是输入转速，转速固定，n 是输出转速；要改变 n，只能改变转差率 s，即永磁耦合传动调速装置的调速就是转差调速或滑差调速。根据电机学理论，转差调速存在转差功率损耗，如忽略机械损耗等，有如下关系

$$P_m=sP_m+(1-s)P_m$$

式中，P_m 为输入功率；sP_m 为转差功率；$(1-s)P_m$ 为输出功率。

可知，输入功率不变时，转差率 s 大，转差功率 sP_m 也越大，输出功率（$(1-s)P_m$）变小，通过改变传递转矩来改变 s，当输出转矩小于负载转矩，转速就下降，反之转速就上升。

涡流式永磁耦合传动装置采用两种方式调节输出转速。如图5-32a所示，左右移动导体转子改变气隙，从而改变永磁转子和导体转子间的磁通面积；如图5-32b所示，左右移动导体转子改变两者之间的耦合长度，从而改变两者之间耦合电磁转矩。

涡流式永磁耦合传动装置由永磁转子和导体转子构成，导体转子电流是涡流，调速产生的转差功率 sP_m 全部在导体转子中变成热能，s 越大，sP_m 也越大，发热越严重。必须采取充分有效的散热措施，避免过热。

（3）绕组式永磁耦合调速传动

1）调速技术的现状。目前，大型旋转机械变速运行主要有两类，第一类是原动机调速，如直流电动机调速、三相异步电动机变极调速、变压调速、变频调速，绕线转子电动机串极调速、串电阻调速，还有特殊设计的可调速电动机等。第二类是原动机定速，加装调速

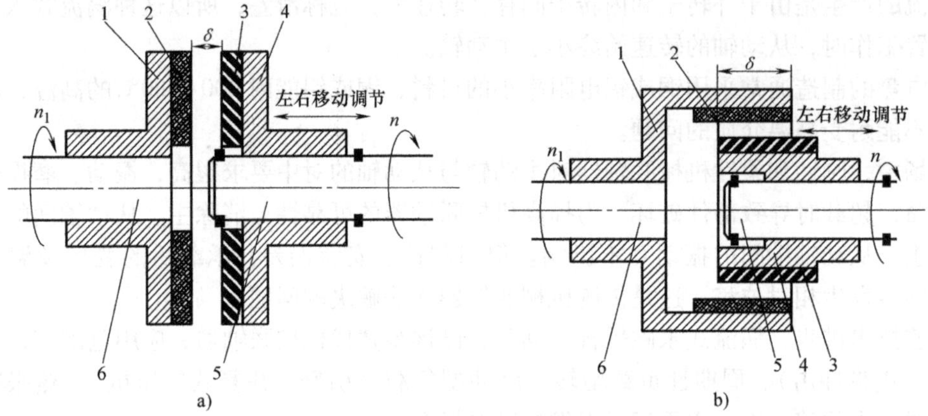

图 5-32 可调速涡流式永磁耦合传动装置

1—永磁转子 2—永磁体 3—导电体 4—导体转子 5—轴一 6—轴二

装置，如调速型液力耦合器、黏液调速离合器、机械摩擦片式调速装置等。

大型旋转机械应用最广泛的有三相异步电动机变频调速、绕线转子电动机串极调速及调速型液力耦合器。尽管使用广泛，但高压大功率变频器的可靠性有待提高，成本高、环境要求高、谐波污染等。绕线转子电动机串极调速和液力耦合器调速运行效率不高。

2）绕组式永磁耦合调速传动的调速原理。永磁耦合传动装置的传递转矩类似于电动机电磁感应原理，传递转矩取决于永磁转子的气隙磁密及导体转子电流，如控制导体转子电流，不需按图 5-32 所示左右移动导体转子就能调节输出转矩，实现调速。

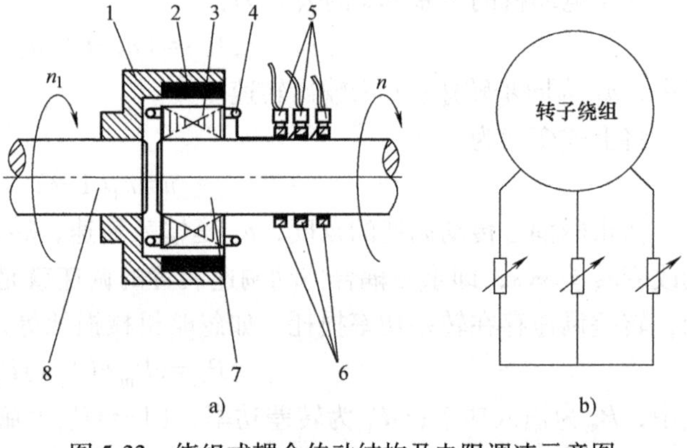

图 5-33 绕组式耦合传动结构及电阻调速示意图

1—永磁转子 2—永磁体 3—转子铁心 4—转子绕组 5—碳刷 6—集电环 7—轴 1 8—轴 2

绕组式耦合传动结构原理如图 5-33a 所示，永磁转子以 n_1 旋转，转子绕组中产生感应电动势，绕组接通则形成电流回路，绕组中电流产生的电磁场与永磁转子的磁场相互作用传递转矩，带动负载轴以转速 $n<n_1$ 旋转。绕组断开，绕组中无电流，永磁转子和绕组转子间没有磁场耦合，不传递转矩。可看出，绕组式永磁耦合调速器相当于无接触、无摩擦的离合器。为控制绕组转子电流，通过集电环和碳刷结构将转子绕组与外部电阻连接，如图 5-33b 所示，调节电阻控制转子电流，可实现调速。

3）绕组式永磁耦合调速器的斩波调速。滑差调速即存在电能转换，必须消耗掉。如将转差功率（电能）回收，则绕组式永磁耦合调速器可高效调速节能。如图 5-34 所示的转子绕组转子引入可控附加电动势 E_{add}，且与转子绕组电动势 E_r 的频率相同，同相或反相串接，可改变转子绕组的电流。在绕组式永磁耦合调速器转子绕组引入可控的附加电动势，改变其幅值时可实现转速的调节。

当没有附加交流电动势时，转子绕组电流

$$I_r=\frac{sE_{r0}}{\sqrt{R_r^2+(sX_{r0})^2}}$$

式中，R_r为绕组电阻；X_{r0}为绕组电抗。

当引入附加交流电动势时，转子绕组电流

$$I_r=\frac{sE_{r0}-E_{add}}{\sqrt{R_r^2+(sX_{r0})^2}}$$

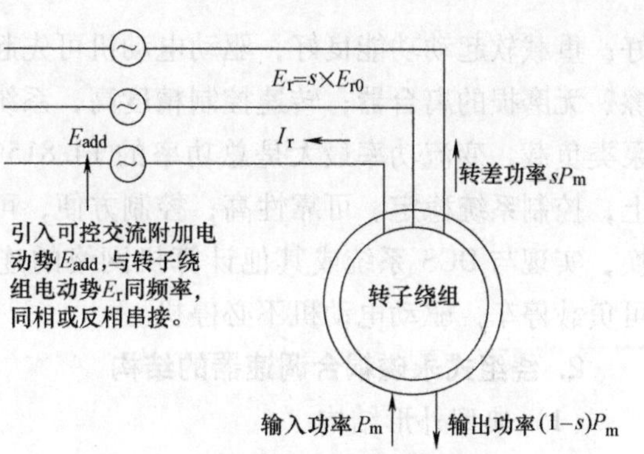

图 5-34　绕组转子引入可控附加电动势调速示意图

E_{r0}—开路时绕组转子电动势

s—转差率　I_r—转子电流

可看出，引入附加电动势后，转子绕组回路中电流减小，输出转矩也减小，因负载转矩未变，转速下降，则s增大，转子绕组电动势$E_r=sE_{r0}$随之增大，I_r逐渐增大，直到转差率$s_2>s_1$时，转子电流又恢复到负载所需值，系统进入新的转速稳定状态。符合如下等式

$$\frac{s_1E_{r0}}{\sqrt{R_r^2+(s_1X_{r0})^2}}=I_r=\frac{s_2E_{r0}-E_{add}}{\sqrt{R_r^2+(s_2X_{r0})^2}}$$

考虑到转子绕组电动势、电流的频率随转速的变化而变化，频率不是50Hz，不能直接与交流电网相连。需整流，再逆变，回馈到用电网。

如图 5-35 所示为绕组式永磁耦合调速器的斩波式调速系统，主要由整流、斩波、逆变和综合控制等单元组成。其中，整流单元将转子绕组回路三相交流电整流为直流。转子回路附加电势调节由 IGBT 斩波完成，斩波以恒频调宽方式，工作频率一定，开关导通时间可调，改变斩波器的占空比，调节转子绕组回路的等效附加直流电动势，改变转子绕组电流，实现调节电动机的转速。逆变单元为三相全桥有源逆变器，工作于调速状态时，恒处于最小逆变角β_{min}，提高逆变器的功率因数，逆变为三相工频电回馈给电网。综合控制单元由单片机和快速可编程逻辑器件组成，对高频斩波调速系统数字操作、控制、测量、保护、报警、显示及外接通信。

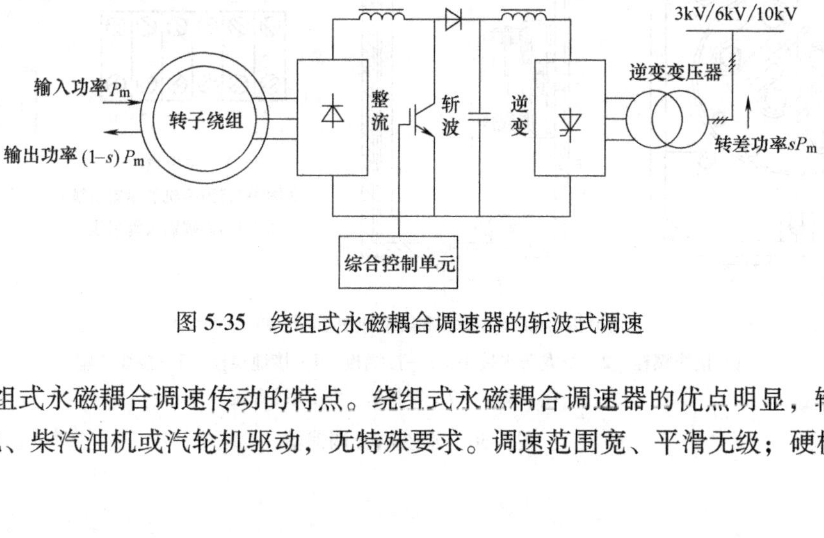

图 5-35　绕组式永磁耦合调速器的斩波式调速

4）绕组式永磁耦合调速传动的特点。绕组式永磁耦合调速器的优点明显，输入动力可以是电动机、柴汽油机或汽轮机驱动，无特殊要求。调速范围宽、平滑无级；硬机械特性良

好；重载软起动功能良好，驱动电动机可先起动，根据负载设置软起动时间，也可用作无摩擦、无磨损的离合器；转速控制精度高，系统静态精度≥99.8%；调速效率高，对风机、水泵类负载，变流功率最大是总功率的14.815%，在全调速范围内系统综合运行效率96%以上；控制系统稳定、可靠性高；控制方便，可实现开环与闭环运行转换、近地与远方控制转换，实现与DCS系统或其他计算机网络的连接；全面完善保护和闭锁措施，系统故障时，可负载停车，驱动电动机不必停机。

2. 绕组式永磁耦合调速器的结构

（1）典型外形结构

如图5-36和图5-37所示，永磁耦合调速器安装在驱动电动机与负载之间，中心高与电动机中心高相等，S_1连续工作制，防护等级IP54或IP55，带有内循环通风自扇冷却。接线盒内有3个接线螺栓、1个接地螺栓，3个接线螺栓分别为U、V、W三相。停机加热器引线、碳刷报警引线安装在接线盒内。

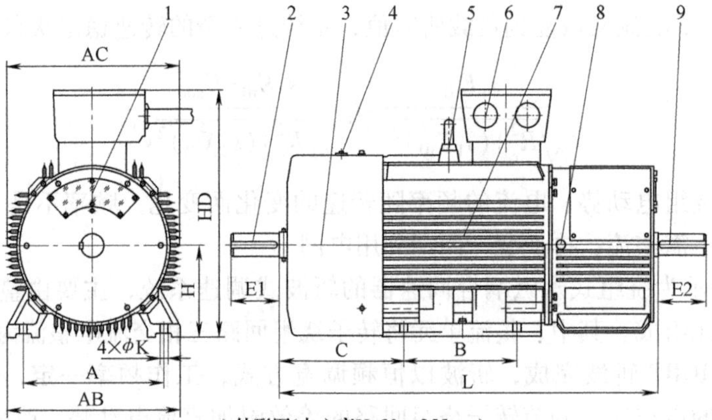

a) 外形图(中心高H=80～355mm)

1—观察窗 2—轴 3—风罩 4、8—注油孔 5—吊耳 6—接线盒 7—机座 9—轴

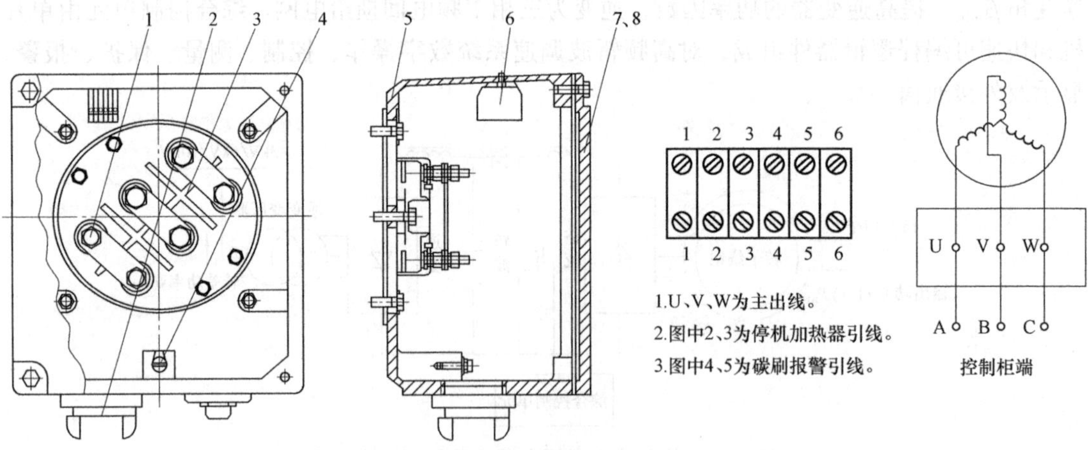

b) 接线盒结构示意图和接线图(中心高H=80～355mm)

1—接线螺栓 2—尼龙防水接头 3—接线板 4—接地螺栓 5—接线盒座
6—接线端子 7—密封垫 8—接线盒盖

图5-36 永磁耦合调速器

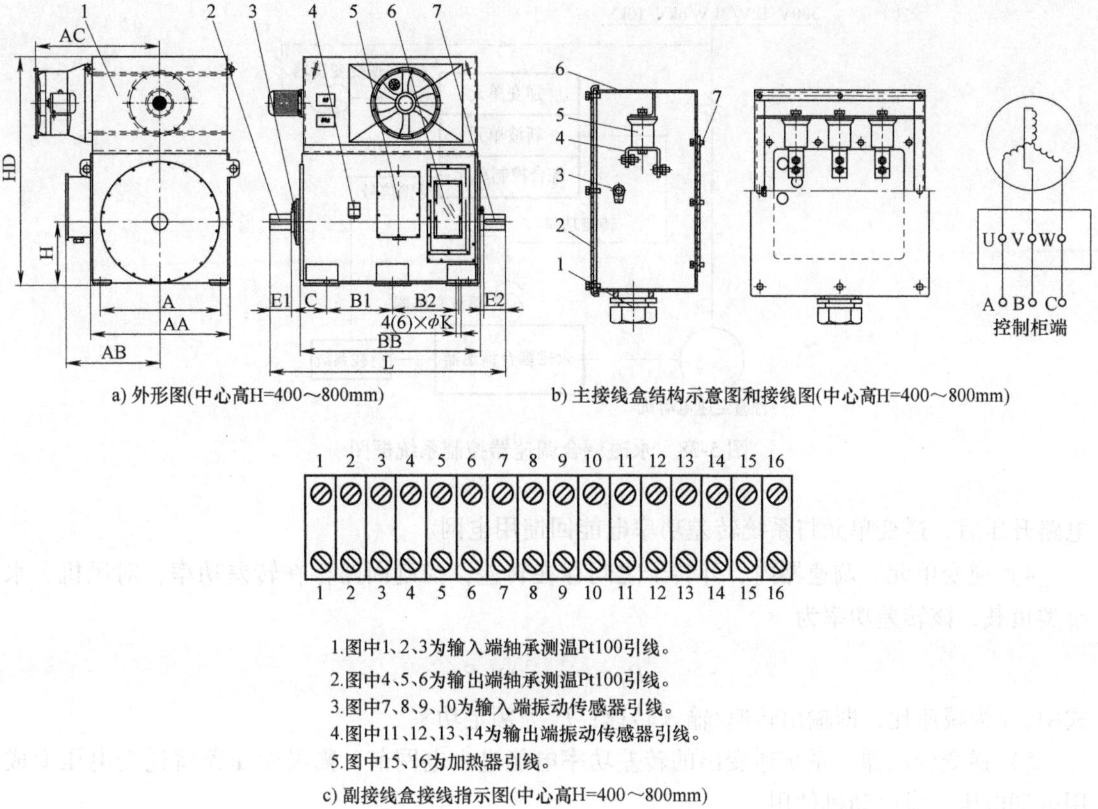

a) 外形图(中心高H=400～800mm)　b) 主接线盒结构示意图和接线图(中心高H=400～800mm)

c) 副接线盒接线指示图(中心高H=400～800mm)

图 5-37　永磁耦合调速器

图 5-37 所示为中心高 400～800mm 的系列产品，S_1 连续工作制，防护等级 IP54 或 IP55，安装形式为卧式带底脚，顶部带有空-空冷却器的冷却方式。当冷却空气流经绕组转子铁心、线圈等部件时，将热量带走，经空-空冷却器时将热量传递给冷却器。外风扇驱动周围环境空气流经冷却器，将热量带走。

调速器采用方箱形结构，重量轻、刚度好。机座两侧、顶部开有方形孔，便于维保。

调速器装碳刷有报警装置，当碳刷磨损到寿命时，有报警信号。安装轴承测温、振动检测等装置，监控运行状态，每端轴承有 1 支铂热电阻 Pt100 轴承测温元件，内设防冷凝停机加热器，当调速器停止运转时，通电加热防止凝露。

（2）电气控制系统的结构

1）控制系统组成。控制系统框图如图 5-38 所示。当被控对象调速范围不从 0 开始时，需在绕组端串电阻软起动，将被控对象速度起动到最低控制速度以上，再进入调速状态。

2）整流变压器。因斩波单元采用升压电路调速控制，对母线电压有限制，当功率过大、对应交流侧电压过高时，需采用串起动电阻软起动或在调速器与控制柜之间增加整流变压器减压处理，将绕组端电压降到母线电压要求的范围内，便于调速控制。

3）斩波单元。当系统起动完成进入调速运行时，交流电通过三相整流模块整流成直流电，再由升压电路实现调速控制，IGBT 斩波开关采用占空比控制实现电流调节，经过升压

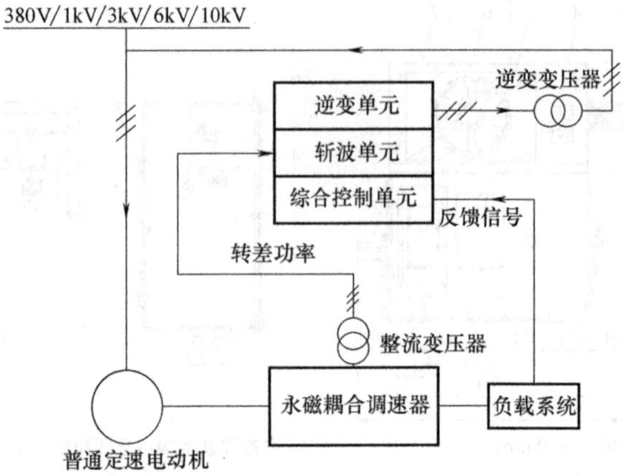

图 5-38 永磁耦合调速器控制系统框图

电路升压后，逆变单元将系统转差功率电能回馈用电网。

4）逆变单元。调速器内、外转子之间存在转差，控制回路存在转差功率，对风机、水泵类负载，该转差功率为

$$P_1=(i^2-i^3)\times P_n$$

式中，i 为减速比，即输出转速/输入转速；P_n 为额定功率。

5）逆变变压器。系统逆变出的转差功率电能进入电网前，需经变压器将逆变电压变成用电端电压，供电动机使用。

（3）电气控制系统的操作流程

1）操作界面功能。控制系统的操作界面如图 5-39 所示，界面图中分 4 个显示部分和 1 个进入下一页面的链接。

实时数据。“绕组电流”为实时测量永磁耦合调速器三相绕组的输出电流；“绕组电压”为实时测量永磁耦合调速器绕组输出的线电压；“输出占空比”为实际运的调速占空比比率；“额定电流”为永磁耦合调速器的额定电流值。

故障监测。监视系统运行状态，若系统故障，可知故障发生点。如界面“绕组 Ic”变为红色，则表示绕组 C 相输出电流出现异常。

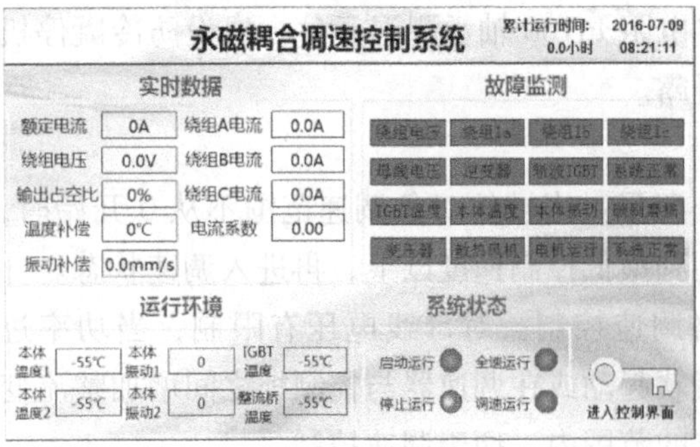

图 5-39 永磁耦合调速控制系统操作界面

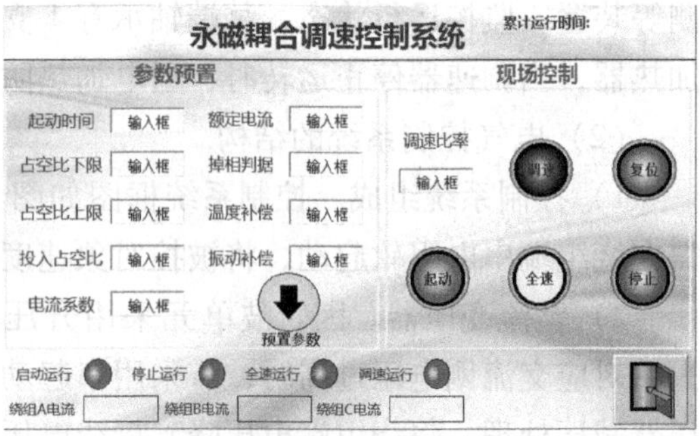

图 5-40 永磁耦合调速控制系统参数预置和现场控制界面

运行环境。显示数据为永磁耦合调速器和控制器装置的实时数据，包括永磁耦合调速器轴承温度、控制器柜 IGBT 温度及整流桥臂模块温度等。

系统状态。实时显示系统的工作状态，如起动、停止、全速、调速。如图 5-40 所示为参数预置和现场控制的界面。

2）参数预置。设置负载系统起动的时间。当需串电阻软起动时，即为绕组串电阻起动所需时间，可根据用户负载确定，尽量避免起动对设备的冲击，同时实现逆变单元的上电自运行；当不需串电阻起动时，系统该段时间是等待逆变单元的上电自运行。

占空比是系统的调速范围，分上限和下限；投入占空比是调速范围下限大于零的系统需串电阻软起动到最小调速范围以上的速度，系统自动进入调速时 IGBT 的初始占空比。电流系数是标定系统测量的绕组电流值；额定电流以铭牌为准，缺相判据，作为系统判断绕组丢相的依据；温度补偿是标定系统测量的永磁耦合调速器轴承温度与实际值的偏差；振动补偿是标定系统测量的永磁耦合调速器输入、输出端振动与实际值的偏差。

（4）现场控制和远程操作

控制柜门板有“远程/本地”开关，拨到“本地”，触摸屏上操作实现本地操作。

3. 永磁耦合调速器的维护

（1）轴承维护

对旋转机械设备，轴承维护非常重要，应定期清理废脂和补充新润滑脂。滚动轴承润滑周期及每次加润滑脂量取决于转速和运行情况。建议电动机速度 3000r/min 时，润滑周期为运行半个月或累计 360h；电动机速度低于 1500r/min 时，润滑周期为 1 个月或累计 720h。润滑周期与使用环境和运行条件有关。使用环境和运行条件好、轴承温度低可延长润滑周期。

出厂前，滚动轴承已加入润滑脂，确保调速器能直接投入运行。运行后，应经常检查调速器的润滑脂。滚动轴承温度不得超过 95℃，轴承润滑采用 3#锂基脂或高温高速润滑脂。不同种类的润滑脂混在一起能软化或硬化润滑脂，破坏润滑性能。

调速器加润滑脂的过程：取下油杯防护盖，从轴承外盖上拆去排油器；用手提式注油枪通过油杯加润滑脂，加润滑脂量符合轴承铭牌要求，将溢出润滑脂清理干净；从打开的排油器孔排出剩余的润滑脂，运行 1h 以上；清理废旧的润滑脂；将清理过的排油器安装好。

（2）集电环和碳刷的维护

1）日常检查。运行期间工作人员每天检查集电环和碳刷工作情况：碳刷和集电环接触好坏，有无火花，磨损量及碳刷移动是否灵活；集电环表面有无烧伤、磨出沟槽、锈蚀和积垢等；碳刷引线与刷架和碳刷的连接是否良好，有无发热及碰触刷握；碳刷有无跳动、摇动或卡涩；用红外线测温仪测量碳刷温度，一般低于 50℃，不超过 70℃，集电环表面温度应不大于 120℃。如异常及时处理。

2）碳刷打磨。集电环是连接绕组转子和固定碳刷之间电流的环节，由铜合金或不锈钢支撑，表面光滑。碳刷应紧贴集电环，必要时可用 0 号砂纸研磨碳刷，研磨时将砂纸裁成狭条，放在集电环表面和碳刷之间，沿集电环表面弧形贴紧，沿调速器旋转方向拉动。同时，碳刷只能靠刷握上的弹簧来压紧，不允许用手压。如图 5-41 所示。

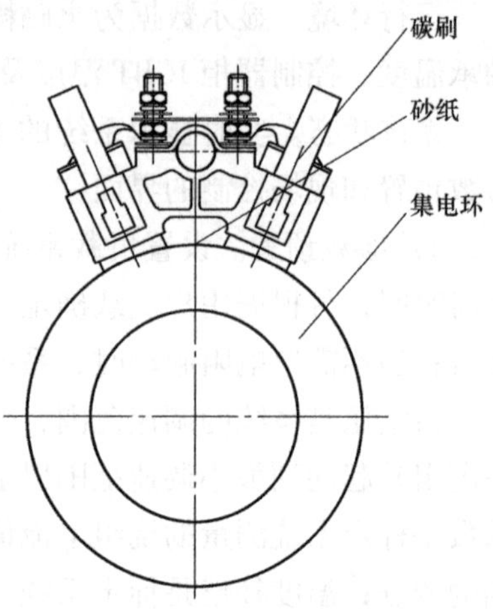

图 5-41 碳刷砂纸打磨

为避免碳刷磨出凸缘，碳刷不可伸出集电环外。当碳刷磨损至刻度线或碳刷磨损至顶部（包括绝缘部分）凹入刷握盒内 2～3mm（或当碳刷磨损到短边为 15mm）时，应更换同牌号、同尺寸的碳刷。更换碳刷时，刷握、支撑螺杆的绝缘、环间绝缘、导电杆螺栓要去灰清洁。每月检查碳刷装置及更换零件的清洁状况，每 3 个月清洁 1 次。使用一段时间后，集电环滑动表面形成含石墨的氧化膜光滑表面，会减少碳刷磨损、延长碳刷寿命，注意不要磨光损坏氧化膜，更换碳刷时也如此，当油和碳粉沉积物牢固粘住时，才允许用溶剂擦拭集电环。

3）停机更换碳刷。更换碳刷时，检查确认电缆接头与接线柱良好，接头与引线无烧伤，如存在问题应修理。注意，碳刷牌号应与原碳刷牌号相同，如同一台调速器使用不同型号的碳刷，碳刷电阻率不同而造成并联碳刷电流分布不均，产生局部过热；碳刷牌号不同硬度也不同，可能加速集电环磨损，缩短使用寿命。碳刷与集电环之间应匹配，否则，会影响摩擦副的工作质量。更换的碳刷应与集电环配磨，接触面积大于 75%。

4）碳粉的清理。定期清理碳粉盒中堆积的碳粉，用压力不大于 0.2MPa 的干燥空气吹去集电环腔体内的无害灰尘，但沙砾、金属类、磁性类灰尘或碳粉，应该用金属吸嘴抽吸法清除。

5）不停机更换碳刷。不停机更换碳刷须在安全电压下，注意，绕组式永磁耦合调速器的输入转速与输出转速转差增大时，调速器电压按比例增加，只有当两者转速差很小时，才出现低电压。

确保系统稳定运行，调速器输出转速为最大值，确保更换碳刷中不突然停机、调速等，否则应停止操作。更换前测量电压值，超过 12V 则停机更换。更换碳刷型号与旧碳刷相一致。碳刷应逐块更换，严禁两块及以上碳刷同时更换。用专用扳手松动刷辫紧固螺钉，防止螺钉脱落，取下碳刷刷辫，再同时取下碳刷和均压弹簧。装碳刷时，先将碳刷放入刷握，压好均压弹簧，再用专用扳手紧固刷辫紧固螺钉，不宜用力过大，防止损坏螺钉，保证碳刷在刷握内活动自如，弹簧压在碳刷中心，压力正常，检查调速器碳刷运行正常。装、取均压弹簧时，动作缓慢，要用力捏住均压弹簧严防滑落。

不停机更换碳刷，维护人员需熟悉维护碳刷工作程序及经安全培训，才能单独上岗；必须保证休息，不得酒后工作，当日无身体不适或生病；短时间内，不能被安排连续维护多台调速器碳刷，保证劳动强度适度，确保工作安全；如有头晕、目眩等出现，立即停止工作。

应遵守《电业安全工作规程》第 185 条的规定，转动的电动机上调整、清扫电刷及滑环时，应由有经验电工担任，操作时应有监护人员，并须遵守劳保规定。工作人员穿连体工作服，扣好袖口，戴安全帽、防护眼镜、绝缘手套，佩戴耳塞；穿绝缘鞋。工作人员须特别小心，避免衣服及擦拭材料被机器挂住，扣紧袖口，发辫应放在帽内；工作时，站在绝缘垫上，不得同时接触两相或一相接地部分，也不能两人同时工作。

（3）控制系统的维护

1）日检查。检查 IGBT、电抗器、综合控制电路板、散热电阻及吸收电容温度是否过高；起动、全速、调速和停止四种状态切换运行时，显示各项参数是否正常；观察绕组、逆变电流是否在安全范围内，负载变化与电流变化规律是否一致；检查断路器是否断开、急停按钮是否闭合；每天记录输入电流、温控仪温度、逆变电流及当前工况等，进行对比，以便发现隐患。

2）周检查。检查记录环境温度、散热片温度；查看控制系统各电气柜有无异常振动、声响，风扇是否运转正常；检查控制系统各电气柜的进气孔滤网，及时清理表面附着物，防止滤网堵塞。

3）季度维护。检查控制器柜体内连线是否松动或松脱，如有按图纸重新连接并确认；检查铜排是否变形、断裂；检查柜内电线及各部件是否脱落、螺钉是否拧紧；检查电气柜内有无发热变色，水泥电阻有无开裂，电解电容有无膨胀、漏液等；清除电气柜内和风道的积灰、脏物，将电气柜表面擦拭干净，更换进气孔滤网。

（4）永磁耦合传动装置故障及排除

永磁耦合调速器故障、可能原因及排除方法见表5-13，控制系统故障、可能原因及排除方法见表5-14，逆变单元故障及代码见表5-15。

表5-13 永磁耦合调速器故障、可能原因及排除方法

序号	故障现象	可能的原因	排除方法
1	绝缘电阻降低	(1)绕组脏污或受潮 (2)绕组机械损伤	(1)清理调速器干燥绕组 (2)检查线圈,据情况修复绝缘
2	调速器过热	(1)调速器过载 (2)调速器缺相运行及其他	(1)核对控制器电流,减轻负载 (2)查找进线断开处并维修检查其他部分
3	轴承过热	(1)调速器连接偏心严重 (2)轴承润滑脂过多或过少 (3)轴承损坏	(1)检查同心 (2)检查润滑脂储量 (3)更换轴承
4	轴承异响	(1)轴承磨损 (2)轴承脏污,润滑脂干少	(1)更换轴承 (2)换新润滑脂
5	输出轴无转速	至少2根引出线开路	检查引出线及引线端子
6	异常振动、噪音	(1)转子不平衡 (2)安装不紧固或者基础不好 (3)轴中心线未对准	(1)重新校验转子动平衡 (2)重新拧紧螺栓,加固安装 (3)机组重新对中
7	碳刷火花	(1)碳刷与集电环接触面积小 (2)碳刷在刷握盒内卡住 (3)集电环或碳刷表面有污垢	(1)修磨碳刷 (2)维修碳刷使其能自由移动 (3)清除污垢
8	集电环间跳弧	(1)集电环上有过多碳刷粉末 (2)集电环间绝缘损坏 (3)绕组转子回路断路	(1)清除碳刷粉末 (2)更换集电环间的绝缘 (3)检查绕组转子回路并维修
9	永磁转子和绕组转子之间相互摩擦	(1)异常振动未及时处理 (2)调速器过热未及时处理 (3)调速器内部有铁屑等异物	(1)参照故障6 (2)参照故障2 (3)清除调速器内部异物

表 5-14 控制系统故障、可能原因及排除方法

故障类型	故障名称	可能的原因	排除方法
一般故障	IGBT 过热(超过 80℃)	进气孔滤网堵塞;过载	清理滤网;降载运行
	本体过热	散热器风机故障	检查供电回路
	碳刷磨损	过热或过度磨损	更换碳刷
	变压器报警	(1)散热风机故障;油冷变压器缺油 (2)过载	检查风机回路;重新加油降载
	本体风机报警	(1)风机掉相 (2)风机过载	(1)检查供电回路 (2)调大报警值
	电动机运行,调速器无输出转速	(1)运行信号丢失 (2)中间继电器损坏	(1)检查接线 (2)更换继电器
	绕组过压	负载或调速器卡滞	重新安装
重要故障	绕组电流故障	(1)严重过载或负载卡死 (2)风门打开过快	(1)降载 (2)均匀打开风门
	母线过压	逆变器故障	更换故障单元
	逆变器故障	意外停机;内部器件损坏	重新运行;更换故障器件
	斩波单元故障	过热(超过 85℃);故障	降载;更换

表 5-15 逆变单元故障及代码

故障代码	故障名称	可能的原因	排除方法
OC	输入过电流	(1)电流环或电压环参数设置不正确 (2)硬件电路异常 (3)整流器超载使用	(1)调整电流环或电压环参数 (2)寻求服务 (3)调整负载或选取大一档变频器
LvI	输入欠电压	(1)输入电源异常掉电 (2)输入电压检测电路异常	(1)检查输入电源,并恢复 (2)寻求服务
OvI	输入过电压	(1)输入电源异常 (2)干扰 (3)输入电压检测电路异常	(1)检查输入电源,并恢复 (2)检查外部干扰源,并排除 (3)寻求服务
SPI	输入侧缺相	(1)输入侧电源线掉电或者电源异常 (2)电源缺相检测电路异常 (3)干扰	(1)检查输入电源,并恢复 (2)寻求服务 (3)检查外部干扰源,并排除
PLLF	锁相失败故障	(1)电网环境异常,如电网频率剧烈跳 (2)变或电网电压剧烈变化 (3)电网电压采样板电路异常	(1)检查并排除干扰源 (2)寻求服务 (3)寻求服务
Lv	直流母线电压欠压	(1)输入电源异常 (2)母线电压检测电路异常 (3)干扰	(1)检查输入电源,并恢复 (2)寻求服务 (3)检查外部干扰源,并排除
Ov	直流母线电压过压	(1)输入电源异常 (2)母线电压检测电路异常 (3)干扰	(1)检查输入电源,并恢复 (2)寻求服务 (3)检查外部干扰源,并排除
ItE	电流检测故障	(1)控制板连接器接触不良 (2)辅助电源损坏 (3)霍尔器件损坏 (4)放大电路异常	(1)检查连接器,重新插线 (2)寻求服务 (3)寻求服务 (4)寻求服务

（续）

故障代码	故障名称	可能的原因	排除方法
E-DP	PROFIBUS 通信故障	(1)PROFIBUS 通信电路断线 (2)PROFIBUS 相关参数设置不合适	(1)检查通信电路,并恢复 (2)重新设置相关参数
CE	485 通信故障	(1)波特率设置不当 (2)采用串行通信的通信错误 (3)通信长时间中断	(1)设置合适的波特率 (2)按 STOP/RST 复位,寻求服务 (3)检查通信接口配线
E-CAN	CANopen 通信故障	CANopen 通信断线或参数设置不合理	请检查参数设置和外部接线,并恢复
E-NET	以太网通信故障	(1)通信电路断线 (2)相关参数设置不合适	(1)检查通信电路,并恢复 (2)重新设置相关参数
OL	整流器过载	整流器负载超过允许范围	调整负载或者选大一档整流器
EEP	EEPROM 操作故障	(1)控制参数的读写发生错误 (2)EEPROM 损坏	(1)按 STOP/RST 复位,寻求服务 (2)寻求服务
TbE	主接触器不吸合故障	(1)接触器损坏或者接触器线包电源异常 (2)接触器辅助触点异常 (3)干扰	(1)检查接触器是否可以正常吸合 (2)检查接触器辅助触点回路是否正常 (3)检查外部环境,排除干扰
dF_CE	DSP-FPGA 通信故障	电磁干扰过大,控制电能质量过低,FPGA 芯片损坏,DSP 芯片部分损坏	查看单元状态,确认 FPGA 是否损坏(单元信息不更新)
EF	外部故障	SI 外部故障输入端子动作	检查外部设备输入
dIS	整流器未使能	系统设置的开关量输出功能,整流器使能,但是外接开关端子未动作	按下对应此功能的开关端子,进入 P5 功能码组,取消此功能
UPE	参数上传故障	(1)键盘线接触不良或断线 (2)键盘线太长,受到强干扰 (3)键盘或主板通讯部分电路故障	(1)检查环境,排除干扰源 (2)更换硬件,需求维修服务 (3)更换硬件,需求维修服务
DnE	参数下载故障	(1)键盘线接触不良或断线 (2)键盘线太长,受到强干扰 (3)键盘中存储数据错误	(1)检查环境,排除干扰源 (2)更换硬件,需求维修服务 (3)重新备份键盘中数据
END	运行时间到达	设定运行时间到达	重新设定时间或寻求服务
PC_t1	上电缓冲半压超时故障	(1)单元未使能 (2)缓冲电阻烧坏 (3)缓冲接触器故障	(1)检查单元使能位是否正确设置 (2)检查缓冲电阻是否烧坏 (3)检查缓冲接触器是否故障
OH1	IGBT 过热故障	(1)整流器瞬间过流 (2)输出三相有相间或接地短路 (3)风道堵塞或风扇损坏 (4)环境温度过高 (5)控制板连线或插件松动 (6)辅助电源损坏,驱动电源欠压 (7)功率模块桥臂直通 (8)控制板异常	(1)参见过流对策 (2)重新配线 (3)疏通风道或更换风扇 (4)降低环境温度 (5)检查并重新连接 (6)寻求服务 (7)寻求服务 (8)寻求服务
Out1	U 相 Vce 检测故障	(1)对应的 IGBT 损坏 (2)强干扰 (3)外部存在短路	(1)寻求服务 (2)更新参数设置,重新运行 (3)检查外部电路,排除负载故障
Out2	V 相 Vce 检测故障		
Out3	W 相 Vce 检测故障		

一般轻故障向 DCS 报告，现场人员进行排查处理。如果 10min 后故障仍然存在，则控制电动机跳闸，系统停止工作；如果 10min 以内故障消失，则故障计时清零，不影响系统作业。重要故障出现后，系统直接进入停机状态，耦合器停止输出，并向 DCS 报告故障状态。只有在本地对该故障进行复位操作后，当接收到起动命令时，系统方能重新进入工作状态。

以上永磁耦合传动装置的运行状态信息，按照点检要求，可以作为日常点检的关键内容。

课堂练习

5-9 大功率负载软启动　5-10 永磁耦合联轴器　5-11 永磁耦合调速器

（1）请叙述永磁耦合调速器节约电能的基本原理。

（2）请叙述永磁耦合调速器的主要特点。

（3）永磁耦合调速器控制系统的主要维护内容有哪些？

5.7 数控类设备的组成、维护与保养

5.7.1 数控技术及特点

1. 数控系统

随着计算机、控制和电器等技术发展，数控系统（CNC）已成熟，加工工艺过程由控制程序实现。数控系统优点明显，由程序处理，满足加工工艺，修改简单、方便，柔性好，可实现通信、网络化管理，产品标准化好、可靠性高。数控机床的一般组成如图 5-42 所示。

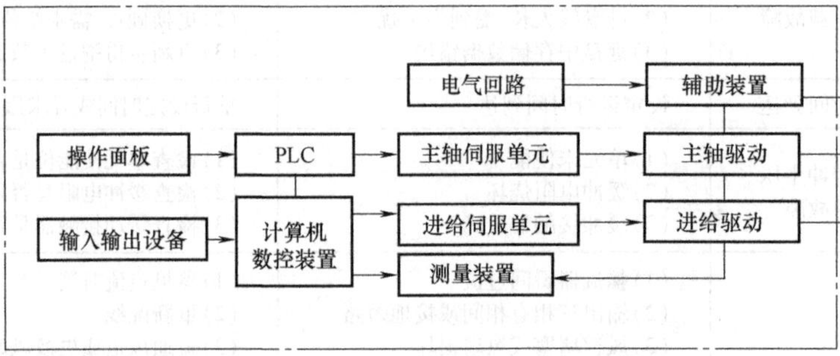

5-12 数控设备的现场

图 5-42 数控机床的一般组成

2. 柔性技术的特点

（1）高速度、高精度、高可靠性

随着处理系统运算速度的提高，数控系统处理能力和处理速度大幅度提高，伺服电动机运行高速、准确。主轴转速、刀具交换、工作台交换的高速化，使整个生产系统实现高速运行。

(2) 智能化

数控系统应用了许多智能化技术，如引入了自适应控制、模糊控制和神经网络的控制机理，可自动编程、前馈控制、学习控制、自适应控制、工艺参数的自动生成、三维刀具补偿、运动状态补偿等，人机界面好，具有故障自诊断系统，故障监控功能更完善。伺服系统智能化的主轴交流驱动和智能化的进给伺服装置，能够自动识别负载并能够自动调整参数。

(3) 网络化

网络化主要指数控系统与外部的其他控制系统或上位管理系统进行网络连接，使现代柔性制造系统从“点”和“线”向“面”和“体”发展。所谓“点”是单台数控设备、加工中心；“线”是柔性制造单元 FMC、柔性制造系统 FMS、柔性自动线 FTL、柔性加工线 FML；“面”是自动化工厂 FA；“体”是计算机集成制造系统 CIMS、分布式网络集成制造系统。

(4) 标准化、通用化、模块化、复合化

现代数控系统的性能日趋完善、功能日趋多样，促进数控系统的硬件和软件结构实现标准化、通用化和模块化，选择不同的标准模块可组成各个不同系统的数控系统。

柔性制造范畴的机床加工，指将工件一次工装夹后，机床就能够按照数控加工程序，自动进行同一类工艺方法或者不同类工艺方法的多个工序加工，完成复杂形状零件的车、铣、磨、刨、钻、镗、扩孔等工序。复合化的要求促使数控系统功能整合。

(5) 多轴联动化

各大典型的数控系统都朝着 5 轴、6 轴联动发展，随着 5 轴联动数控系统和编程日趋成熟，5 轴联动控制的加工中心和数控铣床成为目前的开发热点。

3. 数字伺服系统的特点

伺服系统是数控机床的重要组成部分，动态和静态性能直接影响到数控机床的定位精度、加工精度和位移速度。

(1) 全数字伺服控制系统

早期的数控机床用晶闸管直流驱动系统，系统适应性差、维护困难、调速范围小。交流数字伺服控制系统取代了直流驱动系统。传统的位置控制是将位置控制信号反馈到 CNC，与位置比较后输出速度控制模拟信号给伺服驱动装置。现代数字交流伺服控制系统的位置比较在伺服驱动装置中完成，CNC 仅输出位置信号。速度环、位置环、电流环等均数字化，几乎不受负载变化影响。

(2) 高分辨率位置检测

现代数控机床位置检测大多采用高分辨率的光栅和光电编码器，再配合细分电路，数控机床的分辨率得到提高。

(3) 多种补偿功能

数控机床通过参数设置对伺服系统进行补偿，如位置增益、轴转向运动误差补偿、反向间隙补偿、丝杠螺距积累误差补偿等，提高了数控机床的精度，新型伺服系统还具有自动机械系统静、动摩擦非线性的控制功能。

(4) 前馈控制

传统的伺服系统是将位置指令与实际的偏差乘以位置开环增益作为速度指令，经过伺服驱动装置拖动伺服电动机。这种方式总是存在着位置跟踪滞后误差，加工工件的拐角和圆弧使得加工情况恶化。可通过前馈控制减小跟踪误差，提高位置控制精度。

5.7.2 数控机床的组成

1. 输入输出设备

输入输出设备是数控机床人机交换设备，可进行控制程序、参数编辑、程序与参数的修改和调试。操作人员可以手动数据输入、通信方式输入数据，也可用存储卡。

显示器是数控系统为使用人员提供必要信息的输出装置，能显示二维图形或三维图形。

2. CNC 装置及伺服单元

CNC 装置是系统数控机床的核心，包括微处理器、存储器、总线、外围逻辑电路及与 CNC 系统其他组成部分联系的接口等。主要功能是根据输入的数据段插补出满足加工工艺的理想运动轨迹，然后输出到执行部件（包括伺服单元、驱动装置和机床），加工出合格的零件。

根据指令不同，伺服单元分脉冲式和模拟式，其中模拟式伺服单元按电源种类又可分为直流伺服单元和交流伺服单元。

3. 驱动及 PLC 控制装置

驱动装置是将经放大的信号驱动执行元件，通过简单的机械运动连接部件驱动机床工作台，使工作台精确定位，沿轨迹做严格的相对运动，加工出符合图纸的零件。

数控机床的运动执行控制，一般由 PLC 实现，可靠性极高，逻辑控制功能极强，程序编制与调整方便，维护工作量很少。

4. 机床床身

机床床身包括主运动部件，如主轴组件、变速箱等；进给运动执行部件，如工作台、拖板、丝杠、导轨等；支承部件，如床身、立柱等；此外还有辅助装置，如冷却、润滑、转位和夹紧装置等。

5. 测量装置

测量装置又称测量环节、反馈环节，通常安装在机床的工作台或丝杠。它是将机床工作台的实际位移转变成电信号，反馈给 CNC 装置与设定值比较，产生的偏差信号经过放大来控制机床向消除偏差的方向移动。

5.7.3 数控系统的分类

1. 按控制运动的方式分类

（1）点位控制数控系统

其特点是机床移动部件精确定位，在移动和定位过程中不进行任何加工，无运动轨迹要求。点位直线控制数控系统的特点是机床移动部件不仅要实现由一个位置到另一个位置的精确移动定位，还要控制工作台以一定速度沿平行坐标轴方向或 45°斜率直线方向直线切削加工。图 5-43 所示为点位控制数控系统加工示意图。

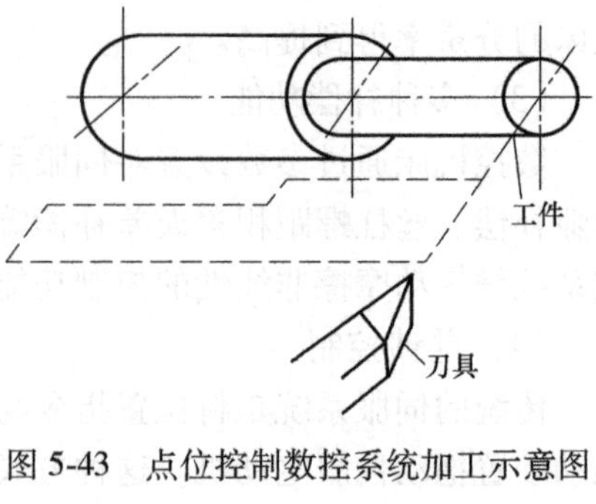

图 5-43 点位控制数控系统加工示意图

（2）轮廓控制数控系统

轮廓控制数控系统可实现精确定位，坐标联动，移动过程中有轨迹和速度要求并切削。轮廓控制数控机床的控制装置和辅助功能比较齐全，能够对两个或两个以上坐标轴的位移及运动速度进行连续控制，使合成的平面或空间的运动轨迹能满足零件轮廓的要求。

常用的数控车床、数控铣床、数控磨床是典型的轮廓控制数控机床，数控装置都具有轮廓控制功能。图5-44所示为轮廓控制数控系统加工示意图。

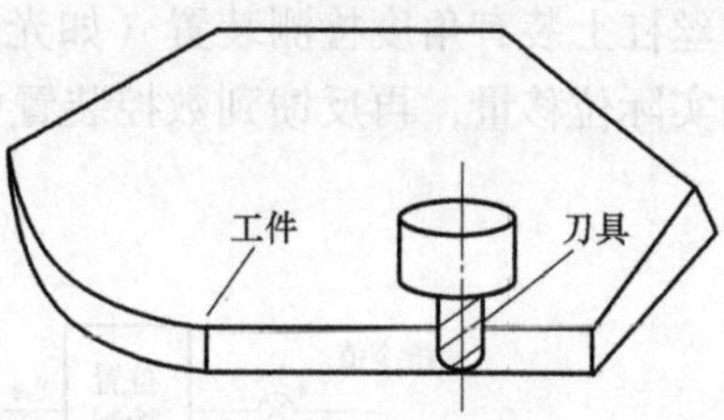

图5-44　轮廓控制数控系统加工示意图

2. 按驱动装置的特点分类

（1）开环控制数控系统

开环控制数控系统原理示意图如图5-45所示，不带反馈装置或反馈环节。开环系统结构简单，成本低，通常使用步进电动机作执行机构。开环系统对移动部件的实际位移量不能检测、不能校正，步进电动机的失步、步距角误差、齿轮与丝杠等的传统误差将影响被加工零件的精度。该系统仅用于加工精度要求不高的经济型数控机床。

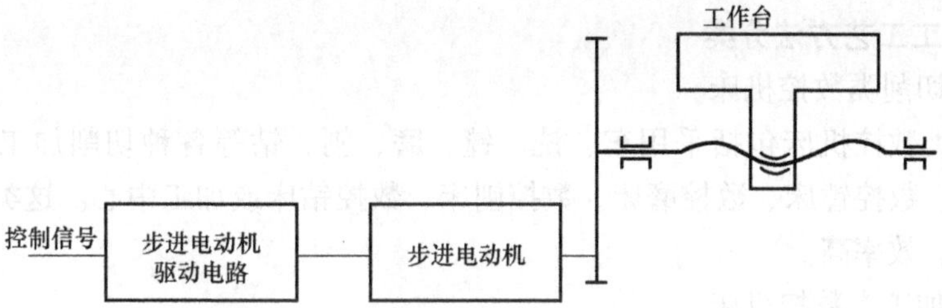

图5-45　开环控制数控系统原理示意图

（2）闭环控制数控系统

闭环控制数控系统的原理示意图如图5-46所示，机床移动部件上安装检测装置，将实际测量位移量反馈到数控装置中，与输入设定值比较，用偏差对机床控制，使移动部件按照实际位移量运动，最终实现位移部件的精确运动和定位。闭环控制系统的精度取决于检测装置的精度。闭环系统的反馈测量装置精度很高，传动系统的误差包括传动链中各元件的误差和传动过程中的误差可得到补偿，减少了跟随误差和定位误差。系统精度与传动元件制造精度无关，只取决于测量装置的制造精度和安装精度。

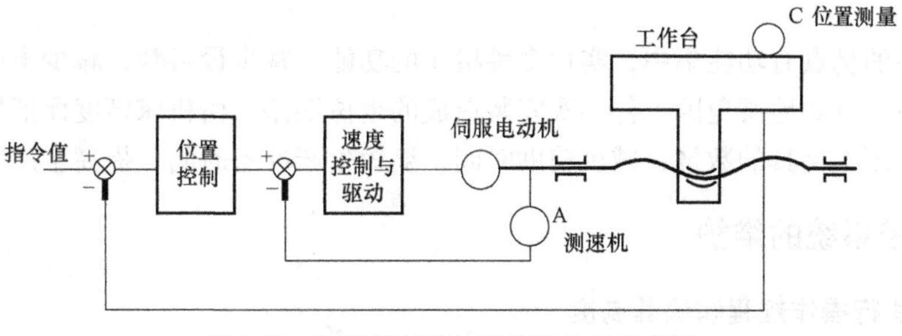

图5-46　闭环控制数控系统的原理示意图

（3）半闭环控制数控系统

半闭环控制数控系统的原理示意图如图 5-47 所示，在伺服电动机的轴或数控机床的传动丝杠上装有角度检测装置（如光电编码器等），通过检测丝杠的转角间接地检测移动部件的实际位移量，再反馈到数控装置中，对移动部件的位移误差进行修正。

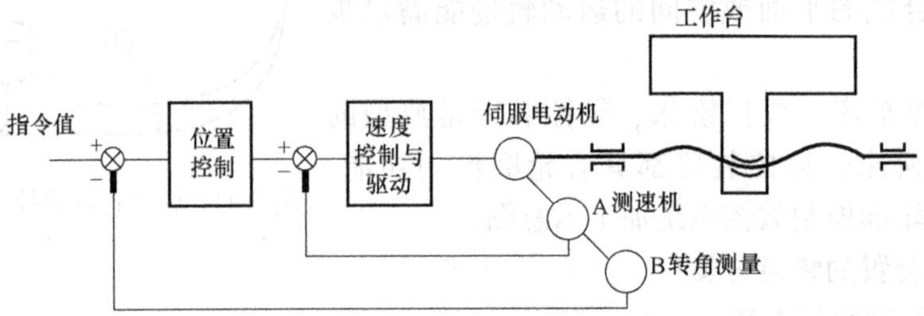

图 5-47 半闭环控制数控系统的原理示意图

该类系统的闭环环路内不包括滚珠丝杠螺母副及工作台，可获得稳定的控制特性，采用高分辨率的测量元件，精度较高。但是环外传动误差没有得到系统补偿，这种伺服系统的精度低于闭环系统。根据设备成本、加工精度要求，大多数数控机床采用半闭环伺服系统。

3. 按照加工工艺方法分类

（1）金属切削类数控机床

金属切削类数控机床包括采用车、铣、镗、磨、刨、钻等各种切削加工工艺的数控车床、数控铣床、数控镗床、数控磨床、数控刨床、数控钻床或加工中心。这类数控机床加工精度一致性好、效率高。

（2）特种加工类数控机床

特种加工类数控机床包括电火花线切割数控机床、电火花数控机床、等离子数控机床、火焰及激光数控机床等。

（3）金属成形类数控机床

金属成形类数控机床包括采用挤、压、冲、拉等成形工艺的数控机床。还有数控三角坐标测量仪、数控对刀仪、数控测绘仪等。

（4）数控加工中心

数控加工中心是将许多功能综合在一起的数控系统，加装刀库和换刀装置，复杂的加工件能一次加工完成，控制系统复杂。数控加工中心的工件一次装夹后，数控装置自动更换刀具，连续对工件各加工面自动进行铣、镗、钻、铰及攻螺纹等多工序加工，特别适合箱体类零件的加工。

加工中心的优点有功能集中，实现多种机床的功能，减少设备数，减少半成品周转和库存量；精度高，有效地避免因工件多次安装造成的定位误差，由机床精度保证加工质量；效率高，减少专用工夹具的数量，减少辅助时间，缩短生产准备时间，提高生产效率。

5.7.4 数控系统的维护

1. 严格执行操作规程和保养制度

数控系统的工艺编程、操作和维修人员须经过培训，熟悉所用数控机床的数控系统的使用环境、条件等，严格按机床和系统使用说明书的要求正确、合理使用与操作，不得违规操作与违章操作，更不允许野蛮操作，避免因操作不当引起故障。

首次采用数控机床或由不熟练的工人来操作数控机床，在使用第一年内，大约有三分之一以上的系统故障由于操作不当引起。应根据操作规程要求，针对数控系统的特点，制定保养规定。

2. 尽量少开数控柜和强电柜门

机加工车间的空气中含有油雾、灰尘、金属粉末，它们会进入柜内落在数控系统的电子元器件、电路板或接插件上，引起元器件间绝缘下降，可能导致元器件及电路板的绝缘效果下降或短路。在天热季节为使数控系统能超负荷长期工作，会打开数控柜门散热，这可能导致数控系统的加速损坏。应当用正确方法降低数控系统使用环境的温度。必须严格规定，除非必要的调整、维修，否则非专业人员不允许随意开启柜门，更不允许在使用时敞开柜门。

一些已受外部尘埃、油雾污染的电路板和接插件，可用电子清洁剂喷洗。在清洁接插件时对插孔喷射足够的液雾后，将原插头或插脚插入，再拔出，即可将脏物带出，可反复几次，直至内部清洁为止。接插件插好后，擦干即可，经过一段时间，自然干燥的喷液在非接触表面形成绝缘层，使其绝缘良好。清洗受污染的电路板时，可用清洁剂对电路板喷洗。喷完后，将电路板竖放，使污物随多余液体流出，晾干后即可使用。

3. 正确使用数控系统的输入与显示装置

数控系统的输入输出装置，使用频繁，可能造成损坏。要正确使用各个输入设置键，不得用工具敲击键盘与显示装置，不得将油污等脏物浸入输入与显示装置。

4. 定时清扫数控柜的散热通风系统

每天检查数控柜上的各个通风冷却风扇。根据工作环境，每半年或每季度检查一次风道过滤器。如过滤网上灰尘积聚过多，及时清理，否则将引起数控柜内温度过高，造成过热报警或数控系统工作不可靠。

清扫时，拧下螺钉，拆下空气过滤器。轻轻振动过滤器时，用压缩空气由里向外吹掉空气过滤器内的灰尘。过滤器太脏时，可用中性清洁剂冲洗，但不可揉擦，然后置于阴凉处晾干即可。数控柜内温度达到55~60℃时，应加装空调装置，提高可靠性。

5. 监视数控系统的供电电压

数控系统允许电网电压波动范围为额定值-15%~10%，如超此范围，数控系统不能稳定工作，可能造成数控系统元器件损坏、参数变化等。应注意供电电网电压的波动，如供电距离长，低压供电线损坏大，数控机床设备终端供电电压可能下降严重。电网质量比较恶劣的地区，应及时配置数控系统用的交流稳压装置。交流稳压装置的功率应与数控机床的功率相匹配，并考虑起动瞬间的电源电压波动，应尽量靠近数控机床安装。

6. 定期更换存储器用电池

存储器如采用RAM，为了在数控系统不通电时保持存储内容，内部应设有可充电电池维持电路。正常供电时，由+5V电源向RAM供电，并对可充电电池充电。当数控系统切断电源时，由电池供电维持RAM内的信息。一般情况下，即使电池未失效，也应每年更换一次电池。

数控机床设备的驱动控制部分一般由 PLC 执行，其 RAM 或 EPROM 由锂电池提供程序保护。锂电池一般使用 3~5 年，电压下降时有提示，须更换，以免控制程序丢失。

数控机床结构复杂、往往连续工作，应结合本单位设备管理的实际，对数控机床采取日常点检，掌握其运行性能、参数及信息，为故障诊断及维保提供基础条件。

7. 数控系统长期不使用的维护

数控系统应满负荷使用，如长期不用，不能像普通设备那样上油封存，闲置不用。为避免数控系统损坏，需注意以下两点：

1）间隔一段时间给数控系统通电，特别在环境湿度较大的季节与环境更应如此。在机床锁住不动即伺服电动机不转时，让数控系统空运行，利用电器元件本身的发热驱散数控系统内的潮气，保证电子元器件性能稳定可靠，经常通电是降低数控设备故障率的有效措施。

2）取出直流电动机电刷单独保存。现在大部分数控系统是交流系统，但直流系统还在使用，如果数控机床的进给轴和主轴采用直流电动机驱动，可以将电刷从直流电动机中取出，防止由于化学腐蚀，使换向器表面腐蚀，造成换向器性能变坏，甚至使整台电动机损坏。

8. 备用电路板的维护

电路板的备用部分，不是简单放置，印制电路板长期不用可能出现损坏，要将备用板定期装到数控系统中通电运行一段时间，以防损坏。

5.7.5 数控机床的故障分类

1. 系统故障和随机性故障

（1）系统故障

系统故障指只要满足一定的条件或超过某一设定限度，工作中的数控机床必然会发生的故障。这类故障经常见，如液压系统的压力值随着液压回路过滤器的阻塞而降到某一设定参数时，必然会发生液压系统故障报警使系统断电停机；机床加工中因切削量过大达到某一限值时会发生过载或超温报警，系统迅速停机。正确使用与精心维护是避免这类系统故障发生的保证。

（2）随机性故障

随机性故障指数控机床在同样条件下工作时偶然发生一次或两次的故障，也称“软故障”。因此随机性故障的原因分析和故障诊断较难，往往与安装质量、组件排列、参数设定、元器件的质量、操作失误、维护不当及工作环境影响等因素有关，如接插件与连接组件因疏忽未加锁定，电路板上元件松动变形或焊点虚脱，继电器及各类开关触点因污染锈蚀，直流电动机电刷不良等造成的接触不可靠等。工作环境温度过高或过低，湿度过大，电源波动与机械振动，有害粉尘与气体污染等原因均可引发偶然性故障。加强数控系统的维护检查，确保电气箱门密封，严防粉尘及有害气体的侵袭等，均可避免此类故障的发生。

2. 有无报警显示

（1）有报警显示的故障

1）硬件报警显示的故障 指各单元装置的警示灯指示故障。数控系统中有指示故障部位的警示灯，如控制操作面板、位置控制印制电路板、伺服控制单元、主轴单元、电源单元等部位，大致分析判断出故障的部位与性质，给故障分析诊断带来方便。

2）软件报警显示故障。显示器上显示出报警号和报警信息，由数控系统自诊断功能检测到的故障，按故障级别处理，同时显示该故障信息。如存储器警示、过热警示、伺服系统警示、轴超程警示、程序出错警示、主轴警示、过载警示及断线警示，少则几十种，多则千种。软件报警有来自 NC 的报警和来自 PLC 的报警，前者为数控部分的故障报警，可通过报警号，对照维修手册确定可能产生故障的原因，PLC 报警显示由 PLC 报警信息提供，大多数属于机床侧的故障，通过显示报警，对照 PLC 故障报警信息、PLC 接口说明及程序等，检查 PLC 接口和内部继电器状态，确定故障原因。

（2）无报警显示的故障

故障发生时无任何报警显示。如机床通电后，手动方式或自动方式运行时 X 轴出现爬行、机床在自动方式运行时突然停止、机床某轴运行时发出异常声响，无故障报警显示等。一些早期的数控系统由于自诊断功能不强，无报警显示的故障情况会更多一些。

对无报警显示故障，要具体分析，根据故障发生的前后变化状态分析判断。如 X 轴在运行时出现爬行，先判断是数控部分还是伺服部分故障。通常，如数控部分正常，三个轴的上述变化速率应基本相同，可确定爬行故障是 X 轴的伺服部分还是机械传动所造成。

3. 数控机床自身故障与外部故障

（1）数控机床自身故障

数控机床自身故障由数控机床自身原因引起的故障。数控机床的大多数故障均属此类故障，但应区分有些故障是外部原因所造成。

（2）数控机床外部故障

数控机床外部故障是由外部原因造成的。非人为因素如数控机床的供电电压过低、波动过大、相序不对或三相电压不平衡；周围环境温度过高，有害气体、潮气、粉尘侵入；外来振动和干扰，如电焊机的电火花干扰等均有可能引起数控机床故障。人为因素如操作不当，手动进给过快造成超程报警；自动进给过快造成过载报警；操作人员不按时按量给机床机械传动系统加注润滑油，造成传动噪声或导轨摩擦系数过大，使工作台进给电动机过载。

4. 强电故障和弱电故障

强电部分指继电器-接触器构成的电路，一般包括继电器、接触器、按钮开关、熔断器、电源变压器、电动机、电磁铁、电磁阀、行程开关等，这部分故障十分常见，与元件质量有关。故障重复性概率大，易发现易排除。建议强电元件尽量选用质量好的品牌元件。

弱电部分指 CNC 装置、位置检测装置、可编程序控制器、显示器以及伺服单元、输入输出装置、MDI/CRT 等单元，这部分又有硬件故障与软件故障之分。前者指装置的印制电路板上集成电路芯片、分立元件、接插件以及外部连接组件等发生的故障；后者有编制的加工工艺程序不符合要求、系统控制程序出错、各种设定参数的改变或参数设定与实际不相适应，数据丢失、计算机的运算出错等引起的故障，如控制执行机构的程序需要调整，控制程序动作由 PLC 完成，程序编制与调整过程的出错，均可能造成机床不能工作。

5.7.6 故障的诊断原则

1. 先外部后内部

发生故障后，先望、听、闻等，由外向内逐一检查查阅点检资料的相关信息。如机床的行程开关、按钮开关、液压气动元件及印制电路板连接部位，因接触不良造成信号传递失灵，是产生故障的重要因素。环境温度、湿度变化较大，油污或粉尘对印制电路板的污染，机械的振动等，对信号传送通道的接插件产生严重影响，检修中要重视这些因素，先查这些部位。另外，尽量减少随意的启封及不适当的大拆大卸。

2. 先机械后控制

数控机床自动化程度高、技术复杂，机械故障较易察觉，而电气（包括数控系统）故障诊断难度较大。维修中，先查机械部分，包括行程开关是否灵活，气动液压部分是否正常等。故障中有很大一部分是机械动作失灵引起，在故障检修前，首先注意排除机械的故障。

3. 先静后动

不盲目动手，先询问机床操作人员故障发生的过程及状态，阅读说明书、图纸资料，进行分析后，可动手查找和处理故障。在机床断电静止状态下，通过观察测试、分析，确认为非恶性循环性故障，或非破坏性故障后，方可给机床通电，在运行工况下进行动态观察、检验和测试，查找故障。对恶性破坏性故障，须先排除危险后，方可通电，在运行工况下进行动态诊断。

4. 先公用后专用

公用问题往往会影响全局，而专用问题只影响局部。如机床的几个进给轴都不能运动，先查和排除各轴公用的 CNC、PLC、电源及液压等公用部分的故障，再设法排除某轴的局部问题。又如电网或主电源是全局性的，先查电源，查熔丝是否正常，直流电压输出是否正常。

5. 先简单后复杂

当出现多种故障互相交织掩盖，先解决容易后解决难度较大的问题，可能在解决简单故障中，难度大的问题也可变得容易，或者在排除简易故障时受到启发，对复杂故障的认识更为清晰，从而也有了解决办法。

6. 先一般后特殊

排除某一故障时，先考虑最常见的可能原因，再分析很少发生的特殊原因。如某数控车床 X 轴回零不准，常常是由于减速挡块位置松动或改变造成。一旦出现这种故障，应先检查该挡块位置，在排除这一常见的可能性之后，再检查脉冲编码器及位置控制环节。

5.7.7 故障诊断方法

1. 观察检查法

（1）目测与手摸

目测故障电路板，仔细检查有无熔丝烧断和元器件烧焦、烟熏、开裂及有无异物断路现象，可判断电路板内有无过电流、过电压和短路等问题。用手摸并轻摇元器件，尤其是阻容、半导体器件有无松动之感，由此可检查出一些断脚、虚焊等问题。

（2）通电

通电前，先检查判断是否存在短路，如确定没有短路可接入相应的电源，并仔细听是否有短路击穿的声音，观察有无冒烟、火花等现象，通电后，手摸元器件、电磁元件、液压电磁阀等有无异常发热现象。再断开电源，用万用表检查各种电源之间有无断路，逐步检查可发现一些较为明显的故障，缩小检修范围，基本确定故障的位置。

（3）鼻闻

通电后，有些导线或漆包线因短路而烧焦产生焦煳味，要养成习惯用鼻闻是否有生焦煳味，找出故障点分析故障原因，排除故障。

2. 仪器测量法

当系统发生故障后，采用常规电工检测仪器和工具，按系统电路图及机床电路图对故障部分的电压、电源和脉冲信号等进行实测，判断故障所在。如电源输入电压超限，可用电压表测量网络电压，或用电压测试仪实时监控以排除故障。如怀疑位置检测元件或其反馈信号的环节出问题，可用示波器检查位置测量信号的反馈回路的信号状态，或用示波器观察其信号输出是否缺相，有无干扰，特别是逆变电源及变频器的谐波干扰。

3. 采用程序法

借助 PLC 程序分析机床故障。PLC 程序直观，输入输出状态方便观察，具有自诊断能力，有一定经验的技术人员采用程序分析机床故障，但要求维修人员必须掌握数控机床 PLC 的外围输入输出电路、元件及作用。更有经验的技术人员，可以编制针对性的短程序，调试发现并判断故障。

4. 信号检查法

分析数控系统的电路原理，将原理图与元件安装布置图对照，元件与图对应，分析电路原理，在关键节点标注测量的电压信号、电流信号、信号波形等，便于实际检查时，进行信号判断，分析故障原因。这要综合分析数控系统、传感测量装置、PLC 输入输出电路等。

5. 功能模块替代法

数控系统采用模块化设计，按功能选用不同的模块。随着集成电子技术、计算机技术的发展，电路规模越来越大，功能越来越复杂，用常规方法很难把故障定位到一个很小的区域或某个具体的元件，当系统发生故障，为缩短停机待修的时间，可根据模块功能与故障现象，初步判断出可能的故障模块，然后用库存备件将其替换调试，可以迅速判断出有故障的模块。在没有库存备件的情况下，可用现场相同或相容的模块替换检查。现代数控的维修越来越多的情况下采用这种方法进行诊断，然后用备件替换损坏模块，使系统正常工作，尽最大可能缩短停机待修时间。

这种方法在操作时一定要断电，仔细检查电路板的版号、型号以及各种输入输出接线是否相同，对需要拆卸更换的系统、元件、位置、导线的颜色与接线号应做好记录，画出简单易识别的图纸，拆线时应做好标记，以便恢复时确保与交换前一致。

6. 原理分析法

根据数控系统的组成及工作原理，从原理分析各点的电平和参数，并利用各种检测仪器设备或逻辑分析仪进行测量、比较、分析，对故障进行系统综合分析的办法。

上面介绍了多种维修的方法，但每种方法并不是独立的，实际维修时是某种方法或多种的结合使用。日常点检、专业点检及专家点检可为诊断数控系统故障提供相应信息。

课堂练习

(1) 数控系统按有无测量装置分为开环数控系统和闭环数控系统，各有什么特点?

(2) 数控系统的故障有哪些类型?

(3) 数控故障的诊断有哪些方法?

第6章 常用高低压成套电气设备的维护

6.1 低压成套电气设备的维护

6.1.1 低压成套电气设备的分类及型号参数

由一个或多个开关电器和相应的控制、保护、测量、调节装置，以及所有内部的电气、机械结构部件组成的成套配电装置，称为成套电气设备，也称为低压成套电气设备，俗称低压开关柜。

低压开关柜广泛用于发电厂、变电站、企业及各类电力用户的低压配电系统中，用于照明、配电、无功补偿等的电能转换、保护和检测等。我国规定，从 2003 年 5 月 1 日开始，低压元器件及成套开关设备必须通过 3C 认证，才能生产、销售。

1. 按供电系统的要求和使用的场所分类

（1）一级配电设备

一级配电设备统称为动力配电中心（PC），俗称为低压开关柜或低压配电屏。集中安装在变电所，将电能分配给不同地点的下级配电设备。这一级设备紧靠降压变压器，故电气参数要求较高，输出电路容量也较大。

（2）二级配电设备

二级配电设备是动力配电柜和电动机控制中心（MCC）的统称。这类设备安装在用电比较集中、负荷比较大的场所，如生产车间、建筑物等场所，对这些场所进行统一配电，即将上一级配电设备某一电路的电能分配给就近的负荷。动力配电柜使用在负荷比较分散、回路较少的场合。MCC 用于负荷集中、回路较多的场合。这级设备应对负荷提供控制、测量和保护。

（3）末级配电设备

末级配电设备是照明配电箱和动力配电箱的统称，远离供电中心，是分散的小容量配电设备，对小容量用电设备进行控制、保护和监测。

2. 按 GB/T 7251 标准生产的产品分类

（1）按结构分

1）屏类。包括开启式、固定面板式设备。

2）柜类。包括固定安装式、抽出式、箱组式设备。

3）箱类。包括动力箱、照明箱、补偿箱。

6-1 低压成套电气设备

6-2 成套电气设备的控制单元

（2）按功能分

按功能分包括进线及计量用成套设备、主配电用成套设备、配电用成套设备、变压器成套设备、终端配电用成套设备、插座式成套设备等。

以上的低压电气成套产品，符合 GB/T 7251.1—2013、GB/T 7251.2—2006、GB/T 7251.3—2017 标准的产品必须由专业人员操作，GB/T 7251.4—2017 标准类的产品可以由非专业人员操作。

3. 按结构特征和用途分类

（1）固定面板式开关柜

固定面板式开关柜常称开关板或配电屏，是一种有面板遮拦的开启式开关柜，正面有防护作用，背面和侧面开放，仍能触及带电部分，防护等级低，只用于供电连续和可靠性要求较低的场合。

（2）封闭式开关柜

封闭式开关柜指除安装面外，其他所有侧面都被封闭起来的一种低压开关柜。这种开关柜的开关、保护和监测控制等电器元件，均安装在一个用钢材或绝缘材料制成的封闭外壳内，可靠墙或离墙安装。柜内每条回路之间可不加隔离措施，也可采用接地的金属板或绝缘板进行隔离。

（3）抽出式开关柜

抽出式开关柜通常称抽屉柜，采用钢板制成封闭外壳，进出线回路的电器元件都安装在可抽出的抽屉中，构成能完成某一类供电任务的功能单元。功能单元与母线或电缆之间，用接地的金属板或塑料制成的隔板隔开，形成母线、功能单元和电缆三个区域。每个功能单元之间也有隔离措施。抽出式开关柜有较高的可靠性、安全性和互换性，适用于对供电可靠性要求较高的低压供配电系统中作为集中控制的配电中心。

（4）动力、照明配电箱

动力、照明配电箱多为封闭式垂直安装。因使用场合不同，外壳防护等级也不同。主要作为用电现场的配电装置。

4. 低压成套开关柜的型号与参数

（1）低压开关柜型号

我国新系列低压开关柜的型号由 6 位拼音字母或数字表示：

□ □ □ □-□-□

1 2 3 4 5 6

第 1 位是分类代号，即产品名称，P 表示开启式低压开关柜，G 表示封闭式低压开关柜；第 2 位是型式特征，G 表示固定式，C 表示抽出式，H 表示固定和抽出式混合安装；第 3 位是用途代号，L（或 D）表示动力用，K 表示控制用，这一位也可作为统一设计标志，如“S”表示森源电气系统；第 4 位是设计序号；第 5 位是主回路方案编号；第 6 位是辅助回路方案编号。

（2）配电箱的型号

我国配电箱型号的含义如下：

X L/M R-XX-□×□/□ N

- N——配电箱不带小门（带小门时不表示）
- □——总开关代号（0—不带总开关，1—带总开关；三相输出时均设总开关，无此符号）
- □——输出回路数
- □——进线相数（1—单相进线，三相进线不表示）
- XX——设计序号
- R——嵌入式安装（明装不表示）
- L/M——用途（L—动力用，M—照明用）
- X——配电箱

（3）低压开关柜主要技术参数

低压开关柜有许多描述产品特性的参数，如额定电压、额定频率、额定电流、额定短路开断电流和防护等级。GCS型低压开关柜的主要技术参数见表6-1。

表6-1 GCS型低压开关柜的主要技术参数

项目		数据
额定电压/V	主回路	380(660)
	辅助回路	AC220,AC380,DC110,DC220
额定绝缘电压/V		690(1000)
额定频率/Hz		50
额定电流/A	水平母线	≤4000
	垂直母线	1000
母线额定短时耐受电流(1s)/kA		50,80
母线额定峰值耐受电流(0.1s)/kA		105,176
防护等级		IP30,IP40

1）额定电压。额定电压包括主回路和辅助回路的额定电压，主回路的额定电压又分为额定工作电压和额定绝缘电压。前者表示开关设备所在电网的最高电压，后者指在规定条件下，用来度量电器及其部件的不同电位部分的绝缘强度、电气间隙和爬电距离的标准电压值。低压开关柜主回路额定工作电压有220V、380V、660V三个等级。

2）额定频率。我国电网的频率是50Hz。

3）额定电流。额定电流包括水平母线额定电流和垂直母线额定电流，前者指低压开关柜中受电母线的工作电流，也是本柜总工作电流；后者指低压开关柜中作为分支母线也称馈电母线的工作电流，理论上讲，柜内所有馈电母线的工作电流之和等于水平母线电流，因此馈电母线电流小于水平母线电流。抽屉单元额定电流一般较小。

我国标准规定，水平母线额定电流有630A、800A、1000A、1250A、1600A、2000A、2500A、3150A、4000A、5000A；垂直母线额定电流有400A、630A、800A、1000A、1600A、2000A。

4）额定短路开断电流。该电流表示低压开关柜中开关电器分断短路电流的能力。

5）母线额定峰值耐受电流和额定短时耐受电流。该电流表示母线的动、热稳定性能。母线额定短时耐受电流（1s）：15kA、30kA、50kA、80kA、100kA；母线额定峰值耐受电流：30kA、63kA、105kA、176kA、220kA。

（4）防护等级

防护等级指外壳防止外界固体异物进入壳内触及带电部分或运动部件，以及防止水进入壳内的防护能力。防护等级用IP表示，是针对电气设备外壳对异物侵入的防护等级，来源于标准IEC 60529。防护等级格式为IP□□，□□为两个阿拉伯数字，第一个数字表示接触保护和外来物保护等级，第二个数字表示防水保护等级。数字越大表示防护等级越佳。

1）防尘等级

0级：无防护。无特殊的防护

1级：防止大于50mm之物体侵入。防止人体因不慎碰到内部零件或防止直径大于50mm之物体侵入；形象比喻是防止人紧握的拳头进入柜体。

2级：防止大于12mm之物体侵入。防止手指碰到内部零件；形象比喻是防止人伸展的手掌进入柜体。

3级：防止大于2.5mm之物体侵入。防止直径大于2.5mm的工具，电线或物体侵入：形象比喻是防止扁口螺钉旋具进入柜体。

4级：防止大于1.0mm之物体侵入。防止直径大于1.0的蚊蝇、昆虫或物体侵入；形象比喻是防止大头针进入柜体。

5级：防尘。无法完全防止灰尘侵入，但侵入灰尘量不会影响正常运作。

6级：防尘。完全防止灰尘侵入。

2）防水等级。

0级：无防护。无特殊的防护。

1级：防止滴水侵入。防止垂直滴下之水滴。

2级：倾斜15°时仍防止滴水侵入。当倾斜15°时，仍可防止滴水。

3级：防止喷洒的水侵入。防止雨水或垂直入夹角小于50°方向所喷射之水。

4级：防止飞溅的水侵入。防止各方向飞溅而来的水侵入。

5级：防止喷射的水侵入。防止持续3分钟及以上的低压喷水侵入。

6级：防止大浪侵入。防止持续3分钟及以上的大量喷水侵入。

7级：防止水侵入。在深达1米的水中防止30分钟的浸泡影响。

8级：防止沉没的影响。在深过1米的水中防止持续浸泡影响。

6.1.2 低压开关柜的主回路

1. 概述

低压开关柜就是由低压元件、电线或铜排、柜体组成，包括主回路、控制回路和保护回路。通常称主回路为一次电路，指用来传输和分配电能的电路，一次电路中的元件称一次元件，由通过连接导体连接的各种一次设备构成。控制回路称二次电路，指对一次设备控制、保护、测量和指示的电路。

低压成套开关设备种类较多，用途各异，主回路类型很多，差异较大。同一型号的成套开关设备主回路方案少则几十种，多则上百种。以下对低压开关柜的主回路方案归类介绍。

2. 低压开关柜的典型主回路

每种型号的低压开关柜，都由受电柜（进线柜）、计量柜、联络柜、双电源互投柜、馈电柜和电动机控制中心（MCC）、无功补偿柜等组成。例如国内统一设计的 GCK 型开关柜（电动机控制柜）的主回路方案共 40 种，其中电源进线方案 2 种，母联方式 1 种，电动机可逆控制方案 4 种，电动机不可逆控制方案 13 种，电动机Y-△变换 5 种，电动机变速控制 3 种，还有照明电路 3 种，馈电方案 8 种，以及无功补偿 1 种。以 GCS 抽出式低压开关柜为例，对低压开关柜的各种主回路进行归类说明。

（1）受电柜主回路

图 6-1、图 6-2 和图 6-3 所示为几种受电柜的主回路，图 6-1 所示是采用高于柜顶的架空电路进线，图 6-2 所示是采用位于柜顶的下侧进线，既可左边进线，也可右边进线，图 6-3 所示是采用电缆进线，电缆终端接有一个零序电流互感器，作为电缆电路的单相接地保护。全部是采用抽屉式结构的万能式低压断路器 AH 系列或进口 F 系列、M 系列等作为控制和保护电器，电流互感器用于电流测量或电能计量。

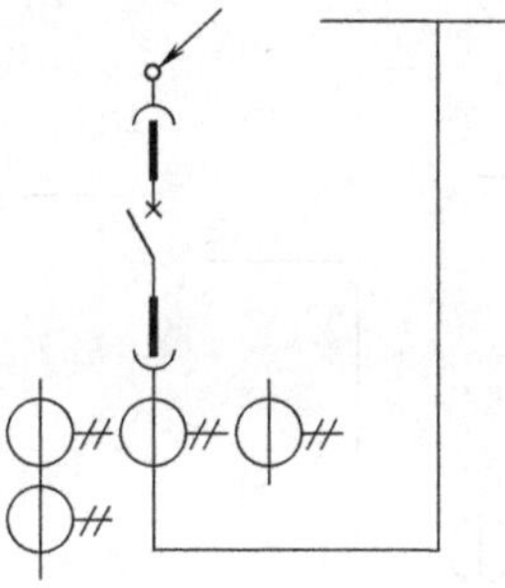
图 6-1 采用高于柜顶的架空电路进线

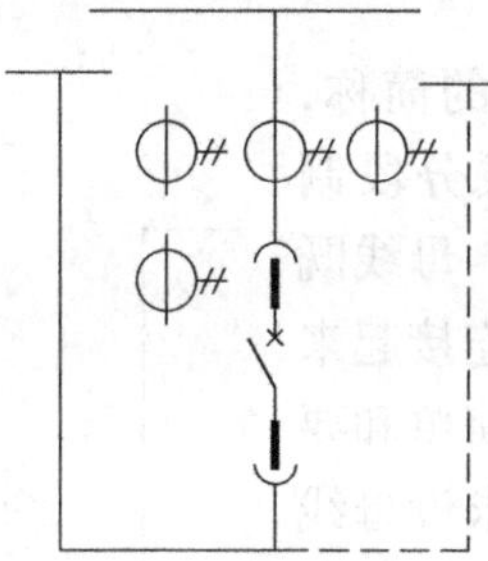
图 6-2 采用位于柜顶的下侧进线

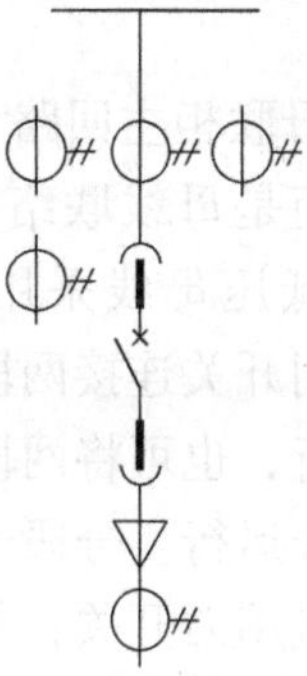
图 6-3 采用电缆进线

（2）馈电柜主回路

图 6-4 所示为几种馈电柜的主回路。主开关既可采用断路器（抽屉式结构，如图 6-4a、c 所示），也可采用刀熔开关（固定安装式，如图 6-4b 所示）；均采用电缆出线，电缆终端接有一个零序电流互感器，作为电缆电路的单相接地保护。

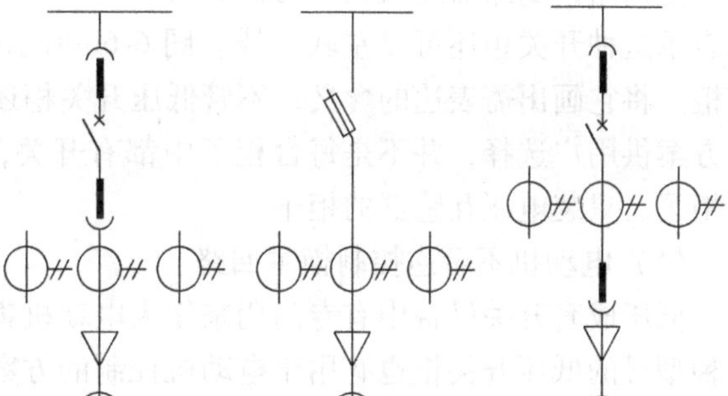
a) 主开关采用断路器 b) 主开关采用刀熔开关 c) 主开关采用断路器

图 6-4 馈电柜主回路

（3）双电源切换柜主回路

图 6-5 所示为双电源切换柜的主回路。双电源切换也叫双电源互投。一些重要的生产场合及重要的用电单位，为提高低压配电系统的供电可靠性，一般用两个电源，一个作为工作电源，另一个作为备用电源。当工作电源故障或停电检修时，投入备用电源。备用电源的投入根据负荷的重要性以及允许停电的时间，可采用手动投入或自动投入方式，对供电可靠性要求高的采用双电源自动互投。

6-3 铜排加工 1

6-4 铜排加工 2

6-5 铜排加工 3

图 6-5a 所示为手动投入方式的双电源切换柜主回路。图中右边为两个电源的进线，一个采用柜上部母线排进线，一个采用柜下部母线排进线，切换开关采用双投式刀开关。

图 6-5b 所示为自动投入方式的双电源切换柜主回路。两个电源均通过电缆引入到母线排，切换开关采用接触器。自动投入方式必须要有相应的控制电路，以控制接触器的自动接通。当工作电源出现故障时，该回路上的断路器跳闸，启动控制装置，自动将另一个电源上的开关合上。

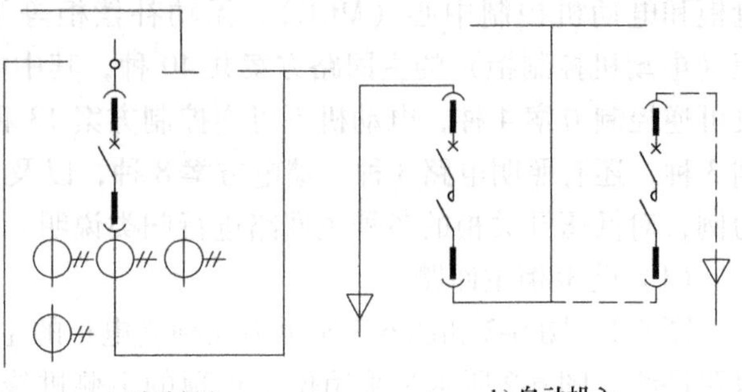
a) 手动投入　b) 自动投入
图 6-5　双电源切换柜的主回路

(4) 母联柜主回路

母联柜是母线联络开关柜的简称，当变电所低压母线采用单母线分段制时，必须用开关连接两段母线，母线既可分段运行，也可将两段母线连接起来成为单母线运行。分段开关在简单和要求不高时可用刀开关；如果要求设母线保护和备用电源自投，则采用低压断路器。图 6-6a 所示为采用断路器的母联柜的主回路，断路器连接两段母线，虚线表示这种开关柜还可以左联母线。图 6-6b 所示是母线转接用的开关柜的主回路，并非母联柜。将它画出需表达的含义，不管低压开关柜还是高压开关柜，都需要有各种各样的主回路方案供用户选择，并不是每台柜子中都有开关，如 GCS 型低压开关柜有只装限流电抗器的柜子、只装电压互感器的柜子。

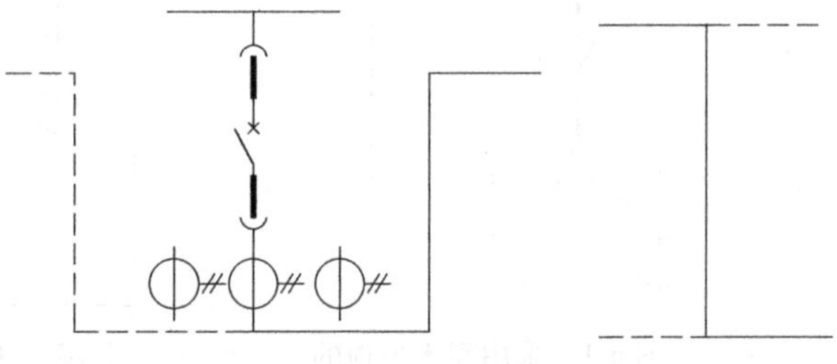
a) 母联柜　b) 母线转接柜
图 6-6　母联柜和母线转接柜

(5) 电动机不可逆控制柜主回路

低压成套开关设备中有专门用来作为电动机集中控制的电动机控制中心，简称 MCC 柜。各种型号的低压开关柜也有用于电动机控制的方案。

图 6-7 所示是两种方案的电动机不可逆控制柜的主回路。配电电器包括刀熔开关或断路器、控制电器如接触器、保护电器如热继电器全部装在抽屉结构中。接触器用于控制电动机的起动和停止，热继电器作为电动机的过负荷保护，短路保护则由刀熔开关或断路器完成。

(6) 电动机可逆控制柜主回路

电动机可逆控制就是控制电动机的正反转。对于三相交流电动机，如果调换任意两相的接线，就会改变电动机运转的方向。图 6-8 所示是几种电动机可逆控制柜的主回路。每种回路中都有两台接触器，合上不同的接触器，电动机运转方向会改变。除零序电流互感器装在电缆终端头外，其他所有的一次电器元件均装在抽屉部件中，配电电器可用断路器、刀熔开关或熔断器，都具有短路保护功能，有的还作电动机过负荷保护用。另外还有常用的无功补偿柜主回路、电动机Y-△起动控制电路，此处不再作介绍。

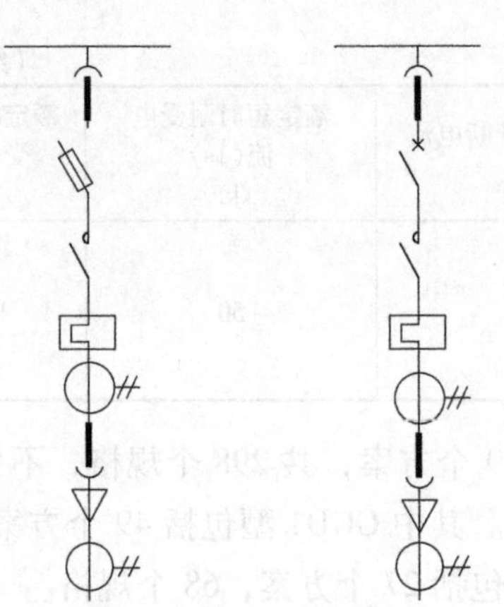

图 6-7 电动机不可逆控制柜主回路

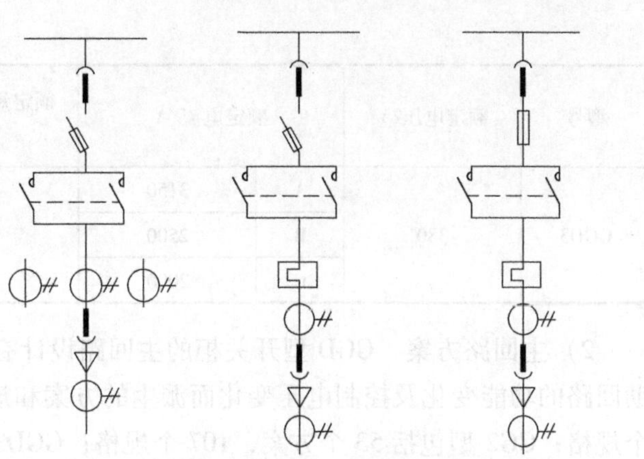

图 6-8 几种电动机可逆控制柜的主回路

6.1.3 常用的低压开关柜介绍

6-6 主开关充气装置

6-7 主开关单元的结构

6-8 主开关的装配

1. GGD 型固定式低压开关柜

GGD 型属于封闭式固定低压开关柜，用于发电厂、变电所、工矿企业等，在交流 50Hz、额定工作电压 380V、额定工作电流至 3150A、主变压器容量 2000kVA 以下的配电系统中，作动力、照明及配电设备的电能转换、分配与控制。GGD 型开关柜分断能力高、动热稳定性好、电气方案灵活、组合方便、结构新颖、防护等级高，符合标准 GB/T 7251 和 IEC60439 等。

（1）结构特点

柜体采用通用柜的形式，构架用 8MF 冷弯型局部焊接组装而成。通用柜的零部件按模数原理设计，并有以 20mm 为模数的安装孔。柜体充分考虑了散热，柜体上下两端均有不同数量的散热槽孔，运行时柜内电器元件发出的热量经上端槽孔排出，而冷空气从下端槽孔不断补充进柜，散热好。柜门用转轴式活动铰链与构架相连，便于安装、拆卸。装有电气元件仪表门用多股软铜线与构架相连，整个柜子构成完整的接地保护。柜体面漆选用聚酯桔形烘漆，附着力强，质感好。柜体防护等级 IP30，可根据使用环境在 IP20~IP40 之间选择。

6-9 主开关的故障诊断现场

6-10 导体导电性能

（2）电气性能

1）GGD 型开关柜的主要技术参数见表 6-2。

表 6-2 GGD 型开关柜的主要技术参数

型号	额定电压/V	额定电流/A		额定短路开断电流/kA	额定短时耐受电流(1s)/kA	额定峰值耐受电流/kA
GGD1	380	A	1000	15	15	30
		B	600(630)			
		C	400			
GGD2	380	A	1500(1600)	30	30	63
		B	600(630)			
		C	400			

（续）

型号	额定电压/V	额定电流/A		额定短路开断电流/kA	额定短时耐受电流(1s)/kA	额定峰值耐受电流/kA
GGD3	380	A	3150	50	50	105
		B	2500			
		C	2000			

2）主回路方案。GGD型开关柜的主回路设计有129个方案，共298个规格，不包括辅助回路的功能变化及控制电压变化而派生的方案和规格。其中GGD1型包括49个方案，123个规格；GG2型包括53个方案，107个规格；GGD3型包括27个方案，68个规格。

主回路增加了发电厂需要的方案，额定电流增加至3150A，适合2000kVA及以下的配电变压器选用。此外，为适应无功功率补偿需要，设计了GGJ1型、GCTJ2型补偿柜，主回路方案有4个，共12个规格。

3）辅助回路方案。辅助回路的设计分供用电和发电厂方案两部分。柜内有足够的空间安装二次元件。同时还研制了专用的LMZ3D型电流互感器，以满足发电厂和特殊用户附设继电保护时的需要。

4）主母线。考虑以铝代铜的可行性，额定电流在1500A及以下时采用铝母线，额定电流大于1500A时采用铜母线。母线的搭接面采用搪锡工艺处理。

5）一次电器元件的选择。主开关电器选用ME、DZ20、DW15等型号；专门设计了HD13BX型和HS13BX型旋转操作式刀开关，满足GGD型开关柜独特结构的需要；可根据需要选用性能更优良的新型电器元件，GGD型开关柜具有良好的安装灵活性，一般不会因更新电器元件造成制造和安装困难；为进一步提高主回路的动稳定能力，设计了GGD型开关柜专用的ZMJ型组合式母线和绝缘支撑件。母线夹由高强度、高阻燃性PPO合金材料热塑成型。绝缘支撑是套筒式模压结构，成本低、强度高，爬电距离满足要求。

2. GCK型抽屉式低压开关柜

该开关柜是电动机控制中心用抽出式封闭开关柜，目前有GCK、GCK1、GCK1（1A）等型号。GCK系列开关柜有动力配电中心（或简称PC柜）、电动机控制中心（或者简称为MCC柜）和电容器补偿柜等三类。PC柜包括进线柜、母联柜、馈电柜等。GCK系列开关柜适用于交流50/60Hz、额定工作电压交流380V、额定绝缘电压660V、额定工作电流4000A及以下的电力系统中，作为配电、动力、照明、无功功率补偿、电动机控制中心之用。

（1）结构特点

1）柜体。主结构骨架采用异型钢材，采用角板定位、螺栓联接。柜体骨架零部件的成型尺寸、开孔尺寸、功能单元是抽屉间隔均以 $E=20\text{mm}$ 为基本模数，便于装配组合。柜体共分水平母线区、垂直母线区、电缆区和功能单元区等四个相互隔离的区域。功能单元在设备区内分别安装在各自的小室内。柜体上部设置水平母线，将成列的柜体连接成一个电气系统。同一柜体的功能单元连在垂直母线上。

2）功能单元。PC柜组件室高度为1800mm，每柜可安装1或2台ME型抽出式断路器。MCC柜的功能单元区总高度为1800mm，功能单元即抽屉的高度为300mm、450mm和

600mm。相同的抽屉单元具有互换性。

功能单元隔室采用金属隔板隔开。隔室中的活门能随着抽屉的推进和拉出自动打开和封闭，因此在隔室中不会触及柜子后部（母线区）的垂直母线。功能单元隔室的门由主开关的操作机构对抽屉进行机械联锁，因此当主开关在合闸位置时，门打不开。抽屉有三个位置，分别用符号表示：“■”表示连接位置；“↘¦”表示试验位置；“○”表示分离位置。

功能单元中的开关操作手柄、按钮等装在功能单元正面。功能单元背面装有主回路一次触头、辅助回路二次插头及接地插头。接地插头可保证抽屉在分离、试验和连接位置时保护导体的连续性。

当抽屉门上装有 QSA 型刀熔开关的操作手柄时，只有在手柄扳向“○”位置时，门才可开启；当手柄指向“■”时，表示开关接通，此时抽屉门不允许打开。

当抽屉内装有 TG 型断路器时，操作手柄直接安装在断路器盖板上，并有联锁和锁定装置，具体操作方式不再介绍。

（2）电气性能

1）主要技术参数。

额定绝缘电压：660V、750V。

额定工作电压：380V、660V。

电源频率：50/60Hz。

额定电流：水平母线 1600~3150A，垂直母线 400~800A。

额定短时耐受电流：水平母线 80kA（有效值，1s），垂直母线 50kA（有效值，1s）。

额定峰值耐受电流：水平母线 175kA，垂直母线 110kA。

功能单元（抽屉）分断能力：50kA（有效值）。

外壳防护等级：IP30 或 IP40。

控制电动机容量：0.4~155kW。

馈电容量：16~630A。

操作方式：就地、远方、自动。

2）主回路方案。GCK 型开关柜的主回路方案共 40 种，其中电源进线方案 2 种，母联方式 1 种，电动机可逆控制方案 4 种，电动机不可逆控制方案 13 种，电动机Y-△变换 5 种，电动机变速控制 3 种，还有照明电路 3 种，馈电方案 8 种，以及无功功率补偿 1 种。

3. GCS 型抽屉式低压开关柜

该开关柜在电力用户中广泛选用，是国产化的抽屉柜，适于发电厂、石油、化工、冶金、纺织、高层建筑等行业的配电系统。在大型发电厂、石化系统等自动化程度高、要求与计算机有接口的场所，作为额定电压 380V 或 660V、额定电流为 4000A 及以下的发、供电系统中的配电、电动机集中控制、无功功率补偿使用。

（1）结构特点

1）柜体。主构架采用 8MF 开口型钢，型钢的侧面有模数为 20mm 和 100mm 的 ϕ9.2mm 的安装孔；主构架装配形式设计有全组装式结构和部分焊接式结构，供用户选择；柜体空间划分为功能单元室、母线室和电缆。各隔室相互隔离；水平母线用柜后平置式排列方式，可增强母线抗电动力的能力，是使开关柜的主回路具备高短路强度能力的基本措施；电缆隔室的设计使电缆上下进出均十分方便。产品柜通用柜体的尺寸系列见表6-3。

表6-3 GCS型抽屉式低压开关柜通用柜体的尺寸系列 （单位：mm）

高(*H*)	2200									
宽(*W*)	400		600		800			1000		
深(*D*)	800	1000	800	1000	600	800	1000	600	800	1000

2）功能单元

抽屉层高的模数为160mm，分为1/2单元、1单元、1.5单元、2单元、3单元5个尺寸系列，单元回路额定电流在400A及以下；抽屉改变仅在高度尺寸上变化，其宽度、深度尺寸不变，相同功能的抽屉具有互换性；每台MCC柜最多能安装11个1单元的抽屉或22个1/2单元的抽屉；抽屉进出线根据电流大小采用不同片数的同一规格片式结构的接插件；1/2单元抽屉与电缆室的转接采用背板式ZJ-2型接插件；单元抽屉与电缆室的转接按电流分档采用相同尺寸棒式或管式结构ZJ-1型接插件；抽屉面板具有分、合、试验、抽出等位置的明显标志；抽屉单元设有机械联锁装置。

（2）电气部分

1）主要电器元件。电源进线及馈线单元断路器主选AH系列，也可选用其他性能更先进或进口的DW45、M系列、F系列；抽屉单元如电动机控制中心、部分馈电单元断路器，主选性能好、结构紧凑的短飞弧或无飞弧的CM1、FM1、TG、TM30系列塑壳式断路器，部分选用NZM-100A系列；刀开关或熔断器式刀开关选Q系列。可靠性高，可实现机械联锁；熔断器主选NT系列。

2）电气性能。GCS型开关柜的主要电气技术参数参见表6-4，主要电气性能如下：

① 连接件热容量高，降低因转接件的温升给接插件、电缆头、隔板带来的附加温升。

② 功能单元之间、隔室之间分隔清晰、可靠，不因某一单元故障影响其他单元，故障限制在最小范围内。

③ 母线平置式排列使开关柜的动、热稳定性好，能承受80/176kA的短路电流冲击；MCC柜单柜的回路数最多可达22个，充分考虑了大单机容量电机集中控制的需要。

④ 开关柜与外部电缆的连接在电缆隔室中完成，电缆可以上下进出；零序电流互感器安装在电缆室内，安装维护方便。

⑤ 同一电源配电系统可以通过限流电抗器匹配限制短路电流，稳定母线电压在一定的数值，还可降低对电器元件短路强度的要求。

⑥ 抽屉单元有足够数量的二次接插件（1单元以上为32对，1/2单元为20对），可满足计算机接口和自控回路对接点数量的要求。

4. MNS型抽屉式低压开关柜

按照ABB公司技术制造，用于交流50/60Hz、额定工作电压660V及以下的配电系统。适于发电厂、变电站、石油化工、冶金、轻工纺织等厂矿企业和住宅小区、高层建筑等，用作交流50/60Hz、额定工作电压660V及以下的电力系统配电设备的电能转换、分配及控制。

表 6-4 GCS 型开关柜的主要电气技术参数

项目		技术参数
额定电压	主回路/V	380 或 660
	辅助回路/V	AC220、AC380、DC110、DC220
额定绝缘电压/V		690 或 1000
额定频率/Hz		50
额定电流	水平母线/A	≤4000
	垂直母线/A	1000
防护等级		IP30、IP40

（1）结构特点

该开关柜基本框架为组装式结构，全部结构件都经过镀锌处理，通过自攻锁紧螺钉或 8.8 级六角头螺钉紧固，互相连接成基本柜架。再按主回路方案变化需要，加上相应的门、封板、隔板、安装支架以及母线、功能单元等零部件，组装成一台完整的低压开关柜。内部零部件尺寸、隔室尺寸实行模数化（模数单位 $E=25$mm）。柜体外形尺寸见表 6-5。

表 6-5 MNS 型抽屉式低压开关柜的外形尺寸 （单位：mm）

H(高)	B(宽)	B_1	B_2	T(深)	T_1	T_2
2200	600			1000	750	250
2200	800			1000	750	250
2200	1000			1000	750	250
2200	1000	600	400	600	400	250
2200	1000	600	400	1000	750	250
2200	1000	600	400	1000	400	600
2200	1000	600	400	1000	400	200

（2）动力配电中心（PC 柜）

1）PC 柜内隔室。分成四个隔室，即水平母线隔室，在柜的后部；功能单元隔室，在柜前上部或柜前左部；电缆隔室在柜前下部或柜前右部；控制回路隔室，在柜前上部。隔离措施是水平母线隔室与功能单元隔室、电缆隔室之间用三聚氰胺酚醛夹心板或钢板分隔；控制回路隔室与功能单元隔室之间用阻燃型聚氨酯发泡塑料模制罩壳分隔，左边的功能单元隔室与右边的电缆隔室之间用钢板分隔。

2）柜外操作。柜内安装的万能式断路器能在关门状态下，实现柜外手动操作，还能观察断路器的分、合闭状态，并根据操作机构与门的位置关系，判断出断路器在试验位置还是在工作位置。

3）分隔措施。主回路和辅助回路之间采用分隔措施，仪表、信号灯和按钮等组成的辅助回路安装于塑料板上，板后用一个由阻燃型聚氨酯发泡塑料做成的罩壳与主回路隔离。

（3）抽出式 MCC 柜（电动机控制中心）

1）隔室与结构。抽出式 MCC 柜内分柜后部的水平母线隔室、柜前部左边的功能单元隔室和柜前部右边的电缆隔室等 3 个隔室。水平母线隔室与功能单元隔室之间用阻燃型发泡塑料制成的功能壁分隔；电缆室与水平母线隔室、功能单元隔室之间用钢板分隔。

抽出式 MCC 柜有单面操作和双面操作两种结构，分别称为单面柜和双面柜。

2）单元。抽出式 MCC 柜有五种标准抽屉，分别是 8E/4、8E/2、8E、16E 和 24E。其中，8E/4 和 8E/2 两种抽屉的结构由模制的阻燃型塑料件和铝合金型材组成。

3）触头及联锁。五种标准尺寸的抽屉，一般有 16 个二次隔离触头引出，如需要，除 8E/4 抽屉外，其他四种抽屉可增加到 32 个触头，每个静触头的接线端头同时可接 3 根导线。

抽屉具有机械联锁装置，只有当主回路和辅助回路全部断开时才可移动抽屉。机械联锁装置使抽屉具有移动、分断和分离 3 个位置，并标注相应的符号。机械联锁装置上的操作手柄和主断路器的操作手柄能同时被三把锁锁住。

（4）可移式 MCC 柜

1）结构。功能单元设计成可移式结构，功能单元与垂直母线的连接用一次隔离触头，即使与其连接的电路带电，也可从设备中完整地取出和放回该功能单元，另一端为固定式结构。

2）单元。可移式 MCC 柜的功能分 3E、6E、8E、24E、32E 和 40E 单元隔室，总高度也是 72E；柜体结构与抽出式 MCC 柜的其余基本相同。

（5）抽屉单元

MNS 型开关柜的抽屉有 8E/4、8E/2、8E、16E 和 24E 五种，抽屉也具有机械联锁装置。8E/4、8E/2 抽屉共有五个位置，即连接位置（合闸位置）、分断位置、试验位置、移动位置和分离位置，如图 6-9 所示。在连接位置，主回路和辅助回路都接通；在分断位置，主回路和辅助回路断开；在试验位置，主回路断开，辅助回路接通；在移动位置，主回路和辅助回路都断开，抽屉可以推进或拉出。抽屉拉出 30mm 并锁定在这个位置上，一、二次隔离触头全部断开，这就是分离位置。可见，在连接位置、分断位置和试验位置，抽屉均处于锁紧状态，只有在移动位置时，抽屉才可以移动。这两种抽屉主开关和联锁机构组成一体。从分断位置到连接位置的箭头的含义是：先将操作手柄向里推进，再顺时针从分断位置旋到连接位置。分断时从连接位置转向分断位置，手柄自动弹出。

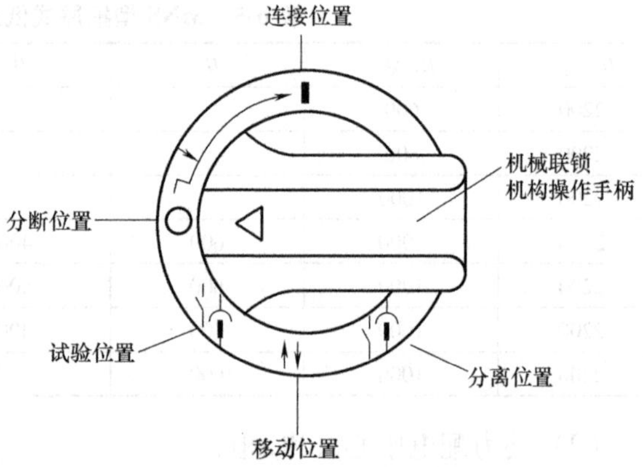

图 6-9 抽屉操作手柄示意图

（6）母线系统

1）水平母线。安装于柜后独立的母线隔室中，有两个可供选择的安装位置，即柜高 1/3 或 2/3 处；母线可按需要装于上部或下部，也可上下两组同时安装，两组母线可单独使用，也可并联使用，每相母线由 2 根、4 根或 8 根母线并联，母线截面积有 10mm×30mm、10mm×60mm 和 10mm×80mm 等几种。

2）垂直母线。为 50mm×30mm×5mm 的 L 型铜母线，被嵌装于用阻燃型塑料制成的功能壁中，带电部分的防护等级为 IP20。

3）中性线（N 线）母线和保护接地线（PE 线）母线。平行安装在功能单元隔室下部和垂直安装电缆室中，N 线和 PE 线之间如用绝缘子相隔，则 N 线和 PE 线分别使用；两者之间如用导线短接，即成 PEN 线。

(7) 保护接地系统

由单独装设并贯穿于整个排列长度的 PE 线（或 PEN 线）和可导电的金属结构件两部分组成。金属结构件除外表门和封板外，其余镀锌处理。结构件连接处可通过一定的短路电流。

(8) MNS 型开关柜主要技术参数

额定绝缘电压：660V。

额定工作电压：380V、660V。

额定电流：水平母线（主母线）的最大为 5000A，垂直母线（配电母线）的最大为 1000A。

额定短时耐受电流（1s，有效值）：主母线 30~100kA，垂直母线 30~100kA。

额定峰值耐受电流：主母线 63~250kA（最大值），垂直母线标准型 90kA（最大值）。

防护等级：IP30、IP40、IP54。

主回路方案很多，有近百种方案，请查阅专业技术手册。

6.1.4 低压开关柜的试验与质检

1. 低压开关柜的型式试验

性能试验包括型式试验和出厂试验，前者是验证给定型式的低压成套开关设备应符合 GB/T 7251.1—2013 标准，由有资质的测试单位承担，包括温升极限、介电性能、短路耐受强度、保护电路有效性、电气间隙和爬电距离、机械操作性能、防护等级。

2. 低压开关柜的质检

(1) 工序检验

低压开关柜的质检，即对开关柜装配过程中和装配完工后的检验。依据标准，在低压开关柜的装配过程中，每个工序完工后，都要检验，确保每道工序质量符合要求，开关柜装配过程中要进行四道工序检验。

1）外形尺寸和外观质量检验。早期开关柜柜体由焊接而成，现在大多是组装，即将经机械加工的立柱、横梁、门板、隔板、侧板等部件装配成为柜体；外形尺寸检查包括机械加工质量和检查装配质量。

2）电器元件装配质量检查。元器件型号、规格、数量符合图样要求；元器件安装、布局符合工艺要求；面板上的指示灯、按钮、仪表均应横平竖直；器件应有完整的标志、铭牌，标牌上内容正确；元器件安装应牢靠、合理，符合元器件生产厂的安装要求。

3）接线工序检查。导线连接牢靠；每个端子只允许连接一根导线；绝缘导线穿越金属构件应有保护导线不受损伤的措施；用线束布线，线束要横平竖直，且横向不大于 300mm，竖向不大于 400mm，应有一个固定点；交流回路的导线穿越金属隔板时，该电路所有相线和零线均应从同一孔中穿过，以防止涡流发热。在可移动的地方，必须采用多股铜芯绝缘导线，并留有长度余量。接地保护在连接框架、面板等涂覆件时，必须采用刮漆垫圈，并拧紧紧固件，以尽量减少接触电阻。

4）母线质量检查。母线表面涂层应均匀、无流痕，母线弯曲处不得有裂纹及大于 1mm 的皱纹，母线表面无起皮、锤痕、凹坑、毛刺等；母线的搭接面积与搭接螺栓的规格、数量、位置分布应符合有关标准的规定，搭接螺栓必须拧紧。

（2）出厂试验

低压开关柜全部装配完毕，各道工序检验全部合格，如有不合格必须整改好，还要最终试验。最终试验分型式试验和出厂试验。凡新产品或有重要改进的产品，都要做型式试验。型式试验由国家有关部门或有关行业认可、具有相应资格的试验单位承担。型式试验通过以后，产品才可鉴定，批量生产。出厂前，对每台产品要进行出厂试验，试验合格才可以出厂。出厂试验的内容比型式试验少，即有些试验项目已通过型式试验，出厂试验中无需重做。

3. 低压开关柜的日常维护

低压开关柜在企业设备管理中属于动力设备，具有连续性、危险性、安全保护性，运行后，需定期保养维护。根据实际状况，确定维护保养周期。结合具体特点，一些企业对低压开关柜进行点检。

维护前做好相应准备，通知各回路用户停电的时间段。备好维保所需的专业工具和安全工具，确定维护负责人和专业人员。

分闸断电维护配电柜供电母线的全部负荷，断开该母线变压器高压侧的负荷开关，检查确认断开电源，挂接地线和标识牌，用 $25mm^2$ 的导线通过电阻对电容器放电。

检查母线接头有无变形，有无放电痕迹，紧固连接螺钉，确保连接可靠，清除母线接头处的污垢，螺母出现锈蚀应更换。

检查配电柜各开关，取下灭弧罩，检查触头表面，如出现麻点状电蚀，用平锉修磨接触面，保持触头的原有形状。如灼伤超过 $1mm^2$，需更换触头。紧固进出线螺钉，用高压空气清洁柜内尘土，试验操动机构的分合闸状态。

检查电流互感器和各种仪表的接线，检查熔断器的熔体、插座，保证接触良好，无烧损。完成后，配电柜内确保不遗留工具，才可合上抽屉柜门。

以上维保过程中，应及时、正确、醒目挂放警告牌，工具、灯具齐全、正常，电缆接头不能出现发热变色，接地线无锈蚀，电容柜内电容器外壳良好，无渗漏、膨胀，指示良好。柜体风扇工作正常。如分段保养，则先保养负荷段。

课堂练习

（1）典型的低压电气成套设备有哪些产品？型号含义如何表述？

（2）图 6-8 中几种电动机可逆控制柜的主回路，根据所介绍的知识内容，三种主回路构成是用于固定柜还是用于抽屉柜？

（3）如何做好低压开关设备的日常维护？

6.2 高压成套电气设备的维护

6.2.1 概述

1. 类型

高压电器成套设备俗称为高压开关柜，是由高压断路器、负荷开关、接触器、高压熔断器、隔离开关、接地开关、互感器、站用变压器，以及控制、测量、保护、调节装置、内部连接件、辅件、外壳和支持件等组成的成套装置，内部空间以空气或复合绝缘材料作介质，用作接受和分配电网的三相电能。

图 6-10 所示是 20 世纪 70~80 年代的 GG-1A（F）-07S 型半封闭式高压开关柜的结构图。半封闭式高压开关柜结构简单、易制造、价格低、柜内检修空间大，曾应用广泛，目前仍在使用。但因母线敞开式结构的防护性能差等，威胁电网安全，将逐步淘汰。

目前的高压开关柜为金属封闭式，执行标准 GB/T 3906—2020《3.6~40.5kV 交流金属封闭开关设备和控制设备》，将高压断路器、负荷开关、熔断器、隔离开关、接地开关、避雷器、互感器以及控制、测量、保护等装置和内部连接件、绝缘支持件和辅助件固定连接后安装在一个或几个接地的金属封闭小隔室内。金属封闭式高压开关柜中的主要部分都安放在由隔板相互隔开的各小室（称为隔室）内，隔室间的电路连接通过套管或类似方式完成。图 6-11 是GZS1-12 型金属封闭式高压开关柜的结构示意图。

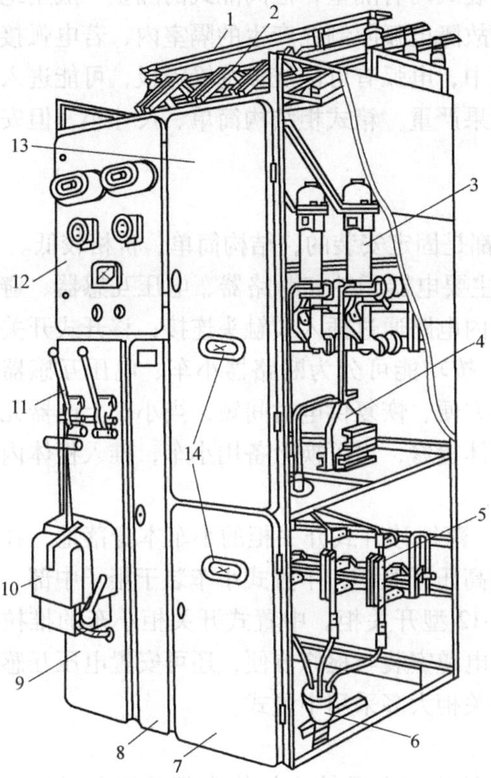

图 6-10　GG-1A（F）-07S 型半封闭式高压开关柜结构图

1—母线　2—母线隔离开关　3—少油断路器
4—电流互感器　5—电路隔离开关　6—电缆头
7—下检修门　8—端子箱门　9—操作板
10—断路器手操机构　11—隔离开关操作手柄
12—仪表继电屏　13—上检修门　14—观察窗

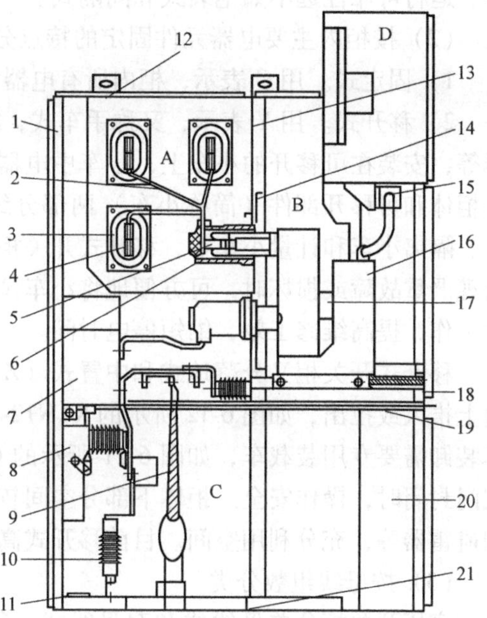

图 6-11　GZS1-12 型金属封闭式高压开关柜结构示意图

A—母线室　B—手车室　C—电缆室
D—继电器仪表室
1—外壳　2—手车室　3—母线套管
4—主母线　5—静触点装置　6—静触点盒
7—电流互感器　8—接地开关　9—电缆
10—避雷器　11—加热器　12—泄压装置
13—可卸隔板　14—活门　15—二次插头
16—断路器手车　17—断路器
18—抽出式水平隔板　19—接地开关操作轴
20—控制线槽底板　21—接地母线

6-11　KYN 产品

6-12　高压进线单元产品

（1）按柜内整体结构分类

1）铠装式。用K表示，铠装式高压开关柜中的主要部分如断路器、电源侧的进线母线、馈电线路的电缆接线处、继电器等都安放在由接地的金属隔板相互隔开的各自小室内，如KYN型和KGN型。

2）间隔式。用J表示，某些组件分设于单独的隔室内，与铠装式高压开关柜一样，但具有一个或多个非金属隔板，隔板防护等级应达到IP2X~IP5X的要求，如JYN型。

3）箱式。用X表示，除上述两种外的金属封闭式高压开关柜统称为箱式金属封闭式高压开关柜。隔室数量少于铠装式和间隔式甚至不分隔室，一般只有金属封闭外壳，如XGN型。

上述三种类型的高压开关柜中，间隔式和铠装式均有隔室，但间隔式的隔室一般用绝缘板，铠装式的隔室用金属板。金属板好处是可将故障电弧限制在产生的隔室内，若电弧接触到金属隔板，可通过接地母线引入地内。间隔式中，电弧有可能烧穿绝缘隔板，可能进入其他隔室甚至窜入其他柜子，全部柜子将燃烧，后果严重。箱式柜结构简单、尺寸小，但安全性、运行可靠性远不如铠装式和间隔式。

（2）按柜内主要电器元件固定的特点分类

1）固定式。用G表示，柜内所有电器元件都是固定安装的，结构简单，价格较低。

2）移开式。用Y表示，又称手车式，柜内主要电器元件如断路器、电压互感器、避雷器等，安装在可移开的小车上，小车中电器与柜内电路通过插入式触头连接；移开式开关柜由柜体和可移开部件（简称小车）两部分组成，按功能可分为断路器小车、电压互感器小车、隔离小车和计量小车等，移开式开关柜检修方便、恢复供电时间短，当小车上电器元件出现严重故障或损坏时，可方便地将小车拉出柜体检修，也可换上备用小车，推入柜体内继续工作，提高维修工效，缩短停电时间。

移开式开关柜又分落地式和中置式（Z）式。落地移开式开关柜的小车本身落地，在地面上推入或拉出，如图6-12所示的KYN12-10型高压开关柜；中置式小车装于柜子中部，小车装卸需要专用装载车，如图6-11所示的GZS1-12型开关柜。中置式开关柜小车的推拉是在门封闭时，操作安全。柜体下部分空间较大，电缆安装与检修方便，还可安置电压互感器和避雷器等，充分利用空间。目前移开式高压开关柜大多采用中置式。

（3）按母线组数分类

高压开关柜分单母线式和双母线式，6~35kV供配电系统主接线大都采用单母线，即6~35kV开关柜基本是单母线柜。为提高可靠性，6~35kV供配电系统主接线也可采用双母线或单母线带旁路母线，要求开关柜中有两组主母线，母线室空间较大。

（4）按主电器元件种类分类

1）通用型高压开关柜。以空气为主绝缘介质，主电器元件为断路器，即断路器柜。

2）F-C回路开关柜。主电器元件用高压限流熔断器（Fuse）、高压接触器（Contactor）组合电器。

3）环网柜。主电器元件用负荷开关或负荷开关-熔断器组合电器，常用于环网供电系统。

（5）按安装场所分类

高压开关柜分户内式和户外式。户外式要求封闭式、防水渗透、防尘。

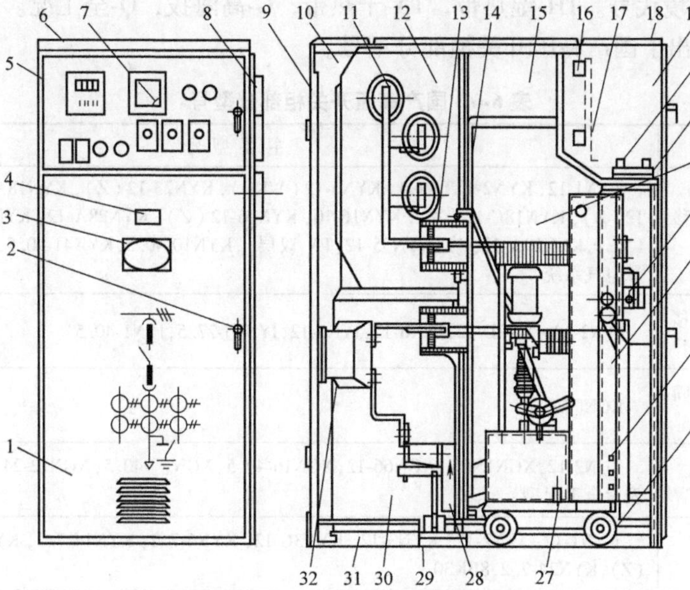

图 6-12 KYN12-10 型高压开关柜

1—手车门 2—门锁 3—观察窗 4—铭牌 5—铰链 6—装饰条 7—继电器仪表室门
8—母线支撑管套 9—电缆室门 10—电缆室排气通道 11—主母线 12—母线室
13——次隔离触头盒 14—金属活门 15—手车室排气通道 16—减振器 17—继电器安装板
18—小母线室 19—继电器仪表室 20—端子排 21—二次插头 22—手车室 23—手车推进机构
24—断路器手车 25—识别装置 26—手车导轨 27—手车接地触头
28—接地开关 29—接地开关连锁装置 30—电缆室 31—电缆室底盖板 32—电流互感器

（6）按柜内主绝缘介质分类

高压开关柜分大气绝缘柜和气体绝缘柜。大气绝缘的金属封闭开关设备由于受大气绝缘性能限制，占地面积和空间较大。20 世纪 80 年代出现了用绝缘性能优良的 SF_6 气体作绝缘的全封闭式金属封闭开关设备。其中 12~40. 5kV 的 SF_6 气体绝缘金属封闭开关设备采用柜形箱式结构，称箱式气体绝缘金属封闭开关设备，简称为充气式开关柜。

2. 高压开关柜的型号

我国目前使用的高压开关柜系列型号由如下格式表示：

□□□□ — □ — □□□

1 2 3 4 5 6 7 8

第 1 个□，高压开关柜。K-铠装式，J-间隔式，X-箱式。

第 2 个□，型式特征。G-固定式，Y-移开式（用字母 Z 表示中置式）。

第 3 个□，安装场所。N-户内式，W-户外式。

第 4 个□，设计序号。由 1~3 位数字或字母组成。

第 5 个□，额定电压。单位为 kV，可以在这一位后的括号中说明主开关的类型，如用 Z 表示真空断路器，F 表示负荷开关。

第 6 个□，主回路方案编号。

第 7 个□，断路器操动机构，D-电磁式，T-弹簧式。

第 8 个□，环境代号。TH-湿热带，TA-干热带，G-高海拔，Q-全工况。

表 6-6 所示列出了国产高压开关柜部分型号。

表 6-6 国产高压开关柜部分型号

类型	主要型号
通用柜、铠装式、移开式	KYN1-12, KYN2-12(VC), KYN6-12(WKC), KYN23-12(Z), KYN18A-12(Z), KYN18B-12(Z), KYN18C-12(Z), KYN16-10, KYN26-12(Z), KYN28A-12, KYN18B-12, KYN54-12(VE), KYN29A-12(Z), KYN55-12(PV 双层), KYN10-40.5, KYN41-40.5, GZS1-12(S 表示森源电气系统)
通用柜、间隔式、移开式	JYN2-12, JYN2D-12, JYN6-12, JYN6-12, JYN□-27.5, JYN1-40.5
通用柜、铠装式、固定式	KGN□-12
通用柜、箱式、固定式	XGN2-12, XGN15-12, XGN66-12, XGN16-40.5, XGN□-40.5, XGN12-24, XGN2-12Q(Z)(Q 表示全工况型)
F-C 柜	KYN1-12, JYN2-12, KYN3-12, KYN3C-12, KYN6-7.2, KYN14-7.2, KYN16-12, KYN23-12(Z), KYN24-7.2, 8BK30
环网柜	HXGN-12, XGN16-12(ZS8), HXGN2-12, HXGX6-12, HXGN15-12, XGN35-12(F), XGN35-12(FR)

3. 高压开关柜的主要技术参数

1）额定电压；

2）额定绝缘水平，用 1min 工频耐受电压（有效值）和雷电冲击耐受电压（峰值）表示；

3）额定功率；

4）额定电流，指柜内母线的最大工作电流；

5）额定短时耐受电流，指柜内母线及主回路的热稳定电流，应同时指出“额定短路持续时间”通常为 4s；

6）额定峰值耐受电流，指柜内母线及主回路的动稳定电流；

7）防护等级。

表 6-7 所示是 KYN12-12 型高压开关柜的主要技术参数。

表 6-7 KYN12-12 型高压开关柜的主要技术参数

项目		数据		
额定电压/kV		3.6	7.2	12
额定绝缘电压/kV	1min 工频耐受电压(有效值)	42	42	42
	雷电冲击耐受电压(峰值)	75	75	75
额定频率/Hz		50		
额定电流/A		630, 1000	1250, 1600	2000, 3000, 3150
额定短时耐受电流(1s, rms)/kA		20, 31.5	31.5, 40	40
额定峰值耐受电流(0.1s)/kA		50	50, 80	100
防护等级		IP4X(柜门打开时为 IP2X)		

6.2.2 高压开关柜的基本结构及主回路

1. 固定式高压开关柜的基本结构

典型产品 XGN-12 户内箱型固定式高压开关柜是金属封闭箱型结构，柜体骨架用角钢焊接而成，柜内分断路器室、母线室、电缆室、继电器仪表室，室与室之间用钢板隔开。真空断路器的下接线端子与电流互感器连接，电流互感器与下隔离开关的接线端子连接。断路器上接线端子与上隔离开关的接线端子相连接。断路器室设有压力释放通道，若产生内部故障电弧，气体可通过排气通道将压力释放。

2. 移开式高压开关柜的基本结构

常用产品 KYN28A-12 是铠装移开式高压开关柜结构，小车是中置式。小车室内安装有轨道和导向装置，供小车推进和拉出。在一次回路静触头的前端装有活门机构，保障人员安全。小车载柜体内有工作、试验和断开位置，当小车需移出柜体检查和维护时，利用专用装载车可方便地取出。小车中装设有接地装置，能与柜体接地导体可靠连接。小车室底盘上装有丝杠螺母推进机构、联锁机构等。丝杆螺母推进机构可轻便地使小车在“断开”“试验”和“工作”位置之间移动，联锁机构保证小车及其他部件的操作必须按规定的操作程序操作。

3. 高压开关柜的主要部件

1）功能单元。包括共同完成一种功能的所有主回路及其他回路的原件，功能单元可以根据预定功能区分，如进线单元、馈线单元等。

2）外壳。在规定防护等级下，保护内部设备不受外界的影响，防止人体和物体接近带电部分和触及运动部分。

3）隔室。隔室可以用内装的主要元件命名，如断路器隔室、母线隔室等，隔室间互相连接的开孔，应采用套管或类似的方式加以封闭，另外还有充气隔室，用于充气式高压开关柜的隔室型式。

4）元件。高压开关柜的主回路和接地回路中完成规定功能的主要组成部分，如断路器、负荷开关、接触器、隔离开关、接地开关、熔断器、互感器、套管、母线等。

5）隔板。高压开关柜的一部分，将一个隔室与另一个隔室隔开。

4. 高压开关柜的主回路

（1）主回路方案类别

高压开关柜的主回路，是根据电力系统和供配电系统的实际需要而确定，每种型号的高压开关柜的主回路方案少则几十种，多则上百种，制造厂家在设计时为满足用户需要及施工方便，设计了许多种非标准的主回路方案。

此处不介绍具体的电路方案，只介绍主要的方案类别。每种型号高压开关柜的主回路方案，按照用途，主要包括以下类别：

1）进出线柜。用于高压受电和配电。

2）联络柜。包括用于变电站单母线分段主接线系统的分段柜或母联柜、柜与柜之间相互连接的联络柜等。

3）电压测量柜。安装有电压互感器，其接线方案有 V/V 形、Y_0/Y_0形、Y_0/Y_0/开口三角形等。除电压测量外，还用于绝缘监视。

4）避雷器柜。用于防止雷电过电压。

5）所用变柜。柜中安装有小容量（通常 30kVA、50kVA、80kVA）的干式变压器以及高、低压开关，用于变电所（站）自用电系统的供电，如图 6-13a 所示是这种主回路。

6）计量柜。用于计量电能消耗量，如图 6-13b 所示。

7）隔离柜。柜中主元件仅为隔离开关（固定柜）或隔离小车（手车柜），用于检修时隔离电源，如图 6-13c 所示。

8）接地手车柜。配有接地小车的移开式开关柜，当推入接地小车时，将电路或设备接地，如图 6-13d 所示。

9）电容器柜。安装有高压（6.3kV 或 10.5kV）电容器，用于高压电动机等高压用电设备的分散就地无功补偿。

10）高压电动机控制柜。安装在高压电动机现场，用于高压电动机的配电与起动、停止。

（2）进出线与柜间连接方式

1）母线连接。高压开关柜的柜上部空间母线（柜顶母线）是开关柜的主母线，大多数开关柜都有这一母线，贯通各开关柜，构成变电站的系统母线。

相邻柜之间的连接可采用柜下部母线或称为柜底母线，有的开关柜柜顶母线并不与柜内电气回路连接，仅起过渡母线的作用，用于贯通主母线。如图 6-13a 所示的开关柜主回路方案，柜顶母线并不与柜底母线以及电缆进出线连接。

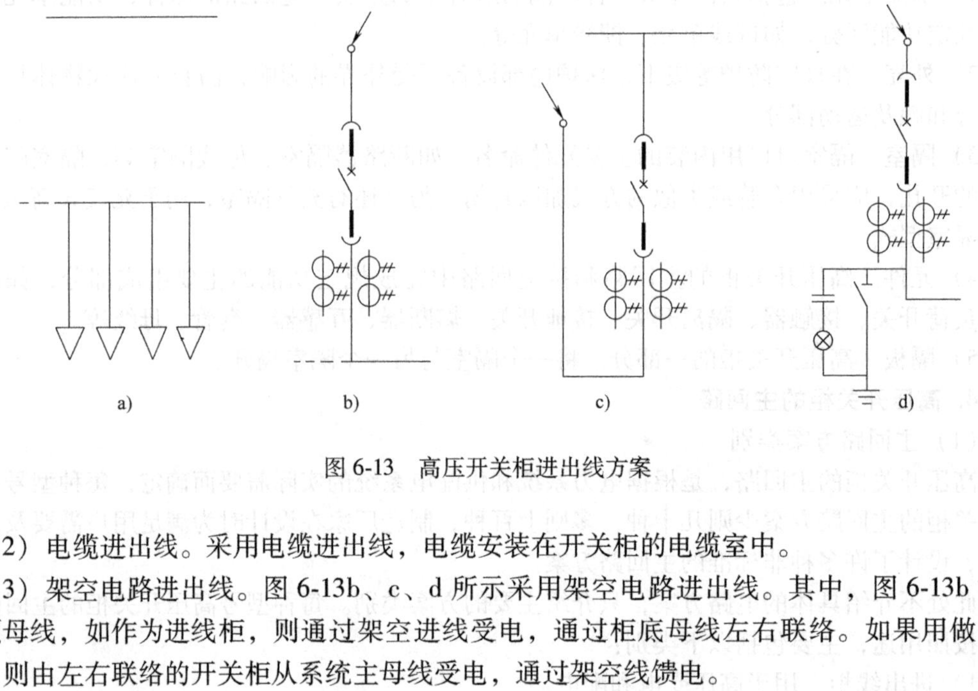

图 6-13　高压开关柜进出线方案

2）电缆进出线。采用电缆进出线，电缆安装在开关柜的电缆室中。

3）架空电路进出线。图 6-13b、c、d 所示采用架空电路进出线。其中，图 6-13b 没有柜顶母线，如作为进线柜，则通过架空进线受电，通过柜底母线左右联络。如果用做出线柜，则由左右联络的开关柜从系统主母线受电，通过架空线馈电。

5. 主回路功能

高压开关柜的型号、技术性能很多。如 KYN29A-12 是中置小车开关柜，与其他小车柜不同，这种开关柜设有一个辅助设备小车室，如图 6-14 所示，位于中置小车室的下方空间，可安装电压互感器小车、RC 过电压吸收器小车、避雷器小车等，最充分地利用了开关柜的空间，使得每种主回路方案的开关柜都有较多的功能。另外，其主母线室分为上、中、下三种方案。这种型号的开关柜的主回路方案多达 158 种，这里不做介绍。

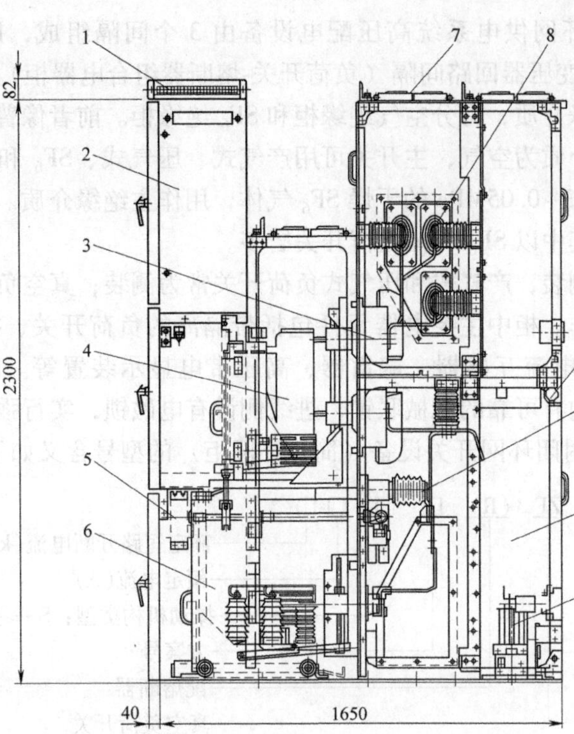

图 6-14 KYN29A-12 型手车开关柜结构示意图

1—小母线室 2—继电仪表室 3—一次隔离静触头座与电流互感器 4—中置小车室 5—接地开关操动机构 6—辅助设备小车室 7—压力释放活门 8—主母线室（分上、中、下方案） 9—照明灯 10—接地开关 11—电缆室 12—加热板（防潮发热器）

6.2.3 典型高压开关柜产品

1. HXGN21-12 型环网柜

1）概述。负荷开关柜、负荷开关-熔断器组合电器柜常用于环网供电系统，通常称为环网柜或环网供电单元。常见环网柜如 HXGN21-12 产品，通常 1 个环网供电单元至少由 3 个间隔组成，如 2 个环缆进出间隔和 1 个变压器回路间隔，如图 6-15 所示。

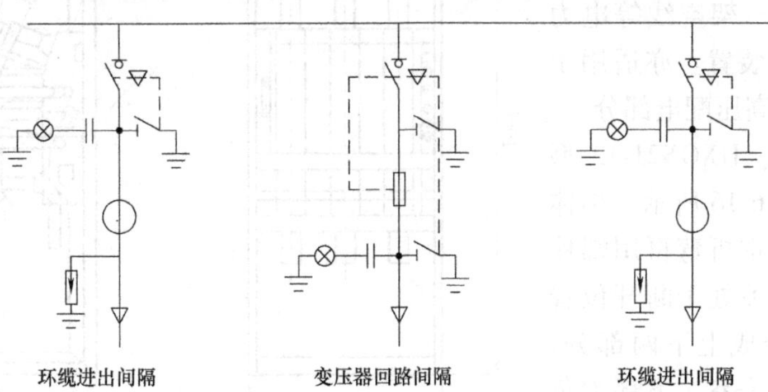

图 6-15 环网供电系统

① 整体型。一般将 3 或 4 个间隔装在 1 个柜体中，结构体积较小，但不利于扩建改造。

② 组合式。由几台环网柜组合在一起，体积较大，但可加装计量、分段等小型柜，便

于扩建改造；最简化的环网供电系统高压配电设备由 3 个间隔组成，即 2 个环缆进出间隔（负荷开关柜）、1 个变压器回路间隔（负荷开关-熔断器组合电器柜）。

环网柜按柜内主绝缘介质，可分空气绝缘柜和 SF_6 绝缘柜。前者像普通开关柜，是封闭式开关柜，柜内主绝缘介质为空气，主开关可用产气式、压气式、SF_6 和真空负荷开关。后者是密封柜，柜内充 0.03~0.05MPa 的干燥 SF_6 气体，用作主绝缘介质。柜内主开关用真空或 SF_6 气体负荷开关，其中以 SF_6 气体负荷开关居多。

负荷开关分正装和侧装，产气式和压气式负荷开关常为侧装；真空负荷开关通常为柜内正面安装，均为正面操作。柜中主要电器元件包括带隔离的负荷开关、接地开关（或三工位负荷开关）、熔断器、电流互感器、避雷器、高压带电显示装置等。隔离开关、负荷开关、接地开关与柜之间均有可靠的机械联锁，进线侧设有电磁锁，实行强制闭锁。HXGN21-12 箱型固定式交流金属封闭环网开关设备（简称环网柜）的型号含义如下：

H X G N 21-12 ZF (R) □ □ □-□

- □（末位）——额定短路开断电流(kA)
- □——额定电流(A)
- □——操动机构类型：S— 手动；D— 电动
- □——方案号
- (R)——配熔断器
- ZF——真空负荷开关
- 12——额定电压(kV)
- 21——设计序号
- N——户内
- G——固定式
- X——箱型
- H——环网开关设备

HXGN21-12 环网柜适用于额定电压为 12kV，额定频率为 50Hz 的环网供电系统、双电源辐射供电系统以及单电源配电系统，用作变压器、电容器、电缆、架空线等电力设备的控制和保护装置。亦适用于箱式变电站，用作高压配电部分。

2）结构特点。HXGN21-12 型环网柜示意图如图 6-16 所示。柜体采用敷铝锌钢板多重折弯再用螺栓联接而成。负荷开关处于断开位置时，用绝缘隔板分成上下两部分，上部为母线室和仪表室，下部为负荷开关、电缆室，还可装电流互感器或电压互感器。柜内一次元件有负荷开关、负荷开关-熔断器组合电

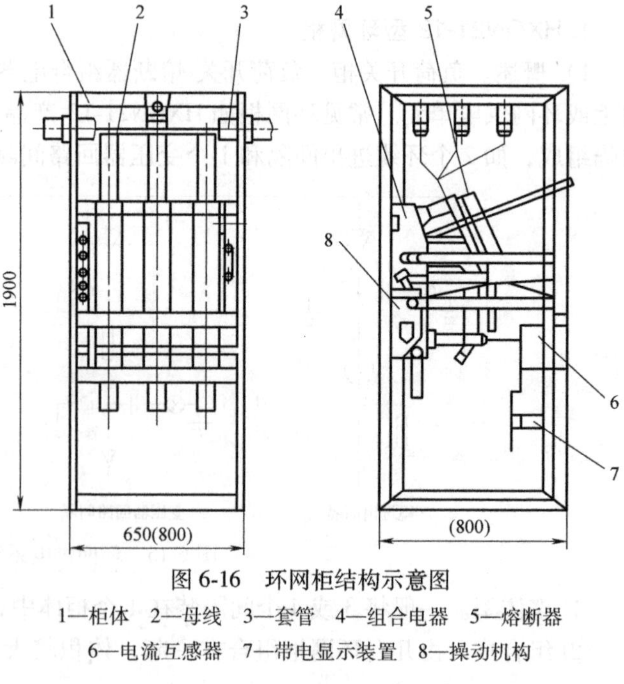

图 6-16 环网柜结构示意图

1—柜体 2—母线 3—套管 4—组合电器 5—熔断器 6—电流互感器 7—带电显示装置 8—操动机构

器、电流互感器、电压互感器、避雷器、电容器、高压带电显示器等。仪表室内可装设电压表、电流表、换向开关、指示器及操作元件。仪表室底部的端子板上可装设二次回路的端子排及柜内照明灯以及熔断器等。计量柜的仪表室可增装有功电能表、无功电能表、峰谷表、电力定量器等。负荷开关、接地开关、柜门之间设有联锁装置。

3）技术数据 HXGN21-12 型环网柜的主要技术参数见表 6-8。

表 6-8　HXGN21-12 型环网柜的主要技术参数

名　称		数　据
额定电压/kV		12
额定电流/A		630
主母线电流/A	进线柜	630
	出线柜	125
额定短时耐受电流(4s)/kA		25
额定峰值耐受电流/kA		63
额定短路关合电流/kA		63
额定短路开断电流/kA		25
额定闭环开断电流/kA		630
额定电缆充电电流/kA		25
接地开关额定短时耐受电流/kA		25
接地开关额定短路持续时间/s		4(2)
接地开关额定峰值耐受电流/kA		63
接地开关额定短路关合电流/kA		63
1min 额定工频耐受电压/kV	相间、相对地、真空负荷开关断口	42
	隔离开关断口	48
额定雷电冲击耐受电压/kV	相间、相对地、真空负荷开关断口	75
	隔离开关断口	82
机械寿命/次	真空负荷开关	10000
	接地开关(刀)、隔离开关(刀)	2000
额定转移电流/A		3150

2. XGN16-12 型 SF_6 负荷开关环网柜

1）概述。以 SF_6 负荷开关为主开关的箱型固定式高压开关柜，适于 3~10kV 电力系统的室内变电站或箱式变电站内安装。主要电气技术参数见表 6-9。

表 6-9　XGN16-12 型开关环网柜的主要电气参数

额定电压/kV	12
1min 工频耐受电压/kV	相间及相对地 42，断口 48
雷电冲击耐受电压/kV	相间及相对地 75，断口 85
额定短路分断电流/kA	20
开断空载变压器电流/A	16
开断空载电缆电流/A	25

（续）

额定电压/kV	12
额定短时耐受电流/kA	25(1s),20(3s)
额定闭环开断电流/A	630
5%额定负荷开断电流/A	31.5
额定负荷开断电流/A	630
主开关及接地开关短时峰值耐受电流/kA	50
主开关及接地开关额定短时耐受电流/kA	20(3s)
防护等级	IP3X

2）结构简介。SF_6 负荷开关柜宽度 375～750mm，高度 1600mm 或 1800mm，深度 840mm。电缆从正面接线，所有控制功能元件集中在正面操作板上。开关柜由柜体、SF_6 负荷开关、监控与保护单元三部分组成，分五个间隔：

① 开关间隔。负荷开关或隔离开关、接地开关被密封在 SF_6 气体的气室内，封闭压力符合标准。

② 母线间隔。各母线在同一水平面上，柜体可向两侧扩展，柜体间的连接简便，额定电流 630～1250A。

③ 接线间隔。正面接线，很容易与开关、接地开关端子相连，该间隔在熔断器下侧也带一台接地开关，用作变压器保护。

④ 操动机构间隔。安装操动机构，执行合闸、分闸、接地操作，并指示相应的操作位置，也可安装电动操动机构。

⑤ 控制保护间隔。装有低压熔断器、继电保护装置、接线端子排等，若间隔容积不够，可在柜顶附加一个低压间。

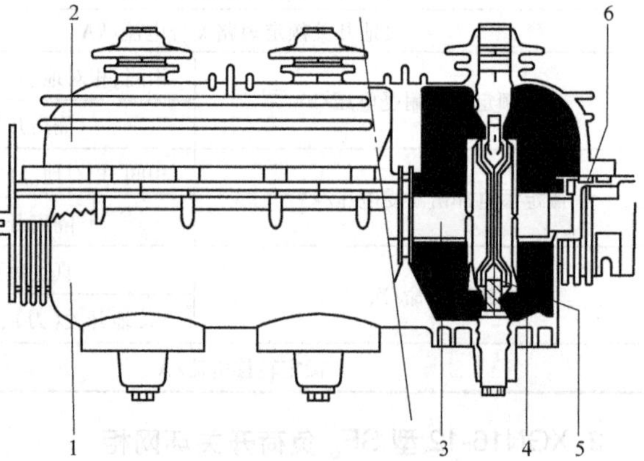

图 6-17 SF_6 负荷开关的结构示意图

1—壳体 2—密封罩 3—轴
4—静触头 5—动触头 6—密封件

SF_6 负荷开关的结构示意图如图 6-17所示。负荷开关三相旋转式触头被装入充满 SF_6 气体、相对压力 0.4Mbar 的气室内，SF_6 气体作负荷开关的绝缘和灭弧介质，具有优良的灭弧性能，当动、静触头分离时，电弧出现在永久磁铁所产生的电磁场中，并和电弧作用使电弧绕静触头旋转，电弧拉长并依靠 SF_6 气体使其在电流过零时熄灭。

负荷开关使用寿命长、触头免维护、电寿命长、操作过电压低、操作安全。SF_6 负荷开关有“闭合”“断开”“接地”三个位置，如图 6-18 所示，具有闭锁功能，可防止误操作。由弹簧储能机构驱动触头转动，不受人为操作因素影响。事故情况下，过压的 SF_6 气体冲破安全隔膜后压力下降，气体直接喷向柜体后部，保证安全。

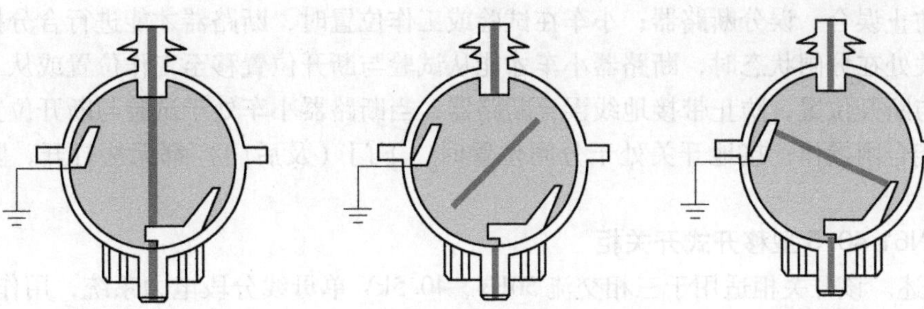

图 6-18 负荷开关的三个工位

3. KYN28A-12 型铠装移开式开关柜

1）概述。KYN28A-12（GZS1）型户内金属铠装移开式开关柜属于 3.6~12kV、三相交流、50Hz、单母线及单母线分段系统的成套配电装置。主要用于中小型发电机组送电、用电单位配电，以及电力系统的二次变电所的受电、送电及大型高压电动机起动等。按照标准 GB/T 3906—2006 设计，由柜体和中置式可抽出部件组成。外壳防护等级 IP4X，各小室间防护等级 IP2X。柜内装各种联锁装置，达到“五防”要求。可以从正面安装调试和维护，可以背靠背组成双重排列和靠墙安装，安全性、灵活性提高。主要技术参数见表 6-10。

表 6-10 KYN28A-12 型开关柜的主要技术参数

项目		数据
额定电压/kV		3.6,7.2,12
额定绝缘水平/kV	工频耐受电压(1min)	42
	雷电冲击耐受电压	75
额定频率/Hz		50
主母线额定电流/A		630,1250,1600,2000,2500,3150,4000
分支母线额定电流/A		630,1250,1600,2000,2500,3150,4000
额定短时耐受电流(3s)/kA		16,20,25,31.5,40,50
额定峰值耐受电流/kA		40,50,63,80,100,125
防护等级		外壳 IP4X,隔室间、断路器室门打开时 IP2X

2）结构特点

① 柜体。为铠装式金属封闭结构，由柜体和可抽出部件（中置式小车）两部分组成，柜体分小车室、主母线室、电缆室、继电器仪表室；柜体外壳防护等级 IP4X，各隔室间及断路器室门打开时防护等级 IP2X；具有架空进出线、电缆进出线及其他方案，经排列、组合后能成为各种方案形式的配电装置。

② 小车及推进机构。有断路器小车、电压互感器小车、计量小车以及隔离小车等，同类型的小车互换性良好；小车在柜内有“工作”位置和“试验”位置的定位机构，即使在柜门关闭时，小车也可在两个位置之间的移动操作，小车操作轻便、灵活。

③ 隔室。除继电器室外，其他三隔室都分别设有泄压排气通道和泄压窗。

④ 防误操作联锁装置。开关柜满足“五防”要求，仪表室门上装有提示信号指示或编

码插座，防止误合、误分断路器；小车在试验或工作位置时，断路器才能进行合分操作；仅当接地开关处在分闸状态时，断路器小车才能从试验与断开位置移至工作位置或从工作位置移至试验与断开位置，防止带接地线误合断路器；当断路器小车处于试验与断开位置时，接地开关才能合闸操作；接地开关处于分闸位置时，下门（及后门）都无法打开，防止误入带电间隔。

4. KYN61-40.5 型移开式开关柜

1）概述。该开关柜适用于三相交流 50Hz、40.5kV 单母线分段电力系统，用作发电厂、变电所、用电单位、高层建筑的变配电中接受和分配电能，并对电路控制、保护和监测，符合 IEC60298、GB/T 3906—2006、DL/T404 等标准，具备“五防”功能，主要由柜体和断路器手车组成。柜体分断路器室、母线室、电缆室和继电器仪表室，外壳防护等级 IP4X，断路器门打开时防护等级 IP2X。具有电缆进出线、架空进出线、联络、计量、隔离及其他功能方案，主要技术参数见表 6-11。

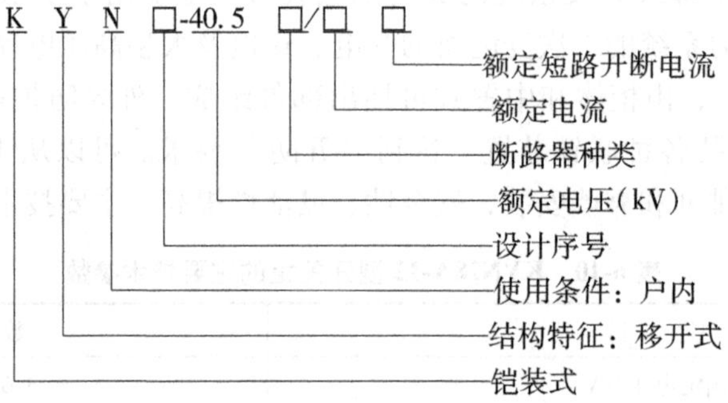

表 6-11 KYN61-40.5 型开关柜的主要技术参数

额定电压/kV		40.5
额定频率/Hz		50
主母线额定电流/A		1250,1600,2000
支母线额定电流/A		630,1250,1600
额定绝缘水平	1min 工频耐受电压(有效值)/kV	相间及相对地 95,一次隔离断口 115
	雷电冲击耐受电压(峰值)/kV	相间及相对地 185,一次隔离断口 215
	辅助控制回路 1min 工频耐受电压/V	2000
额定短路开断电流/kA		25,31.5
额定短路关合电流(峰值)/kA		63,80
额定短时间耐受电流(4s)kA		25,31,5
额定峰值耐受电流/kA		63,80
辅助控制回路额定电压/V		DC110,DC220,AC220
外形尺寸(宽×深×高)/mm		1400×2800(3000)×2600
重量/kg		2300
防护等级		外壳 IP4X;隔室间、断路器室门打开时 IP2X

2）结构特点。开关柜结构按组成可分柜体和小车两部分，柜体内配用新型全绝缘真空

断路器或 SF_6 断路器。接线方案分为继电器仪表室、小车室、电缆室和母线室，各部分以接地的金属隔板分隔，可阻止电弧延伸，如发生故障时范围也不大。在电缆室里装有电流互感器、接地开关等，宽裕的空间便于多根电缆的连接。触头盒前装有金属活门，上下活门在小车从断开与试验位置运动到工作位置过程中自动打开，当小车反方向运动时自动关闭，形成有效隔离。

6.2.4 高压开关柜的维护

1. 投运前检查

1）检查油漆无脱落，柜内清洁。

2）柜上装置元件、零部件完好无缺；母线连接良好，支撑绝缘子安装牢固可靠；柜顶母线装配完好，母线之间连接紧密可靠，接触良好。

3）带电部分相间距离、对底距离负荷规定；连接部分紧固、螺纹联接不松动或滑牙。

4）操作机构灵活，不得卡住，不允许操作力过大；断路器、隔离开关等设备通断可靠准确；控制开关、按钮及信号继电器型号规格与设计图纸一致，接线正确、无松动脱落。

5）保护系统完整，符合规定；接地开关操作灵活，合分位置正确无误；柜体可靠接地，门开与关灵活；“五防”措施装置齐全、可靠。

6）二次回路保护元件型号选用、参数正确；仪表与互感器接线正确、计量符合规定；继电保护整定值符合规定，自动控制装置正确可靠，继电器动作无误；辅助触头接线符合图纸要求，原理动作经过调试。

7）小车在柜外推动灵活，不得卡住；小车在工作位置，主回路触头与二次插头接触可靠；小车在柜内进出轻便，可靠定于“工作”与“试验”位置。

8）机械连锁装置可靠灵活、无卡阻；机械闭锁准确，柜内照明齐全、完好。油浸设备无渗油漏油；检查真空开关的真空度、SF_6 断路器不漏气；活动部位应按照规定注油。

9）控制、信号、照明电源接通；在隔离开关、断路器分闸状态时，给主母线送电；合上电压互感器开关柜的隔离开关，检查电压表读数；合上避雷器、站用变隔离开关及辅助开关，投入运行；依次合上馈线柜断路器，检查电流表读数。

2. 运行巡视检查

1）每天定时检查；遇恶劣天气或配电运行异常时，需额外特殊检查巡视。无异常响声，室内温度、湿度正常。雨天要观察开关，排除电缆沟内积水。

2）断路器跳闸后须立即检查柜内设备是否异常，滚差母线和金具的颜色是否正常，要准确判断不得出现过热现象；检查设备不得渗油漏油，油位、油色正常。

3）接地装置连接线牢固、无断线，控制器件设备运行正常；仪表、信号、指示正确。

4）柜内通风、照明、防火装置正常；开关室内不出现异常气味；断路器操作次数或跳闸次数在检修的规定内；防误装置、机械闭锁装置不得出现异常。

5）每隔一年对柜内绝缘隔板、活门、小车绝缘件、母线清洁处理；绝缘件不得受潮，可干燥处理。

3. 检修与维护

1）主母线与电缆连接件有过热变色，立即检修；控制、信号、照明电源须正常；断路器操作次数或跳闸次数超过规定，必须做预防性试验或检修。

2）检修程序锁和机械锁，保证动作可靠，程序正确；断路器、隔离开关、操作机构须按照规定检修、调试。

3）榄车电器接触部位接触良好，检测接地回路、紧固螺钉等。

随着设备管理方式的发展，根据高压成套电气设备的特性及使用实际，已经对此类设备开展点检管理，但与生产设备不同，需供配电专业人员制定点检表，由供配电专业人员开展现场点检。

课堂练习

（1）叙述高压电器成套设备的“五防”含义。

（2）KYN61-40.5 型移开式开关柜是常用的产品，请叙述其技术性能。

6.3 预装式变电站的性能与维护

6.3.1 概述

1. 预装式变电站

预装式变电站通常称为箱式变电站，简称箱变，是将高压开关设备、配电变压器和低压配电装置，按一定接线方案组成一体的紧凑式配电设备，也就是将高压受电、变压器降压、低压配电等按功能组合在一起。20 世纪 60 年代，国外就已开始使用预装式变电站，我国从 20 世纪 90 年代开始发展和应用预装式变电站，由于优点明显，目前应用已比较普遍。

预装式变电站是一种全新结构型式的紧凑式变电站，可在工厂完成设计、制造和内部电气接线及装配；经过规定的出厂试验验证和型式试验考核。

预装式变电站目前发展非常迅速。首先，供电格局发生了大的变化，不是过去的那种集中降压、长距离配电的方式。因为供电半径大线损增加，供电质量大大降低。为减少电路损耗、保证供电质量，就要提高供电电压，高压直接进入负荷中心，也就是高压送电，形成“高压受电-变压器降压-低压配电”的供用电方式。其次，社会发展、城市化进程加快，负荷密度越来越高，城市用地越来越紧张，城市配电网逐步由架空向下地电缆过渡，杆架方式安装的配电变压器正在逐步淘汰。另外，供电的可靠性要求高，采用高压环网或双电源供电、低压网自动投切的预装式变电站成为配电设备的首选。

2. 预装式变电站的种类

1）按整体结构分类。国内习惯分为欧式预装式变电站和美式预装式变电站。欧式预装式变电站以前在我国又称组合式变电站，简称“欧式箱变”，将高压开关设备、配电变压器和低电压配电设备布置在三个紧靠的隔室内，通过电缆或母线来实现电气连接，所用高低压配电装置及变压器均为常规的定型产品；美式预装式变电站以前在我国又称预装式变电站，简称“美式箱变”，将变压器器身、高压负荷开关、熔断器及高低压连线置于一个共同的封闭油箱内。

2）按安装场所分类。可以分户内和户外形式的预装式变电站。

3）按高压接线方式分类。可分为终端接线、双电源接线和环网接线形式的预装式变电站。

4）按箱体结构分类。分为整体、分体等形式的预装式变电站。

3. 特点

（1）自动化程度高

全站智能化设计，保护系统采用微机综合自动化装置，分散安装，能够“四遥”，即遥测、遥信、遥控、遥调。每个单元均具有独立运行功能，继电保护功能齐全，可对运行参数进行远距离设置，对箱体内湿度、温度进行控制和远方烟雾报警，可无人值守；根据需要还可实现图像远程监控。

（2）工厂预制化

只要进行一次主接线图和箱外设备的设计，就可以选择由厂家提供的预装式变电站的规格和型号，所有设备在工厂一次安装、调试合格，真正实现变电站建设工厂化。

（3）技术先进、安全可靠

箱体部分的技术及工艺先进，外壳采用镀铝锌钢板，框架是标准集装箱材料及制作工艺，耐锈蚀，使用时间长，内封板采用铝合金扣板，夹层采用防火保温材料，箱体内安装空调及除湿装置，内部设备运行不受外界影响，可适应-40～+40℃的环境。

箱内一次设备采用全封闭高压开关柜如 XGN 型、干式变压器、干式互感器、真空断路器、弹簧操动机构、旋转隔离开关等设备，产品无裸露带电部分，为全封闭、全绝缘结构，无油化运行，安全可靠。二次系统采用计算机综合自动化系统，可实现无人值守。

（4）组合方式灵活

电站结构紧凑，每个箱构成一个独立系统，组合灵活多变。如全部采用箱式，35kV 及 10kV 设备全部箱内安装，组成全箱式变电站；如仅用 10kV 开关箱，35kV 设备室外安装，10kV 设备及控制保护系统箱内安装。此组合方式特别适用于农网改造中的旧站改造。

（5）投资省、见效快

根据实际使用的效果，预装式变电站较同规模常规变电所减少投资 40%～50%。预装式变电站不需要建设专门的电房，成套性强、体积小、占地少，节省的内容包括土建工程、建设周期、运行维护费用等。另外，占地面积小，仅为同规模变电所占地面积的 1/10，外形美观，易与环境协调。

4. 应用

国外 20 世纪 60～70 年代就大量生产和使用预装式变电站，目前技术已经成熟，欧洲预装式变电站已占配电变压器的 70%左右，美国预装式变电站产量占配电变压器产量的 80%以上。

自 20 世纪 90 年代后期，我国从法国、德国等国家引进并仿制了欧式预装式变电站。当时国家的相关部门也将预装式变电站列为城市电网建设与改造的重要装备。

从 20 世纪 90 年代起，美国预装式变电站开始引入我国。目前，国内许多电器成套制造企业能够生产预装式变电站，但一些关键部件还与国外产品存在较大差距，不能达到可靠运行的水平，仍依靠进口。

6.3.2　典型产品介绍及选用

1. ZBW 系列欧变

全称是 ZBW 系列 10kV 欧式预装式变电站，将高压开关设备、变压器低压开关设备按一定接线方案组合成一体的成套配电设备，适用于 10kV 系统，容量在 100kVA 及以下的住宅小区、大型工地、高层建筑、工矿企业及临时性设施等场所使用，既使用于环网供电，也适用于放射性终端供电。图 6-19 所示是欧变改型产品的外观图，分高压开关设备、变压器、低压开关设备三个隔室。

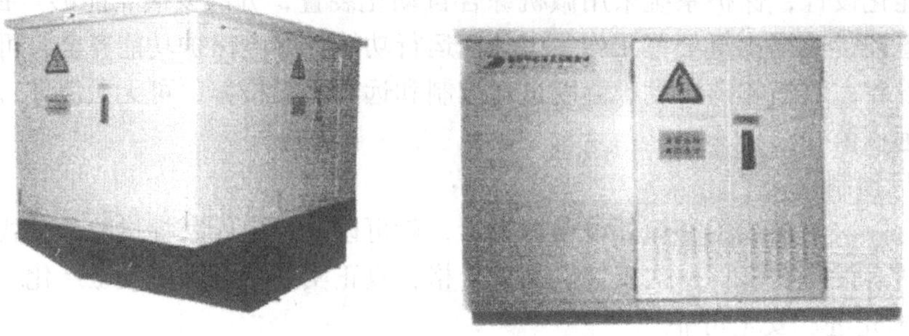

a) 沉箱式　　　　b) 平置式

图 6-19　欧变改型产品的外观图

（1）特点

箱体具有优越的防腐性能；箱变底座分为沉箱式底座和平置式金属型钢底座，其中沉箱式底座结构刚性好、强度高、密封严；框架部分为“目”字形和“品”字形结构，分高压室、变压器室、低压室，其中高、低压室正面开门，变压器室两侧开门，低压室门及变压器室门上开有通风孔，对应位置装有防尘装置，箱体采用自然通风，箱体顶盖设计为双层结构，夹层间可通气流，隔热良好，高、低压室在其内部设有独立的顶板，变压器室内设有顶部防凝露板；高压室主要配套选用真空负荷开关或 SF_6 负荷开关加熔断器组合电器的结构，作为保护变压器的主开关，供电方式可采用终端供电、环网供电或双电源供电等多种形式；低压室元件采用模数化面板式、屏装式安装，也可根据用户要求进行非标准设计；配电变压器可根据用户要求配置油浸式低损耗节能型电力变压器或环氧浇注干式变压器。

（2）主要技术参数

ZBW 系列 10kV 欧式预装式变电站的主要技术参数见表 6-12。

表 6-12　ZBW 系列 10kV 欧式预装式变电站的主要技术参数

<table>
<tr><th colspan="2">项目</th><th>数据</th><th colspan="2">项目</th><th>数据</th></tr>
<tr><td rowspan="13">高压单元</td><td>额定频率/Hz</td><td>50</td><td rowspan="7">低压单元</td><td>额定电压/V</td><td>400</td></tr>
<tr><td>额定电压/kV</td><td>10</td><td>主回路额定电流/A</td><td>100~1600</td></tr>
<tr><td>最高工作电压/kV</td><td>12</td><td>额定短时耐受电流/kA</td><td>30(1s)</td></tr>
<tr><td>额定电流/A</td><td>630</td><td>额定峰值耐受电流/kA</td><td>63</td></tr>
<tr><td>闭环开断电流/A</td><td>630</td><td>支路电流/A</td><td>100~400</td></tr>
<tr><td>电缆充电开断电流/A</td><td>135</td><td>分支回路数/路</td><td>6~10</td></tr>
<tr><td>转移电流/A</td><td>2200</td><td>补偿容量/kvar</td><td>0~200</td></tr>
<tr><td>额定短时耐受电流/kA</td><td>25(2s)</td><td rowspan="4">变压器单元</td><td>额定容量/kVA</td><td>50~1000</td></tr>
<tr><td>额定峰值耐受电流/kA</td><td>63</td><td>阻抗电压(%)</td><td>4</td></tr>
<tr><td rowspan="2">工频耐受电压/kV</td><td rowspan="2">42(对地及相间)，48(断口)</td><td>电压分接范围</td><td>±2×2.5%或±5%</td></tr>
<tr><td>联结组标号</td><td>Yyn0 或 Dyn11</td></tr>
<tr><td rowspan="2">雷电冲击耐受电压/kV</td><td rowspan="2">95(对地及相间)，110(断口)</td><td rowspan="2">箱体</td><td>外壳防护等级</td><td>IP33</td></tr>
<tr><td>声级水平/dB</td><td>≤55</td></tr>
</table>

预装式变电站的产品很多，如美式预装式变电站有 ZBW22-Q-10 系列产品、ZGS9 系列产品，欧式预装式变电站有 35kV 系列产品等，请查阅相关的技术资料。

2. 预装式变电站的选用

(1) 美式与欧式预装式变电站的比较

1）外形比较。预装式变电站一般由高压室、变压器室、低压室组成，根据产品结构及选用的元器件，分为美式预装式变电站与欧式预装式变电站两种典型装配方式。欧式预装式变电站，从外形看，就是给高压开关柜、低压开关柜、变压器盖了房子。美式预装式变电站，结构上采用将负荷开关、熔断器、避雷器结构简化直接放置在变压器的油箱中，油箱和散热器暴露在空气中，在外形上就是变压器旁边挂了一个箱子。因此，欧式预装式变电站的体积较大，美式预装式变电站的体积较小。

2）保护方式比较。欧式预装式变电站高压侧采用了负荷开关和限流熔断器保护，当一相熔断器断开后，熔断器的顶针使负荷开关三相同时分闸，不会出现缺相运行，但要求负荷开关具有切断转移电流的能力；低压侧用负荷开关加限流熔断器保护。美式预装式变电站高压侧用熔断器保护，而负荷开关只有投切换转移电流和切断高压负荷电流的功能，容量小，当高压一相熔断器断开后，低压侧的电压会降低，断路器的欠压保护或过电流保护动作。

欧式预装式变电站的成本高。

(2) 国内生产的欧式预装式变电站的特点

国内生产的欧式预装式变电站同美式预装式变电站相比，增加了接地开关、避雷器、接地开关与主开关之间的机械连锁装置，保证在维护产品时人员的安全。国内生产的欧式预装式变电站每相用一只熔断器代替美式预装式变电站的两只熔断器做保护，当任何一只熔断器断开时，会使负荷开关跳闸，只有在更换熔断器后，主开关才能合闸，运行安全。

6.3.3 预装式变电站的维护

1. 运行前

1）检查油漆完整美观，与环境协调，装置内清洁。

2）元件安装正确、牢固，操作机构灵活，不允许有卡阻或操作不灵便。

3）主要电器元件通断可靠、准确、同步，辅助触头通断须可靠、准确；仪表、互感器的变比接线正确，电流互感器次级不允许开路。

4）母线连接良好，支持绝缘子、支撑件及附件安装牢固可靠；所有电器元件安装螺钉牢固；电器元件接线正确并经过试验，防止接线松动；元件整定值正确，熔断器熔体正确。

5）保护接地系统电阻<0.1Ω，计量表及继电器动作正确；低压与二次回路用 500V 绝缘电阻表测量绝缘电阻≥2MΩ；变压器温控装置调整到规定的使用温度。

6）传感装置接线正确，尤其是智能型箱变，传感器设定正确；通信线布置符合规范。

7）电容器外壳接地正确，放电系统可靠。

2. 投运操作

1）投运前，对高压低压配电设备、变压器计量装置等试验，不合格不得投运。

2）将变压器网门及全部开关设备门关好，所有开关在分闸位置；按操作程序合闸 10kV 电源，观察高压指示仪表，正常后投入运行。

3）闭合低压开关，观察低压指示仪表，正常后再分别合分路开关，箱变投入运行。

3. 维护

1）因变压器无人值守，受电、变电、馈电一体化，需定期巡视、清扫、维护。检查箱体内照明应完善良好。

2）发现箱体锈蚀、损坏及时修补；检查箱体通风孔通畅，自动排风扇工作正常，观察箱体内温升，如不正常立即停运检修。

3）对可拆卸部分要紧固，检查转动部分和门锁应当灵活。

4）油浸式变压器，建议每年对变压器油做一次分析检查；运行的高压负荷开关经过20次满负荷或2000次负荷分合闸操作后，需检查触头、灭弧装置损耗程度及力学机械性能，有异常及时维修或更换；应检查SF_6负荷开关的气体密封性能。

5）低压开关设备自行跳闸后，需检查、分析原因，排除故障后可重新使用。

6）每年雨季前对避雷器做预防性试验；检查高压负荷开关和避雷器时，必须切断箱变电源进线；巡视变压器时，不能打开内网门。

课堂练习

（1）请叙述预装式变电站的特点。

（2）根据某企业、学校或车间的预装式变电站，查阅技术参数及技术性能。

6-13 干式电力变压器线圈及铁心

6-14 干式电力变压器的线圈及外接线

6-15 干式电力变压器的线圈产品

6-16 干式电力变压器产品

第7章 起重设备的维护

7.1 起重设备及其机械故障维修

7.1.1 起重设备概述

1. 起重设备是特种设备

起重设备在企业中不是直接的生产设备，用于生产现场的物件或工件搬运，从安全特性给予管理，属于特种设备。所谓特种设备指涉及生命安全、危险性较大的锅炉、压力容器含压力管道、电梯、起重机械、客运索道、大型游乐设施，压力容器包括气瓶。

随社会经济的发展，企业运行依法规范化、市场化，政府不再管理企业的具体事务，但对特种设备仍严格管理，各级市场监督管理部门设有特种设备管理部门，按属地原则依法监督管理特种设备。

起重设备的制造、安装及维护必须按照国家有关法律、政策及制度，单位及人员需要相应资质，但起重设备的维保在使用单位具有相应能力的前提下，可以由使用单位承担。

起重机械是一种以间歇作业方式对物料起升、下降和水平移动的搬运机械，起重机械的作业为重复循环方式。随科学技术和生产的发展，起重设备不断地完善和发展，先进的电气、调速控制、光学、计算机控制技术在起重设备上应用，自动化程度提高，提高了效率和性能，操作更简化、更安全可靠。

2. 起重设备的分类

7-1 大吨位起重过程

（1）按照起重量分类

1）轻小型起重设备。包括千斤顶、滑车、绞车、手动葫芦和电动葫芦，构造简单，只有一个升降机构，使重物作单一升降运动。

2）起重机

① 桥式类型起重机。包含桥式起重机、特种起重机、梁式起重机、门式起重机、装卸桥等。有起升机构、大小车运行机构，重物能进行升降运动、前后运动和左右水平运动或三种运动的配合，可使重物在一定的立方体空间内起重与搬运。

② 臂架式类型起重机。包括汽车起重机、轮胎式起重机、履带式起重机、塔式起重机、门座式起重机、浮式起重机和铁路起重机。有起升机构、变幅机构、旋转机构和行走机构，依靠这些机构的配合动作可使重物在一定的圆柱体或椭圆柱体空间内起重和搬动。

③ 升降机。是重物或取物装置沿着导轨升降的起重机械。包括载人或载货电梯，连续工作的乘客升降机等。升降机虽然只有一个升降动作，但机构复杂，特别是载人的升降机，

要求有完善的安全装置和其他附属装置。

（2）桥式起重机分类

桥式起重机根据使用吊具不同，可分吊钩式桥式起重机、抓斗式桥式起重机、电磁吸盘式桥式起重机、永磁吊具式桥式起重机。

桥式起重机按用途不同，可分通用桥式起重机、冶金专用桥式起重机、龙门桥式起重机和装卸桥等。

桥式起重机按主梁结构式不同，可分箱形结构桥式起重机、桁架结构桥式起重机、管形结构桥式起重机，还有由型钢、钢板制成的简单截面梁起重机。图 7-1 所示为 20～75t 通用桥式起重机的结构图。

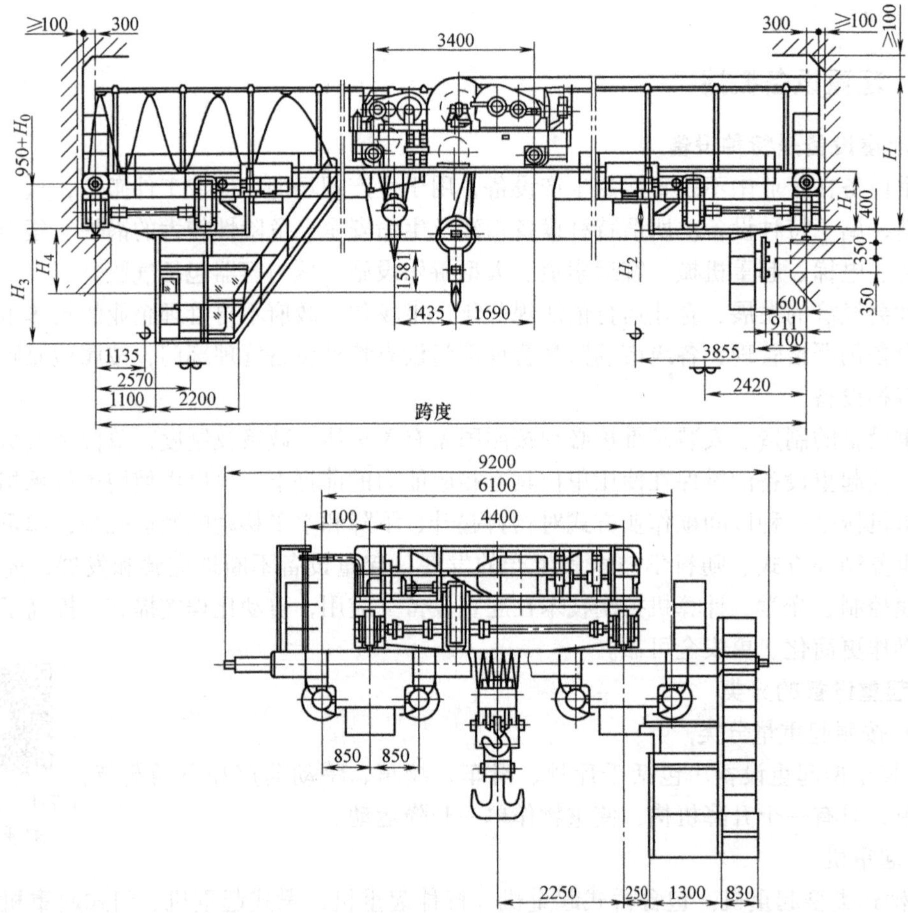

图 7-1　20～75t 通用桥式起重机的结构图

桥式起重机由桥架和起重小车等构成，通常称桥架为大车，通过车轮支撑在厂房或露天栈桥的轨道上，外观像一架金属的桥梁。桥架可沿着厂房轨道或露天栈桥轨道做纵向运动，起重小车可以沿着桥架做横向运动，或纵向运动与横向运动的合成，保证重物运送到允许范围内的任何位置，起重小车上的起升机构可使重物做升降运动。起重机在生产企业使用非常广泛。

3. 起重设备的基本参数

（1）额定起重重量

起重设备正常工作时允许起吊物品的最大重量称额定起重重量，用 Q 表示。如果使用其他辅助起吊装置和吊具如电磁吸盘、永磁装置、夹具等，这些装置的自重也包含在起重量内。

（2）起升高度

起升高度用 H 表示，指起重机在工作场所或起重机运行轨道顶面到取物装置上限的高度。取物装置可放到地面以下，其下方距离为下方深度。起升高度和下放深度之和，为总的起升高度。

（3）跨度和轨距

跨度 L 指起重机大车两端车轮中心线之间的距离，是标准尺寸，电动桥式起重机跨度见表 7-1。轨距是指起重机的小车轨道中心线之间距离。轨距比厂房跨度少 1.5m。

表 7-1　电动桥式起重机跨度

厂房跨度/m		9	12	15	18	21	24	27	30	33	36
起重机跨度	$Q=3\sim50$t	7.5	10.5	13.5	16.5	19.5	22.5	25.5	28.5	31.5	—
		7	10	13	16	19	22	25	28	31	—
	$Q=80\sim250$t	—	—	—	16	19	22	25	28	31	34

（4）幅度

幅度用 R 表示，指臂架式起重机旋转中心与取物装置铅锤线之间的距离。有效幅度指臂架所在平面内的起重机内侧轮线与取物装置铅锤线之间的距离。

（5）额定工作状态

起重机的额定工作状态指在正常时间内安全工作的各种状态，额定起升速度指起升机构电动机在额定转速时，取物装置的上升速度；额定运行速度指运行机构电动机在额定转速时，起重机或小车的运行速度；变幅速度指臂架式起重机的取物装置，从最小幅度水平位移的平均速度；额定回转速度指旋转机构电动机在额定转速时，起重机绕其旋转中心的旋转速度。

7.1.2　起重设备机械的故障

1. 啃轨迹象

起重机正常行驶时，车轮轮缘与轨道应保持一定的间隙（20~30mm）。当起重机在运行中因某种原因使车轮与轨道产生横向滑动时，车轮轮缘与轨道压紧，增大了摩擦力，使轮缘和钢轨磨损，这种现象称“啃轨”或“啃道”。

起重机啃轨是车轮轮缘与轨道摩擦阻力增大的过程，车体走斜。啃轨会使车轮和钢轨很快就磨损报废，如图 7-2 所示，车轮轮缘被啃变薄（左），钢轨头被啃变形（右）。正常工作时，中级工作制的车轮可以使用十多年，重级工作制的车轮使用寿命为 5 年以上。

严重啃轨的车轮，使用寿命大大降低，有的 1~2 年，甚至几个月就报废。啃轨严重还会使起重机脱轨，并由此引发设备和人身事故。啃轨起重机走斜。对轨道的固定具有不同程度的破坏。检查起重机是否啃轨，根据下列迹象判断：钢轨侧面有一条明亮痕迹，严重时痕迹上带有毛刺；车轮轮缘内侧有亮斑；钢轨顶面有亮斑；起重机行驶时，在短距离内，轮缘与钢轨的间隙有明显的改变；起重机运行中，特别是在起动、制动时，车体走偏、扭摆。有这些迹象，就可以判断起重机在运行中啃轨。

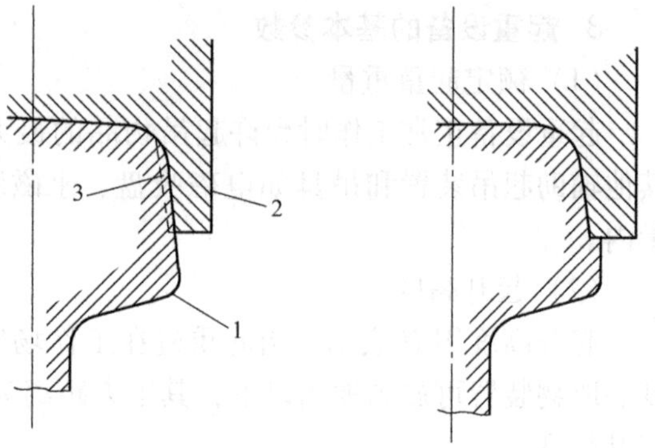

图 7-2 啃轨示意图

1—钢轨 2—轮缘 3—被啃轮缘

（1）啃轨的检验

1）车轮的平行性偏差和直线性偏差的检验。检验方法如图 7-3 所示，以轨道为基准，拉一根 $\phi 0.5$mm 的细钢丝，使之与轨道外侧平行，距离均等于 a。再用钢直尺测出 b_1、b_2、b_3、b_4，求出车轮 1、2 的平行性偏差。

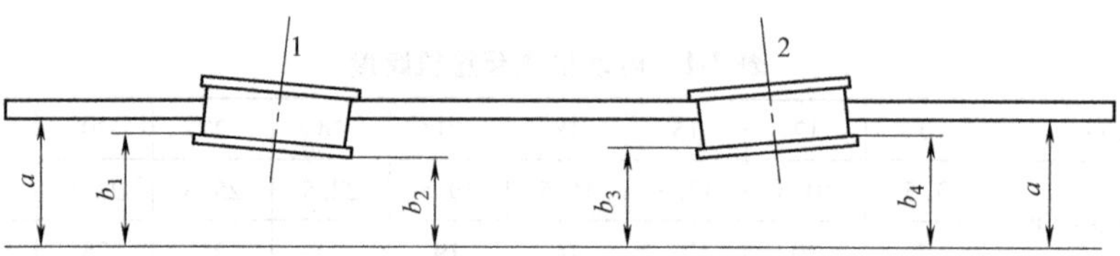

图 7-3 车轮偏差检验示意图

车轮 1 的平行性偏差：$(b_1-b_2)/2$；车轮 2 的平行性偏差：$(b_4-b_3)/2$

车轮直线性偏差 δ 为

$$\delta=|(b_1+b_2)/2-(b_3+b_4)/2|$$

因为是以轨道为基准，需选择一段直线性较好的轨道检验。

2）大车车轮对角线的检验。选一段直线性好的轨道，将起重机开进这段轨道内，用卡尺找出轮槽中心并划一条直线，沿此线挂一个线锤，找出锤尖在轨道上的指点，在此点打一样冲眼，如图 7-4 所示。

以同样方法找出其余三个车轮的中点，就是车轮对角线的测量点。再将起重机开走，用钢卷尺测量对角车轮中点间的近距离，这段距离就是车轮对角线的长度。车轮跨距、轮距都可以用这个方法检验。

测量上述各项，在车轮垂直性、平行性和直线性检验的基础上进行，分析测量结果时，要考虑上述因素的影响。

3）轨道检验。轨道标准高可用水平仪检验，轨道跨距可用拉钢卷尺的方法测量，轨道直线性可用拉钢丝的方法来检验。根据检验结果，多用描绘曲线的方法显示轨道的标高、直线性等。测量用钢丝的直径可根据轨道长度在 0.5~2.5mm 的范围内选取。

此外，还应检验固定轨道的压板、垫板及轨道接头等。

（2）啃轨的修理

1）车轮的平行度和垂直度的调整。如图 7-5 所示，当车轮滚动面中心线与轨道中心线成 α 角时，车轮和轨道的平行度偏差 $\delta=r\sin\alpha$。为校正这一偏差，可在左边角型轴承箱立键板上加垫板，垫板厚度为

$$t = b\delta / r$$

式中，b 为车轮与角型轴承箱的中心距（mm）；r 为车轮半径（mm）。

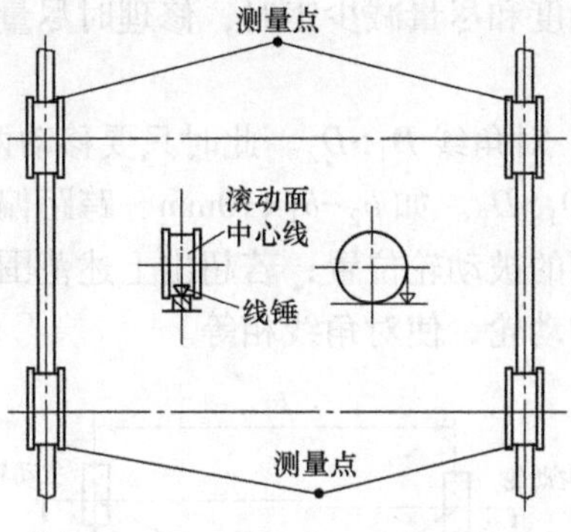

图 7-4　车轮对角线检验

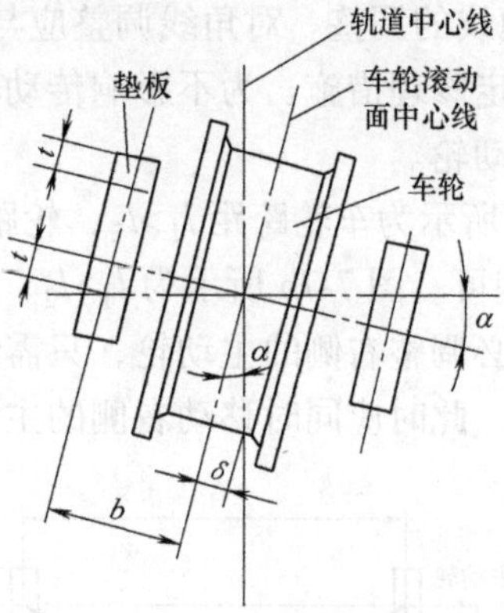

图 7-5　车轮调整

如车轮向左偏，则应在右边的角型轴承箱立键板上加垫板调整。如垂直度偏差超过允许范围，应在角型轴承箱上的左、右两水平键板上加垫板。垫板厚度的计算方法同校正平行度偏差时相同。采用这种方法虽能解决一定问题，但因车轮组件是整体和轴承同轴度要求等原因，限制了垫板厚度（t）的增大。

2）车轮位置的调整。由于车轮位置偏差过大，影响到跨距、轮距、对角线及同一条轨道上两个车轮中心的平行性，因此，要将车轮位置调整在允许范围内。调整时，应将车轮拉出来，将车轮的四块定位键板全部割掉，重新找正、定位，如图 7-6 所示。具体的操作过程为，根据测量结果，确定车轮需移动的方向和尺寸；在键板原来位置和需移动的位置做记号；将车体用千斤顶顶起，使车轮离开轨道面 6～10mm，松开螺栓，取出车轮；割下键板和定位板；沿移动方向扩大螺栓孔；清除毛刺，清理装配件；按移动记号将车轮、定位板和键板装配好，并紧固螺栓；测量并调整车轮的平行度、垂直度、跨距、轮距和对角线等；并要求用手能灵活转动车轮，如发现不符合技术要求，应重新调整。以上完成并符合要求后，开空车试验，如还啃轨应继续调查；点焊，试车后，如不再啃轨，可将键板和定位板点焊，为防止焊接变形，可焊一段再试车再焊；更换车轮，由于主动车轮磨损，两个主动车轮直径不等，产生速度差，使车体走斜面啃轨，对于磨损的主动车轮，应成对更换，单件更换往往由于新旧车轮磨损不均匀，配对使用后还会啃轨；被动轮对啃轨影响不大，只要其滚动面不变成畸形，就不必更换。

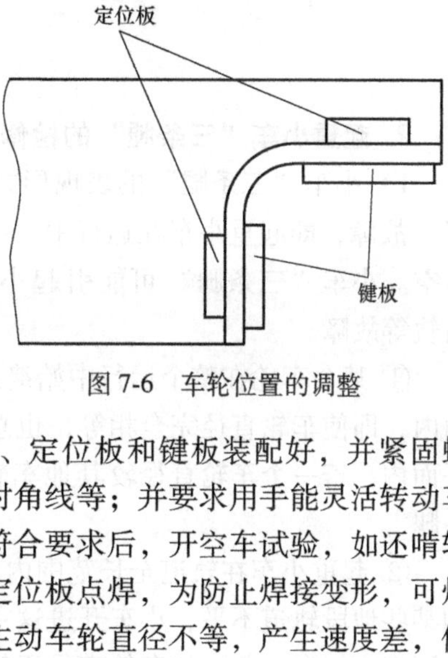

图 7-6　车轮位置的调整

3）车轮跨距的调整。车轮跨距的调整在车轮平行度、垂直度调整好后，先重新调整角型轴承箱的固定键板，具体方法同移动车轮位置一样。第二步调整轴承间的隔离环，先将车轮组取下，拆开角型轴承箱并清洗所有零件；假定需将车轮往左移动 5mm，则应将左边隔离环车掉 5mm；右边隔离环需重做一个，比原来宽 5mm，车轮装配后自然就向左移动 5mm。隔离环的车窄和加宽一定要在数量上相等，否则角型轴承箱的键槽将卡不到定位键内，因车轮与角型轴承箱的间隙有限，移动量受限制，一般移动 8~10mm，下次修理就不能再采用这种方法。

4）对角线的调整。对角线调整应与跨距调整同时，可节省工时。根据对角线测量的结果分析，决定修理措施。为不影响传动轴的同轴度和尽量减少工时，修理时尽量调整被动轮而不调整主动轮。

图 7-7a 所示为车轮跨距 $l_1>l_2$，轮距 $b_1=b_2$，对角线 $D_1>D_2$。此时只要移动两个被动轮，使 $D_1=D_2$ 即可。图 7-7b 所示为 $l_1>l_2$，$b_1<b_2$，$D_1>D_2$。如 $b_2-b_1<10$mm，跨距偏差在允许范围内，可不必调整右侧的主动轮，只需调整右侧的被动轮位置；若超出上述范围，会影响车轮的窜动量，此时应同时移动右侧的主动轮和被动轮，使对角线相等。

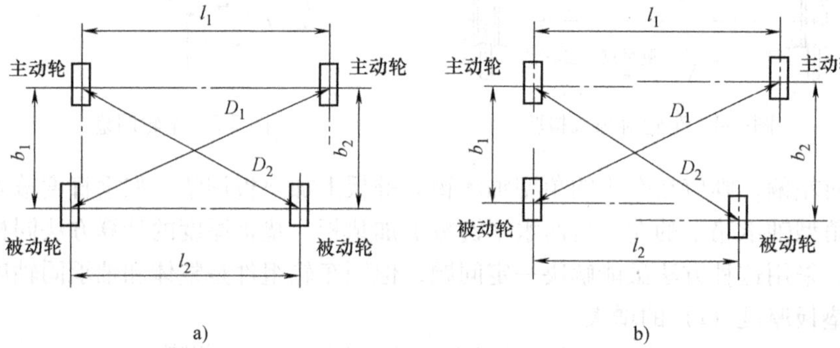

图 7-7 对角线调整

2. 起重小车“三条腿”的检修

1）小车“三条腿”的表现形式。双主梁起重机上的起重小车，有时出现小车“三条腿”故障，即起重小车在运行中，四个车轮只有三个车轮与导轨面接触，另一个车轮处于悬空。小车“三条腿”可能引起小车起动和制动时车体扭转、运行振动加剧、行走偏斜、啃轨等故障。

① 某个车轮在整个运行中始终悬空。造成这种现象的原因是四个车轮轴线不在一个平面内，即使车轮直径完全相等，也总有一个车轮悬空；另一原因是即使四个车轮轴线在一个平面内，若一个车轮直径较其他车轮明显小或对角线两车轮直径太小，都会造成小车“三条腿”。

② 起重小车在轨道全长范围内，局部地段出现小车“三条腿”。应先查轨道的平直性，如某些地段轨道不平，小车开进这一地段会出现三个车轮着轨、一个车轮悬空；也可能是多种因素交织在一起，如车轮直径不等，同时轨道凹凸不平，必须全面检查，逐项修理。

2）小车“三条腿”的检查。造成小车“三条腿”的主要原因是车轮和轨道的偏差过大。如轨道全长运行中小车始终“三条腿”运行，要先查车轮；如局部地段“三条腿”，则应先查轨道。

① 小车车轮的检查。车轮直径偏差可根据车轮直径公差检查，如 $\phi350d_4$ 的车轮，查公差表，可允许偏差 0.1mm；同时要求所有车轮滚动面必须在同一平面，偏差不大于 0.3mm。

② 轨道的检查。为消除小车“三条腿”，重点查导轨的高低偏差，查在同一截面内小车轨道高度偏差，小车跨距 $Lx\leqslant2.5$m 时，允许偏差 $d\leqslant3$mm；小车跨距 $Lx>2.5$m 时，允许偏

差 $d \leqslant 5mm$；当小车轨道接头处的高低差 $e \leqslant 1mm$，小车轨道接头的侧向偏差 $g \leqslant 1mm$。

小车轨道的偏差用水准仪和经纬仪找平；也可用桥尺和水平尺。桥尺是一个金属构架，下弦面比较平，架子刚性好。如图 7-8 所示，将桥尺横放在小车两条轨道上，桥尺上安放水平尺，观察水平尺水珠移动检查起重小车轨道高度差。检查同一轨道的平直性时，可用拉钢丝找平轨道的方法。

3）小车“三条腿”的综合检测。实际中，所遇问题是多因素交织在一起，有车轮及轨道原因。检查时，准备一套塞尺，慢慢推动小车，逐段检查。如发现小车在整个行驶过程中始终有一个车轮悬空，而车轮直径又在公差范围内，可断定那个车轮的轴线偏高。若只有在局部地段出现小车“三条腿”，如图 7-9 所示，车轮 A 在 a 点出现间隙 Δ，可选一个合适的塞尺塞进缝隙，再重新推动起重小车。如车轮 C 进入 a 点时不再有间隙，说明轨道在 a 点偏低。如车轮 A 在 a 点没有间隙，车轮 C 进入 a 点出现间隙，则可判断小车“三条腿”由车轮的偏差造成。

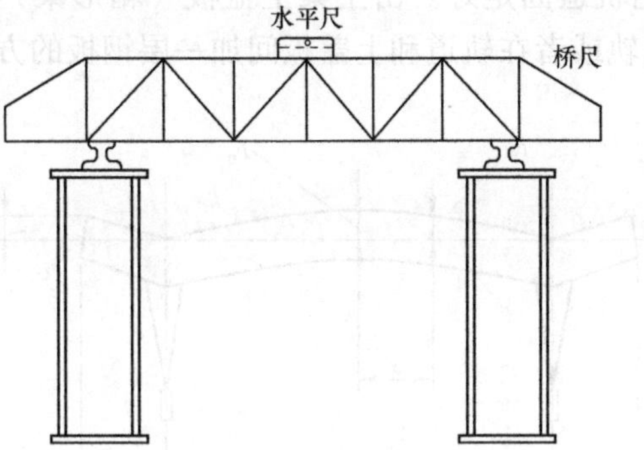

图 7-8 桥尺测量法

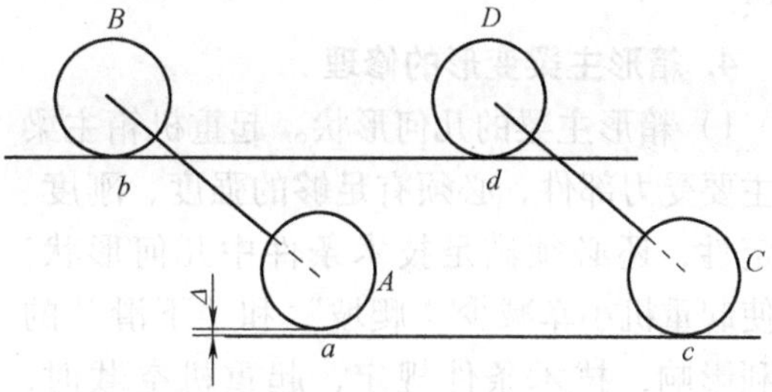

图 7-9 小车的“三条腿”检查

3. 小车“三条腿”的修理

（1）车轮的修理

车轮的主要问题常常是车轮轴线不在一个平面内，一般修被动轮。因主动轮的轴线是同心的，移动主动轮会影响轴线的同轴度。若主动轮和被动轮轴线不在一个水平面内，可将被动轮及其角型轴承箱仪器拆下，将小车的水平键板割掉，再按所需尺寸加工焊接后，安装角型轴承箱和车轮，如图 7-10 所示。具体方法：确定刨掉水平键板的尺寸；将键板和车架打上记号，以装配时找正；割掉车架上的定位键板、水平键板和垂直键板；加工水平键板，将车架垂直键板的孔沿垂直方向向上扩大到所需的尺寸并清理毛刺；安装车轮及角型轴承箱并调整和拧紧螺钉，再试车，如运行正常，可将各键板焊牢；如还有小车“三条腿”现象应再调整；为减少焊接变形和便于今后拆修，键板应采用断续焊。

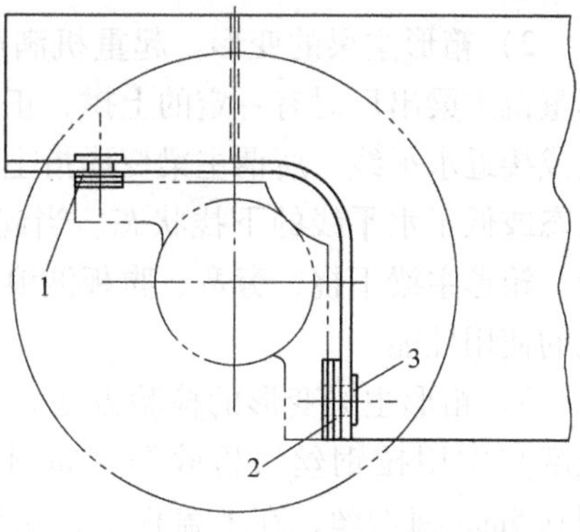

图 7-10 车轮轴线修理

1—水平键板 2—垂直键板 3—定位键板

（2）轨道的修理

1）轨道高度差的修理。一般用加垫板方法，垫板宽度比轨道下翼缘每边多出约 5mm，垫板数不超过 3 层。轨道有小的局部凹陷时，在轨道地下加力顶。开始加力之前，先将轨道凹陷部分固定，如图 7-11 所示，就避免了因加力使轨道产生更大变形。校直后加垫板，防轨道再次变形。

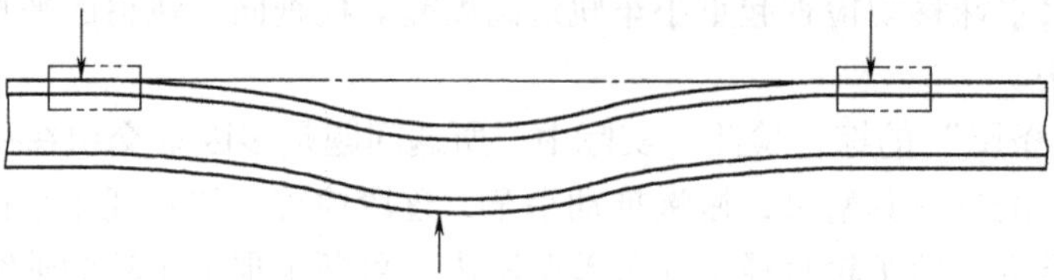

图 7-11 轨道校直

2）轨道直线度的修理。轨道直线度用拉钢丝的方法检查，发现弯曲的部分可用小千斤顶校直。校直时先将轨道压板松开，再在轨道弯曲最大部分的侧面焊一块定位板，将小千斤顶倚在定位板上，校直后，打掉定位板，重新把轨道固定好。由主梁上盖板（箱形梁）波浪引起的小车轨道波浪，一般采用加大一号的钢轨或者在轨道和上盖板间加一层钢板的方法解决。

4. 箱形主梁变形的修理

1）箱形主梁的几何形状。起重机箱主梁是主要受力部件，必须有足够的强度、刚度、稳定性，还必须满足技术条件中几何形状。为使起重机小车减少“爬坡”和“下滑”的不利影响，技术条件规定，起重机空载时，主梁应具有一定的上拱度，如图 7-12 所示。在跨中，其值为 $F_o=L_k/1000$（L_k 为跨度）。

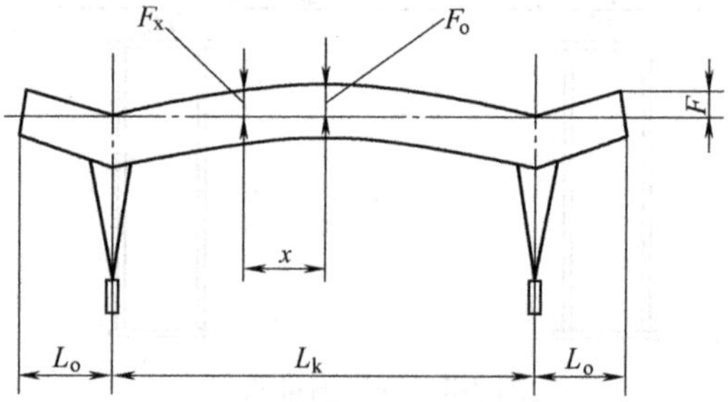

图 7-12 起重机上拱曲线

主梁上拱曲线的特点是主梁在跨中至两支腿处的拱度变化较平滑。跨距中 x 处任意点上的拱度值按下式计算。

$$F_x=F_o[1-(2x/L_k)^2]$$

2）箱形主梁的变形。起重机满载运行时，龙门起重机箱形主梁允许一定的弹性变形。起重机主梁出厂时有一定的上拱，正常运行时，即使起重小车满载在跨中，主梁仍有一定上拱或接近水平线。所谓主梁变形指主梁产生永久变形，即起重机空载时，主梁处于上拱减少状态或低于水平线的下挠状态。当起重机起吊货物时，主梁变形就超出规定范围，影响作业。箱形主梁下挠、旁弯、腹板波浪等变形常同时出现，相互关联与影响，严重地影响起重机的使用性能。

3）箱形主梁变形的检验方法。上拱度（下挠度）常用拉钢丝法检验等。如图 7-13 所示，用 0.5mm 细钢丝，在上盖板上，从设在两支腿处等高支承杆上拉起来。一端固定，另一端用 15kg 重锤将钢丝拉紧。主梁的上拱度（跨中）为

$$F_1=H-(h_1+h_2)$$

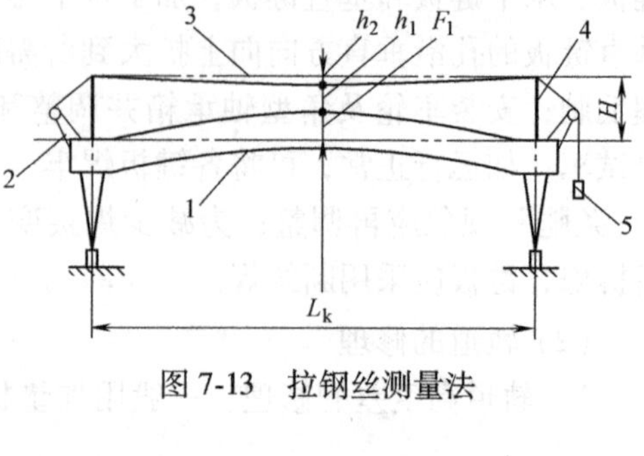

图 7-13 拉钢丝测量法

式中，h_1 为钢丝绳与上盖板的间距；h_2 为钢丝因自重产生的垂度；H 为支承杆的高度，取 $H=150\sim160\text{mm}$。

如计算结果 $F_1>0$，表示上梁仍上拱；若 $F_1<0$，主梁已下挠。钢丝垂度 h_2 按下式计算

$$h_2 = gl^2/8Q$$

式中，g 为钢丝单位长度的重量；Q 为弹簧秤拉力或重锤重量；l 为钢丝长度。

除箱形主梁变形法外，还有水平仪法和连通器法等检验方法。

4）箱型主梁变形的修理。修理方法有预应力法、火焰矫正法等。预应力法修理主梁下挠是用预应力张拉钢筋使主梁恢复上拱，如图 7-14 所示。当主梁空载时，将预应力钢筋张紧，在主梁中性轴下加一纵向偏心压力 N。N 对中性轴的力臂为 e，作用在主梁上的力矩 $M=Ne$。在这一力矩作用下，主梁可恢复上拱。

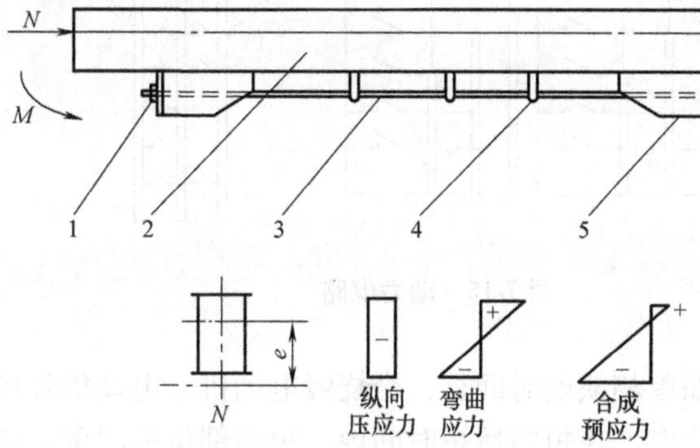

图 7-14 预应力法修理主梁下挠原理

1—锁紧螺母 2—主梁 3—预应力钢筋 4—托架 5—支座

在预应力钢筋作用下，主梁在空载时已存在压力。上盖板受拉应力，下盖板受压压力。当主梁负载时，工作应力恰好与预应力相反，预应力就可抵消部分工作应力，抵消一部分因货物重量产生的下挠。用此方法修理主梁，可提高主梁的承载力、施工简便、工期短。

7.2 起重机电气故障检修

7.2.1 起重机电路检修

1. 主电路

（1）定子电路

定子电路是电源接到电动机定子的电路。如图 7-15 所示为四台电动机的起重机动力电路。合上保护柜刀开关，按下起动按钮时，保护柜主接触器触点闭合。当控制器手柄扳到正转方向时，电动机正转；扳到反转方向时，电动机反转。大车、小车、副钩电动机共用一台保护柜，主钩采用磁力控制屏。定子电路故障主要有一根电源线短路造成单相接电和短路。短路故障伴有“放炮”现象，比较容易发现。

1）断路。三相电路中有一根线断路，电动机单相缺电。电动机不能起动，并有“嗡嗡”响声。如电动机运行中发生单相缺电故障，当控制器停在最后一挡时，电动机还能继

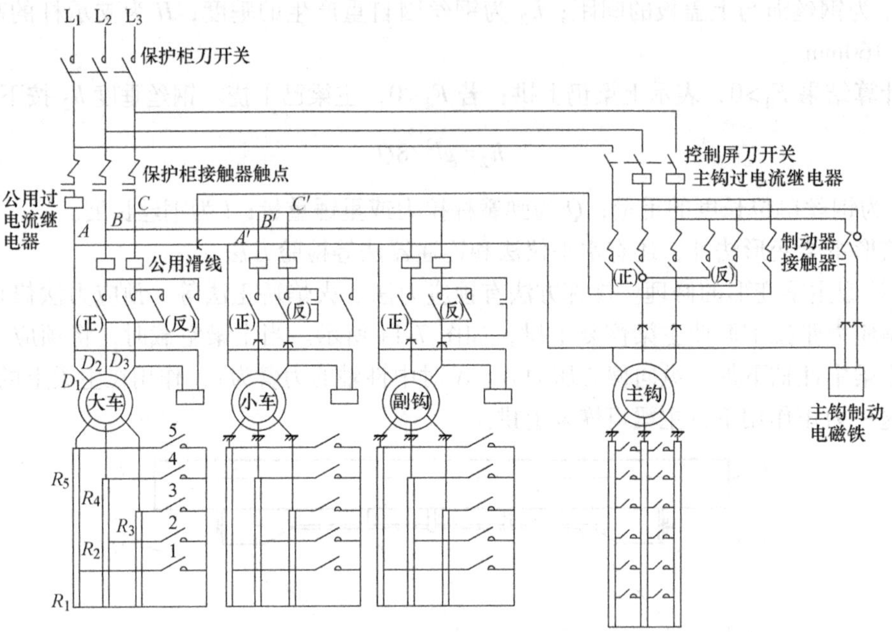

图 7-15 动力电路

续转动，但输出力矩减小。如单相缺电时间长，会烧毁电动机。电动机发热时，必须注意检修。因接头松动而导致单相缺电，在短路后短时间内，短路部位的温度常高于另外两根线的温度。

① 4 台电动机都不动。未供电；主滑线接触不良；保护柜刀开关接触不良或接触器触点接触不良。

② 大车开不动，其他正常。故障一定在大车电路的 A、B、C 三点以后，如图 7-15 所示，大车只能向一个方向开动，不能向另一个方向开动，故障在控制器。

③ 小车开不动，其他正常。则故障在 A'、B'、C'以后的小车电路中，由于小车滑线接触不良，故其单相接电的故障比大车多。

④ 副钩发生故障，其他正常，则故障在 A'、B'、C'后的副钩电路中。必须注意控制器下降触点接触不良的故障，因为货物重量的拖动，吊钩也能下降，不易及时发现，时间拖长就有可能烧毁电动机。

⑤ 主钩能正常运转，大车、小车和副钩都处于单相接电状态。此时，故障可能发生在保护柜接触器部分或公用过电流继电器断路。这种故障特征是开动主钩的同时，大车、小车和副钩也能开动；但当主钩停止工作时，大车、小车和副钩就都不能开动；原因是主钩接触器闭合后，使公用滑线带电，大车、小车和副钩从此得到供电。

⑥ 主钩电路单相接电，其他机构正常。故障在保护柜刀开关以后的主钩电路中，如主钩接触器接到公用滑线的连接导线断路，则主钩仍能工作，这时，主钩电动机经公用滑线从保护柜得到供电，但由于这一段导线截面较小，故容易发热；主钩电动机定子三相电流极不平衡，电动机转矩降低，且下降速度极快，容易烧毁电动机。

2）短路。有相间短路、接地短路和电弧短路。相间短路和接地短路主要由导线磨漏造成。可逆接触器的联锁装置失去作用，在一个接触器没有断开时，打反车也会造成相间短路。

电弧短路伴有强烈“放炮”，主要发生在控制屏上。原因是可逆接触器中先闭合的接触器释放动作慢，在电弧没有熄灭时，后闭合的接触器已接通，造成相间短路。

（2）转子电路

转子电路包括附加电阻元件和与控制器相连接的电路，如图 7-15 所示。当控制器扳到不同挡位时，附加电阻被分段切除。

1）断路故障。转子电路断路故障主要部位有电动机转子的集电环部分、滑线部分、电阻器、控制器（或接触器）触点；转子电路有一相短路后，转矩只有额定值的 10%~20%，转子电路接触不良时，电动机将产生剧烈的振动。

2）短路故障。转子电路接地和线间短路时，不发生“放炮”，难发觉，要定期检查电动机及电路的绝缘；电动机转子电路接触不良，减速器紧定螺钉松动都可以引起电动机振动，且很难区别，应查定子电流，如定子电流不平衡或波动很大，便可确定转子电路接触不良；如果三相电流平衡，则故障肯定在机械部分。当定子三相电流不平衡时，可进一步对集电环短接二次测量。如电流仍不平衡，则故障发生在电动机内部；如二次测量时三相电流平衡，则故障发生在电动机转子电路的外电路。用此法，可将故障逐步缩小在某些部分或电器元件。

2. 控制电路

图 7-16 所示为保护 3 台电动机的控制电路。合上保护柜刀开关，按下起动按钮，按①方向为接触器线圈供电，接触器主触点和联锁触点同时闭合。松开起动按钮，电路①断开，电流按③方向流过为接触器线圈继续供电。当起升机构控制器手柄扳到上升档位时，上升联锁触点闭合，下降联锁触点断闸。大车、小车限位开关的工作原理与上述相同。

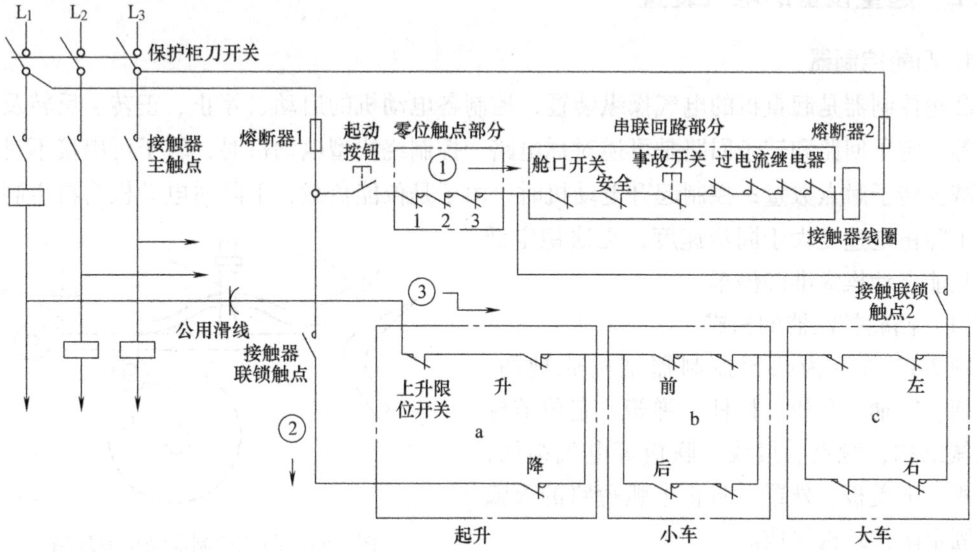

图 7-16 控制电路

(1) 按下起动按钮，接触器合不上

说明联锁保护电路发生故障，即图 7-16 电路①中的熔断器、按钮、零位触点、舱口开关、事故开关、过电流继电器中的某元器件有故障。为找出故障，可推上接触器，看其能否吸合。如吸合则故障在熔断器 1、起动按钮、零位触点到点 1 之间。因电流经③→接触器连锁触点 2→串联开关部分为接触器线圈供电，说明电流①中的串联开关及熔断器 2 没有问题。如推上接触器不吸合，则故障一般在串联开关电路和熔断器 2 这一段。

按下起动按钮，接触器合上，但松开接触器就掉闸。此故障一般在电路 a、b、c 和接触器连锁触点 2 这段电路；操作过程中出现接触器“叭拉扒拉”断续响，这由接触器线圈供电呈断续状态造成，多数是因熔断器 2 的熔丝松动，也可能是由电路 a、b、c 的接线螺钉松动或触点接触不良造成；不论哪个机构一开动，接触器就掉闸。多数情况是由于过电流继电器电流整定值过小或出现故障，如铁心停留在线圈上部、推开弹簧压力不足、触点接触不良等。

(2) 判断整机电路故障时应该注意的问题

一般情况下，定子电路公用滑线处的接线断裂时，小车和起升电动机都不能开动。但有时保护柜的接触器吸合后，电源线（公用线）上的电流就能沿熔断器、接触器连锁触点、吊钩控制器上升和下降联锁触点及上升限位开关等对小车电动机供电。因小车电动机容量小，熔断器不会过载熔断，小车仍能开动。但当起升机构运转时，控制器中的联锁触点断开，电路中断，接触器掉闸，电动机就停止运转。此故障常被误认为控制电路的故障，难查找。检修时，应全面分析整个电路，迅速排出故障。

检修起重机电路故障时，不但检查起重机电路本身，还应考虑电路的外部因素。如由振动引起的过电流继电器常闭触点瞬时断开、由主滑线局部接触不良等引起的接触器掉闸等，这类故障的特点是时续时断。

7.2.2 起重设备的电气装置

1. 凸轮控制器

凸轮控制器是起重机的电气操纵装置，控制各电动机的启动、停止、正转、反转及安全保护等。定子回路和转子回路是可逆对称电路。控制绕线型电动机时，转子可串接不对称电阻，减少转子触点数量；控制起升电动机时，由于是位能负载，下降时电动机为再生制动状态，下降稳定速度大于同步速度，无法稳定低速，只能点动操纵准确停车。

(1) 凸轮控制器的构成

图 7-17 所示为凸轮控制器结构原理图，由手柄、转轴、凸轮、杠杆、弹簧、定位节轮等机械结构，触点、接线，联板等电气结构，上盖板、下盖板、外罩、防止电弧短路的灭弧罩等固定防护结构组成。

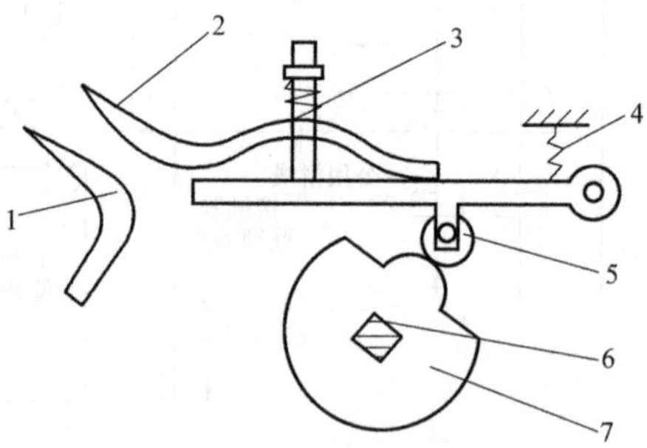

图 7-17 凸轮控制器结构原理图

1—静触点 2—动触点 3—触点弹簧 4—弹簧 5—滚子 6—绝缘轴 7—凸轮

当转轴转动时，凸轮随绝缘方轴转动。当凸轮凸起部分顶起带动触点的杠杆上端的滚子时，使动触点与静触点断开，分断电路；当转轴带动凸轮转动到凸轮凹处与滚子相对，滚子下移，动触点受弹簧作用紧压在静触点上，动静触点闭合，接通电路。在方轴上叠装不同形状的凸轮和定位棘轮，可使一系列的动、静触点组按预先规定的顺序来接通或分断电路，可控制电动机起动、运转、反转、制动、调速等。

（2）凸轮控制器型号及技术数据

常用凸轮控制器有KT10、KT12、KT14及KT16等系列，型号表示为KT□-□□/□。按顺序的含义，KT-凸轮控制器；□-设计序号；□-额定电流；□-交流J；□-电路特征代号。KT系列凸轮控制器主要技术数据见表7-2。如KT14-25J/1、KT14-60J/1型控制1台三相绕线式异步电动机；KT14-25J/2、KT14-60J/2型同时控制2台三相绕线式异步电动机，并带定子电路触点；KT14-25J/3控制1台三相笼型异步电动机；KT14-60J/4同时控制2台三相绕线式异步电动机，定子回路由接触器控制。

表7-2 KT系列凸轮控制器的主要技术数据

型号	额定电压/V	额定电流/A	工作位置		通电持续率25%时所控制的电动机	额定操作频率/(次/h)	最大操作周期/min
			向前(上)	向后(下)	最大功率/kW		
KT14-25J/1	380	25	5	5	11.5	600	10
KT14-25J/2			5	5	2×6.3		
KT14-25J/3			1	1	8		
KT14-60J/1		60	5	5	32		
KT14-60J/2			5	5	2×32		
KT14-60J/4			5	5	2×25		

（3）凸轮控制器的控制电路

图7-18所示为凸轮控制器KT-25J/1控制电路图，用于20/5t桥式起重机的大车、小车及副钩控制，电路标准化、系列化；操作可逆对称；控制绕线式异步电动机时，每相电阻不相等，采用不对称切除法，减少控制器触点数量。凸轮控制器有12对触点，分别控制电动机的主电路、控制电路及安全、连锁保护电路。

1）电动机定子电路的控制。合上电源刀开关SQ_1，三相交流电经接触器KM主触点和过电流继电器KI，其一相L22直接与电动机M的V端相连，另L21和L23通过凸轮控制器的四对触点与电动机的U、W端相连。当控制器的操作手柄向右转动时（第1~第5档），凸齿轮控制器的主触点2、4闭合使（L21-W）、（L23-U）相连通，电动机M加反向电压而反转。通过凸齿轮控制器的四对触点的闭合与断开，实现电动机正、反、停控制。四对触点均装灭弧装置，触点通断时能更好地熄灭电弧。

2）电动机转子电路的控制。凸轮控制器有五对触点（第5~第9档）控制电动转子电阻接入或切除，调节电动机转速。凸轮控制器操作手柄向右（正向）或向左（反向）时，五对触点通断对称，转子电阻接入与切换如图7-19所示。

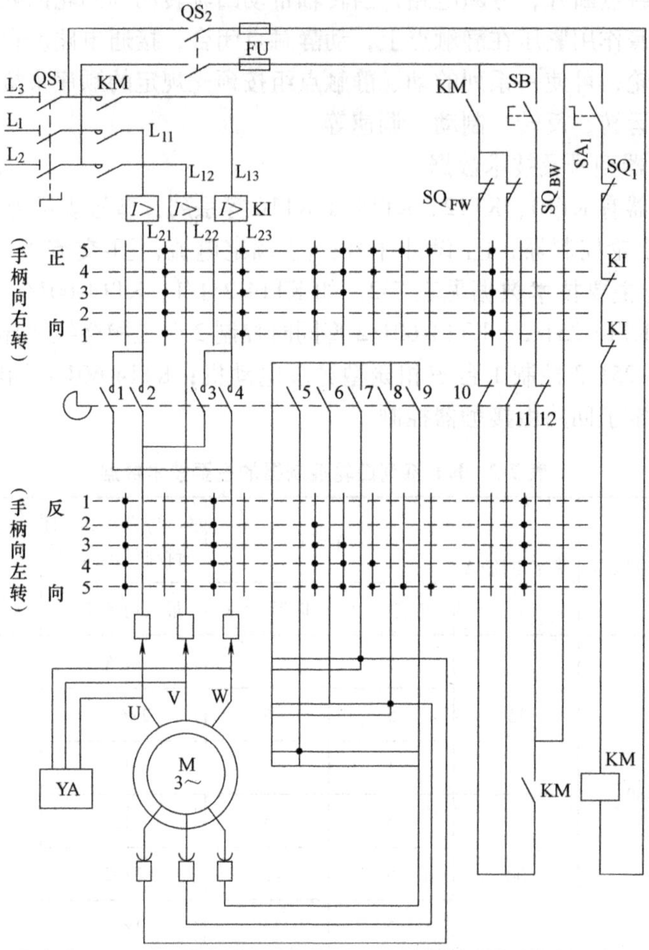

图 7-18 KT-25J/1 控制电路图

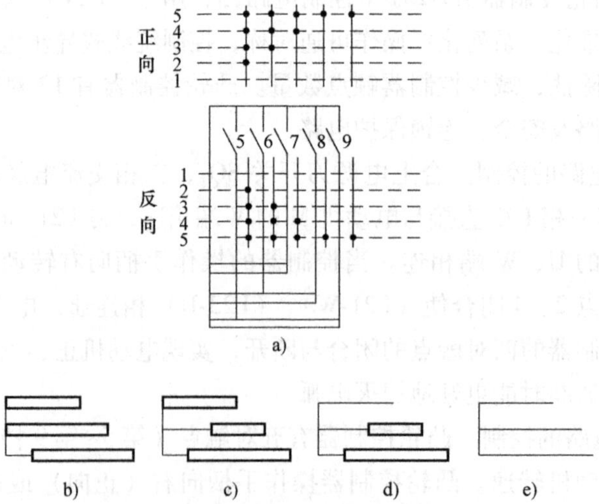

图 7-19 凸轮控制器转子电阻接入与切换

当控制器手柄置于第 1 档时，转子加全部电阻，电动机最低速运行。当置于 2、3、4、5 位置时，转子电阻逐级不对称切除（图 7-19b、c、d、e），电动机转速逐渐升高，可调节电动机转速和输出矩阵，相应的电动机机械特性如图 7-20 所示。当转子电阻全部切除时，电动机运行在自然特性曲线 5 上。

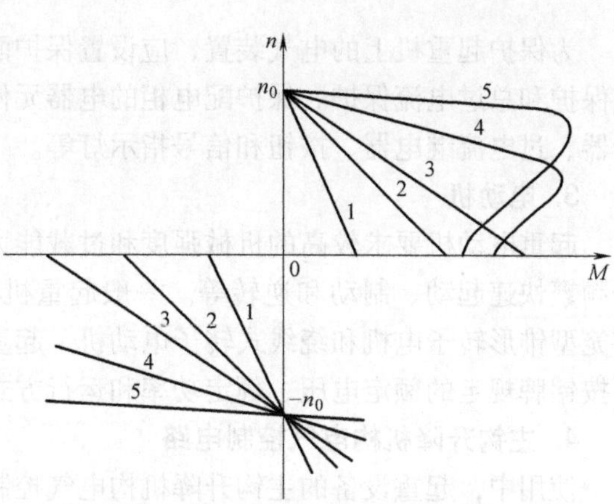

图 7-20　KT14-25J/1 控制电动机的机械特性

3）凸轮控制器的安全连锁触点。如图 7-18 所示，凸轮控制器的触点 12 做零位起动保护。零位触点 12 只有在控制器手柄置于零位时处于闭合状态。按下 SB，接触器 KM 通电并自锁，电动机起动，其他位置均为断开状态。运行中如突然断电又恢复供电时，电动机不能自行起动，必须将手柄回到零位重新操作。连锁触点 12、11 在零位亦闭合。当凸轮控制器于手柄反向时，连锁触点 11 闭合、触点 10 断开；手柄置于正向时，连锁触点 10 闭合、触点 11 断开。连锁触点 10、11 与正向和反向限位开关 SQ_{FW}、SQ_{BW}组成移动机构（大车或小车）的限位保护。

4）控制电路分析。合上 QS_1，凸轮控制器手柄置于零位，触点 10~12 均闭合。合上紧急开关 SA_1，舱口门关闭，开关 SQ_1 闭合，按下 SB，电源接触器 KM 吸合，常开触点闭合，通过 SQ_{FW}、SQ_{BW}构成自锁电路。当手柄置于反向时，连锁触点 11 闭合、10 断开，移动机构运动，SQ_{BW}限位保护。当移动机构运动（例如大车左移）至极限位位置时，压下 SQ_{BW}，切断自锁电路，线圈 KM 失电，移动机构停止运动。这时欲使移动机构向另一方向运动（如大车右移），必须先使凸齿轮控制器手柄回到零位，才能使 KM 重新通电吸合，实现零位保护，并通过 SQ_{FW}支路自锁，操作凸轮控制器手柄置于正向位置，移动机构能向另一方向运动。

当电动机通电运转时，电磁抱闸线圈 YA 同时通电，松开电磁抱闸，运动机构自由旋转。当凸轮控制器手柄置于零位或限位保护时，电源接触器 KM 和电磁抱闸线圈 YA 同时失电，使移动机构准确停车。

本电路还有过电流继电器 KI 做过电流保护；事故紧急保护；舱口安全开关 SQ_1 关好舱口（大车桥梁上无人），舱口开关触点闭合，才能开车的安全保护。

凸轮控制器可控制电动机正转、反转或停止；控制转子电阻大小、调节电动机转速，适应桥式起重机工作的速度；适应起重机频繁工作特点；有零位触点实现零位保护；与限位开关 SQ_{FW}、SQ_{BW}联合工作，可限制移动机构的位移，防止越位而发生人身与设备事故。

电磁抱闸是在起重机在工作中，为防止故障、停电等，起吊中的物体坠落发生危险，有抱闸装置保护。

2. 其他电气装置

（1）主令控制器与控制柜（屏）

主令控制器与控制柜相配合，操纵控制电动机频繁起动、调速、换向和制动，主令控制器能实现多位控制。控制柜分交流起重机控制柜和直流起重机控制柜。

（2）保护配电柜

为保护起重机上的电气装置，应设置保护配电柜，用于起重机短路保护、零压保护、隔离保护和总过电流保护。保护配电柜的电器元件包括：三相刀开关、交流电路主接触器、熔断器、过电流继电器、按钮和信号指示灯等。

3. 电动机

起重电动机要求较高的机械强度和过载能力，能承受机械冲击和振动、转动惯量小、适于频繁快速起动、制动和逆转等。一般起重机采用交流传动，选 YZR、YZ 等系列电动机，有笼型锥形转子电机和绕线式转子电动机。起重电动机与一般电动机有明显差异，安装时必须按铭牌规定的额定电压、额定功率和运行方式接线盒运行。

4. 主钩升降机构电气控制电路

使用中，起重设备的主钩升降机构电气控制操作由主令控制器实现，原理图如图7-21所示。将主令控制器及其他电器设备，按标准规范成套在一起的装置为起重用交流磁力控制屏，分平移机构交流磁力控制屏和升降机构交流磁力控制屏，型号有 PQY 及 PQS 等系列。

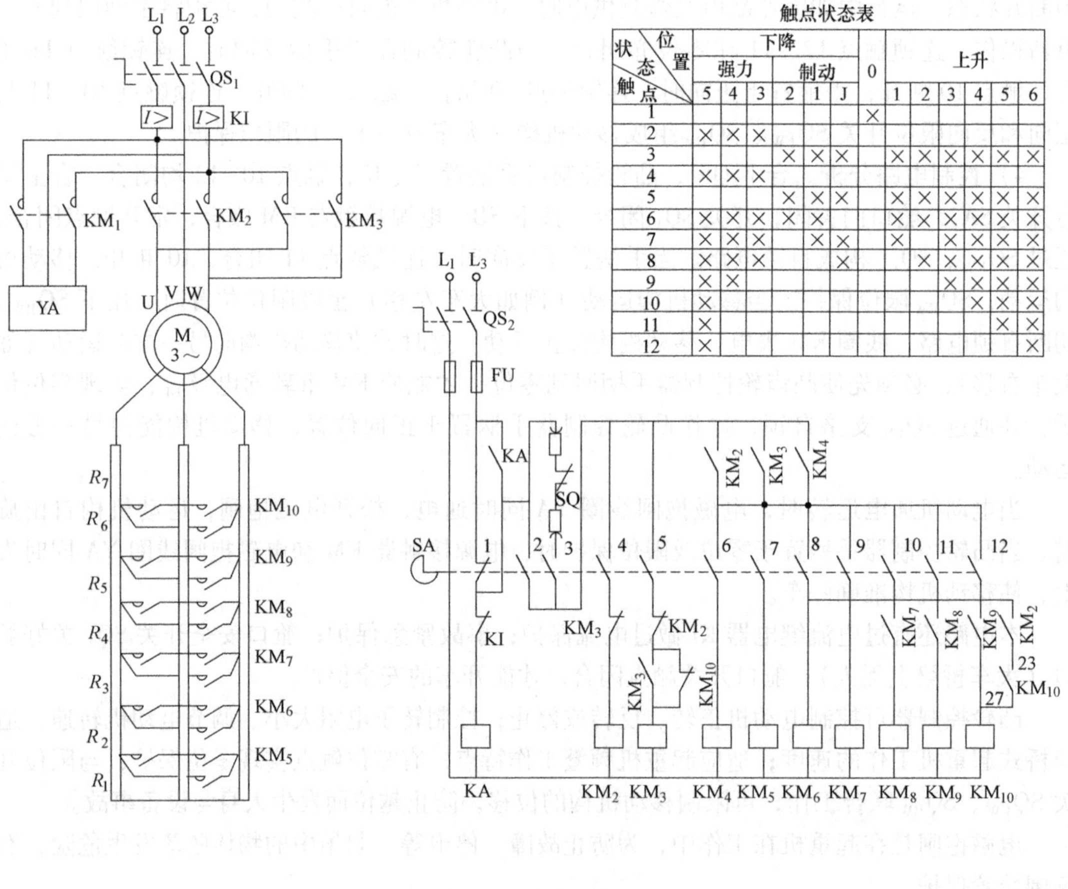

触点状态表

状态 位置 / 触点	下降 强力 5	下降 强力 4	下降 强力 3	下降 制动 2	下降 制动 1	下降 制动 J	0	上升 1	上升 2	上升 3	上升 4	上升 5	上升 6
1							×						
2	×	×	×										
3				×	×	×		×	×	×	×	×	×
4	×	×	×										
5				×	×	×		×	×	×	×	×	×
6	×	×	×	×	×			×	×	×	×	×	×
7	×	×	×		×	×		×		×	×	×	×
8	×	×	×			×			×	×	×	×	×
9	×	×								×	×	×	×
10	×										×	×	×
11	×											×	×
12	×												×

图 7-21 LK1-12/90 型主令控制器构成的控制电路图

因拖动主钩升降机构的电动机容量大，不适于转子三相电阻不对称调速，采用由主令控制器与 PQR10A 系列控制屏组成磁力控制器控制主钩升降，主令控制器安装在驾驶室，控制屏安装在大车顶部。采用磁力控制器后，主令控制器控制接触器，接触器控制电动机，比凸轮控制器直接接通主电路更可靠、方便，适于繁重工作。但磁力控制器控制设备比凸轮控制器投资大，结构复杂。

LK1-12/90 型主令控制器有 12 对触点，提升与下降各 6 个位置。通过主令控制器 12 对触点的闭合与分断控制定子电路和转子电路的接触器，并通过接触器控制电动机，使主钩上升或下降。主令控制器是手动操作，所以电动机工作状态的变化由操作者掌握。

合上 QS_1、QS_2，主令控制器 LK 置于 0 位，触点 1 闭合，电压继电器 KA 通过电流继电器 KI 的常闭触点吸合并自锁。当 LK 手柄置于其他位置时，触点 1 断开，KA 已自锁，为电动机起动做好准备。

（1）提升时电路工作状况

1）主令控制器 SA 手柄置于提升 1 档时，根据触点状态表可知，触点 3、5、6、7 闭合。触点 3 闭合，将提升限位开关 SQ 串入电路，提升限位保护；触点 5 闭合，提升接触器 KM_3 吸合并自锁，电动机加正向相序电压，KM_3 辅助触点闭合，为切除各级电阻接触器和接通制动电磁铁的电源作准备；触点 6 闭合，制动触点 KM_4 吸合并自锁，制动电磁铁 YA 通电，松开电磁抱闸，提升电动机可自由旋转；触点 7 闭合，KM_5 吸合，常开触点闭合，转子切除一级电阻 R_1。

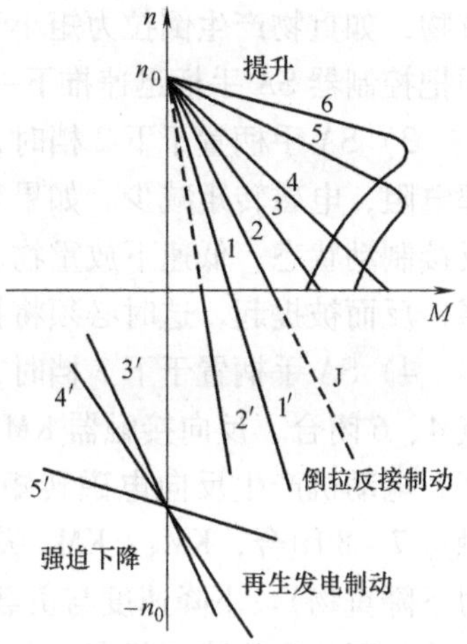

图 7-22　LK1-12/90 控制电动机的机械特性

可见，这时电动机转子切除一级电阻，电磁抱闸松开，电动机定子加正向相序电压低速起动，当电磁转矩等于阻力矩时，电动机低速稳定运转，机械特性曲线如图 7-22 所示。

2）主令控制器 SA 手柄置于提升 2 档时，较 1 档增加触点 8 闭合，KM_6 通电主触点闭合，切除转子电阻 R_2，电动机转速增加，工作在特性曲线 2。

3）SA 手柄置于提升 3 档时，又增加触点 9 闭合，KM_7 吸合，再切除电阻 R_3，电动机转速又增加，工作特性曲线 3 上。辅助触点 KM_7 闭合，为 KM_8 通电作准备。

4）SA 手柄置于提升 4、5、6 档时，KM_8、KM_9、KM_{10} 相继吸合，分别切除 R_4、R_5、R_6，电动机工作特性曲线 4、5、6。当 SA 置于提升 6 档位时，电动机转子电阻保留常串电阻 R_7，其余全部切除，电动机速度最高。

（2）下降时电路工作

主令控制器 SA 下降也有 6 档，前三档（J、1、2），因触点 3 和 5 都接通，电动机仍加正向电压，仅转子中分别串入较大的电阻，在一定位能负载力矩作用下，电动机运转于倒拉反接制动状态，低速下放重物。当负载较轻时，电动机也可运转在正向电动状态。后三档（3、4、5）电动机加反向相序电压，下降方向运转，强力下放重物。

1）SA 置于下降 J 档时，据触电状态表可知，触点 1 断开，电压继电器 KA 通电自锁，触点 3、5、7、8 闭合。触点 3 闭合，SQ 串入电路，提升限位保护；触点 5 闭合，提升接触器 KM_3 吸合自锁，M 加正向电压，KM_3 辅助触点闭合，为切除各级电阻的接触器和制动接触器 KM_4 接通电源作准备；触点 7、8 闭合，KM_5、KM_6 吸合，转子切除二级电阻。

这时电动机虽加正向电压，但 KM_4 未通电，电磁抱闸未松开制动轮，电动机虽然产生正向电磁力矩，但无法转动。这一档是下降准备档，将齿轮等传动部件咬合好，以防下放重物时突然快速运动使机构受到剧烈的冲击。操作手柄置于 J 档时间不能长，以免烧坏电气设备。

置于 J 档时，机械特性为提升特性 2 的延伸线上，第四象限虚线所示。

2）SA 手柄置于下 1 档时，触点 3、5、6、7 闭合。触点 3、5 闭合，串入提升限位开关 SQ，KM_3 吸合；触点 6、7 闭合，KM_4 和 KM_5 吸合，电磁抱闸松开，转子切除一级电阻，电动机可自由旋转，即运转于正向电动状态（提升重物）或倒拉反接制动状态（低速下放重物），如重物负载倒拉力矩大于电动机的电磁转矩，电动机运转在反接制动状态低速下放重物；如重物产生倒拉力矩小于电动机的电磁转矩，则重物不能下降，反而被提起，这时必须把控制器 SA 手柄迅速推下一档。

3）SA 手柄置于下 2 档时，触点 3、5、6 闭合。电动机加正向相序电后，转子中加入全部电阻，电磁转矩减少。如果重物倒拉力矩大于电动机的电磁转矩，电动机运转在负载倒拉反接制动状态，低速下放重物。如重物倒拉力矩小于电动机的电磁转矩，则重物不但不能下降，反而被提起，这时必须将控制器 SA 手柄迅速推到下一档。

4）SA 手柄置于下 3 档时，触点 2、4、6、7、8 闭合。触点 2 闭合，为通电作准备；触点 4、6 闭合，反向接触器 KM_2 和制动接触器 KM_4 吸合，电动机加反向电压，电磁抱闸松开，电动机产生反向电磁转矩，反向接触点 KM_2 闭合，为 KM_4、KM_5、KM_6 通电作准备；触点 7、8 闭合，KM_5、KM_6 吸合，转子中切除二级电阻，电动机运转在反转电动状态（强力下降重物）。下降速度与负载重量有关，若负载较轻，电动机处于反转电动状态；若负载较重，下放重物速度很高，电动机超过同步转速，电动机将进入再生制动状态，电动机运行于特性 3 的延长线上，则下降速度愈大，应注意安全操作。

5）SA 手柄置于下 4 档时，除上一档闭合触点外，增加触点 9 闭合，KM_7 吸合，再切除一级电阻（共切除三级电阻），电动机运行在特性曲线 4 上。若负载较轻，电动机运转在反转电动状态；若负载较重，电动机下降重物速度超过同步速度，电动机运转在再生发电制动状态。从特性曲线可知，在同一较重负载下，下 3 档速度要比下 4 档速度低。

6）SA 手柄置于下 5 档时，除上一档触点闭合外，又增加触点 10、11、12 闭合，KM_8、KM_9、KM_{10} 相继吸合，转子电阻逐步被切除，仅留常串电阻 R_7，电动机运行在特性曲线 5 上。如负载较轻或空钩，电动机工作在反转状态，低速下放重物；在同一负载下，下 5 档下降速度比下 3、4 档高。如负载很重，电动机运行在再生发电制动状态，下降速度高于同步速度，但速度比主令控制器 SA 手柄置于前两档时速度低。

(3) 连锁保护

1）顺序接通。为保护提升与下降的 6 个档短接电阻有一定顺序，在每个接触器支路中加前一个接触器的常开触点。只有前一个接触器接通后，才能接通下一个接触器，保证了转子电阻逐级顺序切除，防止运行冲击。

2）下降速度与防冲击。在下 5 档下降较重重物时，如要降低下降速度，需将主令控制器 SA 手柄扳回下 2 或下 1 档，这时必然要通过下 4 下 3 档。为避免下 4 下 3 档速度过高，在下 5 档 KM_{10} 线圈通电吸合时，用常开触点（23-27）串联自锁。为避免提升受到影响，自锁回路中又串联了 KM_2 常开触点，只有下降时才可能自锁。在下降时，当 SA 手柄由下 5 扳到下 2 下 1 时，如不小心停留在下 4 或下 3 档，有了连锁，电路状态与下降速度都和下 5 相同。

用 KM_{10}常闭触点与 KM_3 线圈串联，只有 KM_{10}释放后 KM_3 才能吸合，保证在反接过程中转子回路串有一定电阻，防止冲击电流。

3）放瞬间断电保护。主令控制器 SA 在下 2 与下 3 转换时，KM_3 与 KM_2 相互通断；由于电器动作需要时间，当一电器已释放而另一电器尚未完全吸合时，会造成 KM_2 和 KM_3 同时断电，因而将 KM_2、KM_3、KM_4 三对常开触点并联，KM_4 触点起自锁作用，保证在切换时 KM_4 线圈仍通电。电磁抱闸始终松开，防止换档时出现高速制动而产生强烈的机械振动。

电压继电器 KA 实现主令控制器 SA 的零位保护；过电流继电器 KI 实现过电流过载保护；SQ 实现提升限位保护。

（4）操作注意事项

1）本电路由主令控制器 LK1-12/90 和交流磁力控制盘 PQR10A 组成，下降前 3 档为制动档，J 档时电磁抱闸没有松开，电动机产生提升的电磁转矩但无法自由转动，在 J 档不允许停留时间超过 3s。

2）在下降的制动档（下 1、下 2 档），电动机按提升方向产生转矩，下放重物时，电动机运行在倒拉反接制动状态，一般不允许超过 3min。

3）轻载或空钩时，不适用制动档下 1、下 2 下放重物，轻载空钩负荷过轻，不但不能降，反而会被提起上升。

4）当负载很轻，应点动慢速下降时，可用下 2 和下 3 档配合，操作者灵活操作，否则下 2 档停留稍长，负载即被提升。

5）重载快速下降时，主令控制器 SA 手柄应快速拉到强力下降下 5 档，使手柄通过制动下降 J、下 1、下 2 和强力下降下 3、下 4 时间最短，特别注意，不允许在下 3、下 4 档停留，否则重载下放速度快，十分危险。

7.3 起重机的安全装置及事故预防

7-2 起重设备的运行 1　7-3 起重设备的运行 2　7-4 起重现场

7.3.1 起重机的安全装置

由于起重设备运行的特殊性，必须安装安全装置。

1. 位置限位器

（1）起升高度限位器

起升高度限位器限制重物的起升高度，当取物装置起升到上限位置时，限位器使重物停止上升，防止机构损坏。起升高度限位器主要有重锤式、蜗轮蜗杆式和螺杆式。

（2）行程限位器

行程限位器由顶杆和限位开关组成，用于限制运行、回转和变幅等终端位置的限制，当顶杆触动限位开关时，即可以切断电源，使机构停止工作。

2. 缓冲器限位器

为防止因行程限位器失灵或操作人员的失误操作，使起重机的运行机构与终端挡板相撞，应安装缓冲器吸收碰撞能量，保证运行机构能够平稳地停车。常用橡胶缓冲器、弹簧缓冲器和液压缓冲器。

3. 起重量限位器

主要用来防止起重量超过起重机的负荷能力。电动机过电流装置并不能保护起重机的过载，国家标准《起重机械安全规则》规定，大于20t的桥式起重机和大于10t的门式起重机应安装超载限位器，其他吨位桥式起重机视情况安装超载限位器。常用杠杆式起重量限位器、弹簧式起重量限位器和电子式起重量限位器。

4. 防冲撞装置

为防止在一条轨道上安装放置几台起重机工作时碰撞，可在起重机上安装防止冲撞的装置，当起重机运行到危险距离时，防冲撞装置可以发出报警并切断电路使起重机停止运行。一般的报警距离设定为8~20m，减速和停止距离可设定在6~15m。还有用于臂架式起重机的起重力矩限位器、露天作业放风装置等。

7.3.2 起重设备的故障排除与事故预防

1. 起重机的常见故障

起重设备必须由具备起重设备相应起重等级资质的专业单位安装，如果使用单位具备了相应起重等级的资质，也可自行安装；但是，起重设备出现故障，使用如有能力，可自行维修与保养。

起重设备使用一定时间后，由于零件磨损和疲劳等，导致机构发生故障，甚至引起重大事故。必须重视对起重设备故障的监测、诊断与排除。操作人员必须学会正确判断起重设备的常见故障，根据运行异常现象，判断故障所在，查清原因，并及时修理。

起重设备机械故障主要是电动机制动器、减速器、卷筒、滑轮组、吊钩、联轴节、车轮等组要零部件。使用中，它们之间因相对运动产生磨损和疲劳，损伤到一定程度就发生故障。

(1) 制动器的故障

传动系统动作不灵活、销轴卡住、易损零件损坏、制动瓦块与制动轮间隙不当和电磁铁线圈烧坏及制动器规格选择不符合要求，都会造成制动器失灵或工作不可靠。

(2) 减速器故障

表现为齿轮齿面因疲劳点蚀和磨损引起异常噪声，并出现传动不平稳，震动、发热，严重的磨损和振动可能导致断齿。

(3) 联轴节故障

在起重机上常用齿式联轴节，使用中常会发生齿轮严重磨损，主要原因是润滑不当及安装精度差，在被连接两轴间的偏移量较大，造成齿圈上齿被磨尖、磨秃，达到报废标准。特别是起升机构制动轮的齿形联轴节，常因制动轮摩擦发热产生较高的温度，齿的润滑遭破坏，齿的磨损特别严重。

(4) 卷筒与滑轮故障

卷筒与滑轮常见损坏形式是绳槽的磨损，空载时，钢丝绳在绳槽中处于松弛状态；有负载时，钢丝绳则被拉紧，钢丝绳与卷筒或滑轮间产生相对滑动。另外因钢丝绳对绳槽的偏斜作用，使卷筒绳槽尖峰部被磨损。对有裂纹或轮槽磨损尺寸达到报废标准的卷筒或滑轮均不能继续使用。因为卷筒绳槽严重磨损易使钢丝绳脱槽跑偏，而滑轮轮缘破损易造成钢丝绳拉毛或脱槽卡住，最后被拉断而导致故障发生。

（5）吊钩的故障

吊钩在作业中常受到冲击载荷的作用，要经常检查有无裂纹。吊钩钩口磨损要引起注意，由于在吊运中，钢丝绳在钩口处产生滑动摩擦造成。当磨损量超过报废标准时，禁止继续使用。吊钩的转动部位必须经常检查与润滑。

2. 常见故障排除

表7-3所示为常见机械故障分析与排除方法。表7-4所示为常见机械故障分析与排除方法。

表7-3 常见机械故障分析与排除方法

序号	故　障	产生原因	排除方法
1	减速器有周期性的齿颤振动音响	齿节距误差过大，齿侧间隙超过标准	修理并重新安装
2	减速器有剧烈的金属锉擦声，引起减速器振动	传动齿轮的间隙过小，轮未对正中心，齿顶上具有尖锐边缘，齿面严重磨损	修整或重新安装或更新
3	减速器齿轮啮合时有不均匀连续的敲击声，引起减速器机壳振动	齿侧面有缺陷	更新
4	蜗轮减速器有敲击声，有与齿轮转数吻合周期性音响	蜗杆轴向游隙过大或蜗轮齿磨损严重，齿轮节圆与轴偏心，组合齿轮的周节有积累误差	修理、重新安装或更新
5	减速器发热	润滑油过多	油面应保持在油针两刻度之间，圆柱齿轮及伞齿轮减速器内油温应低于60℃，蜗轮减速器内油温应低于75℃
6	滚动轴承有过热现象	缺乏润滑脂，轴承中有污物	给轴承加足润滑，用煤油清洗轴承并注入润滑脂
7	滚动轴承运行中有异声	装配不良，轴承偏斜或拧得过紧，轴承配件发生毁坏或磨损现象	检查装配的情况并调整或更换轴承
8	制动器制动失灵	杠杆系统中活动关节被卡住，制动轮上有油，制动闸瓦带磨损严重，主弹簧损坏或松动，杠杆锁紧螺母松动，杠杆窜动	清洗制动轮，对活动关节加油，用煤油清洗制动轮和闸瓦带，更换闸瓦带，调换弹簧或调节螺母使之弹簧张力适当
9	制动器不能打开	线圈中有断线或烧毁，制动器的主弹簧张力过大或重锤过分拉紧	更换线圈，调整弹簧或重锤
10	电磁铁发热或发出响声	衔铁错误贴附在铁心上，杠杆系统被卡住，主弹簧的张力过大（指短行程制动器）	调整衔铁的冲程，在短行程电磁铁上必须刮平电枢对铁心的贴附面，调整弹簧
11	在闸区上发生焦味，闸带很快磨损	闸轮和闸带间隙不均匀，离开时产生摩擦，辅助弹簧发生损坏或弯曲现象	调整间隙使闸带均匀离开，更换辅助弹簧
12	制动器易脱开调整位置	调整螺帽或背帽没有拧紧，螺帽的螺纹发生损坏	调整制动器，拧紧螺帽和背帽，更换缺陷螺帽

（续）

序号	故　　障	产生原因	排除方法
13	小车运行中产生打滑现象或小车“一轮悬空”现象	小车轨道上有油或水，轮压不匀，车轮直径不等，车轮安装不符合要求，起动过快，轨道铺设误差大	去掉油或水，调整轮压，改变电动机起动方法，修复或调整车轮安装精度达到标准要求，火焰矫正，校正轨道
14	大车运行中有“啃道”现象	车轮安装偏差，轨道铺设偏差，轨道上有油或水（冬季露天轨道结冰），制动系统偏差过大或车架变形	调整车轮水平、垂直度和对角线偏差，调整轨道标高，清理轨道，检修制动器，火焰矫正车架
15	锻制吊钩尾部表面产生疲劳裂纹	超期使用，超载，材质缺陷，吊钩开口处的危险断面磨损严重，超过断面尺寸的有关规定	每年检查1~3次，发现疲劳裂纹或危险断面磨损超过标准时应及时更换，可渐加静载荷做负荷试验，确定新的使用载荷
16	起重钢丝绳磨损或经常破裂	滑轮和筒的直径及卷筒上绳槽的槽距与钢丝绳不匹配，有脏物，没有润滑油，上升限制器的挡板安装不正确	正确选用滑轮和卷筒的直径及卷筒上绳槽的槽距，装上标准直径钢丝绳，清扫与润滑，检查、改装或调整挡板
17	滑轮不转	轴承损坏，轴与轴套间没有润滑油	更换轴承，或添加润滑油

表 7-4　常见机械故障分析与排除方法

序号	故　　障	产生原因	清除方法
1	电动机发热超过规定	通电时间超过规定值或过负荷，在电压过低状态下运转	降低起重机工作的繁忙程度或检查机械状态，消除卡位现象，测量电压，当低于额定电压10%，应停止工作
2	当控制器合上后，电动机不转	一相断电，控制器触点未接触，继电器发生故障	找出断电处，接好线，用电笔检查有无电压，检查并修理控制器、继电器，检查转子电路是否完整
3	电动机工作时发出不正常的噪声	定子相位错移，定子铁心未压紧，滚动轴承磨损	检查接线系统并改正，检查定子并修理、更换轴承
4	电动机电刷冒火花，滑环被烧焦	电刷研磨不好，电刷接触太紧，电刷和滑环脏污，滑环不平造成电刷跳动，电刷压力不够电刷间电流分布不均匀	将电刷磨合，调整或更换电刷，检查刷架，使馈电线正常
5	电动机发生异常振动	轴承磨损，转子变形	检查并修理或更换轴承，检查或更换转子
6	电动机运转时转子与定子摩擦	定子或转子铁心变形，定子绕组的线圈连接不对	修整定子铁心或转子铁心上的毛刺，检查线圈的连接电路
7	定子局部过热	个别硅钢片之间局部短路	除去引起短路的毛刺，用绝缘漆涂刷修理过的地方

（续）

序号	故　　障	产 生 原 因	清 除 方 法
8	转子绕组局部过热	三角形-星形接线错误，有某一相绕组与外壳短路	检查每一相的电流，消除错接电路和损伤
9	转子发热过高	接头接触不良	接好接头
10	电磁铁线圈过热	电磁铁吸力过载，磁流通路的固定部分与活动部分之间存在间隙，线圈电压与电网电压不相等，制动器工作条件与线圈的特性不符合	调整弹簧，消除固定与活动部分之间的间隙，更换线圈或改变接法，换上符合工作条件的线圈
11	电磁铁产生嗡嗡声	电磁铁过载，磁流通路的工作表面上有污垢，短路环断裂	调整弹簧，消除污垢，调整机械部分，消除偏斜
12	电磁铁无法克服弹簧的作用	电磁铁过载，电网电压低	调整制动器机械部分，暂停工作并查清电压下降原因
13	接触器线圈过热	线圈过载，磁流通路的活动部分接触不到固定部分，所用线圈的电压低于线圈电压	减少活动触点对固定触点压力，消除偏斜卡塞，清除污垢，更换线圈
14	接触器线圈断电后延时释放	铁心工作表面上有脏污，接触器触点烧损熔化	消除铁心污垢，清理触点
15	触点过热或烧损	触点压力不足，触点脏污	调整压力，消除脏污
16	主接触器不能接通	刀开关未合上，紧急开关未合上，舱口开关未闭上，控制电路的熔断器烧断，电路无电，控制器手柄未放回零位	合上开关，检查并更换熔断器，用电笔检查电路有无电压，将控制器手柄放回零位
17	起重机运行中接触器经常跳闸	触点压力不足，触点烧坏，触点脏污，超负荷造成电流过大，轨道不平影响滑线接触	调整触点压力，修光触点，更换触点，减负荷，修理轨道
18	当控制器合上后电动机仅能单向转动	控制器反向触点接触不良，控制器转动机构有问题，配电电路或限位开关发生故障	检修控制器并调整触点，用短接法找出故障并清除，检查限位器并恢复接触
19	控制器工作时发生卡塞和冲击	定位机构发生故障，触点撑位于弧形分支中	清除故障，调整触点位置
20	运行中控制器扳不动	定位机构有问题或卡住，触点烧损	拉闸停车修理控制器触点
21	触点烧坏	触点压力不足，触点污垢	调整压力，清洗触点
22	液压电磁铁通电后推杆不动作或行程小	推杆卡住，网络电压低于额定电压的10%，延时继电器延时过短或常开触点不动作，整流装置损坏，严重漏油，油量不足	消除卡塞，提高电压，调正修理继电器延时应为0.5s，修复或更新整流装置，修理密封，补充油液，排除气体

起重设备金属机构质量直接影响起重机的安全，起重机金属结构必须同时满足强度、刚度、稳定性的要求。起重机主梁是金属结构中的主要受力部件，为保证使用，主梁空载时有

一定上拱度。但起重机使用过程中，常因超载、热辐射的影响及修理不合格等因素造成主梁上拱度的消失。这会引起大车、小车运行机构的故障，造成车轮歪斜、尺寸误差增大、小车轨距发生变化从而影响小车安全平稳运行，严重时发生大车及小车“啃轨”。主梁严重下挠会产生水平旁弯，腹板下部和下盖板间焊缝会产生较大的裂纹，致使起重机不能正常运行。

课堂练习

(1) 桥式起重设备的轨距与车间厂房的跨度之间有什么联系？

(2) 熟悉并分析某种型号的桥式起重设备的电气控制电路。

(3) 起重设备的使用安全十分重要，请从使用角度叙述安全的主要内容。

下　篇

机电设备现场管理

第8章 机电设备管理要求、内容及基础工作

8.1 设备管理的层面、方针与原则

8.1.1 设备管理的层面

设备管理以提高设备综合效率，追求寿命周期费用经济性，实现企业经营目标为目的，运用现代科学技术、管理理论和管理方法，对设备终生进行管理。

1. 技术方面

技术方面是对设备物质形态的技术处理，从物的角度控制管理活动。设备技术性反映技术进步在设备上的应用，是设备性能、发展的具体体现。

（1）设备设计和制造技术

设备设计是设备形成的基础，是各专业技术在设备中集中应用的体现，设备设计的要求来源于使用中的特点、技术进步、产品性能等。设备的制造是设备实现的技术过程，包括加工、工艺、安装等。

（2）设备诊断技术和状态检测维修

设备使用过程是设备价值向产品价值转移的过程。设备是产品生产的装备，使用过程中，设备价值在下降、性能在降低。为提高设备的使用性能，采用诊断技术检测设备的使用状态，确定设备的故障并排除，通过维修恢复或部分提高设备的技术、性能状态。

（3）设备维护保养、大修、改造

设备设计和制造技术、设备诊断技术和状态检测维修和设备维护保养、大修、改造的内容要点是设备的可靠性和维修性设计。

2. 经济方面

（1）设备规划、投资和购置的决策

经济方面是对设备运行经济价值的考核，从费用、成本方面控制。设备一生的管理首先是投入设备进行的决策，要认真规划。规划设计的因素多、范围广，如设备的先进性、工艺性、产品实现的可能性、设备操作的方便性、耗能与节能、环境保护、职业安全卫生等，还要考虑添置设备与原先设备生产过程的配套、生产协调性等。另外，还要从经济角度考虑设备的成本，才能决策投资。

（2）设备环境分析

设备规划、投资的重要环节，是设备的环境影响，设备投资作为企业固定资产投资的一

个方面，在前期必须进行环境影响的评价。由环保部门认可的资质单位进行影响评价，环境影响的评价结论对设备投资具有前置决定权。

（3）设备能源成本分析

能源成本包括两方面，一是设备电力用量如果很大，超过企业的供电总容量，就必须进行电力增容，增添供电设备与配套设施，投资大；另一方面，是否节约能源，与相同能力的设备相比，设备用电效率低，设备一生中总的耗能成本高。两个方面的能源成本需综合分析。

（4）设备大修、改造、更新的经济性评价

设备大修、改造、更新是技术活动，但离不开经济要素。大修、改造涉及产品、质量、生产计划的安排、维修工作量、维修人员的安排、维修成本、市场等；设备更新是设备技术改造，是企业内涵扩大再生产，属于固定资产投资的范畴，可以实现传统产业的高新技术化、高新技术的产业化、提高产品质量、提高企业竞争力和经济效益，是企业的经济活动。

（5）设备折旧

设备折旧是设备的价值逐步转移到产品中的过程，是设备在规定使用时间内、按规定摊销进成本的过程，是设备寿命经济费用的评价。

3. 管理方面

（1）设备选择评价与采购管理

设备选择评价，是围绕技术的先进性、生产与工艺的合理性、经济成本的合理性选择设备。设备采购是在满足三个方面前提下，招标选择设备供应商，降低采购成本。

（2）设备使用维修管理

设备使用维修管理涉及内容多，设备使用包括人员培训、人员安排与操作、设备使用规程、设备安全操作规程、设备日常管理等。维修活动包括维修计划的编制与实施，设备维护保养，设备小修、项修、大修，设备故障与设备事故等管理，都应建立完善的管理制度。

（3）设备信息管理

设备管理是系统工程。系统工程是以信息论、控制论为基础，应用现代数学等优化方法，加上计算机技术及其他有关的工程技术，融合综合性的组织管理技术。信息管理应与设备管理结合，建立完善的设备信息管理体系，提高设备管理效率，建立设备一生信息管理系统。

8.1.2 设备管理的方针与原则

1. 设备管理的方针

（1）以效益为中心

应建立设备管理的良好运行机制，争取良好的设备投资效益为目的，积极推行设备综合管理，加强企业设备资产的优化组合，加大企业设备资产的更新改造力度，挖掘人才资源，建立有效的设备管理制度与管理体系，确保企业资产为生产经营服务，获得效益。

（2）依靠技术进步

依靠技术进步，适时用新设备替换老设备；运用新技术、新材料、新工艺对老旧设备进行改造；将设备诊断技术、计算机辅助管理等管理技术和手段应用于设备管理中。设备是机、电、液、仪一体化的整体，各种新技术、新工艺的发展、改进，都可在设备或设备管理中得到运用，技术进步是促进设备发展、升级换代的重要依靠。

(3) 促进生产经营发展

坚持促进生产经营发展的方针，正确处理企业生产经营与设备管理的关系。企业中生产经营与设备管理和设备的技术改造、更新总是存在矛盾，首先，设备管理必须坚持为提高生产率、保证产品质量、降低生产成本、保证订货合同期、符合安全环保与职业安全卫生，实现企业生产经济效益服务，设备改造与更新过程中，应与生产经营配合、为技术改造服务，适当地协调安排生产计划。其次，必须建立和完善设备管理制度，企业经营者及相关管理人员充分认识设备管理的地位和作用，保证资产的投资与使用效率，为企业的长远发展提供保障。

(4) 预防为主

坚持预防为主，就是为确保设备持续高效正常运行，建立完善的设备管理制度与安全操作制度、加强人员的培训，具体到定人、定岗，突出安全、清洁、整齐、润滑等。防止设备非正常劣化，在依靠检查、状态检测、故障诊断等技术基础上，逐步向以状态维修为主的维修方式发展。设备制造单位主动与使用单位沟通，搜集设备使用的信息资料，不断改进设计能力，提高制造工艺水平，将“维修预防”纳入设计概念中，向“无维修设计”目标努力。设备管理部门及时与现场操作人员交流，将设备使用中的缺陷在设备项修、大修时改进。

2. 设备管理原则

(1) 设计制造与使用相结合

它是指设备制造单位在设计的指导思想上和生产过程中，充分考虑全寿命周期内设备的可靠性、维修性、方便性、经济性等，最大限度地满足用户需要。设备使用单位应严格执行操作规定，正确使用设备，不得超性能使用设备。设备使用维修过程中，应及时向设备设计、制造单位反馈信息。设备全过程管理的重点和难点，就是设备制造单位与使用单位如何沟通的问题。设计制造单位对售后信息综合分析，以提高设备设计制造的技术水平。

(2) 维护与检修相结合

贯彻“预防为主”方针，是保证设备持续安全经济运行的重要措施。设备维护体现在生产过程中，以操作人员为主加强对设备的维护和日常保养，设备检修是设备管理部门的职能。将维护与检修相结合，加强设备运行中的维护保养、检查检测、调整润滑可有效地保持设备的功能，延长修理间隔期，减少修理工作量。在设备检查和状态监测基础上实施预防性检修，可及时恢复设备功能，又为设备的维护创造了良好条件。此外，在设备设计、制造、选购时应考虑其维护和检修的特性。

(3) 修理、改造与更新相结合

这是提高企业技术装备素质的有效措施。在设备生命周期内，修理是提高设备效率的好办法，但一味追求修理反而不可取，会阻碍技术进步，增加企业设备使用的成本。企业必须建立改造、自我发展的设备更新改造运行机制，依靠技术进步，采用高新技术，多方筹集资金改造更新进设备。以技术经济分析为手段和依据，进行设备大修、更新改造的决策。设备更新改造是扩大再生产的内涵，政府非常鼓励，修理中重视技术改造，修改结合具有现实意义。

(4) 专业管理与全员管理相结合

应建立从企业决策者、管理者到操作人员、企业相关人员全员参加的组织体系，即全员管理。设备全员管理是日本的一个管理模式，许多国家在推行应用。全员管理有利于设备各项工作、各个专业、各相关人员的协调，专业管理突出设备的技术性、可靠性、先进性等，全员管理突出设备的全方位，操作人员对使用的设备要做到“三好”“四会”，两者结合有利于实现设备综合管理。

（5）技术管理与经济管理相结合

这是企业设备不可分割的统一体，只有技术管理，不讲求经济管理，易产生低效益或无效益管理，设备管理缺乏生命力。技术管理包括对设备的设计、制造、规划选型、维护修理、检测试验、更新改造等技术活动，确保设备技术状态完好和装备水平不断提高。经济管理不仅是折旧费、维护维修费和投资费的管理，更重要的是设备资产优化配置、合理安排生产计划、有效营运、合理安排人力资源、确保设备资产的保值增值。

上述五个结合是我国多年设备管理实践的结晶。随着企业所有权、投资主体的多元化，市场经济体制和现代企业制度的建立和完善，推进设备综合管理与企业管理相结合、社会专业管理与企业全员管理相结合越来越重要。

课堂练习

（1）如何认识设备管理的三个方面？

（2）结合前面学习的知识点，联系本节中的“预防为主”，叙述预防为主与计划维修之间的关系。

8.2　设备管理的任务、内容、目的和意义

8.2.1　设备管理的任务

设备管理是根据国家法律、法规、制度，通过技术、经济和管理措施对生产设备的综合管理。设备管理要做到全面规划、合理配置、择优选择、正确使用、精心维护、适时改造和更新，实现设备寿命周期最经济，综合效能高，适应生产发展需要的目的。

1. 规划

做好设备综合规划，要对企业在用设备和需要添置的设备进行调研，对在用设备状况如设备与生产、设备与技术工艺、设备与效益之间的关系进行分析，对准备添置的设备进行评价、决策，制定合理的设备购置、分配、调整或调拨、修理、改造、更新等计划。

2. 原则

（1）技术方面先进

在满足生产需求的前提下，要求性能技术指标保持先进水平，这有利于提高产品质量、生产效率、使用的可靠性和延长技术寿命。

（2）生产与工艺可行

所选购的设备应与本企业扩大生产规模、生产工艺与精度、开发新产品等需求相适应。

（3）经济方面合理

要求设备在保证技术先进、生产与工艺可行的前提下，采购设备价格合理、所需配套设

施的成本合理，在使用过程中能耗、配件备件及维护费用低，回收期较短。技术先进、生产与工艺可行、经济合理相互关联、相互矛盾、相互统一。

3. 合理配置

优化企业设备资本的有机构成，促进设备资源的合理配置，保证原有设备与添置设备生产使用的有序性，减少生产流程中的局部设备窝工。

4. 建立制度与措施

制定和推行先进的设备管理制度、维修制度、设备操作制度、安全制度，培训操作人员提高技能，以较低的费用保证设备处于最佳的技术状态，提高设备完好率和利用率。

认真学习、研究、掌握设备物质运动的技术规律，如磨损规律、故障规律等，运用先进的监控、检测、维修技术方法，灵活、快速、有效地制定维修方案，采取各种维修措施，排除设备故障，保证设备精度、性能达到生产及工艺要求，满足生产。

5. 更新改造

按照政府的产业政策导向，积极采取以内涵扩大生产的技术更新改造手段，改造老产品，促进产品升级换代、提高产品质量，节约降耗，改善环境，符合职业安全卫生的要求。

6. 降低成本

按照经济管理规律和设备管理规律的要求，组织设备管理工作，根据企业特点，将企业行政管理手段与经济手段相结合，降低使用成本和维护维修成本，避免设备故障，减少设备周期费用，追求“零故障”“零浪费”“零灾害”及“零不良”。对特种设备，必须按相应管理要求，制定维护维修与管理制度，保证使用安全。

7. 备件库存

设备维修与管理中的备件社会采购、自制备件相结合，制定备件计划，建立备件库信息，推进设备维修与备件社会采购，降低备件库存，较少占用资金，提高资金周转率。

8.2.2 物质形态管理与价值形态管理

1. 设备物质形态管理

设备的物质形态管理也称为设备的有形管理，包括设备选型、购置、安装、调试与验收、使用、维护维修、更新改造到报废的全过程。设备投入使用后，由于物理和化学作用而产生磨损、腐蚀、老化，使设备实物的技术性能逐渐劣化、精度逐渐降低，需修复、改造和更新。设备管理的重点之一是保证设备具有良好的技术状态，延长设备的物质寿命。设备实物形态管理是在设备运行中，研究如何管理设备的可靠性、维修性、工艺性及使用中发生的磨损、性能劣化、检查、修复、改造等技术服务，使设备可靠性、维修性、工艺性、安全性、环保性等性能和精度处于良好的技术状态，确保设备的输出效能最佳。

2. 设备价值形态管理

设备的价值形态管理也称为设备的无形管理，包括设备的投资、调研与决策、购置费、维护维修费、人员费、折旧费、占用费等，实行企业设备的经济管理，是对设备一生管理的总费用管理。设备价值形态表现为账面设备原值，设备投入使用后，一方面，设备使用运行需继续投入资金，如耗电、耗水、配件备件、维护维修及性能改善等；另一方面，通过折旧，使设备价值逐渐转移到产品成本中去，通过产品销售实现价值予以回收，表现为设备账面价值减少。当企业改变工艺或产品更新时，一些设备停止使用，可进入调剂市场，回收设备部分剩余价值。当设备没有修理、改造价值时，则应报废并回收其残值。

设备价值形态管理就是从价值角度研究设备，即新设备的研制、投资及设备运行中的投资回收，运行中维修、技术改造的经济性评价等，目的是使设备的全寿命周期费用最经济。

设备具有实物形态运动和价值形态运动，应同时对两种运动形态管理，实行设备综合管理，充分发挥设备效能和投资效益，追求在输出效能最大的条件下，设备寿命周期费用最经济，综合效率最高。企业中，实物形态由设备部门承担，价值形态由财务部门承担，两者结合，构成了设备管理的全部内容。

8.2.3 设备管理的目的及意义

1. 目的

设备管理的主要目的是用技术先进、经济合理、工艺可行的装备，采取有效措施，保证设备高效率、长周期、安全、经济、可靠运行，保证企业正常的生产经营，生产制造出高质量的产品，保证企业获得经济效益。

设备是企业经济活动的重要因素，设备管理的好坏，直接影响企业的生产秩序，保证企业的优质、高产、低消耗、低成本，预防各类设备事故、提高劳动生产率。

加强设备管理，可对落后的、效率不高、工艺差的设备进行技术改进和更新改造。

由于设备不断采用新技术、新材料，设备规模逐步加大，设备费用在企业运营成本中所占的比重也不断提升。编者在企业进行资产投资管理工作时，每年固定资产投资计划中，设备投资一般占到总计划70%以上，且逐年上升，即使是其他类的固定资产投资，也是为设备的更新改造服务。设备管理越来越复杂，对企业生产经营的作用日益明显，应当予以重视。

2. 意义

设备管理是保证企业生产经营的物质基础，标志着国家现代化程度和科技水平的发展程度，是产品实现的手段。我国经济实力不断加强，但技术装备还有待进一步提升，从“制造”到“自造”“智造”或“创造”，设备是装备手段，提高产业作业线关键设备的技术水平及效率，搞好设备管理是保证生产经营的基础，才能提高企业生产技术水平和产品质量、降低消耗、保护环境、保证设备安全运行、提高经济效益。

(1) 设备管理在企业管理中的地位

任何企业的管理，都与企业技术与生产状态相适应，随着企业生产规模扩大，管理现代化的提高，设备管理在企业管理中的地位也越来越重要，作用日益明显。

工业企业管理包括生产经营计划管理、市场管理、技术管理、质量管理、安全管理、人力资源管理、设备管理和财务管理等，相互之间联系又制约，缺一不可。设备管理是企业管理的一个方面，企业十分关注市场开拓、经济成本与效益，但产品、成本、质量、利润等总是取决于设备运行的状态，先进的设备是提高产品质量的保证。假如一个企业完全靠一时的“拼设备”获得高效益、高利润，这种利润与效益不会长久，将造成设备损坏甚至设备事故。

国家十分重视设备投资与设备管理，政府鼓励企业以改造设备、更新设备为主的扩大内涵再生产，设备投资可以作为进项抵扣，降低了税收。

工业企业产品的品种、数量、消耗、成本、效益等经济指标，都受到设备状态制约。以产品成本为例，在产品成本中与设备有关的费用包括设备维护维修费、折旧费、设备投资占用资金费、人员培训费、能源费等，而维护维修费、折旧费属于固定费用，产品产量越多，单位产品摊销的费用也越小。加强设备管理，提高设备的完好率与利用率，就可以增加产品产量，降低产品成本，增加效益。

（2）设备管理与企业管理各方面的关系

1）设备管理与生产经营。现代企业生产无法离开设备，生产中各个环节与工序有序、配合、衔接，设备持续运转才能保证生产连续性和均衡性，如不重视设备管理，不加强设备维护、不及时维修设备，造成设备生产效率下降、故障停机时间长。长期不维修设备，不按照设备要求操作运行设备，会造成设备事故或提前报废。

现代企业设备自动化程度高、设备功能多、规模大、生产连续，一台关键设备停机可能造成一条生产线停产，或者是整个企业不能正常生产。

2）设备管理与经济效益。企业经营的目的是生产高质量、高附加值的产品，满足市场需求，取得经济效益。这必须依赖高性能的设备，设备运行状态与技术状况决定了产品的精度、性能、成本，设备的技术状态影响着设备自身运行的能耗、成品率、加工效率、故障停产时间、设备维护维修的成本等。设备管理工作的效果决定了设备生命周期内的总成本，有成效的设备管理将延长设备使用寿命，其使用期远远超过经济寿命，提高企业的经济效益。

3）设备管理与产品质量。GB/T 19001是普遍推行的质量体系管理标准，企业管理围绕产品质量建立体系，体系涉及企业内部管理的各方面，将设备及设备管理纳入到体系的资源管理中。质量管理体系标准中，认为产品质量受人员、机器设备、原材料、工艺方法和生产环境的影响。产品质量直接受设备精度、性能、可靠性、维修性、操作方便性的影响，因此，设备是产品质量控制的重要环节，应当对设备的选型、性能、运行状态、可靠性指标、设备精度进行控制，改善、提升设备性能与效率，建立合理有效的设备管理制度、安全操作制度。为保证设备生产合格的产品，必须对专业技术人员、设备操作人员培训，创造设备运行的良好环境，对产品质量的各个环节进行控制，产品质量才能得到保证。

4）设备管理与安全生产。设备管理是企业生产安全运行的重要保证。企业中的设备事故总不可避免地发生，设备事故首先与管理者及操作者有关，如不熟悉设备性能、没有按规定操作或超设备性能使用，更有甚者，故意违反操作规程及安全规定，故意破坏设备。企业生产安全运行就是保证生产过程中人身和设备的安全。建立设备管理制度，是保证设备安全生产的前提，应当建立健全设备管理制度，做到现场管理措施得力、设备防护装置完整、设备结构安全，不能违反操作规程超负荷使用设备，做到劳动组织合理、设备改造合理等。必须在设备一生全过程中考虑安全问题，进行安全管理。在设备设计、制造时需全面考虑各种安全装置，并确保装置的功能和质量。在进行工艺布置和设备安装时不仅要考虑安全的合理性，还要考虑生产技术的安全性；定期对设备尤其是能动设备进行安全性操作规程教育、对操作人员进行安全教育，时刻注意安全第一。哈恩原则认为，大的安全事故通常基于小事故，日常管理中，防范小事故发生是有效措施。

5）设备管理与环境保护。工业企业设备本身、设备使用过程和产品生产过程是主要污染源，设备管理内容之一是防止设备对环境的污染。设备运行过程中，可能产生的公害有粉尘和有害气体、噪声和振动、废渣和废液、电磁波和电离辐射等。为消除污染，企业应当对超过环境保护标准的污染源老旧设备实施改善或更新改造，不能改善更新或更新不能符合环保标准的老旧设备，必须淘汰；加强设备前期管理，设备投资规划时，完善环保评价程序，确保不符合环保的设备不得采购；保持设备运行状态良好，防止出现污染泄漏事故；对污染定量排放、存储、处理污染源的设备，要按照环保部门的规定，实行定人定机定责操作制度，并实行定期测试、定期检查、定期维修的管理制度。设备投资与环保配套设施必须同时设计、同时施工、同时投入使用。设备在使用中，条件允许时，应在线检测污染排放，并将检测数据与环保部门实时联网传送。如果发生设备污染事故，企业必须建立应急预案，及时处理。

6）设备管理与资源节约。设备使用过程就是要消耗能源，资源节约与设备及设备管理密切相关。设备管理应适应发展循环经济的需求，积极采用新材料、新工艺；选用节能设备，采用先进适用的技术对设备失效零部件进行修复，减少备件消耗，节约材料与能源；制定管理制度、考核制度、奖励制度，建立各种管理手段，选用先进适用的技术工艺，实现设备和系统的经济运行。资源节约必须实行全员管理及资源消耗定量管理，广泛开展节能教育，消灭设备跑、冒、滴、漏；凡经大修的设备应恢复或尽量接近原有设备的性能和效率；加强设备维护保养，保持良好的技术状态，利于节能；对能耗高、效率低的设备必须实施技术进行改造或更新，尤其是定期淘汰无法改造或无改造价值的耗能过高的能源转换设备，如风机、水泵、炉、窑等；对频繁起动的风机、水泵积极选用变频器控制，也可选择最新研发的永磁传动设备，节能效率更高；对炉、窑的加温、保温等温度控制要选用合适的控制方法，提高用电的功率因数，提高能源利用率。

7）设备管理与职业安全卫生管理。职业安全卫生在企业管理中越来越重要，体现了对生产者的爱护。随着科学技术的快速发展，许多新技术、新材料、新能源不断出现，造成在这个文明社会里有许多不文明的现象。主要原因是市场竞争激烈，社会只注重发展生产，而有意或无意忽视了劳动者劳动环境的改善，至少可以说，有些劳动条件状况与生产发展不对称；新技术、新材料、新能源的应用中，出现了职业健康安全问题。设备管理中，必须注重并加强职业安全卫生管理。许多企业已建立了 GB/T 28001 职业安全卫生管理体系，要求对包括设备运行、设备管理的各种危险源进行识别与控制，提高设备管理与职业安全卫生管理的水平，保证员工的职业健康。

（3）市场经济对设备管理的要求

企业有适销的老产品扩大生产和新产品投入生产的需求，因此企业会综合评价市场的发展，决定设备投入或改造。为了依产品销售合同适时生产产品、履行交货合同，企业必须合理安排生产计划，合理使用设备，强化设备维修管理，绝对不能发生短时间的抢市场、拼设备的现象；为了占领市场，适应新产品开发和提高产品质量的要求，企业应当及时进行设备更新和技术改造；为了提高企业的经济效益，保证设备资产保值增值，企业必须强化设备的经济管理，用好设备资金，有效使用维修费用；在组织管理上要求设备管理培养充实精干的维修、管理人才，健全设备方面的专业队伍。

课堂练习

（1）请叙述设备管理的基本原则。

（2）在企业中，设备管理是企业管理的重要组成部分，请叙述设备管理与其他管理部分的关系。

8.3 设备管理的基础工作

设备管理的基础工作非常重要，主要是收集资料、积累资料、整理资料，设备管理的基本资料包括收集数据、处理数据、运用数据等。

收集数据是建立健全设备的原始记录和统计，原始设备状态与使用记录反映设备的实际状态。统计过程包括对设备类型、设备技术性能、故障频率、故障类型、故障特点等，设备使用的人力、物力、财力及有关技术经济指标取得的成果进行统计分析。设备状况原始记录要求准确、全面、及时、清楚，尤其是为设备故障诊断提供信息的设备点检数据及记录。要做好定额工作，所谓定额就是在一定生产条件下，规定企业在人力、物力、财力的消耗方面应达到的经济指标。定额是设备维修、设备管理的重要经济指标，是对设备维修维护成本考核的基础资料。

数据处理包括对设备相关的数据处理、传递、储存，要求数据准确、数据传递迅速、数据储存完整。

数据应用是目的，应用于设备管理中，如设备大修计划编制时设备复杂程度、人力资源、维修定额、停机时间、维修成本等基础资料的应用，方便设备管理。

8.3.1 设备资产分类

企业设备数量、种类、型号很多，准确地统计设备数量并科学分类，是掌握设备资产构成、分析生产能力、确定人力资源、安排生产计划、编制设备维修计划、设备投资效益的基础工作。设备是企业资产的一种，固定资产是企业的重要资产，根据财政部的会计准则规定，固定资产是为生产经营服务、价值在一定数额以上、使用期在一年以上的生产设备、检测设备、运输设备、建筑设施等生产资料。设备属固定资产范畴，各个单位对固定资产价值有不同规定。固定资产的种类很多，各产业部门都有分类方法。

1. 按资产属性和行业特点分类

国家标准 GB/T 14885—2022《固定资产等资产基础分类与代码》按资产属性分类，并兼顾行业管理需要，包括6个门类，包括通用设备、专用设备等，门类下还有分类，如机械制造行业、冶金工业行业等。

2. 按设备在企业中的用途分类

（1）生产用固定资产

建筑物，指生产车间及相关场所为生产经营服务的技术、科研、行政管理的各类房屋，如厂房、锅炉房、电房、仓库、办公楼等。

构筑物，指与生产经营相关的炉窑、矿井等。

动力设备，指取得各种动能的设备，如锅炉、蒸汽轮机、发电机、电动机、空气压缩机、变压器等。

传导设备，指传送由热力、压缩空气、液体的各种设备，如上下水管道、蒸汽管道、煤气管道、输电设备、通信线等。

生产设备，指直接参与生产活动的设备，以及在生产过程中直接为生产服务的辅助生产设备，如金属切削机床、锻压机床、铸造设备、电焊机、生产线加工设备等；生产中，运输原材料的起重装置如桥式起重机、皮带运输机等，也作为生产设备。

工具、仪器及生产用具，指具有独立用途的各种工具、仪器及生产用具，如切削工具、压延工具、风铲、检验设备等。

运输工具，指载人或装载货物的各种用具，如汽车、电瓶车等。

管理用具，指生产经营管理方面使用的各种用具，如计算机、办公用具等。

（2）非生产用固定资产

它是指不直接用于生产的固定资产，包括公用设施、文化生活、卫生保健等，如职工食堂、宿舍、浴室、医院等。

未使用固定资产指尚未开始使用的固定资产，包括购入和无偿调入尚待安装或因生产变更等原因未使用或已经停用，还包括技术改造项目实施过程中尚未转固的机器设备等。季节性停产的设备也属于未使用的固定资产。

（3）不需要用固定资产

它是指数量多余，或因技术性能不能满足工艺需要等原因而停止使用等待处置的固定资产，通常，设备管理部门对生产设备的运动情况进行控制和管理。

3. 按照工艺属性分类

工艺属性是设备在企业生产过程中任务的工艺性质，提供研究分析企业生产装备能力、构成、性质的依据。企业设备日常管理的分类、编号、卡片、台账等均按工艺属性分类。从大范围设备做工艺属性分类，按用途将工业企业设备分为 5 个大类。

通用设备，指各行业使用的设备，包括锅炉、内燃机、发电机、铸造设备、机加工设备、电气设备、炉窑等；专用设备，体现生产专业性，包括矿业用钻机、挖掘机、煤炭专用设备、有色金属用设备、化工设备、造船设备、冶金用设备、造纸用设备等；交通运输设备，一般包括汽车、机动车、船舶等；建筑工程机械，包括混凝土搅拌机、推土机等；还有仪器、仪表。

4. 按设备的技术特性分类

按设备精度、价值和大型、重型、稀有等特点分类，可分高精度、大型、重型稀有设备。所谓高精度设备指具有极精密元件并能加工精密产品的设备；大型设备一般指体积较大、较重的设备；重型稀有设备指单一的、重型的和国内稀有的大重型设备及购置价值高的生产关键设备。

国家统计局颁发的《主要生产设备统计目录》，对高精度、大型、重型、稀有设备的划分做出了规定。

5. 按设备在企业中重要性分类

按设备发生故障后或停机修理时，对企业生产、质量、成本、安全、设备复杂程度、停机损失、维修周期、产品交货期等的影响程度与造成损失大小，将设备划分为三类。重点设备，是重点管理和维修的对象，尽可能实施状态检测维修，也称 A 类设备；主要设备，应实施预防维修，也称 B 类设备；一般设备，可实施后维修，也称 C 类设备。

重点设备的划分，既考虑设备的固有因素又考虑设备在运行中的客观作用，两者结合，使设备管理工作更切合实际。因政府不再干预企业的内部管理，只依法管理特种设备，各企业根据自身特点与习惯，为管理方便，将设备划分三类，每个企业的归类不完全相同。

以上是传统的设备技术特性分类，便于适时的设备管理要求，目前仍在使用。随技术及设备管理方式的发展，现代设备管理中，一般根据产品特性、设备性能等，将产品主作业线上有隐患、较难修复且成本高的设备列为关键设备；主作业线上不属于关键设备的其他设备，为重要设备；非主作业线上有隐患、对产品作业产生严重影响的设备，为一般设备；非主作业线上不属于一般类的设备，为次要设备。这样分类更利于设备点检及 TPM 管理。

8.3.2 固定资产编号及基础资料

1. 固定资产编号

企业中对固定资产编号，便于固定资产管理，提高管理效率。编号方法应力求科学、直观、简便。具体办法由企业自行制定，应注意几个原则：

1）编号唯一。每一个编号只代表一台设备，编号是唯一的，不允许有 2 台或以上的设备用同一个编号。

2）设备特性。明确反映设备类型、型号，如金属加工设备、热处理设备、供电设备等；设备型号如电机功率、用电容量、电压等级、加工产品的尺寸、加工能力、安装尺寸、外围尺寸等。

3）类别。辅助设备设施、房屋、构筑物等固定资产的编号，与设备有所区分；运输车辆类再分类，但作为设备资产类进行编号。

4）位置。明确反映设备所在的位置，如车间、分厂、车间的位置或者某一个工艺部分等。

5）使用时间。设备转固后投入生产的年、月，可清楚地了解设备使用的周期，进行设备维护、编制大修计划带来方便。

6）同型号设备。同型号设备的编号，同样按工艺顺序编制，相同功能、相同型号的设备有多台，可以按照工艺顺序编号。

7）编号特点。应尽量精简，可在编号中将数字与字母符号混合使用，尽量简洁、明了；编号应当与信息管理结合，体现信息管理的功能。

2. 设备管理资料

（1）设备资产卡片

设备资产卡片是设备资产的凭证。在设备验收移交生产部门时，设备部门和财务部门均应建立单元设备的资产卡片，登记设备编号、基本数据及变动记录，并按顺序建立设备卡片册，随着设备的调动、调拨、新增和报废，卡片信息可以调整、补充或注销。各单位可自行设计卡片格式，一般包括生产厂、出厂编号、出厂时间、名称、型号、原值、修理复杂系数、外轮廓尺寸、用途、电机功率及变动情况等内容。表 8-1 为设备资产卡片，可以存储在设备管理信息系统中，使用方便。

（2）设备技术特性一览表

将设备档案中主要的技术资料列表，制定设备技术特性一览表，见表 8-2。

表 8-1 设备资产卡片

单位：

规格型号		主机原值		数量	
生产能力		主机折旧		材质	
使用年限		主机重量		制造厂	
辅机位号	名称	规格型号		辅机原值	

卡号： 设备名称： 总原值： 折旧率：

表 8-2 设备技术特性一览表

单位：

序号	设备名称	数量	型号规格	外形尺寸	重量	电机功率	电机转速	系统压力	减速机速比	使用日期	原值	使用年限	折旧率	备注

车间主任： 车间设备员： 填表人：

（3）设备台账

设备台账是反映企业设备资产情况的主要依据，有两种格式，一种以“设备统一分类及编号目录”为依据，按类组代号分页，按资产编号顺序排列；另一种按设备使用部门顺序编制，分别汇总，构成设备台账总账。设备台账见表 8-3。

表 8-3 设备台账

序号	资产编号	设备名称	设备型号	技术规格	类型	复杂系数			电机		重量及尺寸	出厂日	投产日	使用地点	折旧年限	随机附件	备注
						机	电	液	台数	功率/kW							

（4）设备档案

从规划、立项、设计、制造、安装、调试、使用、维修、改造、更新、报废的全过程形成的图纸、文字说明、凭证、记录等，通过收集、整理、鉴定等归档建立的动态系统资料。

1）设备前期资料。主要有设备选型和技术经济论证、设备购置合同、自制专用设备设计任务书和鉴定书；合格证及有关附件；装箱单及开箱检验记录，进口设备索赔资料复印件；设备安装调试记录；精度测试记录，验收移交资料等。

2）设备投产后的资料。主要有设备登记卡片、设备定期检查和监测记录、设备故障维修记录、单台设备故障汇总单、设备事故报告单及有关分析处理资料，定期维护维修记录、改善维修及大修记录，设备封存与启封资料、设备报废资料及技术改造资料等。随设备的技术图纸、图册、说明书、维护操作规程、典型检修工艺文件等。

（5）设备档案管理

1）责任人。明确设备档案管理的负责人，明确档案人员的管理责任，制定档案管理制度；明确借阅方法，防止丢失和损坏。

2）管理程序。明确归档程序，包括资料来源、归档时间、交接手续、资料登记等，特定设备技术档案不得轻易供人查阅，必须得到有关管理人员或部门负责人的许可。

3）登记内容。明确定期登记的内容，查阅人员必须登记，登记记录必须保存；设备资料档案编号与设备编号一致，由设备员负责管理，按编号排列。

4）管理场所。按照档案管理的场所规定，制定相应的措施，如防盗、防火、防潮等，归类存放，借阅方便。

课堂练习

（1）假设你在较大企业的设备管理岗位，从事设备的基础管理，请叙述固定资产或设备编号的原则。

（2）如何进行设备档案管理？

第9章
设备的资产及价值管理

9.1 设备的构成期管理

9.1.1 构成期管理的重要性

从设备规划到安装的管理为设备的构成期管理，也称前期管理；从使用到报废的管理称设备的日常管理。

设备构成期管理是设备形成阶段，是设备使用的基础，尤其是设备的调研与选用，决定使用期的条件，本节应当熟悉并掌握构成期管理。

设备“使用期”的维护、保养、修理、调动与移装、租赁与封存保管等尽管很重要，但构成期的管理更为重要，是“使用期”的先决条件，对确定设备购置计划的可行性研究和投资决策有重要影响。

企业根据生产经营目标，满足市场需要，扩大生产规模、缩短生产周期，或因为产品升级换代、工艺技术改进、新材料应用，或由于环境保护、职业安全卫生及设备折旧等，需增加添置新设备时，必须结合现有设备技术状态、能力、效率，以及资金筹措等，应对技术、环境、效率、效益、经济性等进行全面的可行性分析论证。

9.1.2 设备选型的因素与过程

1. 选择设备的主要因素

(1) 生产率与产品质量

设备生产率与产品质量是单位时间内产品产量与设备质量的工作能力。设备生产率一般用设备单位时间（如分、时、班、年）的产品产量表示。比如，锅炉每小时蒸发蒸汽吨数、空压机每小时输出压缩空气的体积、制冷设备每小时的制冷量、发动机以功率、流水线以生产节拍（先后两产品间的生产隔期）、水泵以扬程和流量来表示等。但有些设备无法直接估计产量，此时可用主要参数表明加工能力，如车床中心高、主轴转速、压力机的最大压力等。

设备生产率应与企业本身的生产经营方向、产品结构、生产计划、特殊运输要求、专业技术配置、人力资源等相适应，合理安排、均衡生产。

现代高效率设备大型化、高速化、自动化、电子化、信息网络化，高效率设备的成本很高。应合理选择设备，以满足生产率与产品质量的需要为原则。

随设备技术发展、产品精度要求提高及产品构成复杂化，产品质量的绝对保证是设备，程序化生产加工中，人的影响因素明显下降，因此，生产率与产品质量在设备选择时需予以充分综合考虑。

(2) 工艺性

工艺性指设备满足生产工艺要求的能力。机器设备最基本的是要符合产品工艺技术要求。如金属切削机床应能保证所加工零件的尺寸精度、几何形态精度和表面质量的要求；需要坐标镗床的场合很难用铣床代替；加热设备要满足产品工艺的最高和最低温度要求、温度均匀性和温度控制精度等。除上面基本要求外，设备操作要求也很重要，如设备应操作轻便、控制灵活。对自动化程度高的设备，应当要求实现自动控制或远距离参数设定、遥控、监视等，对一些化学化工类设备，应当实现保护措施，保证设备和人身安全。

(3) 设备可靠性

设备可靠性属于设备产品质量的范畴，指设备精度、准确度的保持性、设备零件的耐用性、安全可靠性等。在设备管理中，可靠性是指设备在使用中达到准确、安全、可靠。

可靠性在很大程度上取决于设备的设计与制造，设备选型时必须考虑设备的设计制造质量。选择设备可靠性时要求主要零部件平均故障间隔期越长越好，具体可从设备设计选择的安全系数、冗余性环境设计、元器件稳定性设计、安全性设计和人-机因素等方面分析。

随着产品不断更新，对设备可靠性要求不断提高，设备设计制造商应提供产品设计的可靠性状况、各类场合的使用状况，方便用户选择设备。

(4) 设备的维修性

设备的维修性也称设备的可修性、易修性，影响设备维护维修工作量与维修成本，是指通过修理和维护保养手段，预防并排除系统、设备、零部件等故障的难易程度，系统、设备、零部件等在进行维修时，以最小的资源消耗，正常条件下完成维修的可能性。其测量标准就是维修度，即系统、设备、零部件等在规定条件下和规定时间内完成维修的概率。因此，购置设备应该具备好的维修性。

1) 技术图纸、资料齐全。便于设备人员了解设备构造，易于拆装、检查。

2) 标准化、组合化原则。设备应尽可能采用标准零部件和元器件，容易拆卸分解成几个独立的部件、装置和组件，不需要特殊手段即可装配成整体。

3) 结构合理。控制方式简单、系统先进，设备参数自动调整、磨损自动补偿和预防措施自动化原理设计。

4) 提供特殊工具、仪器和适量备件，提供常见故障的机构零件图纸，便于维修。

(5) 经济性

要求初期投资少、生产效率高、耐用性好、节能、维修费用低等。初期投资一般包括设备购置费、技术培训费、运输费、安装费、配套设施费、辅助设施费等。耐用性指设备使用过程中磨损允许的自然寿命。经济性需要与技术、工艺、节能环保等综合考虑。

(6) 设备安全性

应选择安全可靠的设备。安全性是设备对生产安全的保障性能，设备应有必要的安全防护设计与装置，如压力表、安全阀、自动报警器、自动切断装置、自动停车装置等。设备选型时，若有新投入使用的安全防护性元部件，必须要求提供试验和使用情况报告等资料。

(7) 设备操作性

总体要求是方便、可靠、安全、符合人机工程学原理；符合操作性要求，操作机构及所设位置应符合劳动保护要求，适合一般体型操作者；充分考虑操作者生理限度，在法定操作时间内承受体能限度的操作力、活动节奏、运动速度、耐久力等，比如操作手柄和操作轮位置必须合理，脚踏板控制部位和节拍及操作须适当；符合操作舒适性要求，设备及操作必须有利于减轻劳动者精神疲劳，如设备及控制室内噪声小于规定值，设备控制信号、油漆色调、危险警示等符合多数操作者的生理与心理要求；符合操作习惯，有些专用设备在订货时，可以向供应商提出操作习惯的要求内容。

(8) 设备的环保与节能

工业企业设备环保性，指噪声、振动和有害物质排放等对环境影响的程度。设备选型时须先立项报告环保部门，请有资质单位进行环境评价，要求噪声、振动和有害物排放等符合国家和地区标准；设备能源消耗指其一次能源或二次能源消耗，通常以设备单位开动时间的能源消耗量表示，化工、冶金和交通运输行业，也有以单位产量的能源消耗来评价设备的能耗情况，政府大力提倡使用节能设备，减少排放。

(9) 企业因素

提出申请的背景和理由，包括现有设备的利用率、技术条件、供电供水的能力、操作和维护技术水平、资金来源、人力资源配备、实施进度、投资回收期等；对供电问题，新添置设备时，不是简单地考虑企业用电总容量，还要考虑设备用电量、厂内用电传输距离，可能需要采取高压供电。有些大容量重谐波源的设备，需要治理。

(10) 成套性与通用性

成套性是新添置设备要与原来设备生产工艺流程相匹配，新添置设备不仅仅是设备本身的效率提高，还要提高整个生产工艺流程的效率，成套性就显示出重要性；否则，新添置设备与产品作业线的设备成套性差，尽管新设备单台效率高，也可能造成产品作业线的效率下降。通用性指一种型号设备实用性广，选用设备要考虑设备的标准化、系列化、通用化，企业设备品牌统一、型号成系列，则设备检修、维护、备件采购与管理更方便；对不能批量生产的设备，成本高、质量不能保证稳定，该类设备尽量不采购，但专用设备除外；对备件供应，如供应不及时，生产企业必然要增加备件库存，要选备件供应方便的设备；强调通用性，对工艺路线的改变不利于充分利用的设备，不能采购。

2. 设备选型过程

(1) 收集市场信息

广泛收集相关信息，通过媒体、网络、广告、样本资料、产品目录、技术交流等渠道，收集所需设备及关键配件的技术资料、质量保证、销售价格、售后服务、供应商信誉等资料。

(2) 初选型号与供货单位

将收集的资料进行逐项分析，初选设备型号，预选出3~5个产品供方。进一步详细了解设备技术性能、可靠性、安全性、维修性、技术寿命及能耗、环保灵活性等，特别对本单位特殊的加工要求，与供货单位进行针对性交流；制造商信誉和服务质量；各用户的反映和评价；货源及供货时间；订货渠道；价格及随机附件等情况。从中选择合适的机型和厂家。

(3) 选型决策

对选出的机型到制造厂和用户深入调查，详细调研质量、性能、运输安装条件、服务承诺、价格和配件供应情况，在认真比较分析的基础上，选定订购厂家。

(4) 订货、合同的签订与履约

向厂家提出订货要求，供货商报价，双方谈判，签订合同。合同签订依据《中华人民共和国民法典》，合同协议书由招投标双方法人代表或授权委托的代表签署后，合同即开始生效。合同双方按合同约定履行各自的义务，供货商按合同供货及提供各项售后服务，购买单位验收货物。

3. 订货合同

设备采购合同一般采用格式条款，主要条款包含设备名称、型号、规格，订货数量、交货日期、交货地点；对设备性能参数，建议有详细技术附件；供货范围应当明确，如设备主机、标准件、附件等；随机提供的技术文件、清单及数量；设备验收标准及程序；供货方提供安装调试等技术服务、人员培训、使用技术指导、工艺指导等；设备总价，必须明确价格构成，单价、复价及总价数量不能出现误差；付款方式在合同中明确，一般最后留10%~20%为质量保证金；关于合同纠纷的解决，要明确、清楚，如采取仲裁，则必须约定仲裁的地点。

注意，对大额订单设备合同，应明确设备运输方式及设备所有权的转移，避免出现所有权的风险纠纷。合同签订双方签字盖章、日期清楚、内容相同、效力相等。

设备采购中、签订合同前，还有招标程序，一般包括招标准备阶段、发布招标通告、招标开标、评标和中标、通告并通知中标单位等。

课堂练习

（1）设备采购应当要考虑哪些内容？

（2）在采购设备时，除了价格、交货期等因素外，技术内容很重要，如果采购一台GGD型低压成套电气设备，自行确定主要技术参数，请草拟一份合同的技术资料。

9.2 设备资产的日常管理

9.2.1 设备的到货验收与安装

1. 设备到期验收

订货设备应根据合同约定，按期送达指定地点，不允许任意变更；如不能按期履约交货，应得到购方认可；如延期交货，须及时提前通知购方，并得到认可，或再签订补充协议。

购买设备到货后，要根据合同及装箱单开箱检查，验收合格后办理入库手续。

一些重要设备在制造过程中，购买方可派人员到制造厂进行中途验收、进度验收和技术查看等。

2. 设备完整性验收

（1）装箱单验收

订购设备到货后，购方按照合同核对到货数量、名称等，检查有无因装卸及运输等原因导致残损及残损情况的现场记录，办理装卸运输签证等事项。开箱检查资料包括提货单据；发票及副本属于重要票据，有时需专门邮寄送达，不在装箱资料中；包装清单；技术资料、操作手册、维护维修资料，必要的图纸、备件目录，必要的程序清单等。

（2）开箱检验

1）外包装有无损伤；若属裸露设备或构件，需检查刮碰等伤痕及油迹、雨水或海水侵蚀等损伤情况；重点检查控制系统的控制箱，各单元是否完整，电路板是否在运输中损伤、丢失；连接电缆和通信电缆是否合适，液压系统的各种阀件是否装配完整。

2）开箱前逐件检查货运到货件数、名称、型号、规格等，与合同相符，并做好记录。

3）夹具模具、备件是否完整，是否与设备型号、规格配套；随机配件、专用工具、检测和诊断仪器、特殊切削液、润滑油料等是否与合同相符。

4）核对实物与订货清单，查看有无因装卸运输保管等导致设备的残损；重要设备开箱检查验收时，如有必要，应通知制造商派员参与；若发现有残损现象则应保持原状，将开箱过程录像，作为索赔的证据。

注意，开箱检查是设备到货后的重要验收环节，要尽量安排早日进行，如延误较长时间再开箱，可能发生纠纷。

（3）办理索赔

购买设备合同履行中发生纠纷时，可协调解决，依法索赔，购方按合同条款向制造商和参与该合同执行的保险、运输单位索取所购设备受损后赔偿。索赔时要分清对象，设备自身残缺，由制造商或经营商负责赔偿；属运输过程造成的残损，由承运者负责赔偿；属保险的范畴，由保险公司负责赔偿；因交货期拖延而造成的直接与间接损失，由导致拖延交货期的主要责任者负责赔偿。

国外采购设备过程复杂，应依据《国际货物买卖公约》执行。做好到货现场交接（提货）与设备接卸后的保管工作。对国外大型、成套设备，购方应组织人员确保设备到达口岸后的完整性。

凡属引进设备或配套件，开箱前必须向当地商检部门递交检验申请，由海关组织开箱检查。进口设备残损鉴定，应在国外运输单据指明的到货港、站进行；但对机械、仪器、成套设备及在到货口岸开箱后因无法恢复包装而影响国内安全转运者，可在设备使用地点结合安装同时开箱检验；凡集装箱运输的仪器、设备，则应在拆箱地点检验。

与设备采购相近的还有进口设备采购管理、租赁设备过程管理、融资租赁设备过程管理和自制设备过程管理等，此处不再详细介绍。

3. 设备的安装

（1）确认安装的资料

确认核对设备基础图、电气电路图与设备实际状况相符；核对设备地脚螺钉孔等尺寸及地脚螺钉、垫铁是否符合要求；核对电源接线口位置及有关参数是否与说明书相符。图 9-1 所示是某设备安装的基础图。

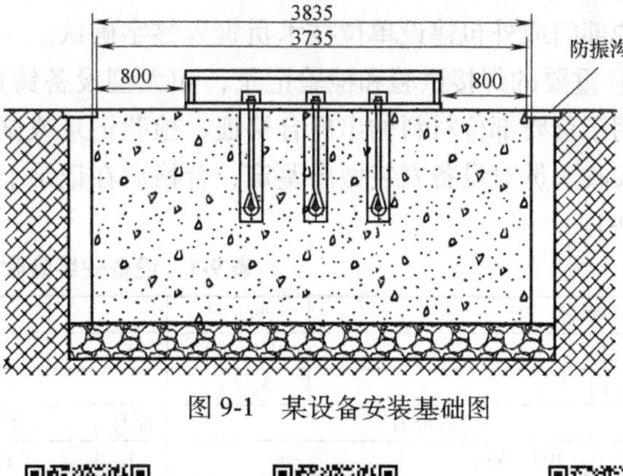

图 9-1 某设备安装基础图

9-1 设备安装布置现场

9-2 设备的安装与调试现场

9-3 设备的安装调试准备现场

（2）核对资料记录

检查中，将各种内容做出详细记录，填写设备开箱检查验收单，做好设备资料整理归档。

(3) 设备的安装

1) 安装定位。设备安装定位必须满足生产工艺、产品质量的需要，以及设备维护、检修、技术安全、产品生产工序流程等要求；为安装设备，所在车间高度、起重设备、供电供水、符合要求的废物排放等必须与之配套。

① 适应的安装环境。新设备应符合适应产品工艺流程及加工条件，包括环境温度、光线、振动等；对高精度设备，应根据要求提供相适应的环境，如稳定电源等；对大功率电源设备，还要论证分析是否要高压送电；对大尺寸加工工件的设备，要考虑加工过程的工件安装、夹具等运动空间；为维护维修的方便，设备拆装时应有配套的起吊设施、起吊高度与起吊回转空间。满足设备安装、维修和安全操作的需要。

② 合理的生产流程。保证合理的生产流程，与原生产流程合理配套，综合提高整体生产效率；方便工件存放、运输、切削及清理，满足车间平面的最大利用率，方便生产管理。

2) 设备安装的水平要求。基准面找平，一般以支撑滑动部件的导向面如机床导轨或部件装配面、工卡具支撑面和工作台面等为基准面。设备安装水平，导轨的直线度和平行度，需符合说明书规定；安装垫铁的选用应符合设计、技术文件相关规定。固定定位时，根据设备说明书，预先选定地脚螺钉预制设备基础，基础地脚螺钉凝固达到强度，安装紧固设备。

3) 设备安装的验收。设备安装的验收是设备调试前的重要内容，属阶段性工作，一般由购置设备管理部门负责组织，设备、基础施工安装、质量管理、使用车间、财务等部门参加，按标准 GB/T 50231《机械设备安装工程施工及验收通用规范》、GB/T 50271《金属切削机床安装工程施工及验收规范》、GB/T 50272《锻压设备安装施工及验收规范》等规定验收。

① 安装竣工图，如完成后注明修改的施工图，修改施工图须经过设备主管工程师确认签字；电源部分、软化水、动力压缩空气等接头部位，应当标注清楚。

② 各种地下隐蔽工程和管线施工记录，必须完整、与实物一致。

③ 设备基础重要安装部位的混凝土配比、凝固添加剂、强度试验记录，须由企业负责基建的部门或外包建设单位技术负责人签字确认。

④ 重要的焊接试验和检验记录，如大型设备铸造基座的焊接工艺与焊接方法；主要材料和用于重要部位材料的出厂合格证、检验记录或试验资料。

验收人员对设备安装做出鉴定，合格后在记录上会签，填写设备安装验收移交单，样式见表 9-1。

表 9-1 设备安装验收移交单

<table>
<tr><td colspan="2">设备名称</td><td colspan="1"></td><td>型　号</td><td colspan="2"></td><td>资产编号</td><td></td></tr>
<tr><td colspan="2">主要规格</td><td colspan="1"></td><td>出厂年月</td><td colspan="2"></td><td>制造号</td><td></td></tr>
<tr><td colspan="2">使用车间</td><td colspan="1"></td><td>制造厂</td><td colspan="2"></td><td>安装试车日期</td><td></td></tr>
<tr><td colspan="4">设备价值</td><td>序号</td><td>资料名称</td><td>张/份</td><td>备注</td></tr>
<tr><td>1</td><td colspan="2">出厂价格</td><td>元</td><td>1</td><td>说明书</td><td></td><td></td></tr>
<tr><td>2</td><td colspan="2">运杂费</td><td>元</td><td>2</td><td>图纸资料</td><td></td><td></td></tr>
<tr><td rowspan="4">3</td><td rowspan="4">安装费</td><td>基础费</td><td>元</td><td rowspan="2">3</td><td rowspan="2">出场精度检验单</td><td rowspan="2"></td><td rowspan="2"></td></tr>
<tr><td>动力配线</td><td>元</td></tr>
<tr><td>安装费用</td><td>元</td><td>4</td><td>电器资料</td><td></td><td></td></tr>
<tr><td>其他</td><td>元</td><td rowspan="2">5</td><td rowspan="2">附件及工具清单</td><td rowspan="2"></td><td rowspan="2"></td></tr>
<tr><td>4</td><td colspan="2">管理费</td><td>元</td></tr>
<tr><td>5</td><td colspan="2">合计</td><td>元</td><td></td><td></td><td></td><td></td></tr>
</table>

（续）

检 查 情 况		
受 检 内 容	检 查 结 果	记录单编号
设备开箱检查验收		
安装质量及精度检验		
设备试运转		
产品、试件检查情况		
使用车间或分厂	工艺部门	质量部门
设备管理部门	财务部门	移交日期

注：本单一式六份，财务部门二份、设备管理部门二份、设备档案一份、安装部门一份。

4. 设备试运行

（1）试运行前的准备工作

1）设备润滑及绝缘检查。检查润滑设备，油箱及各润滑部位加足润滑油；手动检查各运动部件应轻松灵活；检查安全装置，应正确可靠，制动和锁紧机构调整适当；清理设备部件运动路线上的障碍物。

2）检查控制电路。电路接线检查须认真仔细，电路板应接触良好、接线正确、牢固等。

3）检查液压系统。如设备包括液压系统的各种阀件、管线正确、牢固，如果是方向阀，要检查阀的方向是否正确；如果是液压伺服阀、比例阀，则要在调试中与控制系统配合调整。

4）专业人员和相关部门配合。设备是涉及多专业的整体，在新设备调试中，可能发生许多现象与故障，所以需相关专业技术人员及操作人员相互配合，必须在空运转试验前组织协调好人力资源；对专业设备可以请制造厂家来进行专业调试，本单位人员配合。

如果是大型设备调试，涉及供电、循环水、环保等企业外部的协调部门，应及时报告并获得解决。

（2）空运转试验

空运转试验是为考察设备安装精度的保持性、稳固性及传动、操纵、控制、润滑和液压等系统是否正常和灵敏可靠。空运转应分步进行，由部件至组件，由组件至整机，由单机至全部自动线。起动时先“点动”数次，无误后再起动运转，并由低速逐级增加至高速。检查电动机的转动方向、液压机构的运动方向等；检查运动部件的温度；检查变速箱运行时的噪声；检查系统的平稳性、可靠性；检查机械、液压、电气系统工作情况及在部件低速运行时的均匀性，不允许出现爬行；限位和自动停车、紧急提车等安全防护装置应灵敏可靠；试验在保护条件下自动停车时，如果在各种保护条件消失后，设备绝对不允许再自行起动。

（3）负荷试验

负荷试验主要是检验设备在规定负荷下的工作能力，须严格按照设备说明书执行。

（4）生产调试

9-4　设备电源及控制

9-5　液压动力单元

负荷试验后，按随机技术文件、产品精度标准进行加工精度试验、连续生产的调试，应达到出厂精度、合同规定效率等要求。金属切削机床在精度试验中，应按规定选合适的刀具机加工材料，合理装夹试件，选合适的进给量、吃刀深度和转速。试验时可选择典型规格的产品，也可按照产品的小规格、中规格、大规格调试。热处理设备的调试应对需要处理的材料进行加温、保温调试，热处理后再对材料进行物理性能、材料性能试验。

设备生产调试中，要做好各项记录，并对设备试运转情况加以评定，做出技术结论。

设备几何精度、加工精度、生产效率、产品质量、检验记录及其他机能的记录；设备试运转情况，应认真记录故障发生部位、原因、缺陷等排除及修复过程；对无法调整及排除的问题，按性质分类为属设备设计问题、属设备制造质量问题、属设备安装质量问题、属调整中技术问题、属人员操作问题等。

5. 交付

设备试运行一段时间，如满足设计、精度、效率及其他要求，应及时组织设备验收并移交生产部门。验收后，设备管理部门及时对设备办理转固手续，开始提取设备折旧基金。至此，设备的前期管理工作全部结束，转入到设备日常使用管理阶段。

9.2.2 设备的封存

正常情况下，设备安装调试、验收交付后开始使用。由于市场变化、产品技术标准更新等，可能造成生产计划的不连续，设备长期闲置。长期闲置的设备必须采取措施封存。表 9-2 是企业中常见的设备封存申请单。

1. 设备封存的条件

已停用 6 个月以上的生产设备，应填写“设备封存申请单”，报设备管理部门；需封存的设备，应技术状态良好、附件齐全；设备封存一般由设备部门组织使用部门、技术部门等现场进行；封存设备应采取防锈、防尘措施。要注意的是，大型设备封存时，还需向税务部门报告。设备封存期间，不计提折旧和大修费用。

表 9-2 设备封存申请单

设备编号		设备名称		型号规格	
用途		上次修理类别与时间		封存地点	
存封开始时间			预计启封时间		
存封理由					
技术状态					
设备附件与型号					
设备部门意见		财务部门意见		总工意见	
启封理由					
备注					

申请单位： 主管： 经办： 日期：

2. 设备封存的保管

设备封存的目的，是提高设备的保管质量，要采取妥善措施，让设备处于良好的技术性能状态。凡封存的设备，应有明显的标志，有人负责保管、检查。新设备或大修后未经磨合的机械设备封存时，在封存前完成磨合程序并保养，保证设备处于完好的待机状态。要防止封存时间太久而遗漏磨合工作；凡带有附属装置的设备，应尽量将装置集中就近存放，不能发生主机封存而附件散置、丢失，不能被其他设备维修使用。

注意，所有设备的工作装置均不得悬空放置，如工程机械的铲斗、刀片等，须用木方料垫起；履带式设备的履带下也应用木方、水泥制块、碎石层垫起；滑动面用润滑脂（油）覆盖，防止腐蚀、锈蚀；电气设备一定要切断电源，整个电气系统要防潮、防尘、防水等。

3. 设备报废

设备因严重磨损而报废。设备使用到规定寿命周期，主要性能严重劣化，不能满足生产工艺且无修复价值，或经修理虽恢复精度，但主要结构陈旧，不如更换新设备更经济，或因技术进步，不能满足产品升级换代时，应及时做报废处理，更换新型设备。

（1）设备报废条件

设备结构严重损坏无法修复，经济上不宜修复、改装，国家规定必须淘汰的设备，小发电设备、落后的纺织设备、小规模高消耗冶炼设备、高耗能电动机等，必须强制报废。

（2）报废种类

1）事故报废。由于重大设备事故或自然灾害，损坏至无法修复或已不值得修理而造成的报废。

2）蚀损报废。设备由于长期使用及自然力的影响，使设备主体部位遭受磨损、腐蚀变形、变质、劣化，不能保证安全生产或本体丧失使用价值的报废。

3）技术报废。由于设备的技术寿命终了形成的报废，如控制系统或控制方式落后，设备效率、精度下降，污染严重，不能完成产品制造、不能达到环保要求、危害人身安全与健康。不能通过局部改造与修理提高设备总体性能，或维修投入的成本高于购置新设备，必须要报废。

4）经济报废。设备由于经济寿命终了的报废，是从经济角度采取的报废措施，并不完全依据设备的技术状态，主要是促进设备技术进步，提倡采用新的设备，如国家会计制度规定设备的使用折旧年限，就是基于此原因。

5）特种报废。不是前几种原因造成的报废，如某些小批量进口设备，随机配件用完后，国内无配套，国外已停产或单独引进配件成本非常高，设备长期停转，不得不报废。

设备报废由设备使用部门提出申请，说明理由，送交设备部门审查。设备部门组织质量、技术、工艺、财务等部门会签，交设备主管领导批准。注意，现行设备活动以经济效益为中心，政府监管力度加大、价值高的设备资产报废将引起固定资产价值总额变化，可能影响税收资源，因此，必要时需报税务部门。

（3）报废设备的处理

1）及时拆除。报废设备应从生产现场及时拆除，将不良影响的时间减少到最短，并做好报废设备的处理，物尽其用；报废设备不得转移，一般情况下，报废设备只能拆除需利用的部分零件，不应再低价外调，政府不鼓励落后、陈旧、淘汰的设备再次投入社会使用。

2）合理再利用。由于发展新产品及工艺进步的需要，某些设备在本企业不宜使用，但尚可提供给其他企业使用，这些设备完成报废手续后，可以提供给相应单位。

3）报废的价值管理。设备报废后，设备部门应将设备报废单送交财务部门注销账单，不再提取折旧。企业出租转让和报废设备所得的收益，必须用于设备更新与改造。

课堂练习

（1）请叙述购置设备到货的验收事项。

（2）从设备的形态管理与价值管理两个方面，叙述设备的报废。

9-6 设备封存欠佳

9-7 停用设备未按规定封存

9.3 设备的价值、折旧与价值评估

9.3.1 设备资产的价值

1. 设备的价值管理

前面已介绍，传统的设备管理基本偏重于设备维修，现代设备管理体现设备的一生管理，从设备添置时的论证、调研到最终设备报废的管理，设备的价值管理与设备的形态管理相统一的全程管理。

设备添置论证时，并不是简单考虑设备的购置价格，选择同类设备中价格低的设备，而是要充分全面考虑设备的技术性、可靠性、故障率、维修性、停机率、维修周期、工艺性、产品合格率、生产效率、人员成本、操作方便性、能源消耗、环境保护及日常维护成本，其中一些成本是动态变化的，尤其需要考虑。

设备使用过程中，会发生资产改变，如对外投资、设备所有权转移、设备租赁及设备折旧提取等，需要管理设备的价值。

设备的价值管理与设备的实物状态，构成设备的全面管理。

设备的价值量化，一般由有资质的中介机构评估设备的价值，资产业务是与资产有关的经济行为，资产评估的目的是为正确反映资产价值及其变动，保证资产耗损得到及时的补偿，维护资产所有者的合法权益，实现资产的优化配置和管理。只要资产权属发生转移、资产价值需要确认，都应当评估。包括资产补偿、资产处置、资产纳税、资产抵押或担保、对外投资与合资、资产转让、抵押贷款、破产清算、经济担保等。

保证设备固定资产实物形态完整和完好，正常维护、使用；保证固定资产价值形态清楚、完整和正确无误，及时做好固定资产清理、核算和评估等工作；重视提高设备利用率与设备资产经营效益，确保资产获得较好的投资收益；强化设备资产动态管理的理念，使企业设备资产保持高效运行状态；参与设备市场交易，调整企业设备存量资产，促进全社会设备资源的优化配置和有效运行；完善企业资产产权管理机制，资产发生产权变动时，应进行设备的技术鉴定和资产价值评估。

2. 设备价值管理的内容

（1）设备原值

设备资产价值以货币价格表达与计算。设备原值又称设备原始价值，是企业制造、建造、购置某项固定资产时实际发生的全部支出，包括建造费、制造费、购置费、运输费、安装调试费、设备基础费、培训费等。设备原值反映设备固定资产的原始投资，是计算折旧的基础。按照现行会计准则规定，固定资产原值按下列规定计算。

1）购入的固定资产，按实际支付的买价、税费、调研费、差旅费、运输费、装卸费、安装费和培训费等计价；随设备购进的附件、专用工具、备品备件等，计入设备采购价格。

2）自行制造的固定资产，按制造过程实际发生的必要支出计价，按管理规定，自行建造、制造的固定资产应进行审计，审计结果作为原值。

3）按照《中华人民共和国公司法》等相关法律法规设立公司、外公司对本公司投资转入的固定资产，按投资合同、协议约定的价值计价。为防止投资转入的固定资产溢价计价或折价计价虚高，应由有资质的事务所审计评估后，作为资产原值计价。

4）在原固定资产基础上改建、扩建的固定资产，加上改、扩建而增加的支出计价；接受捐赠的固定资产，按同类资产的市场价格或捐赠方所提供的记账凭据和接受捐赠时所发生的费用计价。注意，改建、扩建的固定资产价值和接受捐赠的固定资产价值，也应由有资质的事务所审计评估后，作为资产原值计价。

5）盘盈、盘亏的固定资产，按重置价值计算。

6）随设备资产的专利、知识产权、专有技术的价值，进入设备价格。

（2）净值

净值又称折余价值，是设备固定资产原值减去其累计折旧的差额，反映继续使用中的设备固定资产尚未折旧的价值。对设备而言，通过净值与原值对比，可大体了解设备固定资产的新旧程度。机器设备评估明细表见表9-3。

表9-3 机器设备评估明细表

资产占有单位：　　　　　　　　　　　　　　　　　　评估基准时间：年　月　日

序号	资产类别	规格型号	计量单位	数量	转固时间	已使用时间	可继续使用时间	账面价格		评估结果				与净值差	
								原值	净值	重估价	成新率	功能性贬值	重估净价	差额	所占百分比（%）

（3）设备重置价格

设备重置价格是按照当前生产条件和市场价格水平，重新购置设备资产时所需的支出，对某些设备固定资产重新估价时，可作为计价的标准，但重新估价不能是企业自身的行为，必须是有资质单位重新评估的结果。设备重置价格又分重置全价和重置净价，前者即完成重置成本，指按当前生产条件和价格水平，重新购置与原设备相同或功能相似的全新资产所需支出的费用。后者指设备固有资产现时尚拥有的价值，在数值上，设备固定资产重置净价等于该设备资产重置全价与该设备资产已发生的各类损耗的差。

(4) 增值与残值

增值指在原有设备资产基础上技术改造后所增加的设备资产价值。设备增值额为技术改造而支付的费用减去过程中发生的变价收入。如有被替代的部分，则应扣除其账面价值。

残值指设备资产报废时的残余价值，包括报废资产拆除后余留的材料、零部件或残体的价值。净残值为残值减去处置费用后的余额。注意，大型设备报废时，包括该设备的安装基础也同时报废。

3. 设备折旧管理

(1) 设备折旧及意义

设备折旧指设备在使用过程中逐步损耗，价值逐步转移到产品成本中去的那部分价值。企业为保证固定资产再生产的资金来源，将这部分价值在账面上提取出来，用于设备更新与技术改造。可见，设备在使用过程中，原值成本总在逐步转移。

设备资产包含实物形态和价值形态，实物形态由设备部门管理，价值形态由财务部门管理。就实物形态而言，设备在长期使用过程中仍保持原有的形式，但因磨损、使用，技术状态会下降；就价值形态而言，价值部分逐渐地减少。从实物形态分析，设备使用后状态与新设备相比，折旧了；从财务管理角度分析，以货币表现的固定资产因减少的这部分价值在会计核算上称为固定资产折旧。

这种逐渐、部分耗损而转移到产品成本中去的那部分价值，构成产品成本的生产费用，在会计上是折旧费或折旧额。从设备进入生产过程起，以实物形态存在的那部分价值不断减少，转化为货币资金部分的价值不断增加，到设备报废时，价值已全部转化为货币资金，这样，设备就完成了一次循环。

设备折旧可以提取折旧基金，折旧基金为设备及时更新、加速企业技术改造提供保证资金；折旧费是产品成本的重要组成部分，正确提取折旧，才能真实反映企业的成本，合理折旧提取，与企业成本、税收紧密结合；合理加速折旧的提取，可提高企业技术更新的积极性，有效促进企业技术进步。

(2) 确定设备折旧年限的原则

1) 折旧年限反映设备的寿命。折旧年限应考虑设备的寿命，设备使用频繁、保养不及时，寿命将缩短；设备使用率低、保养好，设备寿命就长。生产安排应当与设备管理相结合，预计与生产能力或产量相当。如预计该设备的生产能力强或利用率高，损耗快，折旧年限就应较短，才能确保设备正常更新和改造的进程。利用率低的设备，折旧年限可适当延长。如精密、大型、重型、稀有、专用设备由于价值高而利用率较低，且维护较好，折旧年限应大于一般的通用设备。

2) 折旧年限反映技术进步。折旧可推动设备技术进步，如当前设备的电子化、电气化技术发展迅速，更新快、淘汰更快，因此，规定电子化、电气化类设备折旧年限要短。

3) 折旧年限反映设备的磨损。折旧年限应正确反映设备的有形损耗和无形损耗。如折旧年限应与设备使用中发生的有形损耗基本符合，必须考虑因新技术的进步而使现有设备资产技术水平相对陈旧、市场需求变化以及产品过时等无形损耗。

4) 折旧年限服从相关规定。折旧年限必须考虑法律或相关规定，企业应依据设备资产使用的时间、使用环境及条件，合理确定设备资产的折旧年限。不同行业、不同类型设备折旧年限不同。我国在制度上设置了设备资产折旧时间，根据设备的类型，分别做了规定。企业的设备折旧时间，应当服从规定。为鼓励企业技术进步，可以采用加速折旧，需要得到税务等部门的批准。

（3）计提折旧的方法

计算设备资产的折旧方法基本可分直线折旧法和加速折旧法。前者有年限平均法和工作量法，后者有双倍余额递减法和年数总额法。

企业应结合本身固定资产的具体状况、企业的经济效益、企业规模等，选择固定资产的折旧方法。一般采用平均年限法，管理方便。企业大型设备可采用工作量法；在国民经济中具有重要地位的企业，设备折旧可采用双倍余额递减法或者年数总和法。实行工作量法的设备由企业根据规定的同类固定资产折旧年限换算确定。

折旧方法选用与计算基本由设备管理与财务部门配合，设备部门确认设备的状态，财务部门计算。平均年限法和工作量法也称直线折旧法，请参考阅读资料 9-1。

9.3.2 设备价值评估

1. 设备的评定

企业中设备种类很多，为体现设备价值及重要程度，将设备分成重点设备和一般设备，确定重点设备没有统一规定，各企业根据生产实际情况制定。

重点设备可从以下方面考虑：属关键工序的单一设备或不能停产的设备；影响生产计划有序安排的设备或影响整个生产合理性的设备；属高负荷的专用生产设备；对产品质量的影响，是精加工、高精度控制的主要设备；质量控制点、关键工序不可替代的设备；由于设备原因而使工序能力不足的设备；对产品成本的影响，设备购置价值高、运行成本高，致使产品成本高的设备；能耗大的设备；故障停机时间长、维修成本高、可能影响市场交货期、经济损失大的设备；对环境保护和职业安全卫生的影响，设备出现故障或发生事故将会危及企业、车间、生产场所安全或引起人身伤亡的设备，对职业安全卫生有重要影响的设备；对环境保护及作业人员会产生严重危害的设备；对维修的影响，设备复杂程度高、本企业技术力量有限、难以维修的设备；维修备件难以供应的设备；易出故障的设备。

2. 设备资产评估

（1）资产评估的含义

资产评估是以货币为尺度，对资产价值的估计或评定，判断资产现时价格的行为。

资产评估是通过对资产某一时间点的价值进行估算，确定价值或价格的经济活动。具体地说，资产评估是有资质单位依法和有关资料，根据特定的目的，遵循适用原则和标准，按法定程序，运用科学方法，对资产评定和估价的过程。

（2）设备资产的特点

1）价值高、使用时间长。机器设备属固定资产，对流动资产而言是劳动工具，价值高、使用时间长，重要设备实际使用时间达 10～20 年，尽管设备折旧时间一般达不到 20 年，但通过维护维修、更新改造，可延长设备使用时间。

2）实物形态资产。机器设备属有形资产，但无形资产价值常存在于有形资产价值中，这对设备资产价值评估很重要，必须考虑这一因素。

（3）影响设备资产价值的因素

1）原始成本。指设备购置、制造、建造的全部费用，含购置费、运输费、设备基础费、安装调试费、培训费、调研差旅费等，应包括知识产权成本。

2）物价指数。表示市场价格水平变化的相对数值，资产评估按照现时市场价格评定资产的实际价格，必须明确资产评估的基准日，选择适当的物价指数，考虑评估基准日与原来购建时的物价变动程度，可反映资产当前价格水平的重置价格。

3）重置价格。按照市场价格购建与评估资产相同的全部资产发生的费用，反映设备资产全新状态的当前价格，是直接计算被评资产价格的依据，分原始重置成本和更新重置成本。原始重置成本是按照当前价格购买建造与被评估设备资产相同，更新重置成本以新型材料、先进技术标准购买建造类时设备的费用。全新设备的重置全价，是重置成本价格标准和重置成本法评估设备价值的直接依据。

4）成新率。反映设备的新旧程度，一般以设备剩余使用年限与计划使用年限的比率，计划使用年限就是计提折旧的年限，也可以以设备折旧价值与全价值的比率表示，计算设备评估净值的决定性因素。因设备寿命、设备磨损和累计折旧直接影响设备的成新率，因此也是影响设备评估价值的因素。

5）功能性贬值与增值。功能性贬值是设备因技术进步使其功能相对陈旧带来的无形损耗，评估价值时应扣除此损耗，即设备发生了功能性贬值。如设备维护完善，及时更新改造，将适当增加价值。

6）功能成本系数。指设备功能变化引起其成本变化的关系，当被评估设备生产能力已不同于原来核定的生产能力或不同于参照物生产能力时，功能成本系数可以作为该设备价值量的调整参考。

（4）设备资产评估的要素、对象及原则

包括主体、对象资产、计价标准、方法与程序等，请参阅相关法律法规或资料。

资产评估对象包括有形资产包括固定资产、流动资产、其他资产和自然资源等；无形资产指能长期使用，但没有物质实体存在，而以特殊权利或技术知识等形式存在，并能为拥有者带来收益的资产。无形资产可分为确指的无形资产和不确指的无形资产，前者如专利权、专用技术或工艺秘密、生产许可证、特殊经营权、租赁权、土地使用权、资源勘探和开采权、计算机软件、商标；后者如商誉权。

设备资产评估的原则有工作原则和经济原则：工作原则包括独立性原则、客观性原则、科学性原则、专业性原则等；经济原则包括功能性原则、替代原则、预期原则、持续经营原则及公开市场原则等。

（5）设备资产评估的特点

设备在企业资产中比重大，设备资产评估在企业资产评估中占有重要地位；生产设备中的大型设备、稀有设备、高精度设备、专用设备和成套设备比其他固定资产技术含量高，对这些设备评估要以技术检测为基础，并参照国内外技术市场价格信息；设备资产使用中，会产生有形损耗和无形损耗，对此要充分调查和技术经济分析；对连续作业的生产线设备，其构成单元是不同类型的装置，对此要以单台、单件为评估对象，分类再汇总，保证准确性；设备资产评估人员应掌握设备基本知识。

课堂练习

（1）叙述设备资产折旧的含义，设备资产有几种折旧方式。

（2）叙述设备资产评估的含义，有条件时，联系会计师事务所，见习设备资产评估的过程与内容。

（3）请叙述设备价值管理的意义。

第10章 设备的现场管理与检修

设备管理全过程，自添置新设备立项开始，从调研、选择、设计、制造、检验、购置、安装、使用、维修、改造、更新，直至报废，兼有技术、经济、工艺及业务等方面内容。设备的日常管理还包括使用安全、职业卫生、节能降耗、环境保护等，设备日常管理是企业的专业管理。图10-1所示是设备全过程管理过程流程图。

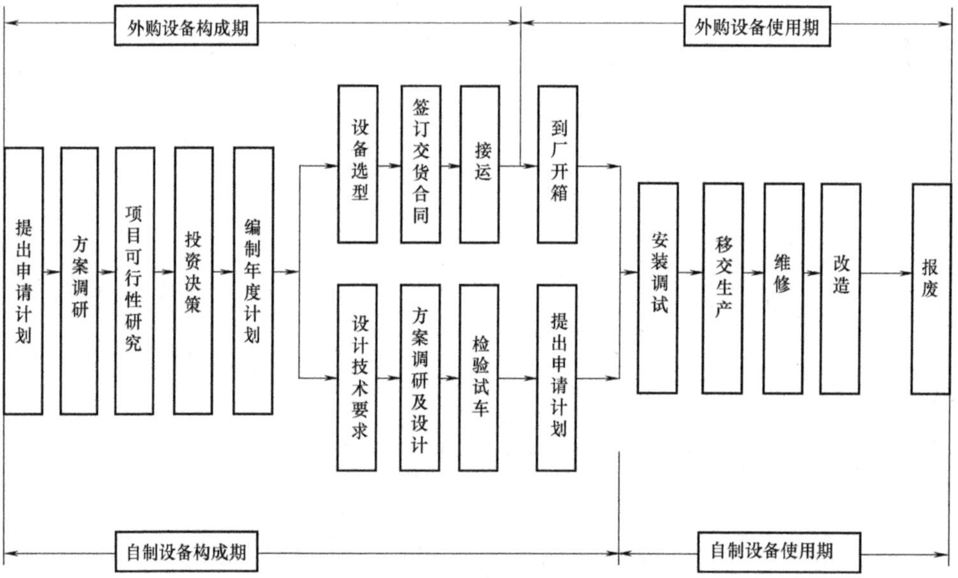

图10-1 设备全过程管理过程流程图

设备在安装调试、转为固定资产使用后即进行日常管理，具体为设备的现场管理及检修。设备部门传统的工作基本只管设备的后半生，即设备使用到报废为止的管理，重点是设备维修。

设备日常管理包含构成期及使用期管理，还包括检修管理。自制设备从计划开始到设备装配试车完毕是设备的构成期，开始使用至设备报废为使用期。

10.1 正确使用和精心维护设备

10.1.1 设备的日常管理及正确使用

1. 设备管理的任务和内容

设备构成期只发生对设备输入，即研究、设计、制造、检验、运输费用的投资；设备使用期发生设备输出，即为企业生产经营服务，使企业获得效益。质量和性能高的设备，如不能正确地使用、精心地维护、科学地维修，就不能正常运行。构成期管理为使用期有高的综合效能打下基础，使用期管理是发挥构成期管理成果的直接因素。

（1）使用期管理的基本任务

1）提高设备效率。采用全员维护、加强点检、开展TPM管理、预防检修、状态检测、合理润滑、改善维修和备件供应等措施，保证设备最佳技术状态，提高设备完好率和时间可利用率。

2）合理使用设备。根据设备的使用特点、结构及技术性能参数，设备故障曲线特性及大修周期，制定设备管理制度，严格执行设备安全操作规定，安全、润滑、清洁、整齐，合理安排生产计划，制定并完善定人、定机制度，培训合格后才能上岗操作，提高设备利用率，充分发挥设备潜力。

3）设备使用的成本考核。就是进行设备生命周期及大修周期使用的成本核算、经济活动分析等，对设备进行改造、工艺改进、更新改造等，从而节约能耗、提高产品质量、提高生产效率、降低设备使用期费用。

4）明确设备岗位责任制。加强操作人员及现场维护人员的责任心，做好日常维护、点检信息记录及整理、班前加油润滑、班后清扫等，管好设备附件，执行交接班制度等。

（2）使用期管理的主要内容

1）工程技术方面。包括设备安装调试、维护、改善、润滑、修理、设备安全、更新改造等工作。

2）经济财务方面。包括设备折旧基金和大修基金管理、固定资产管理、维修成本核算与分析、设备利用经济效益分析、设备更新改造经济效益分析等。可以在设备大修周期内进行考核，也可在设备生命周期内考核。对设备使用中的改善维修成本及风险进行评审。

3）生产组织方面。包括有序生产的设备状态维护、修理计划制定与实施、生产准备、备件供应等。充分体现设备为生产经营服务。

4）其他方面。设备使用涉及环保、职业安全卫生、消防等，对外协调好供电、供水等。

2. 正确使用设备

（1）发挥操作人员的积极性

充分发挥操作人员的积极性，按设备管家体系，本职范围内用好、管好设备。人力资源部门、设备部门及生产车间对员工进行设备日常使用及管理的培训，开展TPM活动，全员参与设备管理，提高员工管理设备的自觉性和责任心。

（2）合理配置设备

设备为生产经营服务，是完成生产工艺及产品实现过程的保障，根据生产工艺特点及规范，合理配备设备，充分发挥效能，构成产品作业线。为适应产品、结构和生产效率的要求，及时对设备满足的工艺进行调整，适应生产发展。

（3）配备合格的操作人员

根据设备的结构、复杂程度、技术性能及参数，配备具有基础知识和基本能力的操作人员，结合设备性能、精度、标准规范、使用范围、工作条件及运行环境，安排加工任务和工作负荷，保证生产的正常开展和操作人员的安全。

设备的结构、原理、参数及使用要求日益复杂，构成产品作业线，需具有专业知识及操作能力的员工，熟悉设备总体结构和基本原理。因此，应采取多种有效方式，培训操作人员，使其熟悉设备的构造、原理和性能。

（4）工作环境良好

良好的环境才能保证设备的正常运行，操作人员与设备之间，应当构成和谐的关系。操作人员应保证平稳的情绪，严格执行操作制度及安全规范。现场需有必要的防腐、防潮、防尘、减振、防噪装置，配备必要的传感及测量装置、安全用仪器装置，照明和通风符合规范。

（5）合理安排生产设备

各种设备或零部件都有使用寿命，只有正确使用和精心维护保养，设备才能达到应有的使用寿命，发挥最大效率，正确使用、合理操作和精心维护，是根本也是基本工作。

根据产品工艺特点，正确、合理选择各类设备，考虑设备使用范围、技术特性。为满足生产工艺要求，合理选择设备是保证生产的重要环节，也是对设备管理产生影响的因素。这里所说的选择设备与采购选用设备的概念不完全相同，此处选择设备是在合理安排生产时，考虑设备的工艺性能与技术要求。

（6）正确规定设备能力

根据设备结构、性能、技术特性及故障特性规律，正确规定设备的能力。设备是根据相应的原理设计制造，所以，设备的性能指标、使用目的和技术参数有具体规定。必须根据设备能力制定计划、安排生产。如压力容器不能超压力使用，电力变压器严禁超压使用，生产设备不能超效率、超规格使用，才能保证生产安全，正确使用设备、发挥设备效能。

（7）制定设备操作规程

设备结构及性能参数决定了设备的能力，如设备超能力工作将性能下降、发生损坏，因此，必须根据具体要求制定每台设备的操作规程、安全规程，保证设备的正确使用。有序安排加工任务和工作负荷，符合设备说明书的规定，不得超效率、超负荷长时间使用设备。

（8）严格执行操作规程并考核

操作人员对设备正确使用，必须熟悉和严格执行操作规程。操作中注意观察、控制有关的性能指标如温度、压力、转速、流量等，如发现不正常现象，立即停机并报告设备人员，查明原因排除故障，设备故障未排除或设备发生异常，操作人员无权擅自继续操作设备。

设备管理是全员管理与专业人员相结合，应当加强考核，制定设备使用的考核制度。

关于设备使用守则，可参考阅读资料 10-1，设备操作规程和使用规程，可参考阅读资料 10-2。

10.1.2 精心维护设备

1. 维护设备的目的

设备维护保养是设备运动的客观要求，是设备管理的重要环节，目的是防止设备的劣化。只有精心保养设备，才能有效延长设备的使用寿命，提高设备效率，保证设备工艺精度。设备在使用过程中，必然造成零部件磨损、电气控制系统老化，一些介质的化学作用如腐蚀，也会导致液压系统的泄漏。设备使用过程中会产生性能劣化，设备劣化分使用劣化、自然劣化和灾害劣化。设备劣化原因与对策见表 10-1。

表 10-1　设备劣化原因与对策

劣化原因	劣化内容		技术对策
使用劣化	运转条件和运转环境	温度、压力、破损、变形、裂纹、冲击、应力、粉尘等	耐温、耐压、防止超负荷，改换材料、润滑、防锈、清扫、防尘、改进控制的操作系统，制定合格的操作规程
	操作方法	误操作、违章操作、无操作规程	
自然劣化		放置久、锈蚀、变形、材质老化	经常使设备运动、进行空转
灾害劣化		风暴、水浸、地震、火灾、爆炸等	加固、耐水、排水、防火、防爆炸等

2. 维护要求

保持设备的精度性能，保证传动操作系统正常、灵活、可靠；保持设备润滑良好、油路畅通；保护设备电气及控制系统的完善；保持设备各个滑动面无拉、碰、划伤；保持设备内外清洁；保持设备无泄漏；保持设备完整、安全、可靠。可以使设备处于完好的技术状态，降低故障率、减少停修时间、鉴定维修费用，保证生产有序安排、保证产品质量、降低生产成本、减少设备事故、提高员工的工作效率，符合职业安全卫生的要求。

设备维护的要求就是整齐、清洁、润滑、安全。

整齐包括工具、工件、附件放置整齐，员工的工具箱、货架料架存放材料合理，设备零件及防护装置齐全，各种标识记录完整、清晰，线路、管道安装整齐、安全可靠。电气线路走线正确、明晰，端子标志醒目。

清洁包括设备内外清洁，无黄斑、无锈蚀、无杂物，丝杠、齿轮、齿条无油污、无碰伤，各个部位不漏油、不漏水、不漏气、不漏电，设备周围保持清洁。线路、电气元件无灰尘、油污。

润滑即按照要求、质量、时间加油和换油，保持油标醒目，油箱、油池、冷却箱清洁无杂物，油泵压力正常、油路畅通，各个部位润滑良好。

安全即实行定人定岗定设备和交接班制度，掌握“管好、用好、修好”和“会使用、会维护、会检查、会排除故障”的基本功，熟悉设备结构，遵守操作维护规定，合理使用、精心维护设备，保证设备安全、不出事故。设备按规定接地，接地端正确、明晰。

整齐、清洁、润滑、安全，是我国设备管理的经验，也是全员管理的体现。

10-1　车床的布置

10-2　待保养的设备

3. 维护的类别和内容

（1）日常维护

设备管理的传统方式包括日常维护及周末维护，在当时很有效，现在某些企业仍在采用。所谓班次维护，要求操作人员在每个班次生产前对设备部位检查，按规定加油润滑，如需要点检，按规定检查并记录，发现异常要及时处理，如不能处理，及时报告设备人员，交接班时，应将设备运行状态、故障等完整记录，办理交接班手续。所谓周末维护，主要安排周末或节假日对设备做完整清扫、擦拭与涂油，对设备检查考核。

随设备管理的发展，日常维护已被设备点检所替代。

10-3　加工中心现场整齐

10-4　加工中心现场清洁

（2）定期维护

定期维护也称为定期保养，是在维修人员辅导配合下，由操作人员主要承担的维护。定期维护是根据企业具体情况、设备运行状态确定时间，通用设备一般 2~3 月保养 1 次。精密设备、稀有设备、专用设备等，根据设备状态确定。

4. 维护保养的一般方法

（1）投产前必须做好维护保养准备工作

编制设备维护保养管理制度、安全操作制度；编制设备的润滑卡片，重点设备绘制润滑图表；对操作人员培训，要求操作人员了解设备基本结构、性能、使用、维护保养、安全操作等知识，并进行理论知识和实践技能的考核，考核合格才能操作设备；准备必要的维护保养工具、器具和符合要求的润滑油脂；对设备安装、精度、性能、安全装置和报警装置等进行全面检查，对所有附件清点核对，符合要求后，才能操作使用该设备。

（2）设备使用中严格岗位责任制

认真执行巡回检查并填写记录表格，发现所有的突发故障及不正常状态及时处理，尽快恢复设备正常状态，保证安全运行。

操作人员承担的一般日常维护保养包括：检查轴承及有关部位温度和润滑情况；检查压力、振动和杂音；检查传动皮带、钢丝绳、链条的紧固和平稳度；检查冷却系统、控制系统的计量仪表、调节仪表的状态；安全制动器及事故报警装置是否完好；安全保护罩及栏杆是否良好；各密封点是否泄漏；认真做好润滑工作；以维护为主、检修为辅，操作人员应具备“四懂”（结构、原理、性能、用途）、“三会”（使用、维护保养、排除一般故障）的知识。

（3）具体做法及人员责任

按设备的特点和要求，设备整体、管线、阀门、仪表、电源供应等有专人负责；严格按操作管理规定操作、使用设备；按维护要求精心维护设备；进行维护保养的考核，开展评比活动，提高员工积极性。各类设备人员在设备维护中的任务和要求见表10-2。

表10-2 各类设备人员在设备维护中的任务和要求

人员岗位	工作内容	基本要求
操作人员	填写设备的运行记录、执行交接班制度； 及时添加、更换润滑油； 负责设备周围的环境清洁、清扫工作	严格执行操作管理制度； 执行交接班制度； 发现设备异常，及时报告； 保持设备清洁
维修人员	定期上岗检查设备运行运转情况； 负责设备的一般简单的维修工作； 消除设备不复杂的缺陷； 负责封存设备的防尘、防潮、防腐蚀工作	向操作人员了解设备的运行状态； 保证维修质量符合产品工艺要求； 不能及时解决的故障，及时报告技术人员
设备工程师	组织设备检查与考核； 组织设备缺陷的消除、改进设备的技术水平； 制定设备管理制度	统计设备状态、完好率，进行分析； 统计设备事故、损失、维修费用，并进行分析； 对设备管理制度进行评价、调整

10.1.3 设备检查

设备检查是及时掌握设备技术状态的有效手段，对设备进行精度、性能及磨损的检查，可及早发现故障或隐患，及时排除故障，保证设备的正常运行。设备检查是维修活动的重要信息来源，是做好设备修理计划的基础。

1. 日常检查

由操作人员和现场维修人员每天例行检查，及时发现设备运行的不正常情况并能排除。主要利用或查看人的感官、简单工具或设备上的仪表和信号标志，如压力、电压、电流、温度、液位等。检查时间是在设备运行时随机检查，交接班时，上下班人员共同完成。

2. 定期检查

以现场维修人员为主，操作人员参加，定期检查设备状况，尽早发现、记录设备隐患、异常、损失、磨损情况。

（1）以操作工为主的巡回检查

巡回检查是现场操作人员按管理制度巡回检查电路，对设备采用定时、定点、定项的周期检查。巡回检查一般采用听、摸、查、看、闻等检查法。

巡回检查的主要内容：检查轴承及有关部位的温度、润滑及振动情况；看温度、压力、流量、液位等控制计量仪表、自动调节装置的状态；检查传动部分如带轮、钢丝绳、链条等松紧与平稳程度；检查冷却水、水蒸气、物料系统的情况；检查安全装置、制动装置、报警装置、停车装置是否处于良好状态；检查设备的安全防护装置是否完好；检查设备的管路密封泄漏情况；检查设备电源、电器元件、仪表的工作情况等。

（2）设备的定期检查

由专业维修工人检查，一般由现场维修人员和专业人员共同完成，按设备的性能标准对设备进行检查，定期检查包括日常检查、定期停机检查、专项检查。

维修工人检查中发现问题，及时采取措施，处理不了的问题填写修理卡片。

课堂练习

（1）如何做到精心维护设备？

（2）设备检查的内容有哪些？

10-5 数控刀具规范放置　10-6 数控车的加工状态　10-7 加工中心现场5S要求　10-8 数控车的现场布置

10.2 设备安全管理

10.2.1 设备事故等级及事故性质

不论是设备自身的老化缺陷，还是操作不当或违规违章操作，只要造成设备损坏或发生故障后，影响设备或必须停产修理的都称设备事故。如大功率柴油机的曲轴有砂眼，在长期交变循环载荷作用下，产生了裂纹，导致曲轴断裂，可能造成缸体、活塞等零部件同时损坏，属于设备事故。另外，由于人为因素，产生设备损坏，也属设备事故。

1. 设备事故等级

1）重大设备事故。设备严重损坏，企业多个系统生产影响程度达到25%以上，或企业单个系统生产影响程度达到50%以上。

2）普通设备事故。设备主要零部件损坏，影响到生产，但可以在较短时间内修复并立即恢复生产。

3）设备小事故。损失小于普通设备事故，基本不影响生产，很快修复。设备事故发生，将产生损失费用。损失费用包括修复费用、减产损失或停产损失、产品质量影响损失的费用。修复费用包括人工费、材料费、备品备件费用；减产损失是设备发生故障效率下降的损失，停产损失是指设备因维修而不能生产造成的损失。这些费用可以用金钱量化表示，因此，设备事故划分除了以上影响外，还应包括经济损失。

2. 事故性质

设备事故按照性质分责任事故、质量事故和自然事故。凡属人为原因引起的设备事故为责任事故，如违反维护规定、维修规定、操作规定、安全规定、野蛮维修、超负荷运转、擅自离开操作岗位、违反加工工艺的事故。故意违反操作规定损坏设备的，可能是犯罪行为，将追究责任；凡因为设计、制造、安装等原因造成的事故为质量事故；外界因素、自然原因灾害等引起的事故为自然事故。

各级政府安全生产监督局对安全生产进行监管，如发生设备事故，特别是设备事故造成人身伤亡的，必须第一时间按属地原则报告安全生产监督局。

10.2.2 设备安全法则及处理

1. 哈恩法则

设备安全法则可以遵循美国安全工程师哈恩提出的 300∶29∶1 法则，即 300 件安全小事件中，有 29 件中性安全事件，发生 1 件重大安全事件。

哈恩将工业伤害事故的发生、发展过程描述为具有因果关系事件的连锁发生过程，即人员伤亡的发生是事故的结果；事故的发生源于人的不安全行为、物的不安全状态；人的不安全行为或物的不安全状态是由于人的缺点造成的；人的缺点是由不良环境诱发的，或者是由先天的遗传因素造成的。

2. 设备事件的逻辑关系

对安全事件发生的总结，利于发现逻辑关系，如果看不到小问题，大问题也看不到；如果听不到（进）小的声音（手下的声音），大的声音（核心问题）也听不到；如果无视小的行动（发现与改善），大的行动更做不到。

因此，如果无视小的不合理，就会发生重大的事故。

3. 现场安全措施

设备管理的现场安全措施，需做到“六要六忌”，对日常作业，要充分准备，忌仓促上阵；对可预检的微小事故，要未雨绸缪，忌临渴掘井；要加强预警，忌麻痹大意；要及时整改，忌麻木不仁；要吸取教训，忌故态复萌；要举一反三，忌头痛医脚。

4. 设备管理的安全原则

灾害预防原则，包括消除潜在危险原则、控制潜在危险数值原则、坚固原则、自动防止故障的互锁原则、代替作业者原则等。

控制受害程度原则，包括薄弱环节原则、屏障原则、警告或禁止信息原则、距离防护原则、时间防护原则、避难、生存和救护原则等。

5. 设备工伤事故及处理

设备工伤事故有化学性事故、物理性事故、机械性事故、电气性事故等。

设备事故发生后，企业应积极组织抢救与维修，缩小事故范围，保障人身安全，并立即报告当地生产安全监督管理部门。

企业处理设备事故采取“四不放过”原则，即设备事故原因没有分析清楚，不放过；事故责任人没有处理，不放过；设备责任者与设备人员或企业全员没有吸取教训，不放过；没有采取防范措施，不放过。发生事故后，必须分析原因，严格程序，从中吸取教训。一般事故由设备部门组织设备人员，分析事故原因。如事故典型，由企业负责人组织全企业相关部门、人员，共同分析设备事故，采取相应措施。

设备事故处理要及时，事故分析须及时，原始资料完整，原因分析依据充分，采取防范措施有效；现场保护，事故发生后保护好现场，不能移动或接触事故部位的表面，以免产生虚假的现场材料；事故环境，分析设备事故时，除了解设备本身状况外，详细观察设备周围的环境，如供电问题、排污问题、其他原因等，向了解情况的人询问更多的真实情况；不能轻易现场拆卸设备，事故现场分析时，如需拆卸设备部件，应认真分析结构、装置，防止拆卸再次产生新的损伤或设备机构变形；客观分析，分析设备事故时，不能仅凭经验、主观推断，要根据监测和调查的资料、数据，认真分析或请专家分析论证后，得出客观结论。

如设备事故涉及起重机械、电梯、压力容器类特种设备，必须立即报告当地的质量技术监督局，分析事故原因，采取措施。

课堂练习

(1) 理解设备安全的原则内容。
(2) 理解设备事故处理的原则。

10.3 设备检修

10.3.1 设备检修的目的

设备日常使用中，因外部负荷、内部应力、磨损、腐蚀和自然侵蚀等因素影响，使个别部位、零件或整体改变了尺寸、形状、机械性能等，生产能力下降、精度达不到工艺要求、原料和动力消耗增加，产品质量下降，甚至产生设备和人身事故，这是设备的技术劣化规律。

由于生产需要设备运转连续，使得磨损严重、腐蚀性强、压力大、温度高或低等级不利的条件下运行，维护检修更为重要，检修可使设备经常发挥效能，延长设备的使用周期。

为使设备能经常处于良好状态，必须对设备进行适度有效的检修和日常维护、保养工作，这能发挥设备潜能，也是设备管理的基本工作。

10.3.2 设备功能与时间的关系

由于上述的内外部原因，设备运行一段时间后，功能逐渐劣化，尤其是传动设备、工业热处理炉窑、受腐蚀严重的设备。设备能力下降、工艺指标与精度达不到合理要求、消耗上升、可靠性降低，由于技术发展更新快，控制系统技术劣化，也导致设备总体效能下降。如图 10-2 所示为设备功能与时间的关系。设备的额定功率为 A_0，经过 m_1 时间运行，功率下降为 A_1，此时就应维修。m_1 称运行间隔期或检修间隔期，也称平均检修间隔期。此时间应短于故障间隔期，在故障发生前，就可置换完成磨损或锈蚀严重的零部件。停机修理时间 t_r 在时间间隔上等于 t_2-t_1。对企业的设备而言，希望 t_r 维修时间越短越好。但维修质量要保证，因此，必须合理处理 t_r 与维修质量之间的关系。

维修后，设备效能 A_2 基本上达到新设备效能 A_0，经多次往复，$A_n<A_0$，t_r 时间加长，

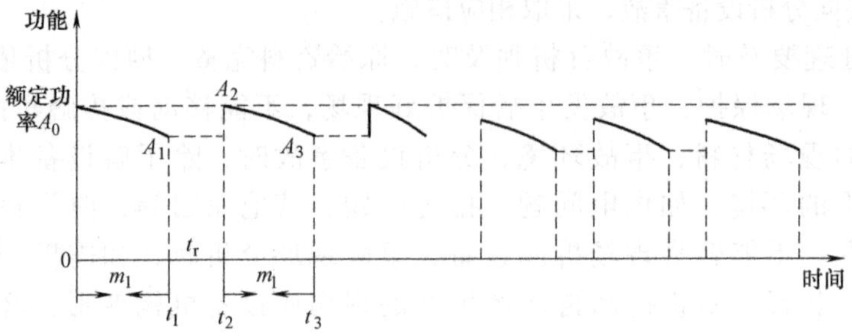

图 10-2 设备功能与时间的关系

最终已接近寿命，设备很难保持运行时间间隔期，造成维修频繁，设备功能继续下降，最终报废。因此，必须正确使用和精心维护设备。

综上，设备运行一段时间后，功能下降，通过维修才能恢复原有功能；用维修手段恢复功能是有限的，无法达到原有的技术水平；若将运行与检修看成循环运动，这个运动以螺旋形下降，其半径逐渐减小，形成圆锥形；设备功能下降的速率，与使用、维护、检修质量密切有关，计划检修在设备使用中，显得非常重要；设备检修要结合大修，设备改造后，总功能可能超过原来的出厂性能 A_0，但这种检修或维修成本也很大，应当认真分析研究，在检修与新购设备时进行决策。

10.3.3 检修的体系与原则

1. 检修体系管理、原则及方式

检修体系管理包括检修技术管理、检修计划管理、检修器材与备件管理、检修经济成本管理及检修的效果评价。

检修的原则是预防为主、维修保养与计划检修并重，加强设备点检；生产为主，维修为生产经营服务。专业修理为主，专业修理与全员维护相结合，开展 TPM 管理；勤俭节约，修旧利废。

2. 计划检修的种类及内容

前面已经介绍了设备维修种类有小修、项修及大修，其中小修通过检查、调整、紧定机件等技术手段，恢复设备的使用性能，与日常维保结合，加强设备点检。项修是针对性修理，包括改善性维修。大修是预防修理工作量最大的修理，全面恢复设备工作能力。

10.3.4 维修管理新发展

1. 设备管家体系

(1) 设备管家体系概述

设备管家由法国提出，既是名词，也是岗位。以设备管家为核心建立的管理体系称设备管家体系。推进设备管家体系，对产品作业线设备或关键部位实行预制管理、超前管理，将维修工作实施在设备故障发生之前，保证作业线关键设备或关键部位处于最佳状态。

管家体系的构成是三位一体的点检人员，包括现场点检、专业点检及精密点检。设备管理的新发展中，积极推行设备管家体系，管理层次应精简、高效，企业层管理者掌握发展方向，进行决策；部门管理者精准分解设备管理目标，对生产经营进行预测，准确把握产品作

业线设备或关键部位的状态；现场管理者实现设备管理目标的兑现，完成产品作业线设备或关键部位处于良好状态的相关实务。

（2）点检是产品作业线的管家

建立以点检为核心的设备管家体系，以产品服务为目标，不再是重生产、轻维修，而是实现点检，倾向管理，发现故障隐患，尽早采取措施，高效保证设备性能。三位一体的设备管家体系，管理重心下移，以设备运行现场为管理中心，自主管理，为生产经营服务，自主完成本范围的设备管理事务。如图 10-3 所示为设备点检为核心的管家体系构成。关于设备点检及 TPM 管理的具体内容，见第 11 章。

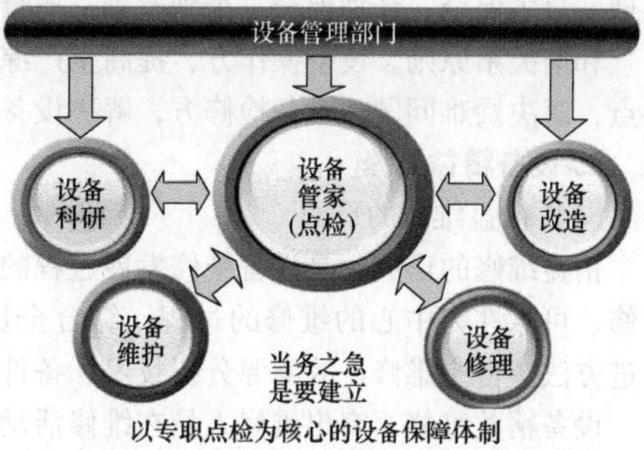

图 10-3 设备点检为核心的管家体系构成

（3）设备管家体系的内容

根据现代设备管理思路，企业设备分为作业线设备及普通设备。企业组建三位一体的设备管家，日常管理的设备对象是产品作业线设备和普通设备，不再是单体设备。设备管理的重点是产品作业线的关键设备或关键部位的状态，建立状态受控点。设备状态管理的方法包括统计分析、状态控制点的跟踪、掌控，发现主要问题、找到针对性的解决办法。三位一体设备管家的点检、维护、维修，对设备采取隐患管理，提高可靠性，满足生产。

设备管理策略是追求经济效益最大化，降低生产经营成本，保证生产及设备安全，按期交货，稳定产品质量，完成产量。三位一体设备管家在点检、维护、维修中需贯穿成本意识。

设备管理的思路是调动设备操作、点检、技术人员的积极性，体现职、权、效、利，达到"预知状态，超前管理"。

（4）设备管家体系的基本原则

产品及用户服务原则。三位一体基层设备管家应围绕产品及用户，完成日常点检、润滑、清扫、紧固、调整，掌控关键设备的状态。

决策科学原则。基础信息来自三位一体基层设备管家，包括设备性能、功能、效率、精度等信息，统计分析故障特点、部位、频次、时间等；设备点检、维护、润滑、小修、项修、大修的管理；设备状态信息的客观性，现场点检、专业点检、精密点检、操作方、专项试验、故障统计、顾客满意等信息的收集。

统一管理原则。公司层管理人员、部门负责人、现场负责人，各自承担职责，实现三位一体基层设备管家体系。

成本管理原则。自主维护、自主管理，减少停机时间、停机率，制定维修标准，治理跑冒漏滴，实施 LCC 管理，提高设备综合效率。

（5）设备管家体系的工作原则

持续改进的理念。进行基础数据积累、统计、分析、总结，对形成的规律进行固化和优化，形成 PDCA，不断提高。

科学、系统的过程原则。采取 5Y、3W、2H 等方式，一个过程完成后，整理、形成 PD-

CA，不断提高。

全员参与原则。以点检、润滑、维护、维修为基础，开展 TPM 活动（8 个要素，前期管理、自主保全、计划保全、个别改善、质量保养、事务管理、安全环境、节能培训）。

和谐关系原则。设备操作方，提高生产综合效率；设备专职点检，掌控关键设备状态控制点，解决疑难问题；设备检修方，解决设备故障、提高修复率。

2. 设备精益维修

(1) 精益维修的形成

精益维修的形成，是设备维修发展过程的总结及提升，经历事后维修、预防维修、状态维修、可靠性为中心的维修的过程，综合全员生产维护、可靠性为中心的维修、5S 过程、改进方法、自主维修、故障源分析技术、备件准时供应、指令系统、信息管理技术及管理系统。设备精益维修，突出维修人员在维修活动中的主导地位，还在研究发展中。

(2) 精益管理的原则及意义

设备精益管理的原则，包含价值观、价值流、价值创造、满足用户及完美追求等。其中，价值观指高质量的产品及服务价值，设备完善状态体现在产品质量中，产品、服务及用户满意是价值的系列体现；价值流指原材料到产品作业过程中，有价值的全部活动，如拆卸、装配等是有价值的活动，清洗、清理、工具准备、性能调整等是无价值的活动；价值创造表示创造价值的活动流动，不能停滞、浪费；满足用户指按照设备精益管理要求组织作业，提高整体价值；完美追求包含产品及服务、产品作业、持续改进三个层次。

精益管理的意义，表现在促进生产经营的发展，精益生产需要设备管家体系；设备管家体系的重要组成是精益维修，持续提高有价值部分，形成 PDCA 循环。

(3) 精益维修的原则

精益维修的原则是三强三减，三强是强调沟通维修故障源信息，强化记录维修全过程，强化提高维修满意度，验收、考核。三减是减少产品作业线的停产时间，减少检修项目过程的消耗，降低维修工程成本，如等待时间、等待工具、等待材料、等待清洗、等待维修件的检测、等待备件、等待人员、等待安全措施等。

(4) 精益维修的因素

设备故障源信息的组织。建立有效的三位一体设备管家，通过日常点检，掌握设备的性能、精度、效率等状态，根据设备原理分析故障，做好故障隐患、安全隐患、环保不达标的记录、收集、统计、分析等。

维修作业工序流程的组织。根据点检的状态信息，分析诊断设备故障，制定设备维修计划，涉及关键技术及工艺、组织、人员、工期、成本、验收、归档等，全面组织协调。

维修满意度的组织。对设备维修后的性能、精度、效率等进行评价，符合节能、安全、环保要求，实现操作人员满意、产品质量满意、成本满意等全过程满意。

维修标准的组织，制定维修技术标准、维修作业标准、维修安全标准、维修质量标准、维修工期标准，作为设备精益维修的依据。

维修人员职责的组织。建立设备管家体系，维修人员、委外维修相互配合。

维修人员、工具、备件与材料的组织。人员是核心，相关方面组织协调，全员参与。

3. 设备预测性维修

(1) 设备预测性维修的发展过程及原则

设备维修的发展过程经历了事后维修和周期维修，事后维修是设备不坏不修、坏了再修，无人监管、故障高、产品作业频繁中断。周期维修典型的方式有计划维修，实现了故障下降，但可能造成欠维修或过维修，欠维修达不到维修效果，影响产品作业，过维修造成维修次数增加、维修费增加。

设备维修的发展方向是预防维修、状态维修、预测性维修、周期性预防维修。设备预防水平与维修形式发展关系如图 10-4 所示。

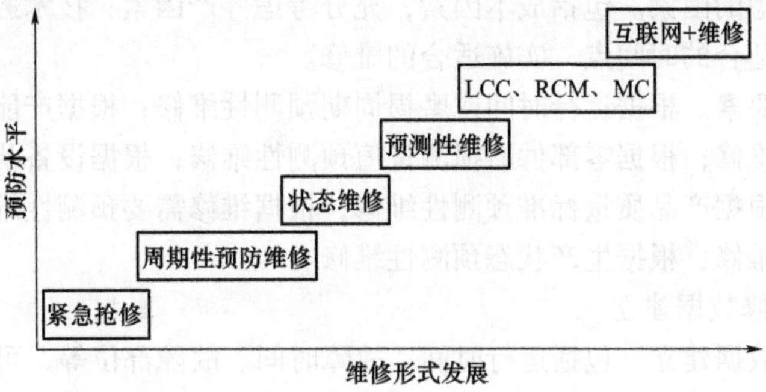

图 10-4 设备预防水平与维修形式发展关系

预测性维修的原则首先体现在经济性原则，要求设备综合费用低，可以为设备的一个大修周期内的综合费用考核或设备生命周期内的综合费用考核。时间性原则，最接近设备故障发生前，不是设备故障后，点检中的状态信息很重要，及时掌握 P 点，延迟 F 点的出现（见图 11-3）。科学性原则，以点检为基础，实际、适时、实时得到设备状态信息，发现故障趋势，合理安排设备维修；尊重历史原则，统计设备历史故障数据，分析故障趋势。

（2）预测性维修建立的基础

点检是基础。体现“三实”要求，包括点检中的设备静态检查，如磨损、表面裂纹、疲劳、腐蚀、老化、蠕变等；设备动态检查，如设备状态控制点对精度的影响；设备状态控制点对性能的影响；设备状态的变化对设备功能的影响；设备状态控制点对企业成本的影响。

预测性维修必须加强设备点检的管理。细化设备点检的方法、程序，制定点检标准、点检技术标准、维修标准及润滑标准。

预测性维修的人员基础。以三位一体的点检管家体系为中心，点检标准、点检技术标准、维修标准及润滑标准制度化，具有预知设备隐患状态变化的能力、落实故障超前管理组织的能力、提高设备管家装备保障的能力。

设备故障历史基础。建立设备故障的预警体系，发现设备故障原因，如设备检修、专业人员、观念，建立相应的机制及制度。

预测性维修的信息基础，来自设备管家的信息收集及分析，如故障历史信息、原因追溯、数据分析等。

（3）预测性维修的流程

建立八个管理步骤，熟悉产品；熟悉产品工艺流程；实现产品的设备型号、性能、参数、标准；熟悉关键设备的隐患危害；产品作业线设备状态受控点的分工；设定关键设备、状态受控点的允许参数；状态受控点超值的监控；“三位一体”的管家团队。

掌握八项工艺，创建良好环境和培养员工良好习惯；检查隐患源头；建立清扫、点检、润滑的标准化基准；调整、恢复缺陷设备的总点检；自主点检、提高设备精度；产品作业线全流程设备的标准化基准；信息处理；全员参与、自主管理。

遵循八项自律原则，为产品、生产经营服务；决策依据；服从决定；节能降耗；持续改进；实现 PDCA 循环；全员参与；全局策略。

(4) 预测性维修的形式

预测性维修考虑的因素。包括成本因素，充分考虑停产因素；技术影响因素；预测性维修的合理性，确定适合的时间点，实施适合的维修。

预测性维修的要素。根据运行时间或磨损周期预测性维修；根据产能预测性维修；润滑中根据油样预测性维修；根据零部件磨损测量值预测性维修；根据设备状态预测性维修；按 LCC 预测性维修；根据产品质量标准预测性维修；根据维修需要预测性维修；根据关键设备的维修时间预测性维修；根据生产状态预测性维修。

(5) 预测性维修数据建立

设备运行时间数据建立。包括运行时间、故障时间、故障部位等，可用于分析零件的寿命，为预测检修提供基础。

设备产能数据建立。与磨损、疲劳、腐蚀有关，与操作人员能力、管理制度有关，如超速、超流、超温、超压，应建立正常值的范围。

产品质量数据建立。产品质量标准对设备的要求。

设备零部件磨损数据建立。设备故障中 55%~60%源于零部件磨损，如轴承游隙量、齿轮磨损量、节距变化量等。

零部件状态数据建立。监控、收集、整理、分类、分析等。

润滑油品取样数据建立。如油品检查，黏度、杂质、水分、氧化，对油品的铁屑、杂物分析，判断磨损程度等。

维修组织数据建立。维修信息收集、维修项目核定、备件准备、材料准备、工具及场地准备、维修方案及标准建立。

维修成本数据建立。结合 LCC，收集材料费、人工费、能源费、改造费等。

关于预测性维修的实施与优化、预测性维修的内容等，请参考相关的设备管理发展最新资料及成果，此处不再叙述。

注意，此处介绍的设备精益维修管理、设备预测性维修管理，是设备管理的新发展，以设备点检为基础，加强全员管理。

10.3.5 备件管理

设备维修使用的零部件，称配件；为缩短修理停歇时间，根据设备磨损规律和零件使用寿命，将设备中容易磨损的零部件事先加工、采购和储备好，事前按一定数量储备的零部件，称备件。备件管理是维修工作的重要部分，科学合理地储备备件，及时为设备维修提供优质备件是设备维修的物质基础，可缩短设备停休时间、提高维修质量、保证修理周期、完成修理计划、保证生产。

1. 备件分类

(1) 按零件类别分

机械零件，指构成某一型号设备的专用机械构件，可由企业自行生产制造，如齿轮、丝杠、轴瓦、曲轴、连杆等，现在市场专业细化，供应充分，可以在相关机械加工企业配合加工，供应及时，服务很好；标准件，属配套零件，标准化、通用于各种设备的由专业生产厂家生产的零件，如滚动轴承、液压元件、电器元件、密封件等，此类标准件的采购方便及时、成本低。

(2) 按零件来源

自制备件，企业自己设计、测试、制造的零件，属机械零件范畴，规模企业一般具备金加工车间，可自行加工设备维修部件与零件；外购零件，指标准化产品、由专业生产厂家生产的零件，由于企业自制能力限制和考虑成本，许多机械零件如高精度齿轮、机床主轴、摩擦片等采用外购。

(3) 按零件使用特征

常备件，指经常使用、设备停机损失大和单件成本不大，需经常保持一定储备量的零件，如易损件、消耗量大的配套零件等，如常用的电器元件、轴承等。非常备件，使用频率低、停工损失小、单价很高的零件，按筹备方式分计划购入件和随时购入件，前者是根据修理计划预先购入做短期储备的零件，基本难以紧急采购；后者是修前可随时购入的零件。

(4) 按备件精度和制造复杂程度

关键件，一般指设备中的关键零部件，包括高精度齿轮、精密蜗轮副、精密镗杆或主轴、精密内圆磨具、2m 及以上的丝杠和螺旋伞齿轮；控制系统中的关键传感器、控制单元、执行元件，液压系统中的高精度、大流量伺服阀等，各企业在设备维修备件管理中确定的关键件，根据自身因素考虑；一般件，除上述关键件以外的备件。

还可有其他分类，如按专业类分，可分机械类备件、电气类备件；按材料特性分，可分金属类备件和非金属类备件。不同的分类，主要为管理带来方便，如储存、采购等。

2. 备件管理的目标与任务

(1) 备件管理的目标

备件管理的目的是用最少的备件资金，合理、经济、有效的库存，保证设备维修需要，减少设备停修时间。将设备突发故障所造成的生产停工损失减少到最低程度；将设备计划修理的停歇时间和修理费用降低到最低程度；将设备库储备资金压缩到合理供应的最低水平（根据市场调研，对有些备件可实现市场及时调配，做到零库存）；备件管理方法先进，信息准确，反馈及时；满足设备维修需要，经济效果明显。

(2) 设备管理的主要任务

1) 备件保管。建立相应的备件管理及设施，科学合理地确定备件储备品种、储备形式和储备定额，做好备件保管供应工作；根据企业特点，确定备件保管的合理方式，如关键件采购保管好并库存合理，不能库存太大，保证库存安全。

2) 及时提供维修备件。及时有效地向维修人员提供合格的备件，做好维修备件基础工作，重点做好关键设备备件供应，确保关键设备对维修备件的需要，保证关键设备的正常运行，减少停机损失。

3) 市场信息收集和反馈。注意收集市场信息，包括备件生产加工企业的质量、服务、价格、交货时间等，及时反馈给备件技术人员，做好备件使用的信息收集和反馈工作，以便改进和提高备件的使用性能。备件采购人员随时了解备件货源供应、供货质量，及时反馈给备件计划员，以便修订备件外购计划。

4）合理库存。在保证备件供应前提下，尽可能减少备件资金占用量，提高备件资金周转率；影响备件管理成本的因素有备件资金占用率和周转率，尽量减少长线备件库存，随时能采购的备件，不大量采购；减少库房占用面积，合理划分仓库保存区域，摆放有序；合理减少备件库管理人员数量，减少用人成本；严格控制备件制造采购质量和价格，备件进库前必须做数量与质量验收，价格由多个部门配合，严格把关。

3. 备件管理的内容

（1）备件技术管理

备件技术管理包括技术基础资料收集与技术定额的制定，前者包括备件图纸收集、测绘、整理、备件图册的编制；后者包括备件统计卡片和储备定额等基础资料的设计、编制及备件卡编制。

（2）备件计划管理

备件计划管理指备件由提出自制计划或外协、外购计划到备件入库这一阶段的管理。现在社会综合服务功能强，市场服务质量高，常用备件管理不再过分强调计划性，但对于专用设备备件、难以采购的配件，可合理制定备件计划，要注意库存与维修的关系，尽量减少压库资金。

（3）备件库房管理

备件库房管理指从备件入库到发出这一阶段的库存控制和管理。备件入库时通用备件要验收，查看名称、数量、型号、技术参数等。重要备件要质量检查，按要求清洗、涂油防锈、包装、登记上卡，上架存放。库房保持清洁、安全，特别要符合消防规范；对所有库存备件要统计，建立库存信息。

（4）备件统计与分析

备件的经济核算与统计分析工作，包括备件库存资金核定、出入库账目管理、备件成本、备件消耗统计和备件各项经济指标的统计分析等。

4. 确定备件的原则和方法

（1）确定备件的原则

设备管理中，为保证设备维修及时、合理，企业总要确定维修备件。确定备件品种具有技术性和经济性，即掌握设备维修的内容，测算库存合理成本。

应列入备件库存的有：各种配套件，包括滚动轴承、皮带、料条、皮碗油封、液压元件和电器元件等；小型传动件，包括主要负载而自身有较薄弱的零件，如小轮齿、联轴器等；易耗件，包括经常摩擦而损耗较大的零件，如摩擦片、滑动轴承、传动丝杠副等；高精度零件，包括保持设备主要精度的重要运动零件，如主轴、高精度齿轮和丝杠副、蜗轮副等；复杂加工件，制造工序多、工艺复杂、加工困难、生产周期长、需外协的复杂零件；易腐蚀件及关键件，高温、高压及有腐蚀性介质环境下工作，易造成变形、腐蚀、破裂、疲劳的零件，如热处理用底板、炉罐等；生产流水线上的设备和生产中的关键设备，应储备更充分的易损件或成套件；按设备说明书中所列出的易损件。

由于各企业性质及具体情况，备件管理除在确定备件储备品种时考虑上述备件储备原则外，还应结合本企业实际，不断积累资料，总结经验，合理管理。

（2）确定备件品种考虑的因素

1）零件结构特点与运动状态。结构状态分析法是对设备各结构和运动状态进行技术分析，判明哪些零件经常处于运动状态，受力情况容易产生哪些磨损，磨损后对设备精度、性能和使用有多大影响，以及零件结构、质量、易损等因素。再与确定备件储备品种的原则结合，综合考虑，确定储备的备件项目。

2）技术统计分析。对企业日常维修、项修和大修更换件的消耗量做统计和技术分析，通过对零件消耗的分析找出零件消耗规律。在此基础上，与设备结构、备件储备品种确定原则结合，综合分析，确定应储备的备件品种。

3）设备备件手册。对于通用设备，可查阅参考各行业的设备备件手册、轴承手册和液压元件手册等资料，结合实际情况及前两种方法，确定备件储备品种。

5. 储备形式

（1）备件储备管理

按备件储备管理要求及特点，可做集中储备或分散储备管理。前者将所有备品备件做统一有计划的管理，集中调配，减少库存；后者是由各生产车间或分厂自行管理，如对经常使用的零部件建立二级库备件管理。分散储备使用备件方便、及时，但为保证库存量与品种，成本增加。

（2）备件储备形式

1）成品储备。设备修理中有些备件要保持原来尺寸，可制成或购置成品储备，有时为延长某一零件的使用寿命，可有计划、有意识地预先将相关配合零件分若干配合等级，按配合等级将零件制成成品储备。如活塞与缸体及活塞配合可按零件强度分成两三种配合等级，再按配合等级将活塞环制成成品储备，修理时按缸选用活塞环即可。

2）半成品储备。有些零件须留有修理余量，以便修理时进行尺寸链的补偿，如轴瓦、轴套等可按加工余量储备，也可粗加工后储存；再如与滑动轴承配合的淬硬轴，轴颈淬火后不必磨削而作为半成品储备等；半成品备件储备时要考虑到制成成品时的加工尺寸。储备半成品是为缩短因制造备件而延长的停机时间，也为在选择修配尺寸前能预先发现材料或铸件中的砂眼、裂纹等。

3）成对或套储备。为保证备件的传动和配合效果，有些备件必须成对制造、保存和更换，如高精度丝杠副、蜗轮副、镗杆副、螺旋伞齿轮等。为缩短设备修理的停机时间，对一些普通备件也进行成对储备，如车床走刀丝杠和开合螺母等。

4）部件储备。为快速修理，可将生产线的设备及关键设备的主要部件，制造工艺复杂、技术条件要求高的部件或标准部件等，根据具体情况组成部件适当储备，如减速器、液压操纵板、高速磨头、金刚刀镗头、吊车抱闸、铣床电磁离合器等。部件储备属成品储备的一种形式。

5）毛坯储备。机械加工量不大及难以预先决定加工尺寸的备件，可以毛坯形式储备，如对合螺母、铸铁拨叉、双金属轴瓦、铸铜套、带轮、曲轴及关键设备的大型铸锻件，以及有些轴类粗加工后的调制材料等，采用毛坯储备形式，可省去设备修理中的毛坯准备等待时间；根据库存控制方法，储备形式分经常储备和间断储备，前者即对于易损、消耗量大，更换频繁的零件，需经常保持库存储备量；后者即对磨损期长、消耗量小、难以及时采购、成本高的零件，可根据设备状态监测情况或设备运行周期经验，发现零件有磨损和损坏征兆时，或预计可能损坏时，提前订购或自行加工储备。

6. 备件出入库管理

备件出入库管理是一项复杂而细致的工作。制造或采购的备件，入库建账后应按程序和有关制度认真保存、精心维护，保证备件库存质量。通过对库存备件的发放、使用动态信息的统计、分析，摸清备品配件使用的消耗规律，逐步修正储备定额，合理储备备件。及时处理备件积压、加速资金周转。

备件入库，入库备件必须逐件核对验收，入库备件要保存好、维护好，登记账目，账物一致、账账一致，按要求保管和检查，定期盘点，随时反映备件动态；备件发放，须凭领料票据，对不同备件，制定领用办法和审批手续，领出备件要办理相应的财务手续，备件发出后要及时登记和销账、减卡；备件处理，因设备外调、改造、报废或其他客观原因本企业已不需要的备件，及时销售和处理，报废或调出备件必须办理手续。

7. 备件库组织形式与要求

(1) 备件库的分区存放

根据企业的管理形式、规模，不强调形式，突出使用方便，备件库的存放形式有所不同，要分区存放。综合备件库，将所有维修用的备件如机床备件、电器备件、液压元件、橡胶密封件及动力设备用备件都管理起来，集中统一管理，避免分库存放，对统一备件计划较为有利；机械备件库，保存机械备件如齿轮、轴、丝杠等机械零件，形式较单纯，便于管理，但修理中常需更换的其他类备件，如密封件、电气等零件，需从其他备件库领取；电气备件库，储备企业设备维修用的电工产品、电器电子元件等；毛坯备件库，主要储备复杂铸件、锻件及其他有色金属毛坯，缩短备件的加工周期，适应修理需要。

(2) 设备库房及要求

备件库结构应高于一般材料库房的标准，干燥、防腐蚀、通风、明亮、无灰尘、防火；备件库的建造面积，一般达到每个修理复杂系数 $0.02 \sim 0.04m^2$；配备有存放各种备件的专用货架和一般的计量检验工具，如磅秤、卡尺、钢尺、拆箱工具等；配备有存放文件、账卡、备件图册、备件文件资料的橱柜；配有简单运输工具（如三轮车）及防锈去污的物资，如器皿、棉纱、机油、防锈油、电炉等。

课堂练习

(1) 叙述设备检修的内容。

(2) 设备维修的备件是如何分类的？

第11章 设备点检及TPM管理

11.1 设备点检

11.1.1 设备点检概述及特点

1. 设备点检的含义

设备运行中，通过日常维护及定期检查，可尽早发现设备的故障，采取措施，降低设备的停机率及停机时间。产品作业线设备的维修，已发展为预防维修、状态维修、可靠性维修、隐患管理、预测性维修及精益维修等，掌握设备现场运行的实时状态，是设备故障诊断的重要手段。

随着科学技术发展，设备配置了相应的传感器，能得到运行参数及信息，但设备也变得更加复杂，构成产品作业的设备不再是单台设备，而是多工艺连续作业的加工中心，或者是多设备连续工艺的配合。尽管通过配置的传感器可获得某些参数信息，但不能完整、及时得到全生产、全工艺实现的所有状态信息。因此，必须采取点检。

点检由 TPM 管理发展而来，是 TPM 的基础。

点检，即利用感官及简单仪表、工具或精密仪器、设备，按预定点检计划、定人员、定地点、定目标、定周期、定标准、定线路、定方法、定检查记录，实施全过程的设备检查，及时掌握产品作业线设备运行状态，指导设备状态检修的科学管理方法，关注设备隐患所在、隐患状态及分布，倾向性采取措施。如图 11-1 所示为点检概念，如图 11-2 所示为现场点检、专业点检及精密点检构成的三位一体点检。

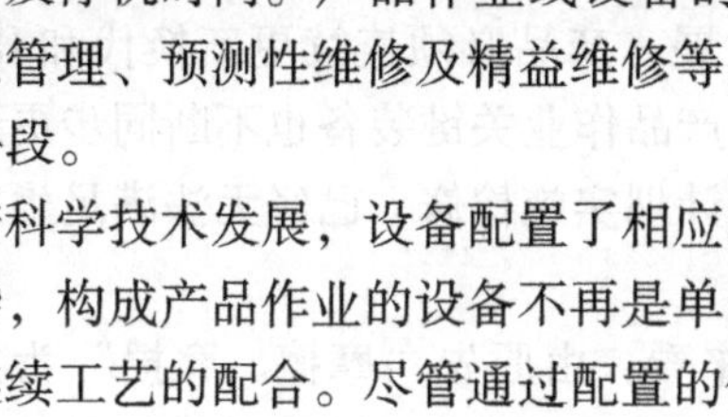

图 11-1 点检概念

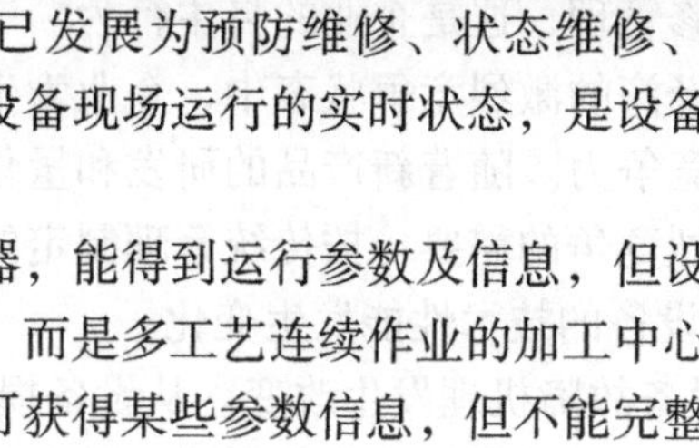

图 11-2 三位一体点检构成

2. 点检的理由

设备运行中的潜在故障与故障发生并不同时出现，当设备潜在故障发生时，应采取倾向措施，及时掌握设备的状态信息，设法使 P-F 周期延长，F 点滞后出现，在 P-F 周期内完成产品任务。因此，如图 11-3 所示，应掌握设备性能曲线的重要部位和点。

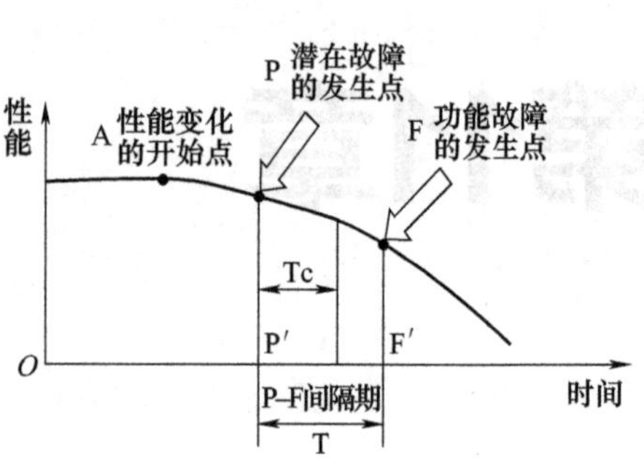

图 11-3 设备性能曲线的重要部位和点

（1）经济环境已发生重大变化

1）自主产品。企业自主产品特性包括产品的生产规模、生产过程及关键工艺，企业按市场的需求、产品工艺过程及特性自行确定，也必须根据本企业的生产设备特性确定，设备是保证产品生产的基础。产品作业线的设备必须适应市场的变化，可能发生因市场变化而使作业生产线的设备长时间停用，也可能市场形势好、合同饱满，而使产品作业线的关键设备连续、超强负荷运行，原先实施的企业设备计划检修制，传统的设备管理以时间为原则的大、中、小修难以满足实际需要。

2）市场关系的特点及竞争能力。市场关系的平等性不可用非经济的手段，产品作业线的关键设备是企业基础保障的主体组成，应根据市场对产品的需求进行企业产品作业线的关键设备维修管理，这是企业的自主行为。

市场经济的激烈竞争状态中，企业为生存及发展，产品必须连续更新换代和升级档次，具备核心竞争力。随着新产品的研发和量化投产，产品作业关键装备也不断同步更新，以适应市场激烈竞争的需要。按传统管理制定的中长期计划实施检修，已经无法满足生产需要。

（2）设备的技术性能发生变化

1）设备故障机理发生改变。从设备损坏机理来看，由原先“摩擦、磨损”为主的一种形式发展到 6 种不同故障曲线形式。随着科学技术发展，产品作业线的关键设备已采用新材料及新制造工艺，设备零部件及维修方式已与传统的计划预修制完全不同。传统的设备维修管理模式，已不适应当代经济发展的要求，已由传统单一的事后维修、预防检修，发展到先进设备所需采用的预测性维修，形成实施预防性维修和预测性维修并举的设备维修新模式。

因此，需掌控产品作业线设备的状态，避免突然发生故障及事故，做到预知状态、超前管理。

2）设备管理应适应发展需求。表 11-1 是传统设备管理与现代设备管理的区别，从企业设备管理目标、组织体系、维修策略、管理重点、管理责任、维修方式、工作时段和绩效考核八个方面进行比较。

表 11-1 传统设备管理与现代设备管理的区别

比较内容	传统设备管理	现代设备管理
管理目标	企业内部分工过细，但生产与设备两个系统多独立、少合作，没有形成体系，设备管理的重点是修设备	设备为生产经营服务，设备一生的全生命周期管理，追求高效率
组织体系	重视生产系统，认为设备为生产服务，处于被动位置	全员、全过程、全系统的综合管理，建立设备管家体系

（续）

比较内容	传统设备管理	现代设备管理
维修策略	不坏不修、坏了再修的事后维修方式，大修、中修、小修及保养，设备维修技术与经济成本分离	根据企业经营目标，开展设备的预防维修、状态维修、可靠性为中心的隐患管理、预测性维修、精益维修，提高设备的综合效率
管理重点	以高、精、大、稀设备为主	以产品作业线的设备为重点，更重视关键环节、部位
管理责任	从上到下的垂直管理，上级决定下级的工作内容，无法实现责任	以点检为基础，开展TPM管理，构成三位一体的设备管家体系，自主管理
维修方式	维修方式单一，以出现故障的抢修为主，根据设备状态信息诊断故障的投入很少	全面掌握产品作业线设备的状态，分析诊断设备故障，技术与经济结合，终生管理，提高可靠性
工作时段	设备潜在故障发生点（P点）到故障发生点（F点），P-F为预防维修阶段，但重点放在F点（如图11-4所示）	设备潜在故障发生点（P点）到故障发生点（F点），P-F为预防维修阶段，重点放在P点，尽量使F点延迟（如图11-5所示）
绩效考核	设备完好率，考核员工任务，与产品少关联或无关联	设备综合效率（OEE）= 时间开动率×性能开动率×合格频率，追求“四个零”

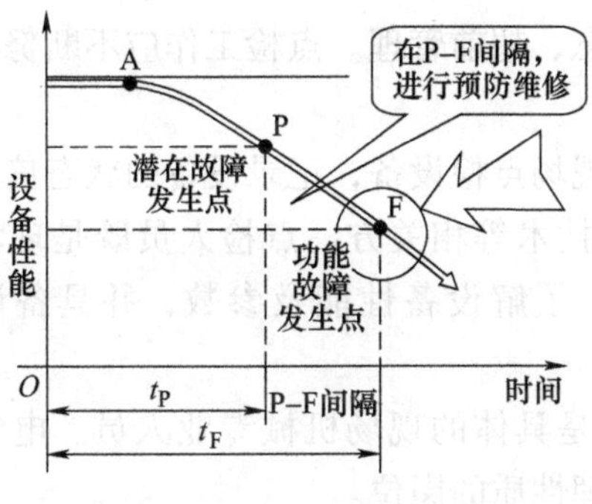

图11-4 P-F阶段的F关注点

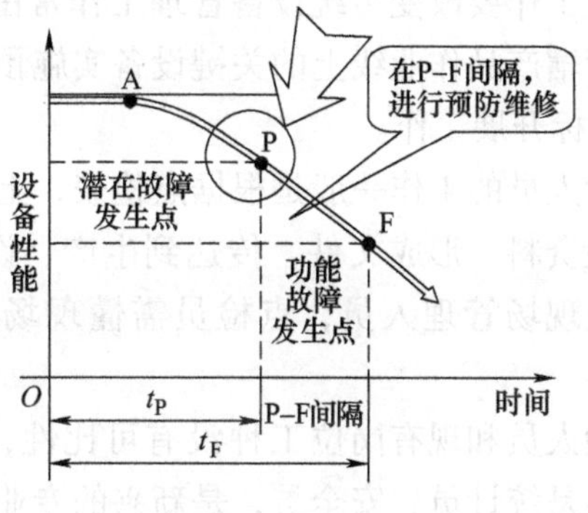

图11-5 P-F阶段的P关注点

（3）设备管理方式的改变

1）企业管理者定位。市场经济环境下，企业管理者关注市场的需求和变化，注重企业生存的环境和条件，谋划企业生存和发展，确保企业的可持续发展，应减少内部管理的精力，将设备管理的重心下移。

设备是产品实现的保证，产品作业线关键设备的正常运行，是企业管理的重要方面。建立设备的管家体系，为确保企业发展及年度目标的实现，确保年度产品合同的顺利完成，应将产品作业线的关键设备管理内容，根据设备特点，逐步下移到设备管家，并由设备管家体系实施设备点检管理制度。

2）管家职责。设备点检是工作的虚拟团队，为适应生产实际，确保基础保障工作的实现，相互合作，建立设备管家。所谓设备管家不是某一个人，而是由企业内部员工组成的体系，是专业人员、专业点检人员及现场点检人员组成的三位一体团队。

管家体系的三方面员工指设备操作方、设备管理的点检方和设备疑难故障诊断的技术方，构成虚拟团队，三方员工所处部门不是实体的组织体系，是完成设备管家体系管理的有效工作关系。三位一体要求在规定时间内，对产品作业线的关键设备，以点检人员为核心，共同协同、解决产品作业线设备的状态问题，对管辖的产品作业线设备，实施全面、全方位的管理。

3）管家体系。三位一体的设备管家体系，基础工作是点检，按生产计划自主安排设备点检，保证产品作业线的关键设备满足生产过程及工艺需要，无须专门安排，由设备管家按产品对设备的需求制定点检标准，不断修正，满足产品对设备的要求。经点检后，发现现场能解决的一般性故障，点检人员及时整改；如发现设备的隐患或故障可能影响生产，需及时提出需维修的项目，应立即报告；对一些隐患或故障，可能不会产生设备故障停机，应委托并请检修方处理，检修方受理后，向他们介绍现场状态，并备好备品配件、维修材料及图纸资料。当检修方实施检修时，保证现场施工安全，应告知施工的危险预知等。检修结束后实施验收，完成各项管理的记录和归档，及一切点检自我完结流程。

4）点检的特点。点检区别于传统的巡检，点检是管理一条或多条产品作业线的关键设备，并实施“八定”的管家，全面管理所有关键设备的所有问题，并需贯彻到底，彻底解决产品作业线的所有关键设备问题。巡检是受委托后现场查看或观察了解设备状态，遇到设备问题后，向相关方报告，不实施全面管理责任。

点检工作要改变传统设备管理工作常围绕着图 11-4 所示 F 点开展工作的方式，尽力做到对所管辖产品作业线上的关键设备实施预知状态、超前管理。点检工作应不断努力，围绕 P 点的目标开展工作。

点检人员的工作一般是根据点检表，上午去现场点检设备，记录设备的状态信息，下午整理点检资料，形成文件，传达到生产、设备、技术等相关方。点检人员既是现场技术人员，也是现场管理人员，点检员需懂现场技术，了解设备性能及参数，并具备设备管理知识。

点检人员和现有岗位工种没有可比性，既不是具体的现场机械专业人员、电气专业人员，也不是统计员、安全员，是新兴的专业及管理性质的岗位。

5）点检员的要求。点检人员一般是设备类专业、电气类专业、机电一体化专业等，复杂设备的点检员，需具备相当的专业知识。点检员不是技术专家，不要求对设备问题深入研究，只要求能深入掌握运行设备的状态信息，发现设备隐患，及时发现设备故障并实施管理。

6）全员生产维修。前面已经介绍了全员生产维修，企业推进全员服务于产品的维修，即生产维修活动，企业全系统和各部门的全体人员，从使用户满意的基点出发，支持产品作业设备综合效率的提高，全力协同设备管家的工作，全员齐心协力实施基础保障，确保企业战略目标的实现。

点检员应具有管理者和实施者的双重能力，所谓管理者体现在设备的状态管理、故障处理、隐患管理、成效管理、目标管理，而不是传统意义的监督管理。从企业整体出发，设备管家体系及点检应注重企业的设备及产品成本、节能降耗，重视维修技术的应用，考虑管家团队内的相互关系，以安全、和谐为前提，实现可持续发展。

3. 设备管理分级

(1) 产品作业线设备的分类

设备管理对象的分类是企业的生产设备及构筑物，包括设备基础、机器设备、高低压开关柜、仪器仪表、自控装置及系统、信息化系统、加热炉及装置，以及环境保护、水、气、蒸汽、动力等设备。

传统的设备管理中，主要考虑价值、作用、故障维修等因素，分A类、B类及C类设备，A类为关键设备，如精、大、稀有设备，采用预防维修，B类为重点设备，建议采用预防维修，C类为其他设备，采用事后维修。目前，仍采用此方法分类，但已不太适合。

随设备技术及管理的发展，产品的工艺实现过程不再是独立分布或分步完成，而是多工艺连续完成。设备为生产经营服务，就应当具有产品作业线的设备构成的概念。

大部分设备需维修，设备管理人员应掌握设备投入运行的功能变化，根据设备运行状态，采取对策，以免产品作业线的设备由差错、缺陷和隐患及劣化发展到故障，造成故障停机。设备管理从掌握设备的运行状况，到对设备必要的分类。

随着市场经济发展，企业的工作目标是追求为市场经营服务的产品供应，企业生存及发展的产品是核心。因此，企业所有活动为产品服务，设备为生产经营服务。市场经济化较早的国家，将设备分两大类，即产品主作业线的关键设备和非主作业线的设备。

可见，如采用设备品种、规格、技术和用途的传统分类法，与产品的生产经营联系不紧密，不能有效地开展产品作业线设备的维护与管理，为企业生产经营发展提供基础保障作用。

(2) 设备管理的重点及分级

1）产品作业线设备。鉴于市场经济的快速发展，实施企业设备管理的需要，设备管理重点是产品作业线设备。即设备不论高、大、精、尖与否，只要在产品作业线中，都是产品作业线的设备，是企业的生命线，根据产品的实现过程，生产和工艺由多种设备组合，必须重视并加强管理。

产品作业线以外的设备，一律为非主作业线设备或非产品作业线设备，如作业线的备用机组、辅助设备等。此分类法，将设备与产品实现过程紧密联系，适应生产经营活动，对比于传统及许多企业仍继续采用的ABC设备分类方法，有本质性区别，明确了设备现场管理的重点。

如某企业产品作业线按企业向市场提供的产品及服务划分，注意，产品包括本企业可独立提供的半成品、中间产品等。该企业有30条产品作业线，以交付产品为主。传统设备划分是按专业如机械、电气、土建等，或工种设备如车、铣、磨、铸、焊等划分，造成人为分段，违背产品的工艺实现过程。

明确设备管理的重点是产品作业线设备后，设备管理重点随产品市场需求而变化。产品作业线工作繁忙，设备应状态完好，该条产品作业设备管家责任重大，管理应到位。

2）作业设备的分级及指标。根据以上叙述，企业设备可分四类，A类为关键设备，指产品作业线上有隐患、较难修复且修复成本较高的设备。B类是重要设备，指产品作业线上不属于关键设备的其他设备。C类是一般设备，指普通或非产品作业线的设备，其中有隐患、会对产品作业产生严重影响的设备称关键设备。D类是次要设备，指普通作业线、不属于C级关键设备的其他设备或人为事后维修的设备。

企业设备种类很多，作业设备分级指标包括生存性指标、维修性指标及经营经济性指标。

生存性指标，指设备在企业产品作业时的唯一性、专用性；故障时，是否有其他通用设备代替的可能性，交货期可靠指标；设备是否已存在隐患和故障，影响产品作业的程度；设备故障时，对企业及周边环境及职业安全卫生的影响；设备故障时，对产品质量、数量、交货期的影响。

维修性指标，指设备故障后的维修难易程度；设备故障零部件的维修性。

经营经济性指标，指设备故障，产生企业经济价值损失；设备发生隐患及故障的频度与估计年计划检修次数；设备故障零部件的备件加工、制作及提供时的成本程度。

4. 产品作业线关键设备和受控点

1）设备关键部位。产品作业线设备状态受控点，指该点的状态，设备在该点的功能、度、效率和可靠性；设备状态是质量表现，运行正常与否会造成对产品质量的影响，根据质量管理体系中的质量受控点概念，用于管好设备的状态受控点，掌控设备管理的关键点，即产品作业线关键设备运行中状态信息需要点检的结构或部位。

产品作业线的设备是多专业技术的综合，应当倾向关注设备的一些部位，包括设备的易故障部位、设备的易磨损部位、设备的跑冒漏滴部位、设备的互动/变形/裂纹部位、设备的润滑部位、设备的仪表检测部位、设备的振动部位、设备的支撑部位、设备的传动部位、设备的散热/密封及腐蚀部位、设备的连接部位等。

2）关注设备的物理特征。设备的某些部位发生故障，总表现为具体的物理特征，如表 11-2 所示是设备状态受控点应该控制的内容。

表 11-2 设备状态受控点应该控制的内容

序号	物理特征	检测目标	设备范围
1	振动	稳态振动、瞬态振动参数等	旋转设备、流体设备、转轴、轴承、齿轮、永磁软传动设备等
2	温度	温度、温差、温度场及热图像等	热工及传导设备、炉窑、电动机(电力变压器)、电器、电子设备等
3	油液	油品的理化性能、磨粒的铁谱分析、油液的光谱分析等	设备润滑系统、摩擦副的传动系统、电力变压器等
4	声	噪声、超声波、声发射等	压力容器及压力管道、流体设备、工业阀门、断路开关等
5	强度	载荷、扭矩、应力、应变等	起重运输设备、锻压设备、工程结构等
6	压力	压力、压差、压力联动等	液压系统、流体设备、内燃机、液力耦合装置等
7	电气参数	电流、电压、电阻、功率、频率、电磁特性、绝缘性能等	电动机、电器、输变电设备、电子设备、电工仪表、电气系统等

（续）

序号	物理特征	检测目标	设备范围
8	表面状态	裂纹、变形、点蚀、电蚀、剥脱腐蚀、变色等	设备及零件的表面损伤，交换器及管道内孔的影像检查等
9	无损检测	射线、超声波、磁粉场、渗透、涡流探伤指标等	桥梁、船体、钢结构、设备及零件的表面损伤、交换设备及压力管道内孔的照相检测等
10	工况状态	设备运行中的状态参数信息	流体系统及产品作业线的设备等

如图 11-6 所示为某设备系统 A，由许多子系统组成，每个子系统由不同部件构成，还可继续分解，每个部件由许多分部件、零件等组成。

根据现场经验，对设备发生故障统计分析可知，设备故障一般由一个或多个隐患同时作用产生。设备故障指状态受控点的劣化已发生、发展，并将危及产品作业线设备或辅助系统设备的运行安全及人身安全的异常现象，由磨损、耗损、污损，发展到松动、噪声、位移、断裂、变色、变形、泄漏、缺油、过热、电气控制失灵、信号错误等，涉及安全和相应设施的损坏、设备故障引发的不正常等。对产品作业线设备及状态受控点的关注，是企业设备管理的关键。

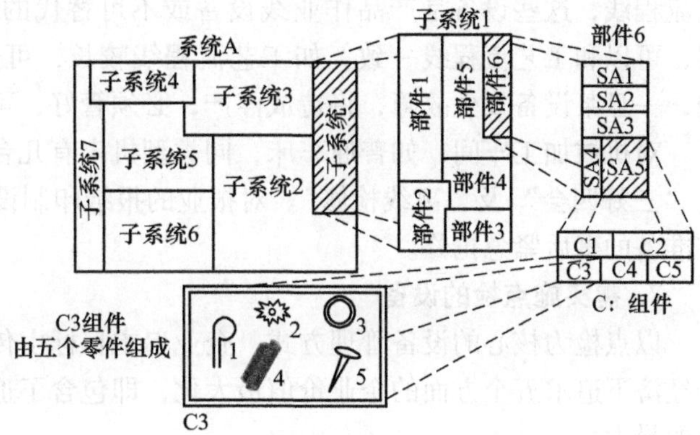

图 11-6 设备系统 A 组成示意图

5. 设备的故障曲线特性

设备使用早期基本是摩擦磨损机理作用下的损坏，机构对象运行中随运行时间段推移，逐渐显现失效和故障。随科学技术发展，设备故障不再是摩擦磨损机理作用下的损坏，服从图 2-5 所示的故障特性曲线，增加的 5 种故障特性曲线已为世界工程界认可。6 种故障曲线按性质可分成三类。

4%、2%、5%三类共 11%的故障曲线，具有有限的使用寿命，符合摩擦磨损理论，可采用预防性维修方法。主要涉及简单的设备，如滑道、橡胶密封件、汽轮机压缩器的叶片、制动片和管道等，通常与摩擦磨损、产品与设备有直接接触的点和面及疲劳腐蚀有关。

4%、68%故障曲线，共 72%经历初期故障，维修策略介于其他两类之间，可采用倾向管理方法，得到预知状态，超前管理。采用点检管理、设备管家体系。

68%、7%、14%故障曲线，共 89%故障曲线没有明显的使用寿命，故障和隐患无规律，是突发性损坏，即使采用点检管理，效果也不一定有效，应采取以可靠性为中心的预测性维修。

6. 可替代设备与不可替代设备

市场经济发展中，企业设备按产品作业线设备和其他设备划分。企业中产品作业线设备都是不可替代的设备，都是实现产品工艺过程的设备，这些设备一旦停产，将严重影响生产，影响合同履行；对其他设备，如起重运输设备，供风、供水、供气、供暖、供电设备，加工工艺的辅助设备等，列入非产品作业线设备，称可替代的设备，这些设备出现故障，不一定影响生产，如供电故障可用发电机，空压机发生故障可用备用压缩机。

如烟草产品企业，可将制丝、卷包和动力等作业设备组成三条作业线。制丝是连续产品作业线，可实施点检；卷包设备是单体独立的产品作业线设备，根据产品品种和包装作业安排，可实施轮保管理和点检相结合的办法；动力车间是普通作业线设备，为烟草产品作业提供相应的环境和作业条件，如供水、供电、恒温、恒湿等，备用机组较多，可由动力运行部门实施日常点检。

对机械制造等企业，应按产品组成灵活的产品作业线，从原料、半成品到成品，构成工艺流程线，这些设备是产品作业线设备或不可替代的产品作业设备。因此，设备管理的范围，可以和工艺流程线一致，如工艺流程线较长，可适当地分段，但针对产品单独的作业线，一旦某设备发生故障，将造成停产，必须管好，可实施点检管理。

对机械加工车间，如普通车床，同类型机床有几台，停机不一定停产，可采用设备操作员“三好四会”及“离线检修”。对报业的报纸印制设备，印报期间一刻也不能停止，采用有准备的事后紧急抢修。

7. 需实施点检的设备

以点检为核心的设备管理方式，企业追求目标由传统的产值、利税、利润最大化，到市场经济下追求五个方面的企业价值最大化，即包含了追求企业在产品或服务方面，用户满意度的最大化。

企业追求产品或服务用户满意度最大化的关键，体现在设备管理突出的时间原则。用短时间完成量化的合格产品，是设备管理人员面对的关键问题。一个只知道管理技巧和管理手段，但并不理解管理学基本原理，就不是一个管理者，最多只能算是一个技术员。设备点检管理，就是强调时间原则。

点检或点检管理设备制度，一般适于大型、长流程、连续运行的作业线，如冶金、炼油、石化、电力企业等企业产品作业线的设备不希望停产，停产检修即损耗时间，需通过点检管理方式确保设备不停机。

但点检并不是万能的设备管理方式，点检的动词特性，即所有设备需点检、检查。点检的名词特性，即作为设备管家或点检管理设备的制度，体现适用性。欧美国家的设备管理，因资金充裕、技术先进，采用设备加速折旧，如德国企业约50%设备采用人为、主动的事后维修，即设备使用一定时间后更换、报废，因此，不点检、不修理。

点检对一些场合不一定完全适用，如时间对这些单位不关键，工作量不饱满，每天工作时间仅4~6h或更少；部门作业线的设备具有备用机组，一旦设备故障，可投用备用设备；部门作业设备停机时，不造成企业生产停止；确实属高、新科技设备，状态受控点的故障曲线与时间无关联，该状态受控点实施可靠性预测管理；一个时段里，维护修理等的总费用大于设备购置费，部门设备可实施有计划的事后修理；目前仍处于垄断，社会离不开这些企业及产品。

11-1 大吨位测力设备夹具　11-2 点检　11-3 低压力管道　11-4 材料现场放置　11-5 棒材下料现场管理

课堂练习

（1）叙述设备点检的作用。

（2）结合设备故障曲线特性，简述设备故障的特点。

（3）简述采取设备点检与设备故障特性之间的关系。

11.1.2 设备点检的实施

1. 点检“八定”

（1）定点

定点就是确定产品作业线的关键设备或关键部位的倾向检测状态点。根据设备说明书，充分掌握设备结构、性能、参数等，有倾向地初步确定点检状态点，如滑动部位、回转及传动部位、接触部位、荷重支撑部位、受介质腐蚀部位等。根据点检标准及工程师编制的点检表，点检人员对相应部位状态点进行检查。设备的安全、保险、防护装置及直接影响产品质量的状态部位，需列入点检表。初步制定的点检表在点检中根据实际效果不断优化。

（2）定项

定项即确定产品作业线设备或关键部位的每一个检查点的检查项目和内容，每个点可能检查1项，也可能检查多项，如裂纹、松动、温度等。

（3）定标

定标即根据设备供方提供的设备说明书、结构组成、技术性能及参数等，结合现场要求和经验，对点检表中的检查点检查项目逐个制订判定技术状态是否正常的标准，如间隙、温度、压力、流量等，可以分状态和量化指标。现场点检主要是状态，专业点检及精密点检需量化指标。

（4）定期

定期即根据点检表中的检查状态点在生产或安全中的重要性和生产工艺特点，结合设备维修经验，制订点检周期。点检周期的确定是一个过程，应初步拟定周期，逐步调整。一般而言，现场点检周期较短，专业点检周期较长。

（5）定人

定人即根据设备管家体系，确定日常点检、定期点检、专项点检层次的责任人，日常点检由现场点检人员承担，一些企业操作人员也可参加日常点检，专业点检一般由设备技术人员承担，精密点检是对疑难问题的诊断，一般由专家承担。专业点检及精密点检人员不参加日常点检。

（6）定法

定法就是规定产品作业线设备或关键部位的点检方法，在点检标准或点检表中明确，确定各检查项目采用的方法和作业条件，采取目视查看、工具测量、仪器测录等具体方法。日常点检工具都是常用工具，专业点检及精密点检需专业工具。

（7）定点检表

定点检表即设备工程师先制定点检表。点检表是产品作业线关键设备的点检依据，点检表包括各检查点、检查项目、状态形式、量化指标、检查判定标准、检查周期、检查方法及规定的记录符号等，作为点检人员的点检依据。

（8）定线路

定线路即对产品作业线设备或关键部位实施的日常点检，应根据企业生产流程确定点检线路。日常点检的线路，根据生产工艺流程确定，也需根据设备特点确定，如动力设备的点检，应当根据动力设备的位置确定。

2. 点检“六步骤”

日常点检的点检员，点检中如遇到能处理的故障点或参数误差，应尽量处理；对不能现场处理的故障点或参数误差，应立即报告并记录；全部的点检过程应详细客观记录，反映现实。日常点检的点检员工作内容包括检查、记录、处理、分析、改进及评价。

检查，就是对产品作业线关键设备的状态点逐项检查，根据检查环境，明确点检步骤。通常，现场点检是设备不停机进行的点检，专业点检及精密点检根据实际可对设备停机时检查，并可对设备进行解体检查等。

记录，是现场点检“三现主义”的体现，检查时按设备的实际状况做好记录，包括状态及参数，填写检查数据及与标准的差值、判断和处理依据等，由点检员签名，注明检查时间。

处理，检查时查出的问题或隐患，能当场处理的要及时进行处理，并且把处理结果记入处理记录，没有能力和条件处理的状态及参数，应及时报告有关人员，安排处理。

分析，是现场点检员对检查记录和处理记录进行系统整理及分析，提出处理建议及意见，传递到各个部门。现场点检员对点检的处理及记录分析是基本工作内容，记录整理具有管理特性，因此，现场点检员应具备技术与管理的素质。

改进，对产品作业线关键设备的状态点进行改进，消除薄弱环节，消除隐患，为维修环节提供依据。

评价，任何一项改进应评价，评价技术经济效果，保证点检管理不断完善。

设备管家体系的点检管理是三位一体的构成，三种点检方式构成点检的全部管理要素，全员参与，与设备维修工作相结合。

3. 点检过程及记录

点检过程及记录可以概括为六上五下。所谓一下一上，即“普查”，专职点检员按照点检计划表到现场实施点检作业，搜集信息，做好记录。所谓两下两上，即“专查”，专职点检员“普查”发现有隐患、异常的点，锁定问题，再次到现场详细了解情况，进行分析及推定。所谓三下三上，即“会诊”，如对两下两上找到的隐患，可直接开始实施维修计划；不能确定问题的，应由“点检小组”的各专业点检员共同分析验证。所谓四下四上，即“定案”，开始实施维修。所谓五下五上，即“修复”，设备维修到验收的过程。所谓六上，即“提高”，修订标准，进入第二个循环。

4. 点检分类

（1）日常点检

1）日常点检表。设备日常点检中由设备现场点检人员依据点检表每天在现场执行规定内容，了解设备的运行状态，记录设备实际参数，及时发现、处理或报告设备异常，保证设备正常运转。

点检表是设备工程师依据设备说明书、设备结构、技术性能参数制定的，使用相应的周期后需要根据现场及设备实际状态进行适当调整。表 11-3 所示为日常点检表示例，设备日常点检的对象主要是产品作业线设备及关键部位。

表 11-3 日常点检表示例

部位	项目	方法	卡片号	标准	周期	部门	状态
油路控制系统	油泵声音	听	CA-03	无异音	1/D	制造	运转
	电机温度	目视	CA-03	测试纸不超过 60℃	1/D	维护	运转
	电机声音	听	CA-03	无异音	1/D	制造	运转
	换向阀动作	手动	CA-01	换向灵活	1/M	维护	停止
	过滤器显示球	目视	CA-01	显示球由红变蓝	1/M	维护	停止
	电磁阀动作	手动	CA-01	换向灵活可靠	1/M	维护	停止
	主油箱外观	目视	CA-03	无泄漏、无损坏	1/D	制造	停止
	主油箱油量	目视	CA-03	正常刻度内	1/D	制造	运转
	流量计显示	目视	CA-03	显示正常	1/D	制造	停止
	压力表外观	目视	CA-03	无破损	1/D	制造	停止
	连接管路外观	目视	CA-03	无泄漏、无破损、连接正常	1/D	制造	停止
控制柜	总开关动作	手动	CA-03	动作灵活	1/D	制造	停止
	电源电压	目视	CA-01	DC 24V	1/M	维护	停止
	接触器动作	手动	CA-01	吸合牢靠	1/M	维护	停止
	CPU 运行状态	目视	CA-02	正常工作	1/M	维护	停止
	热偶设定值	目视	CA-01	25A	1/6M	维护	停止
加注、补给系统	补给油管外观	目视	CA-03	无损坏、无泄漏	1/D	制造	停止
	加注油管外观	目视	CA-02	无损坏、无泄漏	1/D	制造	停止
	三联件外观	目视	CA-03	无损坏、无泄漏	1/D	制造	停止
	三联件清扫	手动	CA-01	过滤无杂质	1/3M	维护	停止
	调压阀调整	手动	CA-01	调节灵活	1/M	维护	停止
	回油补充阀门开启度	目视	CA-01	标识位置	1/M	维护	运转

2）日常点检的特点。日常点检主要以视、听、触、摸、嗅五感为基本方法，产品作业线关键设备或关键部位的状态，借助于扳手、螺钉旋具、油枪、油壶等简单仪器工具，或设备上的仪表和信号，如压力表、温度表、电流表、电压表和油标等观测和检查。

视觉方法点检包括观察仪表据实掌握设备上仪表的指示值及指示灯的状态，包括电流、旋转、压力、温度等；观察润滑状态、油量、漏油及污染；观察设备的磨损状态，如设备的损伤、腐蚀、磨损、蠕动、堵塞等；清扫设备本体及周边，保持干净，清扫过程中应做好设备的润滑、调整。

听觉方法的点检检查主要发现设备的异常声音，掌握设备日常正常运转状态下的声响。碰撞异常声表示紧固部位螺栓松动、压缩机金属磨损，金属异常声表示齿轮咬合不良，联轴器轴套磨损，轴承润滑不良，嗡嗡异常声表示电气部件磁铁接触不良，电动机缺相，"喳一喳一"周期响声表示泵的空化，鼓风机的喘振、断续声表示轴承中混入异物。

触觉方法点检是用手感觉温度有无异常，如手抚摸设备忍耐数秒钟，温度为 60℃左右。

触觉方法可检查设备的异常振动。发生振动的原因，多半为往复运转设备的紧固螺栓松动或旋转设备不平衡等。高速运转设备若发生振动，将导致设备损坏，应特别注意。

用嗅觉方法进行的点检，可发现电动机、变压器等有无因过热或短路引起的火花，或绝缘材料被烧坏的气味等；药剂、气体等有无泄漏。用嗅觉方法对食品设备的状态点检，可以用味觉检测食品品质，反证食品设备的状态。

从点检表可知，现场点检的检测项目多为状态信息，量化参数指标很少，点检周期不长，多为日、周。

（2）专业点检

1）专业点检表。专业点检以设备维修人员为主，操作人员参加，按照点检表（点检标准）确定的点检周期对产品作业线关键设备状态进行检查，记录设备异常、损坏及磨损情况，确定维修部位、更换零件、修理类别和时间，为制定预防维修计划提供依据。除日常点检的工作内容外，专业点检主要测定产品作业线关键设备状态的性能、精度、参数及设备劣化程度，查明设备不能正常工作的原因，记录在点检卡下次维修时应消除的缺陷项中。专业点检的主要目的是查明设备的缺陷和隐患，确定预防维修或状态维修的方案和时间，确定设备维修后应达到的性能和精度。如表 11-4 所示为专业点检表示例。

2）专业点检的特点。专业点检主要凭借人的感官，但也使用一定的监测工具和仪器。专业点检间隔周期一般较长，应考虑工作条件、使用强度、经济价值、安全要求、作业时间、劣化特性等因素，一般参考设备说明书，并听取操作工和维修人员的意见，可以初步确定在一个月以上，基本不超过一年。专业点检实施过程中，设备技术人员根据点检效果调整点检间隔期，使专业点检逐步合理。

专业点检的内容比较复杂，一般需停机进行，也可能需要设备解体，因此，需要专业点检计划与生产计划之间的协调。从点检表中可知，专业点检的检测项目多为量化参数指标，状态信息较少，点检周期较长，一般为半年、一年。

表 11-4 专业点检表示例

序号	项目	检查内容	允许值或状态	测量值或状态	检查周期	检查方法
1	弧齿锥齿轮	侧隙	0.45~0.55		2次/年	压铅丝
		啮合区域	≥80%		2次/年	着色
2	一级行星轮直齿	侧隙	0.35~0.55		2次/年	压铅丝
		齿长接触	≥80%		2次/年	着色
		齿宽接触	≥50%		2次/年	着色
		齿面点蚀	无		4次/年	
		轴承座	裂纹		2次/年	渗透
3	二级行星轮直齿	侧隙	0.35~0.55		2次/年	压铅丝
		齿长接触	≥80%		2次/年	着色
		齿宽接触	≥50%		2次/年	着色
		齿面点蚀	无		4次/年	
		轴承座	裂纹		2次/年	渗透

（续）

序号	项目	检查内容	允许值或状态	测量值或状态	检查周期	检查方法
4	润滑油	酸碱度、黏度等	正常值内		4次/年	取样检测分析
5	滑块	温度	55~65℃		在线	温度检测
6	减速器	振动（空载）	1.0~1.5mm/s		在线	振动检测
		振动（负载）	3.0~5.0mm/s		在线	振动检测
7	减速机油	进口油压	≥1.5MPa		在线	
		油温	40~65℃		在线	

（3）精密点检

精密点检也称专项点检、专家点检，一般由专业维修技术人员针对某些特定的项目进行点检，如本单位专业技术人员力量有限，可以外聘。对设备精度、某项或某些功能参数等进行定期或不定期的检查测定，对产品作业线关键设备状态的精度做检查和调整。起重设备、压力容器、高压电器等特种设备，根据标准规定的特殊试验要求进行定期负荷试验、耐压试验、绝缘试验等。精密点检的目的是了解设备的技术性能和专业性能。点检时需使用专用或精密工具及仪器。

课堂练习

（1）叙述设备点检的“八定”内容。

（2）简述设备点检的类型及特点。

（3）有条件的去现场实习，了解设备点检的设备类型、点检表的制定过程及倾向性内容。

11.1.3 点检的评价及提高

1. 点检的评价

点检体现设备的自主管理，保障经营的合同订单，是设备范畴的全过程服务；点检人员的工作责任要求，掌控设备的“状态受控点”，保证生产经营；点检活动的内涵，持续学习，掌握新工艺、新技术；点检实施的过程，要求遵章守纪，遵守设备管理的原则。

点检评价主要采用考核手段，根据设备点检职责，建立有效的设备管理体系。点检评价的原则，按照既定目标，具体表现为根据点检标准编制的点检表，“预知状态、超前管理”，“零故障、零缺陷”，为产品服务，保障指标；设备技术、管控指标量化，但须有针对性、便于考核；PDCA 循环。

日常点检评价，主要侧重设备状况，如设备运转率、故障率、备件费用、润滑费用、5S 管理等；设备状况指标，如产品生产力、质量、能耗等。

专职点检评价，侧重产品作业线设备的隐患、故障分析、对策、处理措施等。

精密点检评价，侧重产品作业线设备运行的疑难杂症处理状态，设备能力的发挥、产品能量保证。

2. 点检的调整及提高

点检的八定，是整个点检实施过程的依据，编制的点检表各项内容并不一定合理或符合设备现场管理的具体状态，应当在实施相应阶段后，对点检表进行调整。

如点检周期的设定，最初先确定某一个周期，一般实施3~6个月后，根据效果进行评价，适当调整，按照管理体系PDCA的循环，逐步提高点检效果。如表11-5所示为设备点检表的周期。

表11-5 设备点检表的周期

日常点检周期	专业点检周期	精密点检周期
不间断	1天	2月
1h	0.5周	1季度
2h	1周	半年
半天	10天	1年
1个班	2周	2~3年
3个班(1天)	1月	更长

随点检效果持续提高，点检工作内容可上升制定为标准，包括点检标准、维修技术标准、给油脂标准和维修作业标准。其中，给油脂标准即设备润滑，后面将具体讲解；维修技术标准及维修作业标准，与设备检修相结合。

3. 点检实施的系统实践

（1）初步掌握设备状态的方法

建立设备管家体系管理设备时，应及时掌握产品作业线设备的动静状态，熟知设备的性能曲线和设备故障曲线，了解设备的状态信息。这两条曲线特性的前提是在机件摩擦磨损机理下，形成客观规律。

从设备的性能曲线，可知设备性能概况。曲线表示设备在全寿命周期里的性能随时间变化，为易于理解，图11-7所示的设备性能曲线比实际有所夸大。

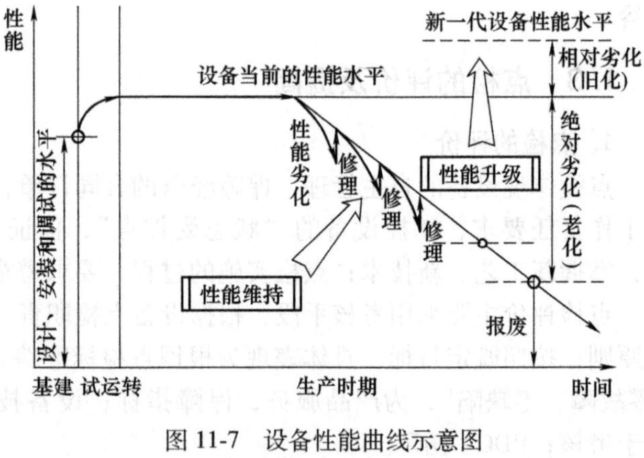

图11-7 设备性能曲线示意图

横坐标为时间，纵坐标为性能，“0”点表示设备的构成期，经规划、设计、制造、安装和调试，此称设备前期管理阶段，也称构成管理，达到现场的性能，由其前期管理水平所决定，再进入到试运转阶段。此时段，机件磨合中，其配合工作面将从微观状态的高低不平处趋于缓和，性能会略有提高。试运行后转入投产阶段，进入设备作业阶段，设备性能随产品作业的时间逐步下降，到一定时段，设备性能劣化，通过检修，恢复某些性能。周而复始，直到设备性能降到不能满足产品作业要求时，进入到报废阶段，此所谓设备全寿命周期管理。

通常的设备性能曲线如图11-5所示，随产品作业时间段推移，性能逐渐下降，性能曲线有3个代表性的阶段。A点表示设备性能开始发生变化，P点表示设备随使用时间出现异常，是继续产品作业的起始点，但潜在故障已发生，F点出现异常到达故障停产状态，是功能性故障出现的时段。传统设备管理基本围绕F阶段点，设备运行时谁都管，但谁都无法有效管理，直至设备故障停产时，开始紧急抢修。

尽管设备性能开始逐渐下降，但并不影响作业运行，设备可正常使用，设备性能状态继续劣化到P点，潜在故障已出现，如有轻微振动，通过油液分析手段，可发现已磨损，产生轻弱噪声、发热征兆等，但状态不严重，仍可继续运行；如不重视潜在故障，继续运行设备，发展F点，发生了功能故障，设备强烈振动、磨破、烧损等，不能运行，此时，组织紧急抢修。

从设备性能曲线可知，可根据设备投入产品作业使用的时间、负荷、日常维护等，结合实际状态判断。产品作业线设备的阶段点，如A点以前或A点和P点之间区段，运行状态正常；如出现隐患征兆，表示已过P点，需现场接触设备、强化点检、检查隐患，针对设备的机械、电气、控制或液压部分等。机械表现为振动、噪声、发热、变形等，电气及控制是电流、电压、发热、绝缘等，需检查量化的数值，液压表现为泄漏、输出功率下降等，避免发展到F点。

因此，对于产品作业线设备的这些阶段点，设备管家体系中的点检人员认真开展作业设备点检工作，仔细观察并详细记录，掌握产品作业线设备或关键部位的状态受控点，掌握什么时段到达A阶段点及P阶段点，不能让设备达到F阶段点。

如图11-8所示为多个设备故障曲线的连续过程，即设备故障率随时间变化的情况，在摩擦磨损机理中运行的机械、电子产品的故障曲线，通常，电子产品偶发故障时间段比机械产品长。

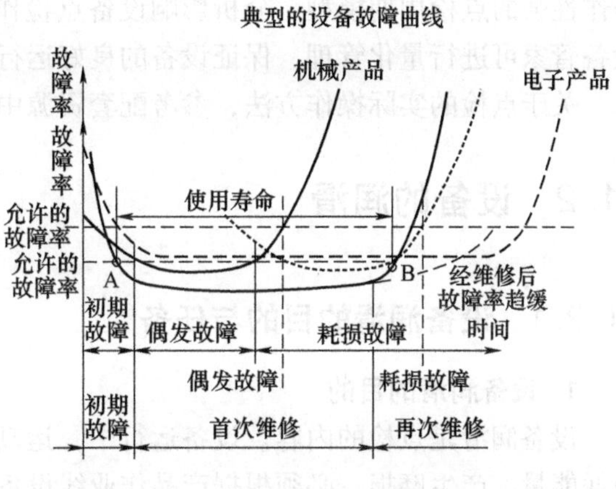

图11-8　多个“设备故障曲线”的连续过程

（2）点检的实施时期

所谓P-F间隔期，从设备性能曲线图中可知，P点表示潜在的故障已开始发生，F点为功能性故障到达表现时段。P-F间隔期是设备已出现无碍隐患，但还没有到达功能性故障前的一个时段。

P-F间隔期为实施点检的最佳时期。点检是在产品作业线设备上查找设备隐患，对产品作业设备实施状态预知、超前管理。何时为实施点检的最佳时期？应该是产品作业设备运行中，有一些隐患但还未发生故障前的阶段，设备管家体系中的三位一体成员，应接近产品作业设备，坚持倾向性的点检，包括日常点检、专职点检和精密点检，实施倾向管理等，了解和掌控设备何时出现故障并到达P点，依据相应的基础理论及现场信息，预估可能突然出现F点的阶段时间，达到预知状态、超前管理的效果。

（3）按“周期”点检的重要性

点检周期指两次点检作业间的间隔期，或理解成该设备的状态受控点。点检周期是点检标准的重要内容之一，如图11-9所示。

设备点检周期在未合理优化前，企业对设备点检周期的确定，主要参考同类型设备已有的点检周期，根据点检人员的经验，逐步适当调整。

初定设备的点检周期，可能对部分设备状态受控点的点检时间不科学、不合理，也不有效，如产品作业线设备的点检周期过长，从设备性能曲线可知，超过 P 点并快接近 F 点时，难保证实施设备点检，即专门查找隐患的有效性较低；如点检周期太短，可能认为出发点较好，设备没有损坏，要求设备系统的员工加强点检，不符合专业科学观点，因每个状态受控点的性能变化有各自的规律，设备状态受控点的点检过于频繁，会降低点检的效率。

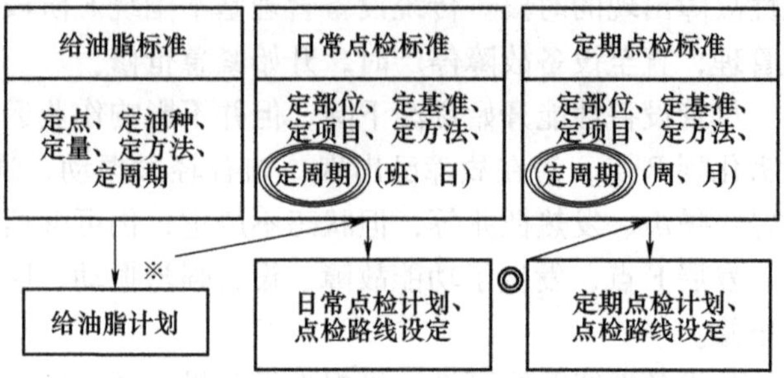

图 11-9 点检周期是点检标准的重要内容

设备点检周期的合理化、科学化、有效化，是对作业设备的精细化管理，要求实施对设备状态受控点的量化管理，对点检周期从模糊状态比较、划分，为设备管家管理的设备提供操作性强的点检周期模型。分析影响设备点检作业的要素，确定点检的周期提高点检效率，设备管家可进行量化管理，保证设备的良好运行，点检效果逐步上升。

关于点检的实际操作方法，参考配套资源中的阅读资料 11-1。

11.2 设备的润滑

11.2.1 设备润滑的目的与任务

1. 设备润滑的目的

设备润滑是点检的内容。设备运行中，运动部件都在接触表面做相对运动，存在摩擦，消耗能量、产生磨损。必须根据产品作业线设备或关键部位相对运动零部件的工作条件和作用性质，正确选用适当的润滑剂润滑两摩擦面，降低摩擦、减少磨损，保证设备正常运转。

设备润滑是在相对运动的两摩擦面之间加入润滑剂，形成润滑膜，将直接接触的两摩擦表面分割开，变干摩擦为润滑剂分子间的摩擦，达到控制摩擦、减少磨损、降低摩擦面温度的目的，防止摩擦面的锈蚀，通过润滑剂传递动力，并起密封、减振作用。

设备润滑的目的是保证产品作业线设备的正常运转、防止设备事故、减少机体磨损、延长使用寿命、减少摩擦阻力、减少能源消耗、提高设备效能、保持设备的良好精度。

正确、合理、及时地润滑设备，设备正常运转与维护，使之处于良好的技术状态，充分发挥设备的使用效能，提高产品质量。

(1) 按照点检信息，合理润滑

设备的润滑管理，根据设备点检获得的状态信息，制定相应的润滑措施及技术、组织与管理方案。合理选择润滑装置和润滑系统、科学使用润滑剂、做好润滑油的管理，减少设备磨损、降低动力消耗、延长设备寿命，保证设备安全运转，为生产经营服务。

(2) 正确润滑，提高设备效率

正确合理润滑，保证产品作业线设备正常运转，使设备使用正确合理的润滑方法和适合的润滑剂。正确合理的润滑方法和适合的润滑剂，可减少设备磨损，保证设备长期处于良好状态，保证设备运行效率，延长设备的寿命周期，不产生或减少局部过热、过磨损，降低事故与故障发生。

产品作业线设备润滑良好，设备状态灵活良好，减少摩擦阻力、机件磨损，可减少设备的动能提供，节约能源。

润滑中，提倡选用国产润滑剂。企业的进口设备根据设备使用说明书，这些设备指定了国外的润滑剂。设备管理中，逐步了解进口设备的性能，条件许可时，尽量选用国产润滑剂代替进口润滑剂，降低设备管理成本。

2. 设备润滑管理的任务

（1）制定设备润滑管理要求，建立制度

根据企业管理的方针、目标，涉及设备管理方面，应保证设备为生产经营服务，产品作业线设备保证完成生产计划、符合产品质量，需明确制定设备润滑管理的方针。

根据企业规模、设备种类与特点、生产条件和工艺流程状况、产品性能及产品特殊性，确定设备管理的组织形式，制定规章制度，建立职责和工作标准，保证设备润滑管理工作正常开展。

（2）完善设备润滑基础工作

设备润滑的专业性强，内容多，但设备管理中可能并不重视。完善设备润滑基础工作，是设备润滑工作的基本要求，显得很重要。编制设备润滑技术资料、润滑图表、润滑卡片、润滑清洗换油操作规程、使用润滑剂的种类与消耗定额、润滑周期及标准等。如某台数控设备出现故障，因该设备出厂时间不长，应由设备制造厂负责排除故障，维修人员来现场后，立即发现没有按润滑要求加油润滑。

（3）做好“五定”“三级过滤”工作

设备管理和设备维修保养人员、现场操作人员，应具备一定的摩擦、磨损和润滑知识，认真做好设备润滑工作，严格执行润滑管理制度，实施“五定”和“三级过滤”，正确、合理、及时润滑设备。“五定”是定质、定量、定时、定点、定人，“三级过滤”是进厂合格的润滑油在使用前，需经过容器倒换和储存，要求每倒换一次容器均要过滤一次，一般是领油大桶→油箱，油箱→油壶，油壶→设备，共三次过滤。

（4）润滑日常工作

做好润滑剂的储存。企业设备类型多、数量多，润滑剂的储存要按规定执行，包括保管、发放、废油回收、润滑油具的使用与管理等。

采用润滑新工艺。不断引进、研制和推广应用设备润滑新工艺、新材料、新技术、新装置，改进润滑条件。

11.2.2 润滑与设备点检

1. 合理润滑

根据设备的日常点检，应时刻检查润滑状态，检查与检测设备润滑状态，及时发现和解决润滑系统中存在的问题。

设备润滑要做到润滑点位置合理、温度正常，并关注润滑点振动、渗漏等状态。根据性质做好润滑分类，有针对性地润滑。气体润滑摩擦小、温升小、运转灵活、间隙小、不变质；但支撑能力小、刚性差，稳定性差，会产生振荡，对支撑件粗糙度要求高，排气噪声大。

液体润滑磨损小、机体能量消耗小、发热小，能承受较大负荷、增大摩擦零部件的安全期和使用期，应用广。

诊断润滑故障原因，如油品不合格、劣质油，使用不规范，不同油质混合使用；污染颗粒、污染介质；不了解摩擦机理，任意使用润滑替代品；自认为节约，减少用油量等。

确定合理的润滑部位，包括轴承、齿轮、离合器、变速器、液力耦合器、液压系统、链条、钢丝绳、螺旋副、导轨等。

关于摩擦、磨损、润滑的基本知识，请参考阅读资料 11-2。

2. 润滑“五定”及换油废油管理

（1）定点润滑

定点润滑即明确设备的润滑部分和润滑点。定点润滑要求是现场设备操作人员、现场设备维护维修人员必须熟悉有关设备的润滑部分、润滑点、润滑装置，各种设备都要按润滑图的部位和润滑点加、换润滑剂。

（2）定质润滑

定质润滑即确保润滑材料的品种和质量。必须按润滑卡片和图表规定的润滑剂种类和牌号加、换油；不同标号的油脂要分类存放、严禁混杂，特别是新油桶和废油桶严格区分，绝对不能互用；加、换润滑剂时必须使用清洁的器具，不能造成污染；对润滑油实行“三过滤”规定，保证油质洁净。

（3）定时润滑

定时润滑即按润滑卡片和图表所规定的时间加、换油。一般按照设备制造厂说明书的时间规定，结合设备使用具体情况，添加润滑油脂。定时润滑的要求是设备开动前，现场操作人员必须按润滑要求检查设备润滑系统，对需要日常加油的润滑点注油；加油要按规定时间检查和补充，按计划清洗换油；关键设备按检测周期对油液取样分析。

（4）定量润滑

定量润滑指按规定量注油、补油或清洗换油。定量润滑的要求是日常加油点按日常定额合理注油，在保证设备良好润滑的前提下，避免浪费。循环用油，油箱油位应当保持在 2/3 以上。

（5）定人润滑

定人润滑即明确有关人员对设备润滑工作应负有的责任。定人润滑的要求是当班现场设备操作人员对设备日常加油部分实施班前和班中加油润滑，有操作工人负责对润滑油池进行检查，不足时及时补充；由润滑人员负责，操作人员参加，对设备油池按计划清池换油；由机械维修工对设备润滑系统定期检查，并负责治理漏油。

（6）换油废油管理

制定设备的清洗换油周期与计划，容量较大的油箱应抽样化验，按质换油；清洗换油时认真清洗设备油池、滤网和过滤器；重点设备和复杂的润滑和液压系统换油要有维修工配合操作；换油后，由操作工人负责试车检查，确定润滑和液压系统正常后可正式使用；换油、废油回收做好记录，包括所换部位的油质、油量、日期等。

对废油回收应使用专用容器。废油要分等级分牌号存放，避免与新油混杂；润滑站负责废油的回收工作，要做好废油回收的统计；做好废油再生利用。如不再生，应及时将废油交售油脂再生厂。

关于润滑油脂的质量指标，请参考阅读资料 11-3。

3. 设备故障与润滑分析

轴承是设备的传动部件，设备运行中，轴承故障将导致设备运行效率下降、设备停运。据国际著名轴承商资料总结，滚动轴承失效原因很多，但与润滑因素有关的占总失效量的 55.6%，如表 11-6 所示。

表 11-6 轴承故障与润滑原因

排序	故障原因	占比/%
1	润滑不充分	36
2	润滑剂污染	19.6
3	安装不当	17.7
4	过载	6.9
5	存储、运输不当	2.8
6	其他	17

根据通用汽车公司对汽车润滑系统的研究，润滑系统的可靠性和可维修性是污染控制的函数，有效的污染控制可延长设备寿命，通过使用高效率的油过滤器，发动机的磨损能减少 70%。

美国钢铁企业调查认为，超过 75%的液压系统故障由液压油中的颗粒污染引起，BHP 调查认为，63%的齿轮失效和更换与润滑直接有关；EXXON-MOBIL 研究认为，污染是润滑故障和零件过度磨损的最大单一根源；著名轴承商 SKF 研究表明，如果将润滑剂中的所有大于油膜（厚度）的颗粒完全去除，滚动轴承将有无限寿命。

颗粒污染物高精度过滤，对润滑技术具有非常重要的意义。润滑油清洁度控制及油液质量在线监测，是提高润滑水平的重要手段。采用高精度过滤技术，控制元件磨损的发生和发展，是污染控制、磨损控制的关键，将提高设备可靠性及寿命。

轴向柱塞泵磨损试验中，在液压系统中用 5μm 超精过滤器吸油过滤，比用 15μm 过滤器时元件磨损减少 71%；用 1μm 超精过滤器，比用 5μm 过滤器时元件磨损减少 74%；用 1μm 超精过滤器，比用 15μm 的过滤器时元件磨损减少 92%。

轴承寿命研究发现，采用 1μm 超精过滤器代替 10μm 过滤器，能使轴承寿命提高 50 倍。

以上针对性的研究表明，通过过滤或超精过滤，将明显减少颗粒污染物，但也增加了成本，影响实际的使用效果；如在液压系统中采用过滤或超精过滤，将严重影响液压系统的流量，需综合考虑。

如图 11-10 所示为现场经常出现的情形，这些不正确的润滑下，设备将不能工作于良好状态，应当避免。

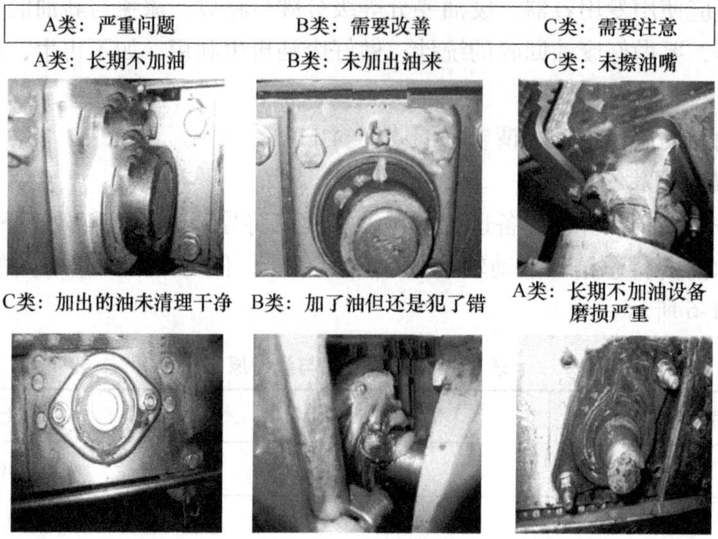

图 11-10 不正确润滑情形

课堂练习

（1）如何理解设备润滑的目的与要求？

（2）用于设备的润滑油很多，根据设备的具体条件，选择润滑油时应注意哪些质量指标？

（3）有条件时，根据某一台机床设备的润滑图，分析润滑要求。

11.3 设备 TPM 管理

11.3.1 设备 TPM 管理概述及“零”追求

1. 设备 TPM 管理概念

全员生产维修即 TPM，由日本在 20 世纪 70 年代提出，实际内涵源于我国的“鞍钢宪法”，将生产维修及全员参与相结合，建立全系统员工参与的生产维修活动，设备性能达到最优。

TPM 是包括操作人员在内的生产维修活动，能提高设备的全面性能。TPM 的生产维修体系如图 11-11 所示。

2. TPM 的定义及特点

TPM 早期有过定义，以追求最高的设备效率为目标；以生产设备一生为对象，确立整个保全系统；由设备的计划、使用、保全等所有部门全面参与；从主要管理者到一线人员，全员参加；赋予员工管理动机，以自主小组活动推进生产保全。

20 世纪 90 年代初 TPM 更新了定义，以建立健全最高生产系统效率的企业体制为目标；以生产系统整体为对象，确立预防“故障、灾害、浪费、不良”的运行机制；包括生产、开发、销售、管理等所有部门；从公司高层到一线工作人员的全体员工参加；依靠重复的小组活动，达到零浪费。

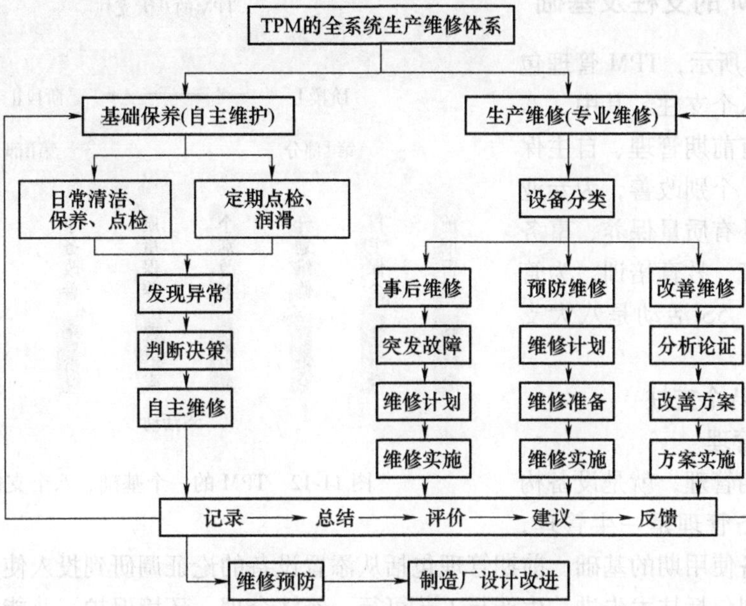

图 11-11 TPM 的生产维修体系

TPM 的特点是全效率、全系统和全员参加，称“三全”。全效率指设备寿命周期费用评价和设备综合效率；全系统指生产维修系统的各个方法都要包括在内，包括预防维修、维修预防、改善维修、事后维修等；全员参加指设备计划、使用、维修等相应部门都应参加，并注重设备操作人员和现场人员的自主小组活动。

3. TPM 的目标

TPM 目标可概括为六个“零”，即零停机、零废品、零事故、零浪费、零事故及零损失，零故障是前提。

零停机指计划外的设备停机时间为零。计划外停机对生产造成的直接损失及间接损失很大，造成整个生产流程的困难，产生资源闲置等浪费。设备维修停机计划时间应处于可控状态，停机时间合理，不能为满足非计划停机为零而使计划停机时间很长。

零废品指由设备原因造成的废品为零。完美的产品质量需完善的生产设备，设备是保证产品质量的关键，人是保证机器良好的核心。

零事故指设备运行过程中事故为零。设备事故的危害很大，影响生产效率及产品质量，可能会造成人身伤害。

零损失指设备速度降低造成的产量损失为零。产品作业线的设备保养不好、设备精度降低、状态不好，不能按额定速度使用设备，会造成产量损失。

4. TPM 的五大要素

五个要素具体为 TPM 致力于设备综合效率的最大化；TPM 要求在设备生命周期建立完全的预防维修机制；TPM 由各部门共同推行；TPM 涉及每个员工，从最高管理者到现场人员；TPM 通过自主的小组活动推进。

11.3.2 TPM的支柱及基础

如图11-12所示，TPM管理包括一个基础，八个支柱。其中，八大支柱的内容有前期管理、自主保全、计划维修、个别改善，为专业实体内容；另外有质量保养、事务改善、安全环境、教育培训，为管理及事务内容；5S活动是八大支柱的基础。

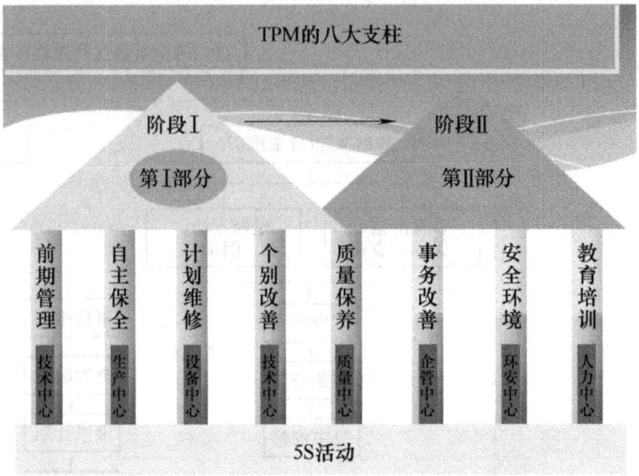

图11-12 TPM的一个基础、八个支柱

1. TPM的八个支柱

（1）前期管理

设备的前期管理，就是设备构成期管理。设备管理是一生管理，前期管理是设备使用期的基础。前期管理包括从添置设备的论证调研到投入使用前的所有内容，主要的原则包括技术先进、生产与工艺可行、经济合理、环境保护、节能等。工作依据是提高企业竞争力；设备有形无形磨损情况；安全、环保、节能、增容要求；大型设备改造或引进后的配套设施情况；资金周转能力。

做好设备前期管理的经济效益预测，如市场预测、原先基础设施的适应性、技术方案及工艺、固定成本、变动成本、投资回收期测算等。

设备选择应考虑的内容，包括生产率与产品质量、产品工艺性，产品作业线添置设备的可靠性、维修性、经济性、安全性、操作性、环保与节能，还要考虑企业的主观因素及管理习惯、设备成套性与生产流程的通用性等，添置设备实施过程的时间需求。

添置设备时，需要经过论证。根据企业的部门，分别承担可行性分析；产品实现、调试、试用、生产论证；产品技术性能、新产品研发论证；市场前景分析；设备可靠性、维修性，安装、日常维护，维修方式、周期费用、寿命，一生的形态管理；电力、循环水及压缩空气等动力提供；基础设施、厂房；操作、培训、工具、模具，配合参与设备维护；产品质量、管理体系；投资回报周期测算；设备使用的安全管理；职业卫生、心理条件等。

经以上全员参与及论证后，由设备部门进行设备选型、合同签订、设备采购、安装调试等。

（2）自主保全

1）自主保全的内容。自主保全是生产一线员工对“我的设备、区域”进行维持、保养和管理，产品作业线设备处于理想状态。结合设备点检，自主保全是对设备基本条件进行的准备及维护，如清扫、润滑、紧固，更换零部件，劣化复原和改善等。

对员工的培养以熟悉设备、驾驭设备为目标，按教育、训练、实践内容的PDCA过程开展工作，达到自己的设备自己管，维护好设备，实际是三位一体的点检为基础的设备管家体系。

自主保全的工作范围包括整理、整顿、清扫；基本条件的准备；目视管理；点检（作业前、中、后）；小修理。

自主保全中自主管理突出三个阶段：防止劣化阶段，设备周边环境的清理、设备表面清扫、加润滑油及能耗油、锁紧螺钉、检查设备异常；发现劣化阶段，定期检查、发现劣化，主要检查设备精度、性能、温度、效率，可凭经验，也可用检测仪器；改善劣化阶段，设备出现故障前，进行小修理，出现大故障时，专业人员维修，员工参与并学习。

设备使用人员应具备四种能力：发现异常的能力，在故障发生前发现异常的能力；恢复处理能力，能处理复原、异常或及时报告；条件设定能力，根据设定的设备性能设定参数的能力；维持管理能力，遵守既定标准，完善设备。

2）自主保全的实施。及时清扫灰尘、垃圾、异物，包括机械的活动部位、电气部位、夹具部位，液压、气压系统，以免导致活动不灵活、摩擦、堵塞、泄漏、电信号接触不良等。自动化设备因材料污损或混入杂物，传动系统将不能运行、短时间停顿。电气系统存在粉尘，会接触不良，故障难判断。液压油没有经过过滤或过滤系统有缺陷，阀芯将不能滑动。

清扫设备结构的结合部位，根据温度、缺陷、噪声等，发现异常。含设备主体清扫；设备附属部件清扫；润滑状况；设备外围的清扫。制定清扫、加油润滑标准，制定自主检查标准等。

（3）计划维修

此处的计划维修，是基于设备点检信息的状态维修，主要内容是根据产品作业线设备点检资料，对故障统计分析后确定的专业维修，包括大修、中修及小修。小修于日常点检中实施，中修也称项修，是针对性维修，大修是对整体设备解体后进行全面修理。大修、中修及小修的内容、程序及大修计划编制等，请参阅其他章节。

以设备管理部门为主管理、维修部门实施的设备维修活动，是专业维修，应按计划执行。在产品作业线设备停机前，应制定维修计划，降低维持设备寿命周期的总成本，提高生产性，以最少的成本最大化发挥设备性能。

预防维修的前提是掌握设备状态，有效措施是点检。随设备管理方式的发展，预防维修已经发展为可靠性为核心的维修、精益维修、预测性维修等。

建立健全与设备维修工作有关的管理体制，如设备投资与添置、预防维修、点检体系，涉及资产、设备资料、技术、资料、训练、维修实绩等。

设备管理部门的专业培训是提升维修技术的基础，是 TPM 的重要内容。随产品品质及生产率的提升，产品作业线设备现代化程度越来越高，维护维修能力必须适应这种变化。

追求设备维护维修费用的持续降低，是降本增效的重要环节，是设备管理的基本要求。

（4）个别改善

1）个别改善的特点。个别改善指人力资源、事务、设备及材料的效率化，有针对性地对设备改善，减少影响设备效率的 7 个损耗，包括故障损耗、准备及调整损耗、换刀换模具损耗、加速损耗、检查停机损耗、速度损耗、废品次品损耗；降为零的重点是设备零故障改善。通过个别改善，提升及发挥相关人员的技术能力、分析能力及改善能力。

2）具体实施过程及活动。对产品作业线设备或关键部位的现象，应明确问题场所，查实情况，了解设备状况信息，做详细记录。对现场的故障现象，采取临时措施，如零部件损坏应更换，设备重新启动，生产临时快速恢复正常。掌握现场实情，结合检查清单追溯，不遗漏关键项目，查找真正原因，原因复杂时，可考虑采用 PM 分析技术。采取对策，及时恢复，执行改善措施，不能拖延，如因技术、资金、时间等原因难以完全落实，需制定有效计划。根据管理体系，制定预防纠正措施，预知故障发生，确认有无日常点检项目，标准是否适合，研究发现劣化的异常征兆的方法。预知保全非常重要。

个别改善活动应突出全员性，包括全员改善问题提案、班组主体的改善活动、部门课题改善活动等；奖励为主、中期量化、建立改善提案台账、推行标准化、组织归集整理等。

3）个别改善的效果。通过个别改善，提升设备的综合效率（OEE＝时间开动率 AE×性能开动率 PE×合格品率 QE×100%），可见，现代设备管理中，不再仅仅修复设备，而是提高设备的综合效率。

影响设备效率的损失因素很多，应从所有因素中寻找个别改善的方向。如图 11-13 所示为设备综合效率的影响因素及改善方向，提升设备 OEE 的措施如图 11-14 所示。个别改善活动可提升及发挥人员的技术能力、分析能力及改善能力。

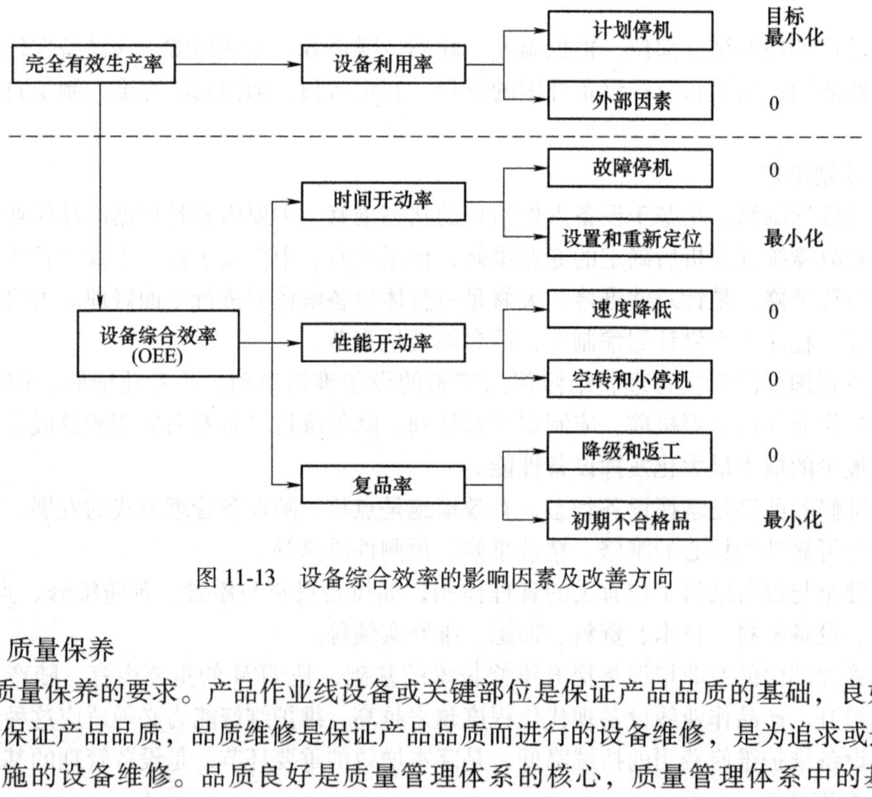

图 11-13 设备综合效率的影响因素及改善方向

（5）质量保养

1）质量保养的要求。产品作业线设备或关键部位是保证产品品质的基础，良好的设备性能才能保证产品品质，品质维修是保证产品品质而进行的设备维修，是为追求或达到产品零不良实施的设备维修。品质良好是质量管理体系的核心，质量管理体系中的基础就是设备。

产品实现的现场管理中，管理对象是员工与设备，即使员工精力集中、技艺超凡，也不能稳定保证产品的品质。TPM 活动通过改善设备来保证设备处于良好状态，制定规范的生产流程和工艺方法，克服员工长时间重复作业导致的差错。

品质维修要求设备的技术及状态性能保证产出高品质的产品，TPM 活动中，加强设备规划、设计、制造等环节，保证生产现场设备无不良。对产品作业线的设备进行点检，保证设备的状态性能在参数范围内，以预防品质不良。点检预知发生品质不良的可能性，并采取对策。

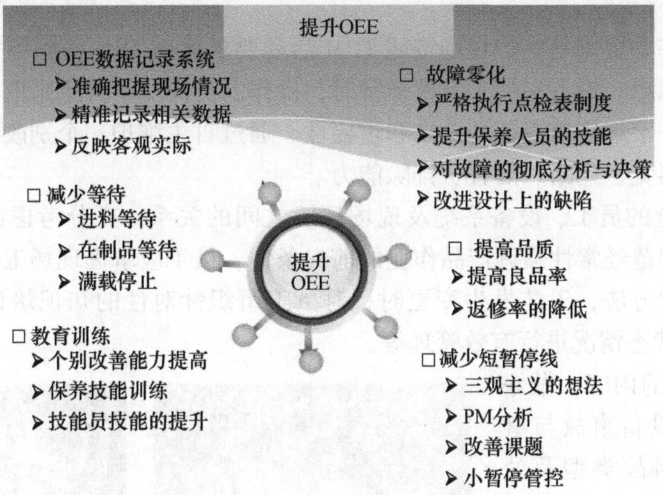

图 11-14 提升设备 OEE 的措施

2）质量保养的方法。根据 TPM 管理的总体要求，结合点检基础，对产品作业线设备或关键部位的状态进行确认，包括设备与产品品质的关系、质量规格、工艺流程、产品质量关键控制点、对不良产品的现象识别、改进计划等。

调查不良，找到问题对策，分析工艺过程的不确定因素，改善条件缺陷，点检集中改善、决定点检基准值，做好标准修订、倾向管理等。

（6）事务改善

1）事务改善的要求。事务改善是围绕设备 TPM 管理开展的事务性改善，企业的产品研发、市场开拓及行政、人力资源等部门的 TPM 开展，应着重于事务改善，提高生产经营效率。事务改善主要由生产部门、设备管理部门提供效率化支援，其他部门全员参与，实现效率化。

2）事务改善的内容。TPM 管理的开展，包括准备发动阶段、落实推行阶段和评价改进阶段。

设备点检是 TPM 管理的基础。维持设备的基本条件，清扫、注油、紧固，遵守使用条件，根据总点检劣化的复原，开展培训和实践，形成 PDCA 循环，操作者按制定的基准，维持设备管理现场。进行紧固和注油、清扫，可预防故障，在接触设备过程中感知其异常，也可预防故障。建立自主管理体系，以全体为对象活动，获得较好效果及利益。

TPM 管理中的事务改善内容包含计划工作、组织工作、协调工作、监督考核等，还有管理方面的制度完善、监督执行、评价及检查考核等。

全员参与的提案活动，能培养员工的问题意识和改善意识，改善员工的工作环境，提高设备运行效率，减少浪费、降低成本；提案活动的特点为，制度化的奖励制度，鼓励改善提案的自主实施，不限提案内容，不片面追求经济效益，接收提案、认真评审、予以奖励。

（7）安全环境

1）安全环境的要求。环境改善的目的是企业区域及生产场所应保持安全、整洁、温馨，充满生气，具体表现为尊重员工、守信经营、建立企业文化、增加企业魅力、确保企业收益等。

环境改善的基本要求是生产现场按照 TPM 活动要求实施 5S，消除不安全因素，减少非常规作业，减少隐患，设备和加工条件异常时，操作人员能及早自主采取有效措施；员工自觉执行标准规范，了解标准规范的由来和重要性，通过自主维护、个别改善等活动，培养操作人员对异常的察觉、判断、处置、排除能力。

TPM 构建安全的员工、设备系统及现场环境之间的关系，充分考虑设备操作使用及维护的安全性，按规范经常性强调产品作业的前提条件。员工应掌握现场工作时的紧急情况处置方法、产品作业方法，工艺发生变更时，对员工组织针对性的知识培训及技能培训，对 TPM 活动涉及的状态情况进行有效管理等。

2）安全环境的内容。做好现场目视管理；设备事故与事件；事故等级、事故类型及处理；四不放过原则；安全制度；设备电气安全等。

a) 高温区域例1　　b) 高温区域例2

图 11-15　现场高温区域

现场的目视管理是有效手段：设备定置管理包括区域设置，设备、工装定置，作业人员定置等；看板管理容易识别、备置、处理，适应性好、坚固耐用；颜色管理涉及重要零件管理、油料管理、管路管理、人员管理、模具工具管理、进度管理、资料管理；识别管理，设备显眼处贴标识、警告、禁止、隔离、灯光提醒。如图 11-15 所示为现场高温区域，如图 11-16 所示为电柜前的红斑马线。

（8）教育培训

1）基本要求。教育培训是 TPM 活动的重要内容，人力资源是企业生存及发展中最活跃的因素，必须发挥员工的特长，调动员工的积极性，提高员工的主人翁意识，鼓励员工的参与性。TPM 活动需要对设备使用和管理都精通的人力资源，故需全员参加专业培训，提升员工的管理能力、技术能力。

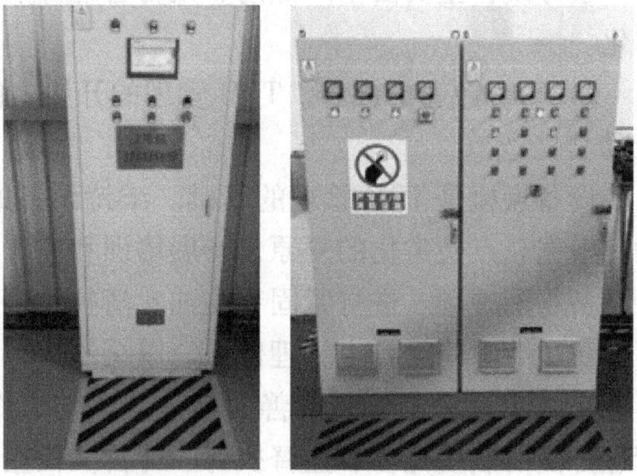

a) 低电压　　b) 高电压

图 11-16　电柜前的红斑马线

2）TPM 培训的内容。公司层管理人员，调集资源，推进 TPM 活动；中层管理人员，理解 TPM 的宗旨、目标、内容和方法，明确任务；TPM 人员，整体策划 TPM 体系，做针对性的工作内容；现场员工，谁用设备谁负责，对其进行设备结构、点检、处理方法的培训。

对设备维修人员进行素养培养，如适应性、灵活性、创造性；对新员工培训，做示范指导，如设备、产品、质量、安全，设备结构、原理、零部件，工装、夹具，关键部位、关键点等，用5W2H方式，现场操作，记录、考核。

2. 5S活动

5S活动是TPM的基础，表示整理、整顿、清扫、清洁、素养，某些企业的现场管理已发展为9S管理或更多，如习惯、纪律、学习等，这些仍是整理、整顿的范畴。5S是现场管理的基本活动，是推行TPM阶段活动前必需的准备工作。

（1）整理

对现场管理中相关的人力资源、事务、设备及材料等做系统管理，包括有形整理与无形整理。有形整理是对现场存放和滞留物品的分类；清理不需要的材料、半成品、料头及切屑、垃圾、废品、工具、设备等；清理车间工位或设备周边、车间通道、工具箱及车间死角等。无形整理体现在员工的心理状态，关注危险岗位员工，防止发生意外。这些都是开展TPM活动的开端。

整理后，现场、车间通道通畅，提高工作效率；保障安全，提高质量，消除差错；减少库存量，节约资金；全员参与，提高员工的参与性及主动性。

（2）整顿

将需要的人力资源、事务、设备及材料等定量、定位，对生产现场的设备、材料、工具及加工件等合理存放，建立有效的规章制度和最简捷的流程。

设备、材料、工具及加工件等存放于合理区域，消除混放，防止差错；设备、材料、工具及加工件等存放区域应科学合理，如根据其使用频率存放，使用频率高，应存放较近，使用频率低，可集中放置于较远区域；设备、材料、工具及加工件等放置目视化，用合理的色彩和标记加以区别。

总之，应提高工作效率和产品质量，保障生产安全。

（3）清扫

将设备场所打扫干净，设备异常时适时修理，恢复正常。生产现场的灰尘、油污、铁屑、垃圾等，会降低设备精度、增加隐患、引发故障、影响产品质量、产生事故。脏乱的现场影响员工的工作情绪，必须通过清扫活动清除脏污，创建良好的工作环境。

11-6 加工中心5S现场

11-7 5S管理要求目视牌

清扫活动是对管家体系中自我范围内使用的设备、材料、工具及加工件等自行清扫，对设备做维护保养。目前，已将清扫设备与设备点检结合，清扫被认为就是点检，可减少60%的设备故障及隐患，主要是减少小故障；清扫设备时对设备润滑，清扫也是保养；清扫设备时，应消除泄漏、调整松动等，清扫也是改善；清扫时若发现有屑、油、液体泄漏，需查明原因，并采取合理有效的措施加以改进。

（4）清洁

清洁是对整理、整顿、清扫活动的维护，形成管理体系及程序，使现场保持最佳状态，并坚持、深入及循环，消除发生安全事故的隐患及根源，创造良好的工作环境，员工工作愉悦，工作热情高。保持设备、物料、工件、工具等的清洁，消除生产环境污染，不存在浑浊的空气、粉尘、噪声和污染源，消灭职业病。

（5）素养

素养即努力提高员工的修养，严格遵守规章制度的习惯和作风，是5S活动对人的核心要求。员工素质提高，自身清洁，仪表整齐，情绪状态好；同事关系和谐，工作配合良好，相互尊重与信任，5S 活动才能顺利开展并持续。

（6）环境改善

环境改善包括现场工作环境和员工的和谐环境，追求设备管理“四个零”，提高设备效率及经济效益。

11.3.3 推行 TPM 管理

1. 推行 TPM 管理的要素

提高工作技能。设备操作工与设备管理专业人员，需努力提高设备管理及维护维修工作技能。

改进情绪状态，组织良好团队，共同促进并提高。通过 5S 活动，改善现场环境与操作环境，提升员工的自主工作观念，提高工作效率，避免设备事故，现场整洁，设备、材料及工件、工具等按类放置，提高设备调整及工具获取速度，减少错误。

2. TPM 管理的循环

TPM 管理是以点检为基础、全员参与的活动，多次循环才能取得效果，其中，第一个循环是关键。如图 11-17 所示为 TPM 管理的循环内容。

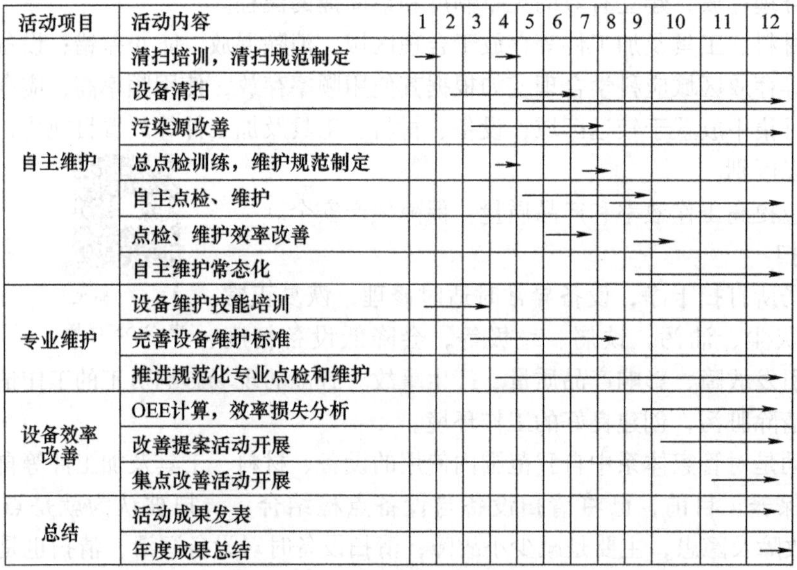

图 11-17 TPM 管理的循环内容

课堂练习

（1）TPM 管理中的设备清扫有哪些内容？

（2）推广 TPM 管理有几个主要方面？

（3）5S 管理的主要内容有哪些？

第12章 动力设备及起重设备的管理

12.1 动力设备管理的基本要求

12.1.1 动力管理的意义及与生产经营的关系

1. 动力管理的意义

工业企业中，通常将压缩空气、循环水、电力（简称风、水、电）的使用称为动力，任何企业生产系统中不能没有动力输入。与之相关的动力设备管理极为重要而特殊，关系到生产的顺利进行，尤其是在化工、冶金等连续生产行业。

工业企业内所有用于发生、转换、分配、传输各种动能或耗能工质，与之有关的设备，称为动力设备。动力设备及传输管线是生产活动的心脏和动脉，确保动力设备安全可靠、经济合理地运行，才能保证正常生产。动力设备的技术状况、管理及维修，直接影响企业的安全生产、能源消耗、工艺质量、人身安全、环境保护、企业经济效益和社会效益。

随着生产发展，企业动力数量越来越大，对介质质量要求越来越高，动力设备数量越来越多，单台容量越来越大，动力设备结构也更复杂，高温、高压、高速、大容量的动力设备及附属设施越来越多，各种动力介质的传输管线越来越长，口径或线径越来越大，所用材质也越趋复杂，对动力设备管理要求就更高了。

动力设备不允许出现间断和差错，如动力的参数不符合要求，将直接影响产品质量、数量、安全及环保等，影响企业综合经济效益。

在装备制造行业，动力设备固定资产一般占企业总值的15%~25%，动力费用约占生产成本的5%~10%，在化工、冶金等行业，动力费用所占比重更大。

由于动力特点和规律各异，自成系统，配备的设备也互不相同，要求从事此岗位的技术人员、管理人员和操作人员，均须经过专门训练，具有一定的专业知识和文化素质。加强动力供应管理，搞好动力设备管理和维修工作，对挖掘企业潜力、节约能源、提高企业经济效益具有十分重要的意义。

2. 动力供应与生产经营的关系

（1）为生产经营服务

企业动力供应的目的是保证生产动能，并应满足动力供应自身的特定规律和技术要求，在为生产经营服务时，不得违反规定，随意操作及违章操作。

（2）供电管理部门的关系

企业供电接受供电部门的技术监督，如用电负荷、功率因数、用电节能管理等，达到节约、优质用电要求，服从调度，在规定用电限额内使用电能；将供电质量反馈给供电公司。工厂供电系统是为企业内生产及生活而设计，构成单独的网络，改变内部运行网络并不影响外部电网。企业内部供电系统的运行必须由工厂自行独立管理。

（3）安全可靠与经济合理的统一性

企业动力运行必须安全可靠、经济合理，两者必须统一综合考虑。在保证安全运行、提高可靠性和经济性两者之间，安全运行第一；在保证生产和降低生产成本之间，前者更有现实意义，首先满足可靠运行，经济运行应在保证安全运行和可靠运行时，采取改善生产管理、加强技术管理等措施来实现。

12.1.2 动力设备管理范围及基本任务

1. 动力设备的环节

企业动力设备指企业内用于发生、变换、分配、存蓄、传输各种动能如电能、热能、压缩能、煤气、乙炔等及其他气体、液体的设备和管线。一般分三个环节，生产部分，即动力发生装置和变换装置，如锅炉房，煤气、氧气、乙炔、压缩空气站，泵站，热交换器，一次配变电所等；传输和分配部分，即全厂的电网及动力管道和分配装置，二次配变电设备等；消费部分，即生产车间设备。辅助生产设施、生产设施等。

2. 动力设备的管理范围

（1）电气系统

电气系统包括供配电系统的成套装置，如发电站设备；变电站设备如电力变压器、调压器等；输配电网络各种高低压设备、避雷器、油开关、电流互感器等；电力电路包括动力电路、照明装置及电路等。机械设备电气部分如电动机、配电箱、磁力启动器、接触器、电磁离合器等。电气工艺设备如交直流电焊机、点焊机、氩弧焊机、焊切设备等。变频设备如高频、中频热加工设备，特定变频机组、充电设备等。工业电炉如电弧炉、电阻炉、热处理高频感应加热炉等。与电气系统有关的设备如电炉变压器、试验变压器、调压器、特殊功能变压器等。

（2）蒸汽系统

蒸汽系统全部设备包括锅炉给水泵、水处理及自动装卸煤设备、蒸汽及热水管道、风机、除尘设备、水处理设备等。锅炉设备属于特种设备，在我国监管很严格。

（3）煤气或天然气系统

煤气系统包括煤气发生设备及输送管道包括煤气发生炉、除尘装置及整流装置、洗涤塔、干燥塔、冷却塔、煤气排送及鼓风系统装置等。天然气系统天然气流量装置、调压装置、控制阀及输送管道装置，燃烧煤气及天然气设备包括热处理炉、加热炉、退火炉、熔炼炉等。

当前，煤气与天然气已集中供应，企业没有煤气发生设备，但企业内部燃气传输管路设施，仍属动力设备管理的范畴。

（4）压缩空气系统

压缩空气系统包括空气压缩机、循环水泵、冷凝器、冷却设备、储气罐等，还包括压缩空气输送管道。

（5）供水系统

供水系统全部设备和设施包括水泵、加压泵、净化装置、软化水系统、消毒装置等，以及给水管道及阀门。

（6）通风供暖及压缩装置

通风供暖及压缩装置包括通风采暖、空调系统、除尘、降温、恒温装置，如各种离心式和轴流式通风机、加热装置、控制装置、散热器、采暖风机、氧压机、氨压机、蒸发器、冷凝器等。

（7）工业炉窑

工业炉窑包括化铁炉、电弧炉、转炉、平炉、干锅炉、粉末冶金设备、电渣熔炼设备等；各类加热炉如普通加热炉、反射加热炉、室式加热炉、台车式加热炉、半连续及连续式加热炉、特殊功能的加热炉等；热处理炉如箱式热处理炉、台车式热处理炉、井式热处理炉、各类退火炉、电阻炉、电热浴炉、工频感应加热炉等；干燥窑炉如砂型烘窑、泥芯烘窑、木材干燥烘道、喷漆干燥烘房、各种特殊功能的干燥炉等。

所有动力网络、电路、管道等，不论架空或隐蔽，均属动力设备管理范围。

3. 动力设备管理基本任务

（1）运行特点

1）系统性、连续性、同时性。动能发生转换设备、分配传输设备和耗能设备，互相连通，构成动力系统。动力发生转换设备及传输管线犹如生产的心脏和动脉。动能发生、转换、分配、传输和耗能的每个过程，都是整个动力系统统一、连续的工艺过程的环节之一，任何环节中断，都给企业带来重大损失。

2）运行的时间性。运行的时间具有连续性，中途不能间断、停顿，否则会造成全部或部分设备停产，带来重大经济损失。

3）危险性。动力系统主要装置和采用的介质一般是高温、高压或有害、有毒等，在安全方面有特殊要求，在操作、运行、维护过程中必须将安全置于首位。

4）运行的经济性。动力设备是企业的重点耗能设备，使用效能很重要。动力设备有经济负荷点，连续运行、负荷稳定时，动力设备才会有较高的效率。必须有计划地使用动能，调整负荷，提高用能负荷率和设备利用率，尽量降低系统中的损耗，保证系统运行的经济性。

5）安全要求高。动力设备的特点，给管理维修工作提出极为严格的要求，如管理不严，维修不善，可能造成重大人身伤亡事故和设备事故。

6）供能的合理性。各种动能具有不同的品位，应根据负荷性质，合理选用和分配动能，按能源的品位参数安排用途。采用梯级利用、循环利用、充分利用热能的余热，减少能源与交换次数，不断提高能源利用率，达到供能的合理性。

总之，应做好动力设备的管理和维修，不断改善技术状况，安全可靠、连续正常运行，对企业生产、环境保护、职工健康和企业效益极为重要。

（2）基本任务

1）明确动力管理职责。负责动力系统的安全可靠正常运行，经济合理地供应企业生产所需的动能；负责动力设备运行过程的状态管理，根据设备特点，搞好动力设备的预防与维护；负责编制、修订动力设备的管理、运行、维修、统计、考核等制度并实施；负责编制并实施动力设备检修、改造及预防性试验计划；负责分析、处理动力设备故障，并采取改进和防范措施；开展维修成本核算和动力系统技术经济分析评价；参与制定单位产品能耗定额、动力设备热平衡测试，配合制定动力系统节能规划；参与企业技术改造规划，实施动力设备的改造、更新、选型、购置、安装、调试验收等；参与组织做好专业人员的培训；学习运用现代设备管理经验、设备点检、故障诊断及维修新技术，提高动力设备管理和维修水平。

2）建立规章制度。建立、健全各项规章制度，是贯彻动力设备“安全可靠、经济合理”方针的基础工作。在动力设备的管理中，实行以预防为主、维护保养和计划检修并重的原则，建立健全岗位责任制及各种规章制度。

动力设备管理制度包括巡回检查、专业负责、交接班、设备维护保养、安全防火、值班运行记录和安全操作运行制度及规程等。主要包括动力设备的开箱检查、安装调试、验收投产、运行管理、维护保养、闲置封存、移地安装、借用调拨、报废等管理制度，新增或更新动力设备的选型、择优购置等管理制度，性能落后和热效率低的风机、水泵、变压器、锅炉、电机及其他没有使用修理价值的动力设备和管线的更新改造制度，动力系统技术改造项目的审查、竣工验收、投产移交等。

3）加强固定资产管理。

① 固定资产管理。动力设备属固定资产，按固定资产标准分类编号，建立健全动力设备台账、卡片，保证账、物、卡相符。动力设备的附属设备及附件应随主机列为固定资产。

② 设备档案。对主要动力设备建立单台（套）档案，包括使用说明书、图纸、检查验收、历次修理记录、事故处理、预防性试验记录、热平衡测试报告及技术状况记录等。

动力管线要编号、登记、建账，确定修理复杂系数，并标明管线的走向、长度、标高、口径或截面积、壁厚、材质、保温层厚度等参数，要有完善的动力管线图纸，并存档。

4）加强生产运行过程管理。在保证动力设备在安全可靠、经济合理运行前提下，达到寿命周期费用最低和综合效益最高。严格执行规章制度，严肃工艺纪律，保证动力设备时刻处于良好的运行状态。

5）加强动力站房设备管理

① 可靠。确保所建动力站房（包括动力设备与附属设施）竣工后长期连续运转，使用可靠，满足生产需要。考虑生产需要和动力设备能力的匹配，并留有适应负荷变化的空间；考虑动力设备维护、保养、检修时供运行的备用设备；合理配备和培训操作维修人员。

② 安全。确保动力站房竣工后长期安全运行，考虑动力站房与其他建筑物的安全距离，站房的耐火等级及防爆、防火、防雷击等；动力设备运行的污染和公害预防、治理措施；确保动力设备安全运行的预防性试验和定期检测手段等。

③ 经济。确保动力站房竣工后生产运行的经济性，对动力站房建设的各种方案，如集中或分片集中，不同机组选择等，进行技术经济分析，在安全性、可靠性满足生产的前提下，选择最佳方案。

（3）运行管理

1）动力设备安全运行要求。

① 前期管理。动力站房设计、建造和设备选型、安装，辅助设施的布置、设计、施工，动力设备的工艺布局应符合专业规范。如一般企业是低压供电，即高压电源进入企业后，低

压分配到各车间与设备，但也要根据设备的具体要求，在企业内部高压送电到车间，才能满足工艺要求。

② 动力设备安全可靠。动力设备的生产能力和产生的动能质量必须满足生产要求，动力管线布局合理、可靠；动力设备和管线安装、调试，必须符合标准规程，并经严格检查验收。

③ 管理人员及检查制度。建立健全动力管理机构，配备专业合理的管理、技术、操作和设备维修人员。建立日常巡回检查和定期检查制度，采用先进状态监测技术，及时发现并消除设备隐患；建立动力设备日常维护、定期维护和计划检修制度，保证设备处于完好状态；动力设备中的压力容器、工业锅炉等属特种设备范畴，必须执行特种设备管理制度。

④ 严格安全操作规程和运行管理制度。制订安全规程，规定动力设备在操作或维修和安全实验时，应遵守规程，采取技术措施及组织措施。当设备发生事故，规定紧急施救和处理方法。

2）动力设备事故的防范和处理。

由于动力设备的特殊性，发生事故后，后果比普通设备严重，应采取防范措施避免事故发生。如发生事故，按“四不放过”原则严肃认真处理。

① 一般事故。因设备事故造成全厂电力供应中断 10~30min，或部分车间电力供应中断 30~60min；全厂蒸汽、压缩空气、煤气、水等供应中断 15~30min，或部分车间动能供应中断 20~60min。如不属上述范围的事故，按动力设备故障处理。

② 重大事故。因设备事故造成全厂电力供应中断 30min 以上，或部分车间电力供应中断 60min 以上；全厂蒸汽、压缩空气、煤气、水等供应中断 30min 以上，或部分车间动能供应中断 60min 以上；锅炉或压力容器由于受压部件严重损坏或发生爆炸等。造成以上情况之一者为重大事故，恶性未遂事故如情节严重，按重大事故处理。

动力设备或动力管线非正常损坏，虽仍可使用，但造成不可弥补的损伤或寿命缩短，或非正常原因使动力设备或管线运行参数低于设计运行参数下限，并对生产造成影响的，应根据具体情况分为一般事故或重大事故。动力设备发生事故后，应立即停止运行，采取有效措施保护事故现场，防止事故扩大，并立即报告有关部门。

③ 动力设备事故处理。一般事故由事故单位组织调查分析并处理，按规定请属地生产安全监督管理部门参加调查分析。对隐瞒事故不报或弄虚作假的，应加重处罚并追究责任。

事故调查报告应包括事故发生和扩大的原因、设备损坏程度及人员伤亡情况、事故发生和扩大的具体责任者、事故造成的损失、防止类似事故发生的措施、对责任者处分的决定。

事故调查报告要报告上级，如事故影响到上一级供电系统的断路器动作，还要报告本地供电公司，锅炉及压力容器事故应按规定报告属地特种设备管理部门。如有触电、中毒伤亡事故，必须立即报告属地的安全生产监督管理部门。

3）动力设备的状态管理。动力设备的特殊性及在生产中的特殊地位，必须加强运行状态管理，制定、完善并执行动力设备管理制度，认真做好动力设备和动力管网的巡回检查、日常定点、定期检查、年度普查和预防性试验等。严格执行对继电保护装置、自控系统、监测仪表等的定期检查，做好运行、维修和故障记录等分析统计，及时掌握和监督动力设备的状况，采取措施，消除故障于未然。结合传统管理方法，采用监测和设备诊断技术，不断提高动力设备的运行、维修及管理水平。

以上动力设备状态管理中，涉及压力容器、压力管道等特种设备时，必须严格执行相关规定。

12.1.3 动力设备日常检查及预防性检查

1. 动力设备完好的基本要求及评价

安全可靠，动力设备运行工况的参数，必须符合标准，动力设备的安全、保护装置应灵敏可靠；定期校验，对动力表计定期校验，指示或显示正确，电气系统装置齐全、保护可靠、电气仪表精度合理且显示正确，电器元件、电路安全可靠，有接地接零保护；保护装置齐全，传动装置运转正常，防护罩壳规范，液压油路系统、散热油路系统油压油温正常、油质清洁、油位适中，水路系统水压正常、水温正常、水位适中、有断水、高低水位警报且灵敏可靠，管道无泄漏，色标明显，保温良好；动力设备状况良好，设备内外整洁，无集灰，无严重油漆剥落，腐蚀，附件堆放整齐。

根据以上要求，可对动力设备运行维护评价，企业可自行建立有效的评价方法，如单独对供电、供水、供气系统的设备评价，也可综合动力系统评价。各系统的评价有其特点，如果是强制标准要求，必须执行。通过评价，对不符合要求的局部，必须及时整改。

2. 动力设备预防性检查、试验和定期检查

（1）动力设备及管线巡回检查和定期检查

动力设备及管线的日常管理，有巡回检查和定期检查，根据动力设备特点，建立信息管理制度，健全运行、维修和故障记录与统计分析，及时掌握动力设备状况。动力设备的点检依照点检的内容执行，但动力设备具有不同于其他设备的特点，一般由动力部门的人员实行点检。

动力设备及管线的日常点检和定期检查具体内容和部位，应根据具体设备而定。检查中出现的问题和隐患，应及时处理和排除。开展点检既能做好动力设备的巡回检查，又能真实了解设备的缺陷，为设备开展项修或大修提供依据。

（2）动力设备预防性试验

预防性试验是动力设备安全可靠性的重要措施，必须严格执行规定，做好预防性试验、预防性维修和调整，如接地系统、防雷装置、续电保护装置等，掌握运行状态，及时发现隐患并排除。

电气设备，定期测量绝缘电阻、绝缘耐压试验，测量绝缘介质损耗和泄漏电流，试验接地电阻、接地接触电阻，试验继电保护装置和安全指示装置，定期校验安全装置和计量仪表，绝缘耐压试验可以用绝缘电阻表测量，绝缘电阻表的电压等级要根据设备及绝缘要求确定。

热力设备、动能发生设备，定期检验安全指示装置如安全阀和热工仪表等，压力容器定期检查内外表面焊缝有无裂缝、裂口，按规定进行耐压试验和严密性试验；对锅炉设备定期检查本体内外是否有磨损、腐蚀、裂纹、鼓包、变形、渗漏等现象，炉墙是否有损坏等；压力容器、锅炉设备的安全预防，必须符合特种设备的规定、规范。

对重点和关键动力设备，加强检查和管理，严禁超负荷运行和超规范使用。

3. 人员培训

（1）动力设备运维人员具备的条件

具备相应的教育经历，工作认真负责；身体健康，无妨碍工作的病症，没有从事动力工作的病症，根据有关规定，定期体检，合格后上岗；具有一定的技术业务能力，受过安全操作规程教育和实际训练，经考试合格，持有专门上岗操作证；组织新到运行人员学习安全操作规程及有关制度的培训，由专人负责辅导实际操作，考试合格后参加现场见习。

（2）动力运维人员的培训内容

动力管理部门会同人力资源部门，有计划、系统、针对性地培训员工，提高动力系统职工的责任心和技术业务水平，经培训考核合格后上岗。

对动力系统新维修人员、变更工种的员工等进行培训。学习规程制度，包括安全工作规程、检修规范及动力设备检修工艺、质量标准、工艺操作基本知识及有关专业知识；在师傅指导下，练习检修的基本操作，考试考核合格后转入检修实习；在专业人员指导下参加实际检修，实习期满考试合格后独立操作。

现场见习，即在生产现场学习动力设备的结构、性能与动力系统的构成及运行，在师傅指导下完成简单的辅助工作，如给运行设备加油、抄表等，但不许独立操作、替班作业或练习运行业务，见习期满后考试不合格者，应做第二次现场见习或调其他岗位。

跟班学习，即新运行人员在跟班实习期间签订师徒合同，在师傅或值班人员指导和监护下，逐步参加实际操作，熟悉和掌握设备性能、结构及规章制度等，跟班实习期满审查合格后，经批准可独立值班，不合格者应延长跟班实习期限，或调任其他岗位。

12.1.4 动力设备检查

1. 检查验收及内容

（1）按规范检查

重点动力设备大修和动力设施改造、安装的检查验收，一般为自检和专职检查相结合。

可行性方案审查，对大型重点动力设备大修和大型动力设施的改造安装，应提出可行性方案，施工中做好工序、部件的验收工作；分段验收，动力设备大修和动力设施改造施工中，可由专业人员分项目、分部门、分阶段进行中间验收；整体验收，动力设备大修或动力设施改造竣工时，由专业负责人及其他人员共同验收，决定设备或设施能否投入试运行；设备和系统的外部检查，检查设备和附属设备、动力管线安装正确、牢固，密封程度、操作方便和调节灵活程度；绝缘或保温符合规定，油漆、颜色和标志符合设计规范等。

（2）设备性能及内部质量检查

根据动力设备施工及验收规范、技术安全规程、安全监察规程、动力站房设计等规范，进行检查和试验，包括强度试验、绝缘试验等，达到规定的质量标准。

以上检查应做好技术资料验收，大修设备和改造设施的技术资料应准确、完整，包括检查试验数据、施工记录和技术资料、修改设计证明文件及竣工图纸、更换零件的明细资料、中间验收的质量检验评定记录、系统试验和试运行记录等。

（3）技术资料验收

检查大修设备和改造设施的技术资料是否准确、完整，包括大修的检查试验数据、施工记录和技术资料、设计修改证明文件及竣工图纸、更换零件的明细资料、中间验收的质量检验评定记录、系统试验和试运行记录等。

2. 动力设备项修检查和日常维护

动力设备项修及一般安装质量检查由动力设备工程师、设备管理人员，根据有关规程和技术质量标准验收。对动力设备及管线的技术维护质量逐月检查和评价，评价时要注意动力设备和管线的整体技术状况、有无事故和隐患运行情况及其延续时间等。

3. 动力设备技术管理及预防性检查

保证动力设备及管线系统的安全、正常运行，预防和控制事故发生，采取方法和手段，监督掌握动力设备的技术状态，逐步实行以设备状态为基础的技术管理。

做好动力设备的预防性试验、预防性维修，对重点、关键动力设备严格实行重点维护保养、预测预防试验制度，严禁超负荷、超规范使用；做好动力设备及管线的巡回检查、日常点检、定期检查，建立信息反馈制度，健全运行、维修和故障记录与统计分析，及时掌握动力设备的技术状况。

合理安排日常巡检（点检）和定期检查内容和部位，发现问题和隐患应及时处理并排除。

12.1.5 动能生产及设备维修

动力设备比其他设备管理制度更严格。动力设备操作岗位和修理岗位工种为特殊工种，如值班电工、维修电工，必须持证上岗。

1. 安全操作规程

包括综合规程和专业工种安全规程，综合规程包括一般要求，专业安全规程结合在技术操作规程内。

操作规程分单机运行操作规程和动力系统运行操作规程。单机运行操作规程包括设备主要组成、工艺流程、技术参数、润滑、冷却、安全调节装置等；设备操作包括起动前准备、起动、正常维护、停产等；异常及故障处理包括润滑、冷却、声响及参数不正常等。动力系统运行操作规程包括动力系统工艺流程图、主要设备、控制部件、工艺参数等；正确操作包括起动前的准备、起动程序、检查巡视、调整、停车等；故障及处理包括系统参数不正常、出力降低、单机故障及处理方法等。

信息沟通方式与制度包括执行信息沟通方式与制度，如检查、运行、操作工作；动力组各种供能、停止供能业务的信息沟通；跨部门的信息沟通，如分散管理的动力站房与使用部门之间的动能输送、停止；参数调整等操作信息沟通。企业内部信息沟通十分重要，质量管理体系的建立与完善，也要求具备信息沟通机制。

2. 岗位责任制

根据动力设备的特殊要求，各动力系统必须加强班组运行管理，建立健全岗位责任制。动力设备操作和值班人员及时掌握动力设备的运行状况、动能发生、使用状况，发生异常时，必须按照规程及时处理，并及时报告。

3. 交接班制度与出入制度

企业应结合自身特点对动力系统及设备运行值班人员制订交接班制度。严禁发生事故时、事故处理时交接班，必须上下两个班次人员共同处理事故，完毕后办理交接班手续。交接班时须按值班台账要求，认真记录值班的设备运行状况。企业对动力系统值班人员进行安全教育，提高警觉性和安全责任感，严格遵守出入制度，禁止未经许可及非专业人员进入。

4. 动能的计量管理

动能及能源计量是企业的技术基础工作，对企业节约能源，搞好动能管理至关重要，应配备好动能及能源计量仪器及仪表、做好动能的计量管理。

5. 动力设备维修

动力设备的维修一般采用计划检修制。编制动力设备检修计划要根据技术状况与修理周期结构相结合的原则，并针对设备进行安排。对安全可靠性要求高的动力设备，要按有关规定强制性检修；对技术状况差，但还未到修理周期的动力设备应优先检修，必要时停产检修；对没有备用方案的动力设备，要尽可能利用生产间隙时间或节假日安排检修。

6. 典型动力设备的维护保养

（1）电动机的二级保养

拆开电动机，消除线圈个别部位存在的缺陷，清扫电动机灰尘及杂物；浸漆、烘干电动机绕组，涂保护漆；检查风扇，消除松动现象；修正转子支承轴颈，调整转子与定子间的间隙，更换轴承盖的衬垫；清洗轴承并换润滑脂，更换损坏的轴承；检修整流子接线及槽沟；修理和研磨滑环；检查空运转及负荷运转情况。

（2）电力变压器二级保养

清扫整体及套管，检查套管与母线连接是否紧密；检修油枕、吸湿器、阀门及进出线套管等；校验温度计和仪表；试验动作回路，检查油位线并做化验油样，必要时增添或更换变压器油；检查分接头开关切换动作是否正确，测定分接头开关直流电阻；检查和更换密封橡皮垫圈；检查呼吸器内硅胶的变色情况，必要时做更换处理；检查变压器中性线及油箱外壳接地情况，进行各种预防性试验；检查三相色标并对高低压母线补漆。

（3）油断路器的二级保养

全部拆开油断路器并清洗检查；检修和调整传动机构，检查弹簧缓冲器及油缓冲器；检修、打磨或更换静动触点；检查绝缘筒、绝缘垫环；调整三相触点，测量接触电阻等；检查油标，检查油道是否畅通，消除泄露现象；更换损坏的瓷套管；进行预防性试验；检查或检修操作机构、失压脱扣线圈、过载脱扣线圈，分、合闸动作情况；油漆母线和接地线。

（4）负荷开关二级保养

检查外部开关紧固情况和操作机构是否灵活可靠，必要时调整或更新部件；检查调整工作行程，静、动触点的接触紧固程度，消除触点烧坏痕迹；检查调整三相合闸的同期性；更换损坏的灭弧罩和有裂纹的绝缘瓷瓶；检查接地装置是否完整可靠，调整操作机构的脱扣线圈，测量绝缘电阻并做耐压试验；检查合闸机构，清扫负荷开关，必要时进行外部油漆。

（5）隔离开关和高压开关柜的保养

检查修理隔离开关的机械联锁与传动机构，检查绝缘子有无裂纹或损坏，清除油泥和灰尘，检修各传动部分并加油；调整、修理静、动触点的接触及分合同步性和严密性；检查刀口是否紧密，有无烧毛现象，清洗加油；根据需要可拆除隔离开关盒、开关柜，更换损坏的绝缘瓷瓶和其他器件；检查仪器、仪表及面板操作元件，整理二次回路接线，检查调整灯光信号；进行预防性试验；必要时重新上漆。

（6）电流互感器和电压互感器的保养

清扫外表面，检查各连接处是否严密；油浸互感器一般要油样试验，必要时添加或更换合格绝缘油；检查清洗游标及游标玻璃管，消除泄漏现象；测定绝缘电阻，数值不得低于出厂值的70%；预防性试验。

（7）电站保护及控制仪表的保养

参见上篇相关章节内容。

（8）电缆电路、车间动力及照明电路的维护保养

电缆电路的维护。进行预防性试验，测量各相电流分布情况；给电缆终端盒及接线盒加注电缆油胶；检查电缆外层，必要时填补；埋设损坏或丢失的电缆标桩；根据需要加设个别线段的电缆电路。

电缆电路的大修。更换部分电缆电路；给电缆涂防腐涂料，油漆电缆构架；更换个别电缆终端盒及接线盒；更换不适用的电缆支架及指示牌。

车间动力及照明电路的保养。检查母线、母线槽及电线安装牢固程度和机械保护等安全装置；检查电线连接处有无过热烧痕、氧化、松脱等；清扫电路、瓷瓶和瓷柱，更换破裂的瓷瓶、瓷柱；检查电路松弛度，线缆与线缆、线缆与管道、线缆与建筑物的安全距离，绑扎松脱的线缆；检查电路进出线穿墙、穿地板的情况；检查电路保险装置和熔断器容量；检查照明插座、开关、熔体等，并更换损坏件；测量电路的绝缘电阻；对锈蚀的金属构架及母线进行除锈油漆处理，必要时予以更换；拉紧或重新敷设松弛线段，检修接线盒等。

（9）车间低压电箱、柜的修理

车间低压配电箱及控制柜的保养。检查配电箱外表有无撞扁、破裂，门锁及连锁机构有无损坏；检修配电箱全部电路及电器元件，必要时更换电线和电器元件；检查接地，测量电路绝缘电阻；检查和调节触点的行程与压力；检查热保护装置，并试验动作情况。

车间低压配电箱及控制柜的大修。拆开配电箱、柜的配电板，重装电路和更换损坏电器元件，新用元件与原元件参数一致，如老的电气元件已经淘汰，更换新型号的元件时，要注意安装的空间、接线等；箱体喷漆。

12.1.6 供配电设备运行

1. 电气设备选择的依据

正确选用电气设备，了解各类电气设备的允许工作条件、配电网络的具体要求和实际条件。

1）一般条件。指在正常工作条件下，为保证电气设备能安全可靠地工作和运行且维护方便所需满足的条件。环境，根据设备安装场所环境如户内或户外，有无发生爆炸和火灾危险的因素等，选择确定电气设备的类型，如户内型、户外型或防爆型等；电压，设备铭牌上标注的额定电压，在电网电压高于设备额定电压5%～10%时，设备一般可安全运行；电流，设备铭牌的额定电流，指环境温度为技术条件规定值时电气设备长期允许通过的电流，环境温度一般有明确规定。选择电气设备和载流导体应满足：

$$I_e \geqslant I_k$$

式中，I_e 为设备铭牌的额定工作电流（A）；I_k 为设备或载流导体长期通过的最大工作电

流（A）。

2）电气设备的特殊要求。指某一类特定设备规定必须考虑的条件，如断路器必须校验其断流容量等，对具体电气设备，有相应的特殊要求。

3）对继电保护装置的要求。电网保护装置对保证企业供电系统的安全至关重要。当企业供电系统发生短路或出现单相接地、断线时，为避免发生电气设备事故，必须有可靠的保护装置，迅速将故障部分从系统中切除，缩小故障范围，减轻故障引起的严重后果，保证非故障部分仍正常工作。有光、声报警信号，提示迅速采取有效措施，确保电气设备的正常运行。企业供电系统分高压配电和低压配电，高压配电保护装置一般用继电保护装置和高压熔断器；低压配电网络的保护装置多为自动空气开关、低压熔断器和热继电器等。

2. 选择继电保护装置应考虑的条件

1）动作选择性。要求继电保护装置能准确判断和切除配电网络中发生故障的设备，保证未发生故障的设备仍能继续安全运行。

2）动作快速性。要求继电保护装置快速切除故障，减轻故障的危害程度，缩短配电网络电压降低的持续时间和维护电网工作的稳定性。同时加速系统电压的恢复，为电动机自起动创造条件。故障的实际切除时间包括继电保护装置自身动作时间和断路器的跳闸时间。

3）反应灵敏性。指继电保护装置在被保护设备发生故障和异常时做出反应的灵敏程度，用灵敏系数表示，是为被保护设备发生故障时通过保护装置的故障参数如短路电流和保护装置整定值之比。为使继电保护装置可靠并发挥保护作用，应明确规定最小灵敏系数。这些参数是选择继电保护装置的重要条件。

4）可靠性。可靠性在继电保护装置的可靠性尤其重要，保证投入运行的保护装置能经常处于准备动作状态，当保护范围内的设备发生故障时能马上做出正确动作；当被保护范围外的设备发生故障时能保证不动作。保护装置可靠性要由更高的设计制造、安装质量和及时维护与校验要求来保证。

3. 供配电设备的维修及安全技术

（1）供配电设备的计划预修

1）绝缘监察，提高维修水平。为保证计划修理的准确性，开展有效的绝缘检测；为预防修理提供依据，减少盲目性。电气设备专业性强、产品型号及系列多，各类设备检修工艺相同，特别是高压设备的危险性，对检修人员的技术要求高，为保证检修质量、缩短检修时间，电气设备维修应专业化，提高维修水平。

2）制定和完善电气设备检修规程。贯彻执行检修工艺规程是提高电气设备检修质量的关键，电气检修工艺与机械类设备检修工艺不同，电气安装、电气检修工艺专业要求高。必须重视制定和完善电气设备的检修工艺规程。

（2）建立完善记录，加强信息沟通

信息沟通是企业质量管理体系的内容，质量管理体系与设备管理紧密相关，电气设备管理是企业设备管理的内容，应建立并完善原始记录信息沟通机制。

电气设备各种原始记录如电气设备运行记录、缺陷记录、预防性试验记录、检修记录等，是搞好计划检修的重要依据和维修的基础资料，也是制定备品配件定额、工时定额、主要材料消耗定额、检修费用的主要依据和改进设备检修工艺及设备使用的重要依据。

（3）供配电设备的安全技术

1）影响电气安全的因素。电气设备选型、制造质量与安装。高压电气元件及设备必须有生产许可证，确认编号的真实性，低压电气元件、线缆及设备必须有 CCC 认证标志。在国家认证认可委员会网站上可查阅核实 CCC 认证编号及产品的认证范围，特别是电压、电流容量等级，没有通过 CCC 认证的低压电气元件及设备，不能选用；运行人员规范操作，运行人员上岗必须通过培训，考核合格后持证上岗，执行操作规程是对运行人员的基本要求；安全组织措施健全，安全技术措施完善，管理水平必须符合相应要求。

2）电气设备的接地与接零。保护接地，将电气设备在正常情况下不带电的金属部分与接地体之间作良好的金属连接，一般用于中性点不接地的系统；保护接零，在低压三相四线制配电网络中，将电气设备的金属外壳与变压器接地的零线作良好的金属连接称为保护接零。

课堂练习

（1）在工业企业中，哪些设备属于动力设备？有哪些特点？

（2）动力设备的管理有一些特殊要求，对进入动力设备管理岗位的人员，有哪些要求？

12.2 起重设备管理的基本知识

12.2.1 起重设备的管理内容

1. 依法管理并对人员培训考核

特种设备包括锅炉、压力容器、压力管道、电梯和起重机械，用于娱乐设施的特种设备不在此介绍。起重机械，指用于垂直升降或垂直升降并水平移动重物的机电设备，属于特种设备。

近年来，国家对特种设备的管理很重视，政府各级质量技术监督局设立专门部门，确定了职责。国家制定了规章、规范性文件和标准等。

使用单位必须对特种设备的使用运营安全负责，制定安全管理制度，如相关人员岗位责任制、安全操作规程、安全检查与维保制度、技术档案管理制度以及事故应急防范措施等。制定的各项安全制度必须认真贯彻执行。

发生起重设备事故的原因主要是人的不安全行为或设备的不安全状态。对人的不安全行为，通过培训教育来纠正。起重设备安装、维保、操作等人员应经专业培训和考核，取得《特种设备作业人员资格证书》后从事相应工作。

2. 实行特种设备安全检验制度及监察管理

国家对特种设备实行第三方安全检验制度，公平、公正地检验，确保其安全。检验工作由国家授权的监督检验机构承担，检验人员必须经过专门培训、考核，持证上岗。特种设备安装是安全使用的关键过程，对安装单位资质、专业人员、安装手段等有严格规定。

鉴于特种设备安全的特殊性，国家政府部门依法加大监察管理力度。《中华人民共和国安全生产法》界定了综合监管与专项监管的关系，在法律层面要求各部门依法履行职责，各司其职，相互配合。

12.2.2 起重设备管理

起重设备，也称起重机械，用于垂直升降或垂直升降并水平移动重物的特种设备，包括额定起重量≥0.5t 的升降机，额定起重量≥1t，且提升高度≥2m 的起重机，以及承重形式固定的电动葫芦等。

起重机械是企业生产过程机械化、自动化、减轻繁重体力劳动、提高劳动生产率的重要装备。随着技术和生产发展，起重机械不断地完善和发展。先进的电气和机械技术逐渐在起重机上应用，提高工作效率和使用性能，使操作更加简化省力和安全可靠。

起重机械由驱动装置、工作机构、取物装置和金属结构组成，是间歇性周期作业，循环取物装置借助金属结构的支撑，通过多个工作机构提升物料，在一定空间范围内移动，将物料放置到指定位置，空载回原处，准备再次作业，完成物料搬运的工作循环。与一般机械较小范围内的固定作业不同，特殊功能和结构，使起重机作业时本身存在诸多危险因素。

1. 起重机械的特点

1）危险性大。被搬运物料个大体重，起重搬运过程是重物在高空中的悬吊运动过程，重物种类多，载荷变化；吊运重物有的重量百吨，体积大且不规则，如有散粒、热融和易燃易爆危险品等，吊运过程复杂、危险，特别是电磁吸吊式起重设备，在电磁吸盘线圈中通入电流产生磁场，起重中，如电源或电路故障，磁场消失重物丢失，十分危险，必须有可靠的断电保护装置。

2）移动性。起重机械结构庞大、机构复杂，作业中在几个不同方向运动同时操作，技术难度大；机构多维方向运动、庞大设备整体移动，使起重机危险点多、分散，给安全防护带来了困难。

3）范围大。金属结构横跨作业场所，在生产车间使用，吊运工件总在设备与生产人员中移动，在工地作业，总是高居其他设备、设施和人群之上，起重机可实现部分或整体较大范围内移动运行，危险的影响范围加大。

4）协调作业。整个工作循环需地面指挥人员、吊扣人员和起重机驾驶人员等相互配合，任何环节出问题，都可能发生事故；指挥人员需有专业知识，不能瞎指挥，不能多人指挥。

5）环境条件复杂。地面设备多，人员密集，吊物种类繁多；在室外，受气候条件和场地限制的影响；流动式起重机还涉及地形和周围环境等多种因素。

2. 起重机械的基本参数

起重量 G。资料或产品样本中用 Q 表示，指被起升重物的质量，单位为千克（kg）或吨（t），分额定起重量、最大起重量、总起重量、有效起重量等；额定起重量指起重机能吊起的重物或物料连同吊具或属具（如抓斗、电磁吸盘、平衡梁等）的质量总和；对幅度可变的起重机，额定起重量随幅度变化，最大起重量指最小幅度时，起重机安全工作时允许提升的最大额定起重量，也称最大起重量；总起重量指起重机能吊起的重物或物料，连同吊具和属具（包括吊钩、滑轮组、起重钢丝绳及在臂架或起重小车以下的其他起吊物）的质量总和；有效起重量指起重机能吊起的重物或物料的净质量，如带有可分吊具抓斗的起重机，允许抓斗抓取物料的质量就是有效起重量，抓斗与物料的质量之和是额定起重量。

跨度 S。桥架型起重机运行轨道轴线之间的水平距离，资料或产品样本中，用 L 表示，单位为米（m）。

轨距 K。也称轮距。对小车，为小车轨道中心点之间的距离；对铁路起重机，为运行电路两钢轨头部下内侧 16mm 处的水平距离；对臂架型起重机，为轨道中心线或起重机行走轮踏面，中心线之间的距离。

基距 B。也称轴距，指沿纵向运动方向的起重机或小车支承中心线之间的距离。

幅度 L。起重机置于水平场地时，空载吊具垂直中心线至回转中心线之间的水平距离，单位为 m，有最大幅度和最小幅度；当臂架倾角最小或小车离起重机回转中心距离最大时，为最大幅度，反之为最小幅度；非旋转类型的臂架起重机幅度指吊具中心线至臂架后轴或其他典型轴线的距离。

另外，还有起重力矩 M、起重倾覆力矩 MA、轮压 P、起升高度 H、下降深度 h、起升高度、运行速度 V、制动距离等。

3. 起重设备的安全管理

（1）安全管理制度

安全管理制度包括驾驶人员守则和起重机械安全操作规程；起重机械维护、保养、检查和检验制度；起重机械安全技术档案管理制度；起重机械作业和维修人员安全培训、考核制度；使用单位按期向属地主管部门申请在用起重机械安全技术检验，更换起重机械准用证的管理等。

（2）技术档案

技术档案包括设备出厂技术文件尤其是设计技术文件；安装、修理记录和验收资料；使用、维护、保养、检查和试验记录；安全技术监督检验报告；设备及人身伤亡事故记录；设备问题分析及评价记录。

（3）定期检验制度

在用起重机械安全定期监督检验周期为 2 年，此外，使用单位应进行起重机自我检查，包括日检、月检和年检；年检即每年对在用起重机械至少 1 次全面检查，停用 1 年以上、遇 4 级以上地震或发生重大设备事故、露天作业经受 9 级以上风力后的起重机，使用前应全面检查，载荷试验中可以吊运相当于额定起重量的重物，按额定速度起升、运行、回转、变幅等操作，检查起重机正常工作机构的安全技术性能，金属结构的变形、裂纹、腐蚀及焊缝、铆钉、螺栓等连接；月检包括安全装置、制动器、离合器等无异常，可靠性和精度，重要零部件如吊具、钢丝绳滑轮组、制动器、吊索及辅具等的状态无损伤，电气、液压系统及部件的泄漏及工作性能，动力系统和控制器等，如停用一个月以上，使用前应做上述检查；日检，即每天作业前检查各类安全装置、制动器、操纵控制装置、紧急报警装置、轨道、钢丝绳的安全状况，发现异常及时处理，严禁带故障运行。

（4）作业人员培训教育

起重设备作业由指挥、驾驶和司索人员相互配合，作业人员必须了解有关法规和标准，学习作业安全技术知识，掌握操作和安全救护技能，驾驶人员必须培训考核合格后，可独立操作。

4. 起重设备的安全措施及操作要求

为保护起重设备安全，在起重机有关部件上安装了安全装置，主要有各类限位器、起重量限制器、偏斜调整和显示装置、缓冲器、防风防爬装置等。其中，限位器有偏斜调整和显示装置、缓冲器、防风防爬装置、防后倾装置、回转锁定装置、超载保护装置、防冲撞装置、危险电压报警器、其他安全装置等。

交接班检查，驾驶人员接班时，应检查制动器、吊钩、钢丝绳和安全装置，如发现不正常，在操作前排除；安全运行提醒，开车前，必须鸣铃或报警，操作中接近人时，应给断续铃或报警；危险信号处理，操作人员按指挥信号操作，对紧急停车信号，应立即执行；合闸提示，当起重设备或周围确认无人时，才可闭合主电源，如电源断路装置加锁或有标牌时，应专人拆除后才可闭合主电源，因起重设备检修时忘记挂“有人检修”标牌。其他人合闸主电源造成检修人员死亡的事件时有发生，维护保养时，应切断主电源并挂上警示牌，如有未消除故障，应通知接班驾驶人员；闭合主电源前，应使所有控制器手柄置零位，如工作中突然断电，应将所有控制器手柄扳回零位，重新工作前，检查起重机动作是否正常。

5. 起重设备的保养

起重机在规定时间内维护修理，通常执行预防性、计划性、预见性三种检修保养制度。经常仔细检查起重机，做好调整、润滑、紧固、清洗、安全保护等，保持机械的正常运转。

日常保养，清扫驾驶室和设备机上的灰尘和油污，检查制动器间隙应合适，检查联轴节的键及联接螺栓应紧固，检查电铃、指示灯及安全装置应灵敏可靠，检查制动带及钢丝绳的磨损情况，检查控制器的触点应可靠。

一级保养，每月1次，给滚动轴承加油，检查控制屏、保护盘、控制器、电阻器及接线座，接线螺丝应紧固，检查电气设备的绝缘，检查减速器油量、制动液压电磁铁油量及润滑。

二级保养，每半年1次，除去润滑脂表面脏污，清洗滚动轴承，加润滑脂；检查电气设备的绝缘；检查控制屏、保护盘、控制器、电阻器及各接线座，接线螺钉应紧固；检查减速箱的油量、液压电磁铁油量与润滑，应更换变质的润滑油，若油量不足，加油至标准值；检查钢丝绳的磨损情况以及在卷筒上的固定情况。

课堂练习

（1）起重设备是工业企业常用的特种设备，请叙述起重设备的特点。

（2）起重设备有哪些类型？基本技术参数有哪些？

参 考 文 献

[1] 黄伟，等. 机电设备维护与管理［M］. 北京：机械工业出版社，2018.
[2] 黄伟，等. 供配电技术及设备［M］. 北京：机械工业出版社，2022.
[3] 张孝桐. 设备点检管理手册［M］. 北京：机械工业出版社，2018.
[4] 张孝桐，金长保，李春民，等. 图表例解设备管家体系基础［M］. 北京：机械工业出版社，2018.
[5] 高志坚. 设备管理与点检维修［M］. 北京：机械工业出版社，2020.
[6] 陈晓军. 机电设备故障诊断与维修［M］. 北京：机械工业出版社，2021.
[7] 徐皓，刘江. 机电设备管理［M］. 北京：机械工业出版社，2020.
[8] 张映红，韦林，莫翔明. 设备管理与预防维修［M］. 北京：北京理工大学出版社，2019.